CALCULUS AND

미적분과 행렬대수

민만식 지음

MATRIX ALGEBRA

자유아카데미

머리말

미적분과 행렬대수는 통계학과 과정 전반에 걸쳐 기초가 되는 분야로서, 통계학에 대한 각종 서적을 이해하는 데 기본적으로 필요한 과목이다. 20년 이상 대학에서 미적분학과 행렬대수를 강의한 경험을 바탕으로 누구나 이해하기 쉽게 서술하고자 노력하였다. 전반부는 통계학에서 필요한 확률과 확률변수, 확률분포의 이론 등을 미적분과 융합한 내용을 다루고 있다. 후반부에서는 행렬대수의 이론적인 증명보다는 결과를 직관적으로 이해할 수 있도록 기하학적 표현이나 도표를 이용하였다. 특히 통계학에서 행렬대수가 실제적으로 적용되는 예를 많이 들어 자연계는 물론 수학적 기초지식이 충분하지 못한 인문사회계열 학생이나 통계학 전공자들도 쉽게 이해 및 응용할 수 있도록 하였다. 또한 이전에 사용되던 용어들은 가장 보편적으로 사용되는 쉬운 용어들로 바꾸었으며, 보다 참신한 예제들을 싣고자 노력하였다.

기본 개념이나 이론의 이해를 돕기 위하여 예제를 충분히 실었으며, 각 절마다 상당한 양의 문제를 수록하여 학생 스스로 수학적인 사고를 기르는 데 도움이 되도록 하였다. 특히 암기나 반복 위주의 학습보다는 사고력을 기르는 문제들을 다룰 수 있는 기회를 제공하도록 노력하였다. 아울러 다양한 응용 부분을 취급함으로써 통계학을 필요로 하는 학생들에게 도움이 되도록 하였다.

이 책은 16장으로 구성되어 있다. 1장에서 5장까지는 주로 일변수 함수의 미적분과 확률분포미적에 대하여 논의하였으며, 6장에서는 급수와 이산확률분포를 소개하고, 7장과 8장에서는 다변수 함수와 편미분, 중적분, 결합 확률분포를 논하였다. 9장에서는 행렬의 합과 곱의 개념을 다루었으며, 10장에서는 연립방정식의 기본 개념 및 역행렬 가우스 소거법, 동차연립방정식 등을 소개하고, 11장에서는 행렬식, 행렬의 여인자전개, 수반행렬, 크래머법칙 등과 같이 특수한 행렬을 다루었다. 12장에서는 벡터의 정의, 노음과 연산, 내적, 외적을, 13장에서는 벡터공간의 개념과 벡터공간에서 일차종속과 일차독립의 개념, 부분공간의 차원과 기저의 개념을 다루었다. 14장에서는 고유치-고유벡터와 각 항이 변수의 제곱 또는 두 변수의 곱으로 된 함수를 다루고, 15장에서는 선형사상에서 행렬이 어떻게 사용되는지를 알아보았다. 16장에서는 주어진 행렬을 다른 형태들의 곱으로 분해하는 방법, 즉 LU분해, 최대계수분해, QR-분해, 스펙트럼 분해, 특이값 분해 등을 다루고 있다. 각 연습문제 해답을 모두 다루고, 해설도 부분적으로 자세히 다루었다.

이 책을 출판하는 데 어려운 여건 속에서도 출판해 주신 자유아카데미 주정희 사장님외 편집부 여러분께 진심으로 감사드린다.

2013년 5월

민만식

차 례

CHAPTER 01

극한과 연속

1.1 정의와 예시

함수 $f(x)$에서 x와 c가 다른 값을 가지면서 c에 한없이 가까워질 때, $f(x)$의 값이 일정한 값 L에 가까워지면 $f(x)$는 L에 수렴한다고 하고 $\lim_{x\to c} f(x) = L$로 나타낸다. 이때, L을 $f(x)$의 극한치라고 한다. 함수의 극한치가 존재하면 좌극한과 우극한 값이 존재하고, 그 값이 서로 같다. 즉,

$$\lim_{x\to c} f(x) = L \Leftrightarrow \lim_{x\to c^-} f(x) = \lim_{x\to c^+} f(x) = L$$

예제 1.1 》 $\lim_{x\to 0}\frac{x}{|x|}$ 를 계산하여라.

풀이

$$\lim_{x\to 0+}\frac{x}{|x|} = \lim_{x\to 0+} 1 = 1$$

$$\lim_{x\to 0-}\frac{x}{|x|} = \lim_{x\to 0-} 1 = -1$$

따라서 $\lim_{x\to 0}\frac{x}{|x|}$ 는 존재하지 않는다.

예제 1.2》 그림 1.1에 그래프로 나타낸 함수 $y=f(x)$는 다음과 같이 정의한다.

$$f(x)=\begin{cases} x+1 & (-2<x<0) \\ 2 & (x=0) \\ -x & 0<x<2 \\ 0 & (x=2) \\ x-4 & 2<x<4 \end{cases}$$

f의 어떤 극한치가 존재하는지 정하여라.

(1) $x=-2$　　　　(2) $x=0$

(3) $x=2$　　　　(4) $x=4$

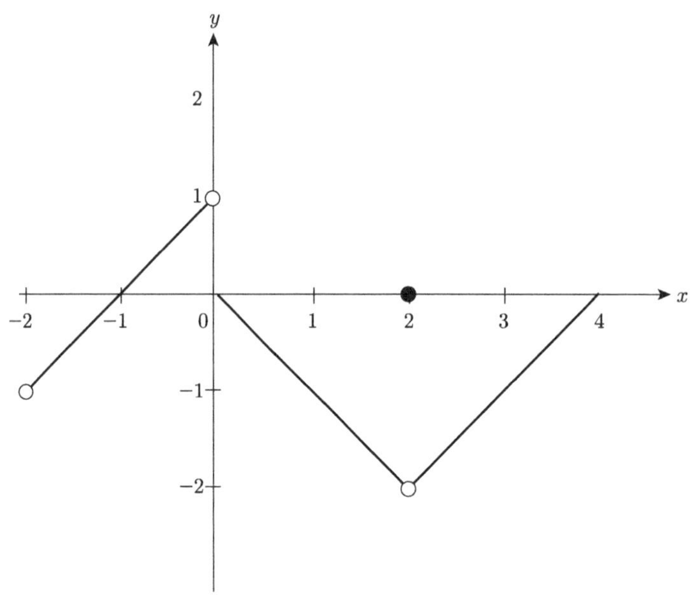

[그림 1.1]

풀이

(1) $\lim_{x\to -2^+} f(x)=-1$

(2) $\lim_{x\to 0} f(x)$는 존재하지 않는다. 비록 f가 $x=0(f(0)=2)$라고 정의되었지만,

$$\lim_{x\to 0^-} f(x)=1 \text{인 반면 } \lim_{x\to 0^+} f(x)=0$$

이 점에서 극한치가 존재하려면, 좌극한과 우극한 값이 같아야 한다.

(3) $\lim_{x\to 2} f(x)=-2$ 이 극한치는 $\lim_{x\to 2^-} f(x)=\lim_{x\to 2^+} f(x)=-2$이기 때문에 존재한다. 비록 극한치는 $2(f(2)=0)$에서 f의 값과 다르더라도, $x=2$에서 극한치는 존재한다.

(4) $\lim_{x\to 4^-} f(x) = 0$ 따라서 왼쪽 극한치는 $x=4$에 존재한다.

예제 1.3 》 다음 극한을 구하여라. 단, $[x]$는 x를 넘지 않는 최대 정수이다.

(1) $\lim_{x\to -1} \dfrac{x+1}{|x^2+3x|-2}$ (2) $\lim_{x\to 2+0} \dfrac{x^2-4}{x-[x]}$

풀이

(1) $x\to -1$일 때 $x^2+3x\to -2(<0)$ $= \lim_{x\to -1} \dfrac{x+1}{|x^2+3x|-2} = \lim_{x\to -1} \left(\dfrac{-1}{x+2}\right) = -1$

(2) $x\to 2+0$일 때 $2<x<3$ 곧, $[x]=2 = \lim_{x\to 2+0} \dfrac{x^2-4}{x-[x]} = \lim_{x\to 2+0} (x+2) = 4$

정의 1.1

$f(x)$가, x가 c에 충분히 가까이 감으로써 임의로 커질 수 있다면, x가 c에 가까워짐에 따라 함수 $f(x)$는 무한이 된다고 한다. 다음과 같이 표기한다.

$$\lim_{x\to c} f(x) = +\infty \quad \text{또는} \quad \lim_{x\to c} f(x) = -\infty$$

예제 1.4 》 다음 극한을 구하여라.

(1) $\lim_{x\to 0} \dfrac{1}{x}$ (2) $\lim_{x\to 1} \dfrac{1}{(x-1)^2}$

풀이

(1) $f(x) = \dfrac{1}{x}$인 그래프(그림 1.2)는 이를 나타낸다.

$$\lim_{x\to 0-} \frac{1}{x} = -\infty$$

$$\lim_{x\to 0+} \frac{1}{x} = +\infty$$

$\lim_{x\to 0} \dfrac{1}{x}$은 발산한다.

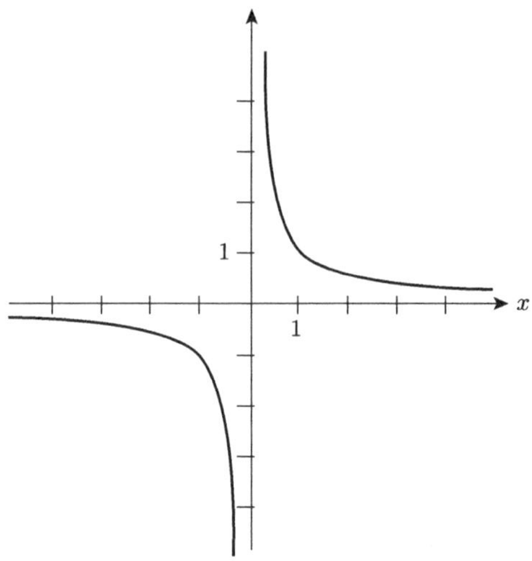

[그림 1.2]

(2) $f(x) = \dfrac{1}{(x-1)^2}$ 의 그래프 (그림 1.3)에서 다음과 같이 발산한다.

$$\lim_{x \to 1^-} \frac{1}{(x-1)^2} = \infty$$

$$\lim_{x \to 1^+} \frac{1}{(x-1)^2} = \infty$$

$$\lim_{x \to 1} f(x) = \infty$$

따라서 극한치는 존재하지 않는다.

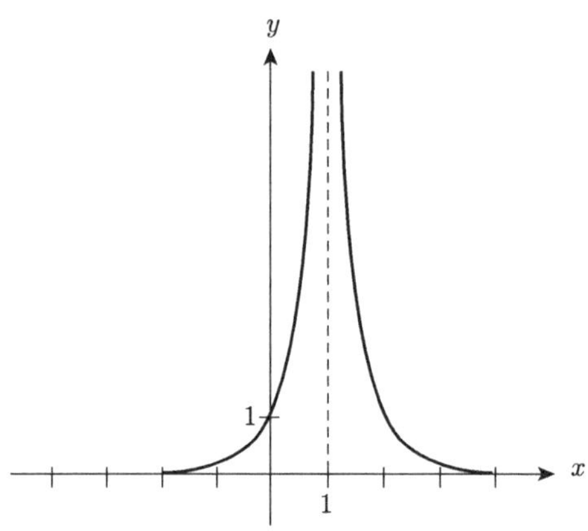

[그림 1.3]

정의 1.2

$f(x)$가 x를 양의 수로 상당히 크게 하거나 또는 작아질 때 L이 된다면 다음과 같이 표기할 수 있다.

$$\lim_{x\to\infty} f(x) = L \quad (\text{또는} \lim_{x\to -\infty} f(x) = L)$$

예제 1.5 》 $h(x) = 1 + \dfrac{3}{x-2} = \dfrac{x+1}{x-2}$ (그림 1.4) $\lim\limits_{x\to\pm\infty} h(x)$와 $\lim\limits_{x\to 2} h(x)$를 구하여라.

풀이

$$\lim_{x\to -\infty} f(h) = \lim_{x\to +\infty} f(h) = 1$$

$$\lim_{x\to 2^-} h(x) = -\infty, \ \lim_{x\to 2^+} h(x) = +\infty$$

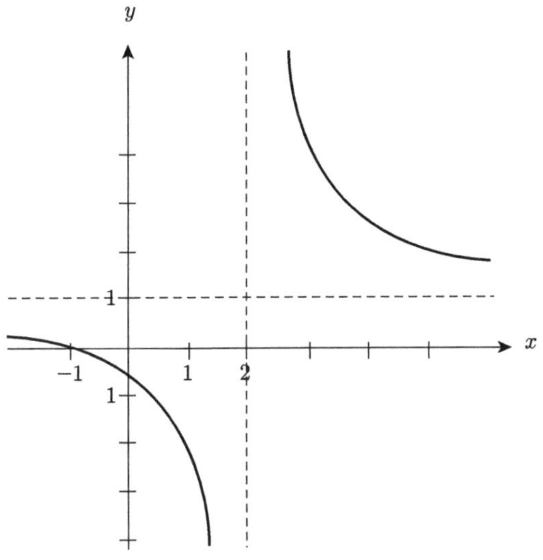

[그림 1.4]

예제 1.6 》 다음 극한을 구하여라.

(1) $\lim\limits_{x\to\pm\infty} x^3 - 3x^2 + 7x + 2$

(2) $\lim\limits_{x\to\pm\infty} -4x^4 + 1{,}000{,}000x^3 + 100$

(3) $\lim\limits_{x\to\pm\infty} -5x^5 + 3x^2 - 4\pi + 8$

(4) $\lim\limits_{x\to\pm\infty} \pi - 0.001x$

풀이

(1) $f(x) = x^3 - 3x^2 + 7x + 2$

$$\lim_{x\to+\infty} f(x) = +\infty, \quad \lim_{x\to-\infty} f(x) = -\infty$$

(2) 만약 $f(x) = -4x^4 + 1{,}000{,}000x^3 + 100$

$$\lim_{x\to+\infty} f(x) = -\infty, \quad \lim_{x\to-\infty} f(x) = -\infty$$

(3) $f(x) = -5x^3 + 3x^2 - 4\pi + 8$

$$\lim_{x\to+\infty} f(x) = -\infty, \quad \lim_{x\to-\infty} f(x) = -\infty$$

(4) $f(x) = \pi - 0.001x$

$$\lim_{x\to+\infty} f(x) = -\infty, \quad \lim_{x\to-\infty} f(x) = +\infty$$

1.2 점근선

$\lim_{x\to+\infty} f(x) = b$ 또는 $\lim_{x\to-\infty} f(x) = b$이면 선 $y = b$는 $y = f(x)$ 그래프의 수평점근선이다.

$f(x) = \dfrac{1}{x}$의 그래프(그림 1.2)는 수평점근선 x-축 $(y = 0)$을 가지고 있다.

$g(x) = \dfrac{1}{(x-1)^2}$의 그래프(그림 1.3)도 수평점근선은 $y = 0$이다.

$h(x) = \dfrac{x+1}{x-2}$의 그래프(그림 1.4)는 오른쪽에 $y = 1$인 수평점근선이 있다.

다음 중 하나 또는 그 이상이 성립한다면 $x = a$의 선은 $y = f(x)$의 그래프의 수직점근선이다.

$$\lim_{x\to\alpha^-} f(x) = +\infty \quad \text{또는} \quad \lim_{x\to\alpha^-} f(x) = -\infty$$

$$\lim_{x\to\alpha+} f(x) = +\infty \quad \text{또는} \quad \lim_{x\to\alpha+} f(x) = -\infty$$

$f(x) = \dfrac{1}{x}$의 그래프(그림 1.2)는 수직점근선인 $x = 0$(y-축)을 가지며

$g(x) = \dfrac{1}{(x-1)^2}$의 그래프(그림 1.3)는 수직점근선인 $x = 1$,

$h(x) = \dfrac{x+1}{x-2}$의 그래프(그림 1.4)는 수직점근선인 $x = 2$를 가진다.

예제 1.7 》 그림 1.5에서 $k(x)=\dfrac{2x-4}{x-3}$의 그래프로부터, $y=2$가 수평점근선이라는 것을 보여라.

풀이

$\lim\limits_{x\to+\infty} k(x)=\lim\limits_{x\to-\infty} k(x)=2$이므로 $y=2$가 수평점근선이다.

$\lim\limits_{x\to3^-} k(x)=-\infty$ 그리고 $\lim\limits_{x\to3^+} k(x)=+\infty$이므로 $x=3$은 수직점근선이다.

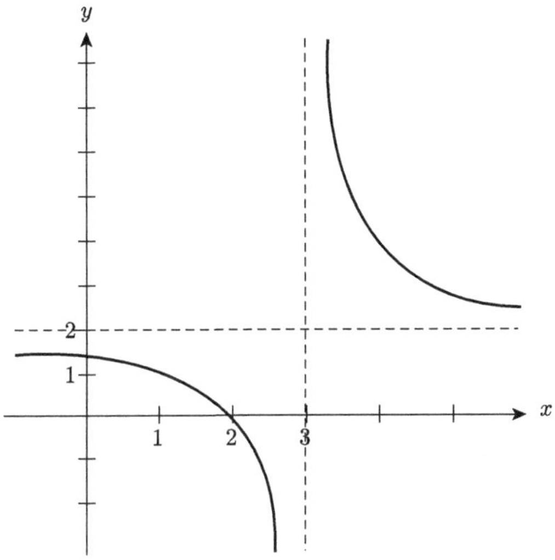

[그림 1.5]

1.3 극한치의 정리

$\lim f(x)$와 $\lim g(x)$가 수렴한다면

(1) $\lim kf(x)=k\lim f(x)$

(2) $\lim[f(x)+g(x)]=\lim f(x)+\lim g(x)$

(3) $\lim g(x)f(x)=\lim g(x)\lim f(x)$

(4) $\lim\dfrac{f(x)}{g(x)}=\dfrac{\lim f(x)}{\lim g(x)}$ (만약 $\lim g(x)\neq 0$)

(5) $\lim\limits_{x\to c} k=k$

(6) 조임 정리 또는 샌드위치 정리. 만약 $f(x) \le g(x) \le h(x)$이고, 만약 $\lim_{x \to c} f(x) = \lim_{x \to c} h(x) = L$라면, $\lim_{x \to c} g(x) = L$이다.

그림 1.6은 이 정리를 설명해준다.

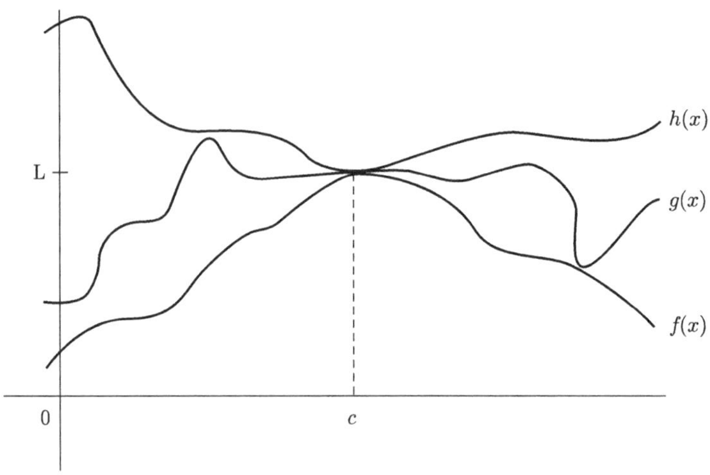

[그림 1.6]

함수 f와 h 사이에 있는 조임 함수 g는 f와 h가 $x=c$에 똑같은 극한치를 갖는다.

예제 1.8 》 다음 극한을 구하여라.

(1) $\lim_{x \to 2}(5x^2 - 3x + 1)$

(2) $\lim_{x \to 0}(x\cos 2x)$

(3) $\lim_{x \to -1} \frac{3x^2 - 2x - 1}{x^2 + 1}$

(4) $\lim_{x \to 3} \frac{x^2 - 9}{x - 3}$

(5) $\lim_{x \to -2} \frac{x^3 + 8}{x^2 - 4}$

(6) $\lim_{x \to 0} \frac{x}{x^3}$

(7) $\lim_{x \to 1} \frac{x^3 - 1}{x^2 - 1}$

(8) $\lim_{\triangle x \to 0} \frac{(3 + \triangle x)^2 - 3^2}{\triangle x}$

(9) $\lim_{h \to 0} \frac{1}{h}(\frac{1}{2+h} - \frac{1}{2})$

풀이

(1) $\lim_{x \to 2}(5x^2 - 3x + 1) = 5\lim_{x \to 2} x^2 - 3\lim_{x \to 2} x + \lim_{x \to 2} 1$

$= 5 \cdot 4 - 3 \cdot 2 + 1$
$= 15$

(2) $\lim_{x\to 0}(x\cos 2x) = \lim_{x\to 0}x \cdot \lim_{x\to 0}(\cos 2x)$

$= 0 \cdot 1$
$= 0$

(3) $\lim_{x\to -1}\frac{3x^2-2x-1}{x^2+1} = \lim_{x\to -1}(3x^2-2x-1) \div \lim_{x\to -1}(x^2+1)$

$= (3+2-1) \div (1+1)$
$= 2$

(4) $\lim_{x\to 3}\frac{x^2-9}{x-3} = \lim_{x\to 3}\frac{(x-3)(x+3)}{x-3}$

$= \lim_{x\to 3}(x+3) = 6$

(5) $\lim_{x\to -2}\frac{x^3+8}{x^2-4} = \lim_{x\to -2}\frac{(x+2)(x^2-2x+4)}{(x+2)(x-2)}$

$= \lim_{x\to -2}\frac{x^2-2x+4}{x-2} = \frac{4+4+4}{-4} = -3$

(6) $\lim_{x\to 0}\frac{x}{x^3} = \lim_{x\to 0}\frac{1}{x^2} = \infty$, $x\to 0$이 됨에 따라, 분모가 0에 가까워지는 동안, 분자는 1에 가까워진다: 극한치는 존재하지 않는다.

(7) $\lim_{x\to 1}\frac{x^3-1}{x^2-1} = \lim_{x\to 1}\frac{(x-1)(x^2+x+1)}{(x-1)(x+1)} = \frac{3}{2}$

(8) $\lim_{\Delta x\to 0}\frac{(3+\Delta x)^2-3^2}{\Delta x} = \lim_{\Delta x\to 0}\frac{6\Delta x+\Delta x^2}{\Delta x} = \lim_{\Delta x\to 0} 6+\Delta x = 6$

(9) $\lim_{h\to 0}\frac{1}{h}(\frac{1}{2+h}-\frac{1}{2}) = \lim_{h\to 0}\frac{2-(2+h)}{2h(2+h)} = \lim_{h\to 0}\frac{-h}{2h(2+h)}$

$= \lim_{h\to 0} -\frac{1}{2(2+h)} = -\frac{1}{4}$

1.4 다항식 극한치

$P(x)$와 $Q(x)$가 x에서 다항식인 $\lim_{x\to\infty}\frac{P(x)}{Q(x)}$를 찾기 위해, 분자와 분모를 발생하는 x의 가장 큰 차수로 나누고 $\lim_{x\to\infty}\frac{1}{x} = 0$이라는 사실을 이용할 수 있다.

예제 1.9 》 다음 극한을 구하여라.

(1) $\lim_{x\to\infty}\frac{3-x}{4+x+x^2}$ (2) $\lim_{x\to\infty}\frac{4x^4+5x+1}{37x^3-9}$

(3) $\lim_{x\to\infty}\frac{x^3-4x^2+7}{3-6x-2x^3}$

풀이

(1) $$\lim_{x\to\infty}\frac{3-x}{4+x+x^2}=\lim_{x\to\infty}\frac{\frac{3}{x^2}-\frac{1}{x}}{\frac{4}{x^2}+\frac{1}{x}+1}=\frac{0-0}{0+0+1}=0$$

(2) $$\lim_{x\to\infty}\frac{4x^4+5x+1}{37x^3-9}=\lim_{x\to\infty}\frac{4+\frac{5}{x^3}+\frac{1}{x^4}}{\frac{37}{x}-\frac{9}{x^4}}=\infty$$

(3) $$\lim_{x\to\infty}\frac{x^3-4x^2+7}{3-6x-2x^3}=\lim_{x\to\infty}\frac{1+\frac{4}{x}+\frac{7}{x^3}}{\frac{3}{x^3}-\frac{6}{x^2}-2}=\frac{1-0+0}{0-0-2}=\frac{-1}{2}$$

$P(x)$의 차수가 $Q(x)$의 차수보다 작다면, $\lim_{x\to\infty}\frac{P(x)}{Q(x)}=0$이다. 만약 $P(x)$의 차수가 $Q(x)$의 차수보다 높다면, $\lim_{x\to\infty}\frac{P(x)}{Q(x)}=\infty$ 또는 $-\infty$이다(i.e., 존재하지 않는다); 그리고 $P(x)$와 $Q(x)$이 차수가 같다면, a_n과 b_n이 $P(x)$와 $Q(x)$에서 각각 가장 높은 지수의 계수인 $\lim_{x\to\infty}\frac{P(x)}{Q(x)}=\frac{a_n}{b_n}$이다.

"$x\to\infty$"로, "$x\to-\infty$"로 바꿀 때도 적용된다.

또한 다음을 유의하자:

(1) $\lim_{x\to\pm\infty}\frac{P(x)}{Q(x)}=0$일 때, $y=0$은 $y=\frac{P(x)}{Q(x)}$의 그래프의 수평점근선이다.

(2) $\lim_{x\to\pm\infty}\frac{P(x)}{Q(x)}=+\infty$ 또는 $-\infty$일 때, $y=\frac{P(x)}{Q(x)}$의 그래프는 수평점근선이 없다.

(3) $\lim_{x\to\infty}\frac{P(x)}{Q(x)}=\frac{a_n}{b_n}$일 때, $y=\frac{P(x)}{Q(x)}$의 그래프는 수평점근선을 가진다.

예제 1.10 》 다음 수렴 발산을 정하여라.

(1) $\lim_{x\to\infty}\frac{100x^2-19}{x^3+5x^2+2}$　　(2) $\lim_{x\to-\infty}\frac{x^3-5}{1+x^2}$

(3) $\lim_{x\to\infty}\frac{x-4}{13+5x}$　　(4) $\lim_{x\to-\infty}\frac{4+x^2-3x^3}{x+7x^3}$

(5) $\lim_{x\to\infty}\frac{x^3+1}{2-x^2}$

풀이

(1) $\lim_{x\to\infty}\frac{100x^2-19}{x^3+5x^2+2}=0$　　(2) $\lim_{x\to-\infty}\frac{x^3-5}{1+x^2}=-\infty$ (극한값 없음)

(3) $\lim_{x\to\infty}\frac{x-4}{13+5x}=\frac{1}{5}$　　(4) $\lim_{x\to-\infty}\frac{4+x^2-3x^3}{x+7x^3}=-\frac{3}{7}$

(5) $\lim_{x\to\infty}\frac{x^3+1}{2-x^2}=-\infty$ (극한값 없음)

1.5 다른 기본 극한치

1.5.1 기본 삼각 함수의 극한치

x가 라디안으로 측정된다면

$$\lim_{x\to 0}\left(\frac{\sin x}{x}\right)=1$$

증명

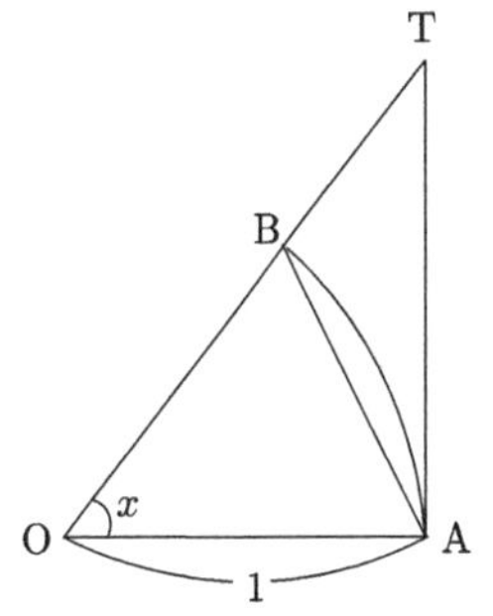

(1) $0<x<\frac{\pi}{2}$ 일 때

중심각의 크기가 x라디안이고 반지름의 길이가 1인 부채꼴 OAB에서 점 A에서의 접선의 직선OB의 연장선과 만나는 점을 T라고 하면

$$\triangle OAB < \triangledown OAB < \triangle OAT$$

여기서 각 넓이를 구해보면

$$\frac{1}{2}\sin x < \frac{1}{2}x < \frac{1}{2}\tan x$$

$$\therefore \sin x < x < \tan x$$

그런데 $\sin x > 0$이므로 각 변을 $\sin x$로 나누면

$$1 < \frac{x}{\sin x} < \frac{1}{\cos x}$$

각 항의 역수를 취하면 $\cos x < \frac{\sin x}{x} < 1$

그런데 $\lim_{x \to +0} \cos x = 1$이므로 $\lim_{x \to +0} \frac{\sin x}{x} = 1$

(2) $-\frac{\pi}{2} < x < 0$일 때

$x = -\theta$로 놓으면 $x \to -0$일 때 $\theta \to +0$이므로

$$\lim_{x \to -0} \frac{\sin x}{x} = \lim_{\theta \to +0} \frac{\sin(-\theta)}{-\theta} = \lim_{\theta \to +0} \frac{\sin\theta}{\theta} = 1$$

따라서 (1), (2)에 의하여 $\lim_{x \to 0} \frac{\sin x}{x} = 1$

예제 1.11 》 $\lim_{x \to \infty} \left(\frac{\sin x}{x}\right) = 0$을 증명하여라.

풀이

모든 x에서, $-1 \le \sin x \le 1$이기 때문에, 이는 만약 $x > 0$이면 $-\frac{1}{x} \le \frac{\sin x}{x} \le \frac{1}{x}$를 따른다. 하지만, $x \to \infty$로 바뀜에 따라, $-\frac{1}{x}$과 $\frac{1}{x}$ 모두는 0에 가까워진다. 그러므로 조임 정리에 의하면, $\frac{\sin x}{x}$는 반드시 0에 가까워져야 한다.

예제 1.12 》 $\lim_{x \to 0} \frac{\sin 3x}{x}$을 찾아라.

풀이

$$\lim_{x \to 0} \frac{\sin 3x}{x} = \lim_{x \to 0} \frac{3\sin 3x}{3x} = 3\lim_{x \to 0} \frac{\sin 3x}{3x} = 3 \cdot 1 = 3$$

정의 1.3

$$\lim_{n\to\infty}(1+\frac{1}{n})^n = e$$

예제 1.13 》 다음 극한값을 구하여라.

(1) $\lim_{x\to 0}(1+3x)^{\frac{1}{x}}$

(2) $\lim_{x\to 0}(1+3x)^{\frac{1}{2x}}$

(3) $\lim_{x\to\infty}(1+\frac{1}{x})^{3x}$

(4) $\lim_{x\to\infty}(1+\frac{3}{x})^{2x}$

풀이

(1) $\lim_{x\to 0}(1+3x)^{\frac{1}{x}} = \lim_{x\to 0}((1+3x)^{\frac{1}{3x}})^3 = e^3$

(2) $\lim_{x\to 0}(1+3x)^{\frac{1}{2x}} = \lim_{x\to 0}((1+3x)^{\frac{1}{3x}})^{\frac{3}{2}} = e^{\frac{3}{2}}$

(3) $\lim_{x\to\infty}(1+\frac{1}{x})^{3x} = \lim_{x\to\infty}((1+\frac{1}{x})^x)^3 = e^3$

(4) $\lim_{x\to\infty}(1+\frac{3}{x})^{2x} = \lim_{x\to\infty}((1+\frac{3}{x})^{\frac{x}{3}})^6 = e^6$

1.6 연속

함수가 어떤 구간에서 연속적이라면, 종이에 연필을 떼지 않고 이 그래프를 그릴 수 있다. 그래프는 간격에 구멍, 끊김, 또는 점프되는 곳이 없다. $f(x)$가 $x=c$의 점에서 연속적이라면, x가 c에 가까울수록 $f(x)$가 $f(c)$에 가까워진다. 다음 정의에 의해 더 정확해진다.

정의 1.4

함수 $y=f(x)$는 $x=c$의 점에서 연속적이기 위한 필요충분조건은 다음과 같다.

(1) $f(c)$가 존재한다.

(2) $\lim_{x\to c}f(x)$가 존재한다.

(3) $\lim_{x\to c}f(x)=f(c)$

함수가 $a \le x \le b$인 각 x에서 연속적이라면, 닫혀진 간격 $[a, b]$에서의 함수는 연속적이다. $x = c$에서 연속적이지 않은 함수는 그 점에서 불연속적이라고 한다. $x = c$를 불연속의 점이라고 부른다.

1.6.1 연속적 함수

다항식은 어디서나 연속적이다. 모든 정수에서 연속적이다. 유리 함수의 함수인 $\dfrac{P(x)}{Q(x)}$는 그들의 정의역에 있는 모든 점에서는 연속적이다($Q(x) \neq 0$). 함수 $f(x) = \dfrac{1}{x}$는 예를 들어, f가 정의되지 않는 $x = 0$에서만 제외하면 연속적이다. 함수의 절댓값 $f(x) = |x|$는 어디서나 연속적이다. 삼각, 역삼각, 지수, 그리고 로그 함수들은 그들의 정의역에 포함된 각 점에서 연속적이다. $\sqrt[n]{x}$ 종류의 함수들은 (n은 ≥ 2인 양의 정수) $\sqrt[n]{x}$가 정의될 때의 양수 x에서 연속적이다. 가우수 함수 $f(x) = [x]$는 각 정수에서 불연속적이다, 왜냐하면 어떤 정수에서도 극한치를 갖고 있지 않기 때문이다.

예제 1.14 ⟫ 다음 함수가 $x = 1$에서 연속일 때, 상수 a, b의 값을 구하여라.

$$f(x) = \begin{cases} \dfrac{a\sqrt{x+1} - b}{x-1}, & (x \neq 1) \\ \sqrt{2}, & (x = 1) \end{cases}$$

풀이

$$\lim_{x\to1} f(x) = f(1) \quad \lim_{x\to1} \frac{a\sqrt{x+1} - b}{x-1} = \sqrt{2}$$

$$\lim_{x\to1} (a\sqrt{x+1} - b) = 0,\ \sqrt{2}\,a - b = 0,\ b = \sqrt{2}\,a$$

$$\lim_{x\to1} \frac{a\sqrt{x+1} - b}{x-1} = \lim_{x\to1} \frac{a}{\sqrt{x+1} + \sqrt{2}} = \frac{a}{2\sqrt{2}} = \sqrt{2}$$

$a = 4$

예제 1.15 ⟫ 다음 각 함수가 $x = 0$에서 연속일 때, 실수 a의 값을 구하여라.

(1) $f(x) = \begin{cases} \dfrac{\ln(1+ax)}{x}, & x \neq 0 \\ 3, & x = 0 \end{cases}$

(2) $f(x) = \begin{cases} \dfrac{\sin x}{e^x - 1}, & x \neq 0 \\ a, & x = 0 \end{cases}$

풀이

(1) $\lim_{x\to 0}\dfrac{\ln(1+ax)}{x}=a, f(0)=3$이므로 $a=3$

(2) $\lim_{x\to 0}\dfrac{\sin x}{e^x-1}=1, f(0)=a$이므로 $a=1$

예제 1.16 $f(x)=\dfrac{1}{2}x^4-\sqrt{3}\,x^2+7$은 모든 곳에서 연속인가?

풀이

$f(x)=\dfrac{1}{2}x^4-\sqrt{3}\,x^2+7$에서, f가 다항함수이기 때문에, 이것은 $x=-1$에서도 물론이고 모든 곳에서 연속적이다.

예제 1.17 $k(x)=\dfrac{x^2-4}{x-2}(x\neq 2)$의 연속성을 조사하여라.

$x\neq 2$인 모든 수에서는 $k(x)=x+2$인 것을 확인하자. 함수는 k가 정의되지 않는 $x=2$를 제외한 모든 곳에서 연속적이다. 만약 $f(2)$를 4와 같도록 다시 정의한다면, 새로운 함수는 모든 곳에서 연속적일 것이다. 다음 그림을 보자.

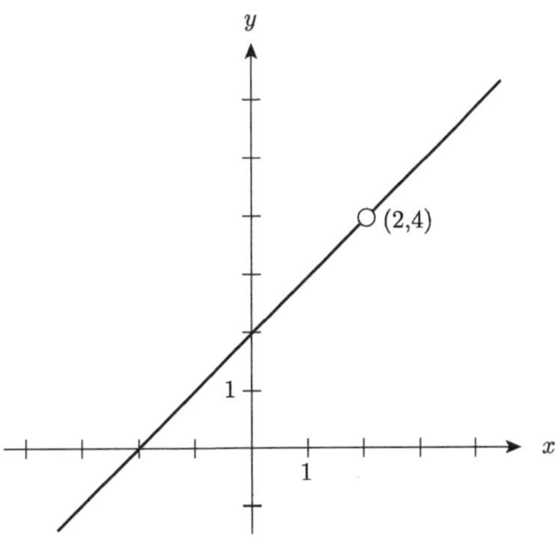

[그림 1.7]

1.6.2 연속적 함수의 정리

(1) 최소, 최대정리: 만약 f가 닫혀진 간격 $[a,b]$에서 연속적이라면, f는 간격의 어느 곳에서 최솟값과 최댓값을 갖는다.

(2) 중간값 정리: 만약 f가 닫힌 간격 $[a,b]$에서 연속적이고 M은 $f(a)\le M\le f(b)$

의 숫자라면, $f(c)=M$인 c가 a와 b 사이에 적어도 하나 존재한다.

중간값 정리의 중요한 특별 경우를 알아보자.

f가 닫힌 구간 $[a,b]$에서 연속적이고, $f(a)$와 $f(b)$는 반대 부호를 가지고 있으면, f는 그 구간에서 $f(c)=0$인 c가 $[a,b]$에 존재한다.

(3) 연속적 함수 정리: 만약 함수 f와 g가 $x=c$에서 모두 연속적이라면, 다음 함수들 또한 연속이다.

(a) k가 상수일 때, kf

(b) $f \pm g$

(c) $f \cdot g$

(d) $\dfrac{f}{g}$, $g(c) \neq 0$

예제 1.18》 $f(x)=\dfrac{x^2-5}{x+1}$가 $x=2$, $x=3$ 사이에 근수를 가지는 것을 보여라.

풀이

유리함수 f는 단지 $x=-1$에서만 불연속적이고 $f(2)=-\dfrac{1}{2}$, $f(3)=1$이다. f가 간격 [2, 3]에서 연속적이고, 서로 다른 부호를 가지고 있기 때문에, 중간값 정리에 의하면 $f(c)=0$인 c가 (2, 3)에서는 값 c가 있다.

연습문제

1 극한을 구하여라.

(1) $\displaystyle\lim_{x\to 5}\frac{x-5}{x^2-25}$

(2) $\displaystyle\lim_{x\to -2}\frac{-2x-4}{x^3+2x^2}$

(3) $\displaystyle\lim_{x\to 9}\frac{\sqrt{x}-3}{x-9}$

(4) $\displaystyle\lim_{x\to -3}\frac{2-\sqrt{x^2-5}}{x+3}$

(5) $\displaystyle\lim_{x\to 0}\frac{1+x+\sin x}{3\cos x}$

(6) $\lim_{x \to 0} \frac{1-\cos x}{x \sin x}$

(7) $\lim_{x \to 0} \frac{\frac{1}{2+x} - \frac{1}{2}}{x}$

(8) $\lim_{\theta \to 0^+} \sqrt{\theta}\, e^{\cos(\pi/\theta)}$

2 $\lim_{x \to c} f(x) = 5$이고, $\lim_{x \to c} g(x) = -2$일 때 다음의 값을 구하여라.

(1) $\lim_{x \to c} f(x)g(x)$

(2) $\lim_{x \to c} (f(x) + 3g(x))$

(3) $\lim_{x \to c} \frac{f(x)}{f(x) - g(x)}$

3 다음을 구하여라.

(1) $\lim_{x \to 2} \frac{f(x)-5}{x-2} = 3$일 때, $\lim_{x \to 2} f(x)$의 값?

(2) $\lim_{x \to 2} \frac{f(x)-5}{x-2} = 4$일 때, $\lim_{x \to 2} f(x)$의 값?

4 다음 함수에서 연속하기 위한 a, b의 값을 구하여라.

(1) $f(x) = \begin{cases} x^2 - 1, & x < 3 \\ 2ax, & x \geq 3 \end{cases}$에서 모든 x에서 연속하기 위한 a의 값은?

(2) $f(x) = \begin{cases} -2, & x \leq -1 \\ ax - b, & -1 < x < 1 \\ 3, & x \geq 1 \end{cases}$에서 모든 x에서 연속하기 위한 a, b의 값은?

5 극한값을 구하여라.

(1) $\lim_{x \to \infty} \sqrt{\frac{8x^2 - 3}{2x^2 + x}}$

(2) $\lim_{x \to -\infty} \frac{\sqrt[3]{x} - \sqrt[5]{x}}{\sqrt[3]{x} + \sqrt[5]{x}}$

(3) $\lim_{x \to -\infty} \frac{x^2 - 4x + 8}{3x^3}$

(4) $\lim_{\theta\to\infty}\frac{\cos\theta-1}{\theta}$

(5) $\lim_{x\to-\infty}\tan^{-1}x$

6 극한값을 구하여라.

(1) $\lim_{x\to\infty}(\sqrt{x^2+25}-\sqrt{x^2-1})$

(2) $\lim_{x\to-\infty}(2x+\sqrt{4x^2+3x-2})$

(3) $\lim_{x\to\infty}(\sqrt{x^2+3x}-\sqrt{x^2-2x})$

7 극한값을 찾아라. ($\lim_{\theta\to 0}\frac{\sin\theta}{\theta}=1$ 이용)

(1) $\lim_{\theta\to 0}\frac{\sin\sqrt{2}\,\theta}{\sqrt{2}\,\theta}$

(2) $\lim_{x\to 0}\frac{x+x\cos x}{\sin x\cos x}$

(3) $\lim_{x\to 0}\frac{\tan 3x}{\sin 8x}$

(4) $\lim_{x\to 0}\frac{\tan(2x)}{\tan(\pi x)}$

(5) $\lim_{x\to 0}\frac{\sin(1-\cos x)}{x}$

(6) $\lim_{x\to 2}\frac{\sin(x^2-4)}{x-2}$

(7) $\lim_{r\to 0}\frac{\sin r}{\tan 2r}$

(8) $\lim_{x\to 0}\frac{x\sin x}{2-2\cos x}$

8 개구간 $(-1,0)$과 개구간 $(0,1)$에서는 $f(x)=\frac{\sqrt{1+x}-\sqrt{1-x}}{x}$로 정의되고, $x=0$에서는 $f(0)=a$로 정의되어 있는 함수 $f(x)$가 $x=0$에서 연속일 때, 상수 a의 값을 구하여라.

9 다음 각 함수가 $x=0$에서 연속일 때, 실수 a의 값을 구하여라.

(1) $f(x)=\begin{cases} \dfrac{e^{2x}-1}{x}, & x\neq 0 \\ a, & x=0 \end{cases}$

(2) $f(x)=\begin{cases} \dfrac{\tan ax}{\ln(x+1)}, & x\neq 0 \\ -1, & x=0 \end{cases}$

CHAPTER 02

미분과 누적확률분포미분

2.1 미분의 정의

함수 $y=f(x)$의 정의역에서 임의의 x에서, 미분은 다음과 같이 정의할 수 있다

$$\lim_{\triangle x \to 0} \frac{f(x+\triangle x)-f(x)}{\triangle x} \text{ 또는 } \lim_{\triangle x \to 0} \frac{\triangle y}{\triangle x} \tag{1}$$

함수는 이 극한치가 존재하는 모든 x에서 미분 가능하다고 할 수 있고, 이 미분은 $f'(x)$, y', $\frac{dy}{dx}$ 또는 $D_x y$로 나타낸다. $\triangle x$는 h나 다른 기호로 대체될 수 있다.

$x=a$에서 $y=f(x)$의 미분은 $f'(a)$ 또는 $y'(a)$로 나타내고, 다음과 같이 정의한다.

$$f'(a)=\lim_{h\to 0}\frac{f(a+h)-f(a)}{h} \tag{2}$$

분수 $\frac{f(a+h)-f(a)}{h}$는 f가 a에서 $a+h$로의 변하는 비율이다. 기하학적으로, $y=f(x)$ 선의 점 P(a, $f(a)$)과 Q($a+h$, $f(a+h)$)를 지나는 할선 PQ의 기울기이다. $f'(a)$는 점 a에서의 f가 변하는 (순간의) 비율이다. 기하학적으로, 미분계수 $f'(a)$는 Q가 P에 접근할 때의 할선 PQ의 기울기의 극한치이다. 접선 T는 점 P에서의 곡선의 기울기를 가지고 P를 지나는 접선이다.

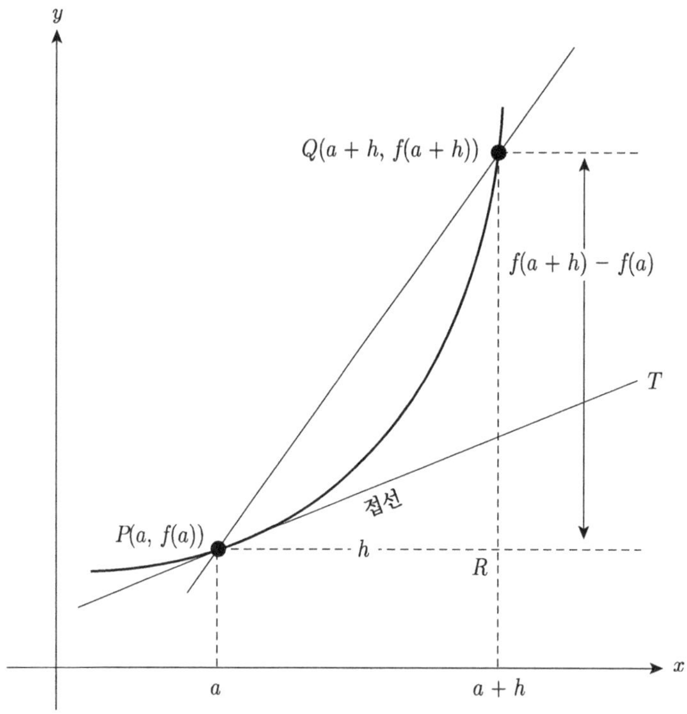

[그림 2-1a]

그림 2-1a에서 PQ는 $(a,\ f(a))$와 $(a+h,\ f(a+h))$를 지나는 할선이다. a에서 $a+h$로 변하는 비율의 평균은 할선 PQ의 기울기인 $\dfrac{RQ}{PR}$와 같다. PT는 P에서의 곡선의 탄젠트이다. h가 0으로 가까워질 때, 점 Q는 곡선을 따라 P로 접근하고, PQ는 PT로 접근하고, PQ의 기울기는 PT로 접근한다. 이는 $f'(a)$와 같다. 위 (2)에서 $(a+h)$를 x로 대체하면, $h=x-a$가 되고, 동등한 표현을 갖는다.

$$f'(a)=\lim_{x\to a}\frac{f(x)-f(a)}{x-a} \qquad (3)$$

그림 2-1b를 보자.

$f''(x)$ 또는 $\dfrac{d^2y}{dx^2}$ 또는 y''으로 표기하는 2계 도함수는 $f'(x)$의 도함수이다. 또한, $f''(a)$는 $x=a$에서 $f(x)$의 두 번째 미분계수이다.

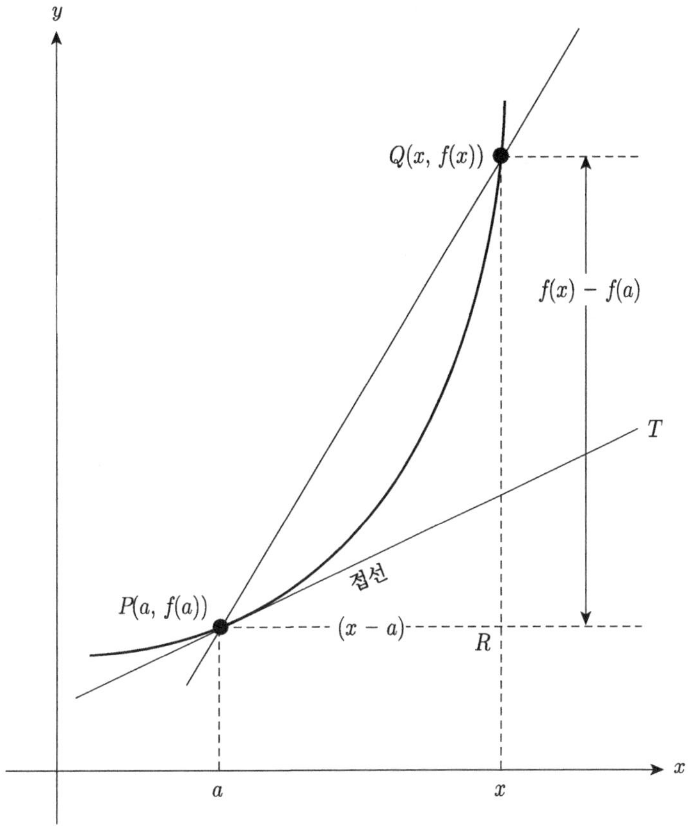

[그림 2-1b]

2.2 공식

미분계수를 찾는 이 부분에서의 공식들은 매우 중요해서 이 공식들에 익숙해져야 한다. a와 n은 상수이고 u와 v는 x의 미분 가능한 함수들이다.

$$\frac{da}{dx} = 0 \tag{1}$$

$$\frac{d}{dx}ax = a \tag{2}$$

$$\frac{d}{d}x^n = nx^{n-1} \tag{3}$$

$$\frac{d}{dx}(u+v) = \frac{d}{dx}u + \frac{d}{dx}v;\ \frac{d}{dx}(u-v) = \frac{d}{dx}u - \frac{d}{dx}v \tag{4}$$

$$\frac{d}{x}(uv) = u\frac{dv}{dx} + v\frac{du}{dx} \tag{5}$$

$$\frac{d}{dx}\left(\frac{u}{v}\right) = \frac{v\frac{du}{dx} - u\frac{dv}{dx}}{v^2} (v \neq 0) \tag{6}$$

$$\frac{d}{dx}\sin x = \cos x \tag{7}$$

$$\frac{d}{dx}\cos x = -\sin x \tag{8}$$

$$\frac{d}{dx}\tan x = \sec^2 x \tag{9}$$

$$\frac{d}{dx}\cot x = -\csc^2 x \tag{10}$$

$$\frac{d}{dx}\sec x = \sec x \tan x \tag{11}$$

$$\frac{d}{dx}\csc x = -\csc x \cot x \tag{12}$$

$$\frac{d}{dx}\ln x = \frac{1}{x} \tag{13}$$

$$\frac{d}{dx}e^x = e^x \tag{14}$$

$$\frac{d}{dx}a^x = a^x \ln a \tag{15}$$

$$\frac{d}{dx}\log_a x = \frac{1}{x \ln a} \tag{16}$$

$$\frac{d}{dx}\sin^{-1}x = \frac{d}{dx}\arcsin x = \frac{1}{\sqrt{1-x^2}} (-1 < x < 1) \tag{17}$$

$$\frac{d}{dx}\cos^{-1}x = \frac{d}{dx}\arccos x = -\frac{1}{\sqrt{1-x^2}}\frac{du}{dx} (-1 < x < 1) \tag{18}$$

$$\frac{d}{dx}\tan^{-1}x = \frac{d}{dx}\arctan x = \frac{1}{1+x^2} \tag{19}$$

$$\frac{d}{dx}\cot^{-1}x = \frac{d}{dx}\mathrm{arccot}\, x = -\frac{1}{1+x^2} \tag{20}$$

$$\frac{d}{dx}\sec^{-1}x = \frac{d}{dx}\mathrm{arcsec}\, x = \frac{1}{|x|\sqrt{x^2-1}} (|x| \geq 1) \tag{21}$$

$$\frac{d}{dx}\csc^{-1}x = \frac{d}{dx}\mathrm{arccsc}\, x = -\frac{1}{|x|\sqrt{x^2-1}} (|x| \geq 1) \tag{22}$$

2.3 연쇄 법칙

$$\frac{d}{dx}u^a = au^{a-1} \times \frac{du}{dx}$$

이 공식은 연쇄 법칙의 적용이다. 예를 들어, $(x^2-x+2)^4$의 미분계수를 찾기 위해 공식 (3)을 사용한다면,

$$\frac{d}{dx}(x^2-x+2)^4 = 4(x^2-x+2)^3(2x-1)$$

$y=(x^2-x+2)$ 그리고 $u=x^2-x+2$라고 한다면, $y=u^4$이다. 앞의 미분계수는 전과 같이 이제 연쇄 법칙의 한 형식을 제시한다.

$$\frac{dy}{dx} = \frac{dy}{du}\frac{du}{dx} = 4u^2\frac{du}{dx} = 4(x^2-x+2)^3(2x-1)$$

공식 (3)은 $y=u^4$이고 u는 미분 가능한 x의 함수인 일반적인 경우를 제공한다. 이제 y를 $y=f(u)$이고 $u=g(x)$인 합성함수 $f(g(x))$라고 가정해 보자.

$$\begin{aligned}(f(g)(x))' &= f'(g(x)) \bullet g'(x) \\ &= f'(u) \bullet g'(x) \\ &= \frac{dy}{du}\frac{du}{dx}\end{aligned}$$

연쇄 법칙은 합성함수를 어떻게 미분하는지를 말해준다. 먼저 '바깥' 함수의 미분계수를 찾아라, '안의' 함수의 미분계수를 곱하여라.

예를 들면:

$$\frac{d}{dx}(x^3+1)^{10} = 10(x^3+1)^9 \cdot 3x^2 = 30x^2(x^3+1)^9$$

$$\frac{d}{dx}\sqrt{7x-2} = \frac{d}{dx}(7x-2)^{1/2} = \frac{1}{2}(7x-2)^{-1/2} \cdot 7$$

$$\frac{d}{dx}\frac{3}{(2-4x^2)^4} = \frac{d}{dx}3(x-4x^2)^{-4} = 3(-4)(2-4x^2)^{-5}(-8x)$$

$$\frac{d}{dx}\sin\left(\frac{\pi}{2}-x\right) = \cos\left(\frac{\pi}{2}-x\right)(-1)$$

$$\frac{d}{dx}\cos^3 2x = \frac{d}{dx}(\cos 2x)^3 = 3(\cos 2x)^2(-\sin 2x \cdot 2)$$

예제 2.1 》 다음을 미분하여라.

(1) $f(x) = (3x+2)^5$

(2) $y = \sqrt{3-x-x^2}$

(3) $y = \dfrac{5}{\sqrt{(1-x^2)^2}}$

(4) $s(t) = (t^2+1)(1-t)^2$

(5) $f(v) = \dfrac{2v}{1-2v^2}$

(6) $f(x) = \dfrac{\sin x}{x^2}$

(7) $y = \tan(2x^2+1)$

(8) $x = \cos^3(1-3\theta)$

(9) $y = e(\sin x)+1$

(10) $y = (x+1)\ln^2(x+1)$

(11) $y = \sin^{-1}x + x\sqrt{1-x^2}$

(12) $u = \ln\sqrt{v^2+2v-1}$

(13) $s = e^{-t}(\sin t - \cos t)$

(14) $f(x) = ae^{kx}$ (a와 k는 상수)

풀이

(1) $f(x) = (3x+2)^5,\ f'(x) = 5(3x+2)^4 \cdot 3 = 15(3x+2)^4$

(2) $y = \sqrt{3-x-x^2},\ y = (3-x-x^2)^{1/2}$

$$\frac{dy}{dx} = \frac{1}{2}(3-x-x^2)^{-1/2}(-1-2x) = -\frac{1+2x}{2\sqrt{3-x-x^2}}$$

(3) $y = \dfrac{5}{\sqrt{(1-x^2)^2}},\ y = 5(1-x^2)^{-3/2}$

$$\frac{dy}{dx} = \frac{-15}{2}(1-x^2)^{-5/2}(-2x) = \frac{15x}{(1-x^2)^{5/2}}$$

(4) $s(t) = (t^2+1)(1-t)^2$

$$s'(t) = (t^2+1)2(1-t)(-1) + (1-t)^2 2t$$

$$= 2(1-t)(-1+t-2t^2)$$

(5) $f(v) = \dfrac{2v}{1-2v^2}$

$$f'(v) = \frac{(1-2v^2)2 - 2v(-4v)}{(1-2v^2)^2} = \frac{2+4v^2}{(1-2v^2)^2}$$

(6) $f(x) = \dfrac{\sin x}{x^2},\ x \neq 0$

$$f'(x) = \frac{x^2\cos x - \sin x \cdot 2x}{x^4} = \frac{x\cos x - 2\sin x}{x^3}$$

(7) $y = \tan(2x^2+1)$

$$y' = 4x\sec^2(2x^2+1)$$

(8) $x = \cos^3(1-3\theta)$

$$\frac{dx}{d\theta} = -3\cos^2(1-3\theta)\sin(1-3\theta)(-3)$$

$$= 9\cos^2(1-3\theta)\sin(1-3\theta)$$

(9) $y = e^{(\sin x)+1}$

$$\frac{dy}{dx} = \cos x e^{(\sin x)+1}$$

(10) $y = (x+1)\ln^2(x+1)$

$$\frac{dy}{dx} = (x+1)\frac{2\ln(x+1)}{x+1} + \ln^2(x+1) = 2\ln(x+1) + \ln^2(x+1)$$

(11) $y = \sin^{-1}x + x\sqrt{1-x^2}$,

$$y' = \frac{1}{\sqrt{1-x^2}} + \frac{x(-2x)}{2\sqrt{1-x^2}} + \sqrt{1-x^2}$$

$$= \frac{1-x^2+1-x^2}{\sqrt{1-x^2}} = 2\sqrt{1-x^2}$$

(12) $u = \ln\sqrt{v^2+2v-1}$, $u = \frac{1}{2}\ln(v^2+2v-1)$

$$\frac{du}{dv} = \frac{1}{2}\frac{2v+2}{v^2+2v-1} = \frac{v+1}{v^2+2v-1}$$

(13) $s = e^{-t}(\sin t - \cos t)$,

$$s' = e^{-t}(\cos t + \sin t) + (\sin t - \cos t)(-e^{-t})$$

$$= e^{-t}(2\cos t) = 2e^{-t}\cos t$$

(14) $f(x) = ae^{kx}$ (a와 k는 상수)

$$f'(x) = kae^{kx},\ f''(x) = k^2ae^{kx}$$

예제 2.2

(1) $y = 4x^3 - 5x + 7$, $y'(1)$과 $y''(1)$를 찾아라.

(2) $f(t) = e^{2t}\sin 3t$, $f'(0)$를 찾아라.

(3) $g(x)=(1+\sin^2 3x)^4$ 일 때, $g'(\frac{\pi}{2})$는?

풀이

(1) $y'=\frac{dy}{dx}=12x^2-5$ 그리고 $y''=\frac{d^2y}{dx^2}=24x$

$y'(1)=7,\ y''(1)=24$

(2) $f'(t)=e^{2t}(\cos 3t\cdot 3)+\sin 3t(e^{2t}\cdot 2)$
$\quad =e^{2t}(3\cos 3t+2\sin 3t)$
$f'(0)=3$

(3) $g'(x)=4(1+\sin^2 3x)^3(2\sin 3x cos 3x)(3)$

$=24(1+\sin^2 3x)^3(\sin 3x cos 3x)$

$g'(\frac{\pi}{2})=24(1+(-1)^2)^3(-1\cdot 0)=24\cdot 8\cdot 0=0$

2.4 매개변수의 미분법

$x=f(t)$와 $y=g(t)$가 f의 미분 가능한 함수라면,

$$\frac{dy}{dx}=\frac{\frac{dy}{dt}}{\frac{dx}{dt}},\quad \frac{d^2y}{dx^2}=\frac{d}{dx}(\frac{dy}{dx})=\frac{\frac{d}{dt}(\frac{dy}{dx})}{\frac{dx}{dt}}$$

예제 2.3》 $x=2\sin\theta,\ y=\cos 2\theta$일 때 $\frac{dy}{dx},\ \frac{d^2y}{dx^2}$을 구하여라.

풀이

$\frac{dx}{d\theta}=2\cos\theta,\ \frac{dy}{d\theta}=-2\sin 2\theta$

$\frac{dy}{dx}=\frac{-2\sin 2\theta}{2\cos\theta}=-2\sin\theta$

$\frac{d^2y}{dx^2}=\frac{-2\cos\theta}{2\cos\theta}=-1$

예제 2.4》 예제 2.3에서 $\theta = \frac{\pi}{6}$ 의 곡선의 탄젠트 방정식을 구하여라.

풀이

$\theta = \frac{\pi}{6}$ 일 때, 탄젠트의 기울기, $\frac{dy}{dx}$ 는 $-2\sin(\frac{\pi}{6}) = -1$과 같다.

$x = 2\sin(\frac{\pi}{6}) = 1, y = \cos(2 \cdot \frac{\pi}{6}) = \frac{1}{2}$, 접선의 방정식은

$y - \frac{1}{2} = -1(x-1)$ 또는 $y = -x + \frac{3}{2}$

2.5 음함수 미분법

x와 y 사이의 함수적 관계가 $f(x, y) = 0$ 형태의 방정식으로 정의될 때, 방정식은 y를 x의 함수의 음함수적으로 정의한다고 말할 수 있다. 예로 $x^2 + y^2 - 9 = 0$, $y^2 - 4x = 0$, $\cos(xy) = y^2 - 5$ (또한 $\cos(xy) - y^2 + 5 = 0$)로 나타낼 수도 있다. 때때로, 두 개의(또는 그 이상) 양함수들이 $F(x, y) = 0$으로 정의된다. 예를 들어, $x^2 + y^2 - 9 = 0$은 반지름이 3인 원의 중심 원점에서 각각 위의 반, 아래의 반인 두 함수 $y_1 = \sqrt{9 - x^2}$ 와 $y_2 = -\sqrt{9 - x^2}$ 를 정의한다. 각 함수는 $x = 3$와 $x = -3$에서만 제외하고 미분 가능하다. 음함수 미분법은 y가 x의 양의 함수로 정의되지 않지만 미분 가능할 때 도함수를 찾으려고 사용하는 방법이다.

다음 예에서, 공식을 사용하여 양쪽을 x로 미분한 다음, $\frac{dy}{dx}$를 푼다.

예제 2.5》 $x^2 + y^2 = 9$에서 $\frac{dy}{dx}$을 구하여라.

풀이

$2x + 2y\frac{dy}{dx} = 0$ 그리고 $\frac{dy}{dx} = -\frac{x}{y}$

위 미분계수는 원 위의 모든 점에 적용되며, 0(원의 탄젠트가 수직일 때)이 아닌 모든 y에 대하여 존재한다.

예제 2.6 》 $x^2-2xy+3y^2=2$에서 $\dfrac{dy}{dx}$을 구하여라.

풀이

$$x^2-2xy+3y^2=2$$

$$2x-2(x\frac{dy}{dx}+y)+6y\frac{dy}{dx}=0 \quad \text{그리고} \quad \frac{dy}{dx}(6x-2x)=2y-2x$$

$$\frac{dy}{dx}=\frac{y-x}{3y-x}$$

예제 2.7 》 $x\sin y=\cos(x+y)$에서 $\dfrac{dy}{dx}$을 구하여라.

풀이

$$x\sin y=\cos(x+y)$$

$$x\cos y\frac{dy}{dx}+\sin y=-\sin(x+y)(1+\frac{dy}{dx})$$

$$\frac{dy}{dx}=-\frac{\sin y+\sin(x+y)}{x\cos y+\sin(x+y)}$$

예제 2.8 》 $x^2+y^2=1$ 에서 음함수 미분법을 사용하여 $\dfrac{dy}{dx}$, $\dfrac{d^2y}{dx^2}$를 구하여라.

풀이

$$2x+2y\frac{dy}{dx}=0,\ \frac{dy}{dx}=-\frac{x}{y}$$

$$\frac{d^2y}{dx^2}=-\frac{y\cdot 1-x(\frac{dy}{dx})}{y^2}=-\frac{y-x(-\frac{x}{y})}{y^2}$$

$$=-\frac{y^2+x^2}{y^3}=-\frac{1}{y^3}$$

2.6 역함수의 미분계수

f와 g가 역함수들이라고 가정해보자. 그들의 미분계수들의 관계는 무엇인가?

역함수들의 그래프들은 $y=x$에서 서로의 대칭이라는 것과 대응하는 점들에서 그들의 x-와 y-좌표들은 서로 바꿀 수 있다.

그림 2.2는 점 (a, b)를 지나는 함수 f와 그 점에서 탄젠트인 선을 나타낸다. 곡선의 기울기 $f'(a)$는 삼각형 $\dfrac{dy}{dx}$의 두 길이 비율에 의해 나타난다. 이 도형이 $y=x$에서 대칭되며, 점 (b, a)를 지나고 기울기의 가로와 세로 방향을 서로 바꿀 수 있는 f^{-1}의 그래프를 갖는다.

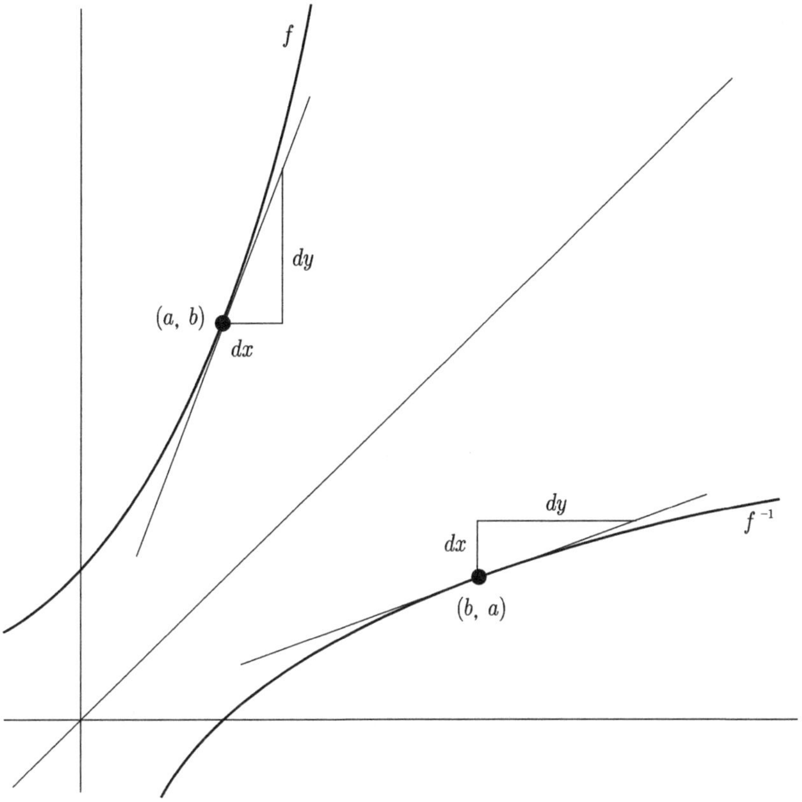

[그림 2.2]

$x=b$에서 f^{-1}의 그래프에서 기울기는 $x=a$에서 f의 기울기의 역수인 $\dfrac{dx}{dy}$로 나타낸다. 따라서

$$f^{-1}(b)=\frac{1}{f'(a)} \quad \text{또는} \quad (f^{-1})(x)=\frac{1}{f'((f^{-1}(x))}$$

한 점에서 역함수의 미분계수는 대응하는 점에서 그 함수의 미분계수의 역수이다.

예제 2.9》 $f(x)=3$, $f'(3)=5$일 때 f^{-1}에 대해 알 수 있는 것은 무엇인가?

풀이

f가 점 (3, 8)을 지나기 때문에, f^{-1}는 반드시 점 (8, 3)을 지나야 한다. f의 그래프가 (3, 8)에서 기울기가 5이기 때문에, f^{-1}의 그래프는 (8, 3)에서 기울기가 $\frac{1}{5}$ 이어야 한다.

예제 2.10》 함수 f와 이것의 미분계수가 테이블에 나온 값들을 가진다. g가 f의 역함수라면, $g'(6)$은 얼마인가?

풀이

x	$f(x)$	$f'(x)$
2	6	$\frac{1}{3}$
6	8	$\frac{3}{2}$

$x=6$에서 g의 기울기를 찾으려면, f에서 $y=6$인 점을 봐야 한다. (2, 6). $f'(2)=\frac{1}{3}$이기 때문에, $g'(6)=3$이다.

예제 2.11》 $y=f(x)=x^3+x-2$이라고 하고 g가 역함수라고 하자. $g'(0)$을 구하여라.

풀이

$f'(x)=3x^2+1$이기 때문에 $g'(y)=\dfrac{1}{3x^2+1}$이다. $g=0$에서의 x를 찾기 위해, 방정식 $x^3+x-2=0$을 풀어야 한다. $x=1$로 놓고 계산해보자.

$$g'(y)=\frac{1}{3(1)^2+1}=\frac{1}{4}$$

예제 2.12》 $\sin x$ 함수의 역의 미분계수를 구하는 정의역 [−1, 1]과 범위 $[-\frac{\pi}{2},\frac{\pi}{2}]$을 가진 공식 $y=\sin^{-1}x=\arcsin x$를 미분하여라.

풀이

$$y=\sin^{-1}x \leftrightarrow x=\sin y$$

양변을 x로 미분하면

$$1 = \cos y \frac{dy}{dx}$$

$$\frac{dy}{dx} = \frac{1}{\cos y} = \frac{1}{\sqrt{1-\sin^2 y}} = \frac{1}{\sqrt{1-x^2}}$$

$\cos y$에 양수의 표시를 선택했다 $\cos y$는 만약 $-\frac{\pi}{2} \le y \le \frac{\pi}{2}$이면 음수가 아니기 때문이다.

2.7 평균값 정리

함수 $f(x)$가 폐구간 $a \le x \le b$의 모든 점에서 연속적이고, 개구간 $a < x < b$ 모든 점에서 미분계수가 있다면, 거기에는 적어도, $\frac{f(b)-f(a)}{b-a} = f'(c)$가 되는 c, $a < c < b$를 가진다.

이 중요한 변화의 비율과 변화의 즉각적인 변화와 관련한 정리는 그림 2.3에서 설명된다. 이 도형에 그려진 함수에선 곡선의 기울기가 곡선의 기울기와 같은 a와 b 사이에 c_1과 c_2가 존재한다.

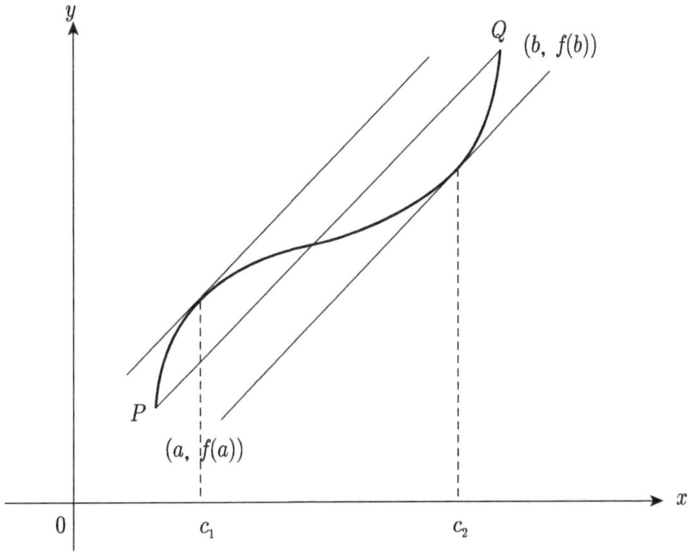

[그림 2.3]

평균값 정리를 종종 첫 글자를 딴 MVT로 나타내곤 한다.

MVT의 가정에 더하여, $f(a)=f(b)=0$이라고 주어진다면, $f'(c)$가 되는 a와 b 사이의 c가 있다. MVT의 특별한 이 경우는 Rollle의 정리라고 불리기도 한다(그림 2.4를 보자).

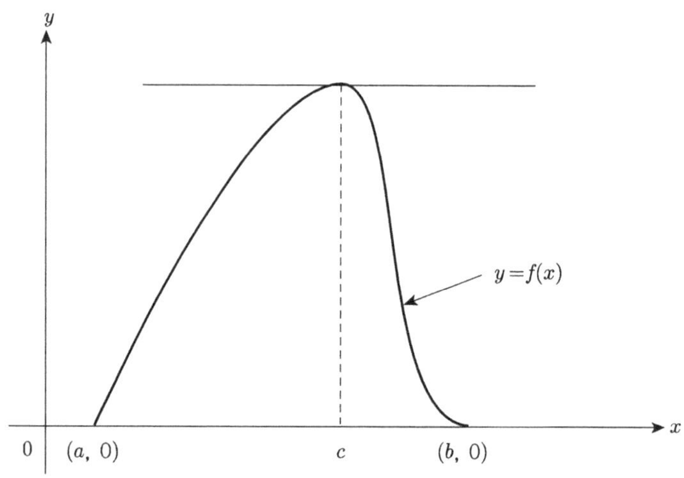

[그림 2.4]

평균값 정리는 올바르게 적용되었을 때 가장 유용한 정리 중 하나이다.

예제 2.13》 어느 날 아침에 집을 나와 친척 집으로 300마일을 운전해 6시간이 지나 도착하였다. 평균값 정리는 올 때까지 당신의 속도에 대해 무엇을 말해주는가?

풀이

여정은 다음과 같이 주어진 평균 속도(운전한 거리의 변화 비율)로 연속적이었다.

$$\frac{\triangle\text{거리}}{\triangle\text{시간}}=\frac{300\text{마일}}{6\ \text{시간}}=50\,\text{mph}$$

여정을 따라 항상 미분계수가 존재하였다. MVT는 적어도 한 점에서는 속도가 전체 6시간 동안의 평균 속도와 같았다는 것을 보장한다. 그러므로, 자동차 속도측정기는 친척집까지의 여정 중에 적어도 한번 정확히 50mph이다.

예제 2.14》 간격 $[0,\ \pi]$에서 $f(x)=\ x\sin x$를 사용하여 Rolle의 정리를 설명하여라.

풀이

Rolle의 정리가 다음 조건을 충족시키는지 확인한다.

(1) $f(x) = x\sin x$는 $[0, \pi]$에서 연속적이고 $[0, \pi]$ 안의 모든 x에 존재한다.

(2) $f(x) = x\cos x + \sin x [0, \pi]$에서 모든 x에 존재한다.

(3) $f(0) = 0\sin 0 = 0$ 그리고 $f(\pi) = \pi \sin\pi = 0$

$f'(c) = 0$인 간격 $[0, \pi]$에서 $x = c$ 점이 있어야 한다. $x\cos x + \sin x = 0$을 구하기 위해 계산기를 사용해 $c = 2.029$를 구한다(3자리 소수점까지). Rolle의 정리에서도 예상했듯이 $0 \le c \le \pi$이다.

2.8 부정형과 로피탈의 법칙

다음 형식의 극한치는 부정형이라고 불린다.

$$\frac{0}{0} \text{ 또는 } \frac{\infty}{\infty},\ 0 \cdot \infty,\ \infty - \infty,\ 0^0,\ 1^\infty,\ \infty^0$$

$\frac{0}{0}$ 또는 $\frac{\infty}{\infty}$ 형태의 부정형 극한치를 찾기 위해서, 분모와 분자에 있는 미분계수를 취하는 것을 포함하는 로피탈의 법칙을 적용한다.

(1) $\lim\limits_{x\to a} f(x) = \lim\limits_{x\to a} g(x) = 0$ 이고, $\lim\limits_{x\to a}\frac{f'(x)}{g'(x)}$가 존재한다면,

$$\lim_{x\to a}\frac{f(x)}{g(x)} = \lim_{x\to a}\frac{f'(x)}{g'(x)}$$

$\lim\limits_{x\to a}\frac{f'(x)}{g'(x)}$가 존재하지 않는다면 로피탈의 법칙은 적용될 수 없다.

(2) $\lim\limits_{x\to a} f(x) = \lim\limits_{x\to a} g(x) = \infty$ 이고, (1)의 경우와 똑같은 결과가 따른다.

(3) $\lim\limits_{x\to \infty} f(x) = \lim\limits_{x\to \infty} g(x) = 0$ 이고, $\lim\limits_{x\to \infty}\frac{f'(x)}{g'(x)}$가 존재한다면,

$$\lim_{x\to\infty}\frac{f(x)}{g(x)} = \lim_{x\to\infty}\frac{f'(x)}{g'(x)}$$

$\lim_{x\to\infty}\frac{f'(x)}{g'(x)}$가 존재하지 않는다면 로피탈의 법칙은 적용될 수 없다.

(4) $\lim_{x\to a}f(x)=\lim_{x\to a}g(x)=\infty$ 이고, (3)의 경우와 똑같은 결과가 따른다.

위의 어떤 법칙이든 적용했을 때, 만약 $\frac{0}{0}$ 또는 $\frac{\infty}{\infty}$이 나왔다면, 더 이상 부정형하지 않을 때까지 절차를 반복하며, 법칙을 한 번 더 적용해 볼 수 있다.

예제 2.15》 다음 극한을 구하여라.

(1) $\lim_{x\to 3}\frac{x^2-9}{x-3}$

(2) $\lim_{x\to 0}\frac{\tan x}{x}$

(3) $\lim_{x\to -2}\frac{x^3+8}{x^2-4}$

(4) $\lim_{h\to 0}\frac{e^h-1}{h}$

(5) $\lim_{x\to\infty}\frac{x^3-4x^2+7}{3-6x-2x^3}$

(6) $\lim_{x\to\infty}\frac{\ln x}{x}$

(7) $\lim_{x\to\infty}x\sin\frac{1}{x}$

(8) $\lim_{x\to 0}(1+x)^{1/x}$

(9) $\lim_{x\to\infty}x^{1/x}$는 ∞^0

풀이

(1) $\lim_{x\to 3}\frac{x^2-9}{x-3}$가 $\frac{0}{0}$의 형식이고, 따라서 $\lim_{x\to 3}\frac{2x}{1}=6$

(2) $\lim_{x\to 0}\frac{\tan x}{x}$가 $\frac{0}{0}$의 형식이고, 따라서 $\lim_{x\to 0}\frac{\sec^2 x}{1}=1$

(3) $\lim_{x\to -2}\frac{x^2+8}{x^2-4}$가 $\frac{0}{0}$의 형식이고, 따라서 $\lim_{x\to -2}\frac{3x^2}{2x}=-3$

$\lim_{x\to -2}\frac{3x^2}{2x}$는 부정형의 극한치가 아니라는 점을 유의하자.

(4) $\lim_{h\to 0}\frac{e^h-1}{h}$가 $\frac{0}{0}$의 형식이고, 따라서 $\lim_{h\to 0}\frac{e^h}{1}=1$

(5) $\lim_{x\to\infty}\frac{x^3-4x^2+7}{3-6x-2x^3}$가 $\frac{\infty}{\infty}$의 형식이고 $\lim_{x\to\infty}\frac{3x^2-8x}{-6-6x^2}$

로피탈의 법칙을 두 번 더 적용해 보자.

$$\lim_{x\to\infty}\frac{6x-8}{-12x}=\lim_{x\to\infty}\frac{6}{-12}=\frac{-1}{2}$$

(6) $\lim_{x\to\infty}\frac{\ln x}{x}$가 $\frac{\infty}{\infty}$의 형식이고 $\lim_{x\to\infty}\frac{1/x}{1}=0$

(7) $\lim_{x\to\infty}x\sin\frac{1}{x}$는 $\infty\cdot 0$의 형식이다, $x\sin\frac{1}{x}-\frac{\sin 1/x}{1/x}$이기 때문에, 두 번째 형식은 $\frac{0}{0}$의 부정형이다.

$$\lim_{x\to\infty}x\sin\frac{1}{x}=\lim_{x\to\infty}\frac{-\frac{1}{x^2}\cos\frac{1}{x}}{-\frac{1}{x^2}}=\lim_{x\to\infty}\cos\frac{1}{x}=1$$

(더 쉬운 답은 $\lim_{x\to\infty}x\sin\frac{1}{x}=\lim_{x\to\infty}\frac{\sin\frac{1}{x}}{\frac{1}{x}}=1$)

(8) $\lim_{x\to 0}(1+x)^{1/x}$은 1^{∞}의 형식이다.

$\frac{0}{0}$의 형식인 $\lim_{x\to 0}\ln y=\lim_{x\to 0}\frac{\ln(1+x)}{x}$이다.

$$\lim_{x\to 0}\ln y=1,\ y=e^1=e$$

(9) $\lim_{x\to\infty}x^{1/x}$는 ∞^0의 형식이다. $y=x^{1/x}$이면, $\ln y=\frac{1}{x}\ln x\,(x\to\infty$가 $\frac{\infty}{\infty}$ 형식이므로)

따라서 $\lim_{x\to\infty}\ln y=\frac{1/x}{1}=0$이고, $\lim_{x\to\infty}y=e^0=1$

2.9 누적확률분포함수미분

$F(x)=P(x\le x)$를 임의의 확률변수의 분포함수라고 할 때 다음이 성립한다.

(1) $F(x)$는 비감소함수이다. 즉, $a<b$이면 $F(a)\le F(b)$이다.

(2) $\lim_{x\to+\infty}F(x)=1,\ \lim_{x\to-\infty}F(x)=0$

(3) $F(x)$는 오른쪽에서 연속인 함수이다.

$F(x)$의 성질에서 알 수 있듯이 확률밀도함수 $f(x)$는

$$\int_{-\infty}^{\infty} f(x)dx = 1,\ f(x) \geq 0, (-\infty < x < \infty)$$

를 만족한다. 또 미적분의 기본 정리에서 $f(x)$가 연속인 모든 x의 값에서 $F'(x) = f(x)$가 성립함을 알 수 있다. 예를 들면

$$F(x) = \begin{cases} 0, & x < 0 \\ x/2, & 0 \leq x < 2 \text{이면} \\ 1, & x \geq 2 \end{cases}$$

$$f(x) = \begin{cases} 0, & x \leq 0,\ \text{또는}\ x \geq 2 \\ 1/2, & 0 < x < 2 \end{cases}$$

예제 2.16》 확률변수 X의 분포함수가 다음과 같다.

$$F(x) = \begin{cases} 0, & x < 0 \\ a + be^{-x}, & 0 \leq x < \infty \end{cases}$$

(1) 상수 a, b를 구하여라.

(2) $P(2 \leq X \leq 4)$를 구하여라.

(3) 확률밀도함수 $f(x)$를 구하여라.

풀이

(1) $F(x)$가 분포함수이므로 $\lim_{x \to +\infty} F(x) = 1$이고 $\lim_{x \to -\infty} F(x) = 0$이어야 한다. 특히 상태 공간이 $\{x : 0 \leq x < \infty\}$이므로 $F(0) = 0$이다. 한편

$$\lim_{x \to \infty} F(x) = \lim_{x \to \infty} (a + be^{-x}) = a = 1,\ F(0) = a + b = 0$$

이므로 $a = 1, b = -1$이다.

(2) $P(2 \leq X \leq 4) = F(4) - F(2) = \dfrac{e^2 - 1}{e^4}$

(3) $0 \leq x < \infty$에서 $f(x) = \dfrac{d}{dx}F(x) = \dfrac{d}{dx}(1 - e^{-x}) = e^{-x}$이고, $x < 0$일 때, $f(x) = 0$이다.

예제 2.17 》 분포함수가 다음과 같을 때, 확률밀도함수 $f(x)$를 구하여라.

(1) $F(x)=\begin{cases}0 & , x \le 0 \\ 3x^3-2x^4 & , 0<x<1 \\ 1 & , x \ge 1\end{cases}$

(2) $F(x)=\begin{cases}0 & , x \le 0 \\ \dfrac{1}{2}(x+x^2) & , 0<x<1 \\ 1 & , x \ge 1\end{cases}$

(3) $F(x)=\begin{cases}0 & , x \le 0 \\ 1-(1+3x)e^{-3x} & , 0<x\end{cases}$

(4) $F(x)=\begin{cases}0 & , x \le 1 \\ 1-\dfrac{1}{x} & , 1<x\end{cases}$

풀이

(1) $f(x)=\begin{cases}9x^2-8x^3, & 0 \le x<1 \\ 0, & \text{그 밖에서}\end{cases}$

(2) $f(x)=\begin{cases}\dfrac{1+2x}{2}, & 0<x<1 \\ 0, & \text{그 밖에서}\end{cases}$

(3) $f(x)=\begin{cases}9xe^{-3x}, & x>0 \\ 0, & x \le 0\end{cases}$

(4) $f(x)=\begin{cases}\dfrac{1}{x^2}, & x>1 \\ 0, & x \le 1\end{cases}$

연습문제

1 다음 함수를 미분하여라.

(1) $y=-x^2+3$

(2) $y=6x^2-10x-5x^{-2}$

(3) $y=\dfrac{2x+5}{3x-2}$

(4) $v=\dfrac{1+x-4\sqrt{x}}{x}$

(5) $y=x^{9/4}+e^{-2x}$

(6) $y = \frac{x^4}{2} - \frac{3}{2}x^2 - x$

(7) $w = (\frac{1+3z}{3z})(3-z)$

2 u와 v가 $x=0$에서 미분 가능하고 $\begin{matrix} u(0)=5, & u'(0)=-3 \\ v(0)=-1, & v'(0)=2 \end{matrix}$ 인 x의 함수라는 것을 가정하자. $x=0$에서 아래 도함수의 값을 찾아라.

(1) $\frac{d}{dx}(uv)$　　(2) $\frac{d}{dx}(\frac{v}{u})$　　(3) $\frac{d}{dx}(7v-2u)$

3 다음을 구하여라.

(1) 점 $(2,1)$에서 곡선 $y=x^3-4x+1$에 접하는 수선의 방정식을 구하여라.

(2) 곡선에서 가장 작은 기울기의 값은?

(3) 곡선의 기울기가 8인 점에서 곡선에 접하는 방정식을 구하여라.

4 원점과 점 $(1,2)$에서 $y=\frac{4x}{x^2+1}$에의 접선을 찾아라.

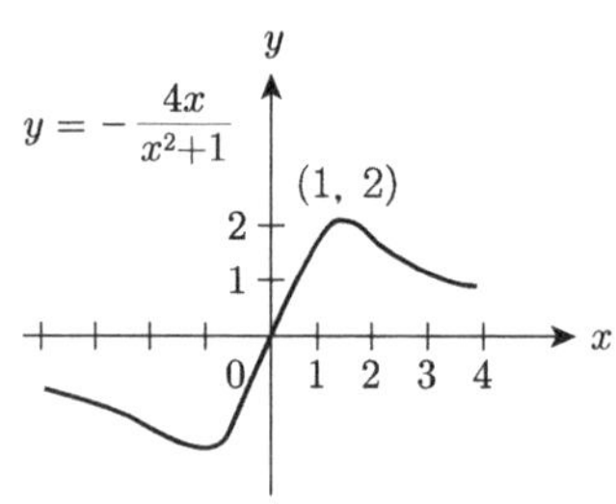

5 다음 문제에서 미지수를 찾아라.

(1) 곡선 $y=ax^2+bx+c$이 $(1,2)$를 지나고 원점에서 $y=x$에 접한다. a, b 그리고 c를 구하여라.

(2) 아래 함수를 모든 x값에서 미분 가능하게 하는 a, b의 값을 구하여라.

$$f(x) = \begin{cases} ax+b, & x > -1 \\ bx^2-3, & x \leq -1 \end{cases}$$

6 다음 함수의 도함수를 구하여라.

(1) $y=(2x+1)^5$

(2) $y = \sin^3 x$

(3) $s = \dfrac{4}{3\pi}\sin 3t + \dfrac{4}{5\pi}\cos 5t$

(4) $y = xe^{-x} + e^{3x}$

(5) $y = \dfrac{4}{\cos x} + \dfrac{1}{\tan x}$

7 $x=0$에서 $f(x) = \begin{cases} \dfrac{\sin^2 3x}{x^2}, & x \neq 0 \\ c, & x = 0 \end{cases}$를 연속하게 만들어 주는 c의 값이 있는가?

8 다음을 미분하여라.

(1) $f(x) = \sqrt{7 + x\sec x}$

(2) $y = \cos(e^{-\theta^2})$

(3) $y = e^{\cos^2(\pi t - 1)}$

(4) $y = \tan^2(\sin^3 t)$

9 y''을 구하여라.

(1) $y = \dfrac{1}{9}\cot(3x-1)$

(2) $y = e^{x^2} + 5x$

10 y'을 구하여라.

(1) $x^2 y + xy^2 = 6$

(2) $y\sin\left(\dfrac{1}{y}\right) = 1 - xy$

(3) $e^{2x} = \sin(x + 3y)$

11 dy/dx와 d^2y/dx^2를 구하여라.

(1) $x^2 + y^2 = 1$

(2) $2\sqrt{y} = x - y$

(3) $x^3 + y^3 = 16$일 때, $(2, 2)$에서 d^2y/dx^2의 값을 구하여라.

12 주어진 점에서의 (1) 접선과 (2) 법선을 구하여라.

(1) $x^2+xy-y^2=1$, $(2,3)$

(2) $2xy+\pi\sin y=2\pi$, $(1,\pi/2)$

(3) $y=2\sin(\pi x-y)$, $(1,0)$

13 역함수의 미분계수를 구하여라.

(1) $f(x)=x^3-3x^2-1$, $x\geq 2$라고 하자. $x=-1=f(3)$에서 df^{-1}/dx의 값을 구하여라.

(2) 미분 가능한 $y=f(x)$가 역을 가지고 f의 그래프가 $(2,4)$를 지나고 거기서 기울기가 $\dfrac{1}{3}$이라고 가정하자. $x=4$에서 df^{-1}/dx의 값을 구하여라.

14 다음 초월함수를 미분하여라.

(1) $y=\ln(\theta+1)$

(2) $y=\dfrac{\ln t}{t}$

(3) $y=\dfrac{1+\ln t}{1-\ln t}$

(4) $y=\ln(\cos^2\theta)$

(5) $y=2^x$

(6) $y=\log_4 x+\log_4 x^2$

(7) $y=\log_5 e^x$

(8) $y=(x+1)^x$

(9) $y=x^{\ln x}$

(10) $y=\sec^{-1}(2s+1)$

(11) $y=\cot^{-1}\sqrt{t}$

(12) $y=\csc^{-1}(e^t)$

(13) $y=x\sin^{-1}x+\sqrt{1-x^2}$

15 평균값 정리의 결과에서 방정식 $\dfrac{f(b)-f(a)}{b-a}=f'(c)$를 만족하는 c의 값을 찾아라.

(1) $f(x)=x^2+2x-1$, $[0,\ 1]$

(2) $f(x)=x+\dfrac{1}{x}$, $[\dfrac{1}{2},\ 2]$

16 함수 $y=\begin{cases}\sin x, & x<\pi \\ mx+b, & x\geq\pi\end{cases}$ 일 때 다음 물음에 답하여라.

(1) $x=\pi$에서 연속할 때 연속인 m과 b의 관계식을 구하여라.

(2) $x=\pi$에서 미분 가능할 때, 연속인 m과 b의 값을 구하여라.

17 함수 $f(x)=\begin{cases}\dfrac{1-\cos x}{x}, & x\neq 0 \\ 0, & x=0\end{cases}$ 가 x=0에서 도함수를 갖는가?

18 a와 b의 값이 $f(x)=\begin{cases}ax, & x<2 \\ ax^2-bx+3, & x\geq 2\end{cases}$ 에서 모든 x값에서 미분 가능한가?

19 주어진 t의 값에 의해 정의된 점에서 곡선에 접하는 직선의 방정식을 찾아라. 또한, 이 점에서 d^2y/dx^2의 값을 찾아라.

(1) $x=2\cos t,\ \ y=2\sin t,\ \ t=\pi/4$

(2) $x=t,\ \ y=\sqrt{t},\ \ t=1/4$

(3) $x=2t^2+3,\ \ y=t^4,\ \ t=-1$

(4) $x=t-\sin t,\ \ y=1-\cos t,\ \ t=\pi/3$

20 모든 실수 x에 대하여 정의된 함수 $f(x)$가 임의의 실수 x, y에 대하여 $f(x+y)=f(x)+f(y)$를 만족시킨다. $f'(0)=2$일 때, $f'(x)$는?

21 함수 $f(x)$가 임의의 실수 x, y에 대하여 다음 등식을 만족시킨다.

$$f(x+y)=f(x)+f(y)+xy$$

(1) $f(0)$의 값을 구하여라.

(2) $f'(0)=2$일 때, $f'(2)$의 값을 구하여라.

22 분포함수 $F(x)$가 다음과 같을 때, $f(x)=\dfrac{d}{dx}F(x)$를 구하여라.

(1) $F(x)=\begin{cases}0\,;\ x\leq 0 \\ x\,;\ 0<x<1 \\ 1\,;\ x\geq 1\end{cases}$

(2) $F(x)=\begin{cases}0 & ;\ x\leq 1 \\ 1-\dfrac{1}{x} & ;\ x>1\end{cases}$

(3) $F(x)=\begin{cases}0 & ;\ x \le 0 \\ 1-e^{-x} & ;\ x > 0\end{cases}$

(4) $F(x)=\dfrac{1}{\pi}\tan^{-1}x,\quad -\infty < x < +\infty$

23 다음 주어진 함수 $M(t)$에 대하여 $M'(0)$, $M''(0)$, $M''(0)-(M'(0))^2$을 구하여라.

(1) $M(t)=\exp\left[\mu t+\dfrac{\sigma^2}{2}t^2\right]$
$\left(\begin{array}{l}-\infty < \mu < +\infty,\ \sigma^2 > 0, \\ -\infty < t < +\infty\end{array}\right)$

(2) $M(t)=\left(1-p+pe^t\right)^n$

$(0 < p < 1,\ -\infty < t < +\infty)$

(3) $M(t)=\exp\left[\lambda\left(e^t-1\right)\right]$

$(\lambda > 0,\ -\infty < t < +\infty)$

24 다음 문제들을 로피탈을 사용하여 구하여라.

(1) $\displaystyle\lim_{t\to-3}\frac{t^3-4t+15}{t^2-t-12}$

(2) $\displaystyle\lim_{\theta\to\pi/2}\frac{2\theta-\pi}{\cos(2\pi-\theta)}$

(3) $\displaystyle\lim_{x\to(\pi/2)^-}\left(x-\frac{\pi}{2}\right)\sec x$

(4) $\displaystyle\lim_{x\to0^+}\frac{\ln(x^2+2x)}{\ln x}$

(5) $\displaystyle\lim_{x\to1^+}\left(\frac{1}{x-1}-\frac{1}{\ln x}\right)$

(6) $\displaystyle\lim_{x\to0}\frac{x-\sin x}{x\tan x}$

(7) $\displaystyle\lim_{x\to\infty}x^{-1/\ln x}$

(8) $\displaystyle\lim_{x\to0^+}x^2\ln x$

25 $x=0$에서 함수를 연속적이게 만드는 c값을 찾아라. 그리고 설명하여라.

$$f(x)=\begin{cases}\dfrac{9x-3\sin 3x}{5x^3}, & x\neq 0\\ c, & x=0\end{cases}$$

26 a, b값을 구하여라.

$$\lim_{x\to 0}\left(\frac{\tan 2x}{x}+\frac{a}{x^2}+\frac{\sin bx}{x}\right)=0$$

CHAPTER 03

미분의 응용

3.1 기울기와 임계점

$P(x_1, y_1)$에서 $y = f(x)$의 미분계수가 존재한다면, P에서의 곡선의 기울기는 $x = x_1$에서의 $f(x)$의 미분계수인 $f'(x_1)$이다. f의 정의역 안에서 $f'(c) = 0$ 또는 $f'(c)$가 나오지 않는 어떤 c를 임계점 또는 f의 임계값이라고 부른다. 만약 f가 어디에서나 미분계수를 가진다면, 방정식 $f'(x) = 0$에서 임계점을 찾는다.

예제 3.1 》 다음 함수의 임계점을 구하여라.

(1) $f(x) = 4x^3 - 6x^2 - 8$ (2) $f(x) = 3x^3 + 2x$

(3) $f(x) = (x-1)^{1/3}$

풀이

(1) $f(x) = 4x^3 - 6x^2 - 8$에서

$f'(x) = 12x^2 - 12x = 12x(x-1)$이다.

이것은 만약 x가 0이거나 1이면 0과 같다. 따라서 0과 1은 임계점들이다.

(2) $f(x) = 3x^3 + 2x$에서

$f'(x) = 9x^2 + 2$이다.

$f'(x)$가 절대 0이 되지 않기 때문에(항상 양수이다) f는 임계점들이 없다.

(3) $f(x) = (x-1)^{1/3}$에서

$$f'(x) = \frac{1}{3(x-1)^{2/3}}$$

비록 f'가 절대 0이 아님에도 불구하고, $x=1$는 f의 임계점이다. 왜냐하면, f'는 $x=1$에서 존재하지 않기 때문이다.

만약 x가 a에서 $a+h$로 변한다면, 함수 f는 $f(a)$에서 $f(a+h)$로 변한다, f의 평균변화율은 다음과 같다.

$$\frac{f(a+h)-f(a)}{h}$$

a에서 f의 순간변화율, a에서 f의 미분계수는 $h \to 0$로 변할 때의 평균변화율의 극한값이다.

$$f'(a) = \lim_{h \to 0} \frac{f(a+h)-f(a)}{h}$$

$y=f(x)$의 그래프에서, x-점에 따라 y-점이 변하는 데서의 비율은 곡선의 기울기인 $f'(x)$이다, t초 동안 물체가 움직인 거리 $s(t)$가 시간에 따라 변화하는 비율은 $s'(t)$이다. 제조업자의 이익 $p(x)$가 생산 레벨에 관련해 변화하는 비율은 $p'(x)$이다.

예제 3.2 》 $g(t) = 400(15-t)^2$을 관의 방출구가 열리고 t분이 지난 후 물탱크에 찬 물의 갤런이라고 하자. 처음 5분 동안의 배수가 흐르는 평균변화율과 5분에서 흐르는 순간변화율을 구하여라.

풀이

처음 5분 동안의 평균변화율은

$$\frac{g(5)-g(0)}{5} = \frac{400 \cdot 100 - 400 \cdot 225}{5} = -10{,}000\,\text{갤런/분}$$

처음 5분 동안의 배수의 평균 비율은 10,000갤런/분이다.

$t=5$에서의 변화의 순간변화율 $g'(5)$이다 $g'(t) = -800(15-t)$이기 때문에 $g'(5) = -800(10) = -8000$ 갤런/분이다. 따라서 마지막 5분에서 순간변화율은 8000갤런/분이다.

3.2 접선과 법선

점 $P(x_1, y_1)$에서 곡선 $y=f(x)$에 접선의 방정식은 $y-y_1=f'(x_1)(x-x_1)$이다.

접선에 수직인 P를 지나는 선을 P에서의 곡선에 수직이라고 하고, 기울기 $-\dfrac{1}{f'(x_1)}$ 이다.

$$y-y_1=-\frac{1}{f'(x_1)}(x-x_1)$$

이다.

예제 3.3 점 (1, −2)에서 $f(x)=x^3-3x^2$의 곡선에 접선과 법선의 방정식을 찾아라.

풀이

$f'(x)=3x^2-6x$이고 $f'(1)=-3$이기 때문에, 접선의 방정식은

$$y+2=-3(x-1) \quad 또는 \quad y+3x=1$$

법선의 방정식은

$$y+1=\frac{1}{3}(x-1) \quad 또는 \quad y=\frac{1}{3}x-\frac{7}{3}$$

예제 3.4 $x=0$일 때의 점에서 곡선 $x^2y-x=y^3-8$의 접선의 방정식을 찾아라.

풀이

$\dfrac{dy}{dx}=\dfrac{1-2xy}{x^2-3y^2}$을 구하기 위해 음수적 미분을 한다. $x=0$일 때 $y=2$이기 때문에, 이 점에서의 기울기는 $\dfrac{1-0}{0-12}=-\dfrac{1}{12}$이다. 접선의 방정식은

$$y-2=-\frac{1}{12}x \quad 또는 \quad 12y+x=24$$

예제 3.5 곡선 $x^2y-x=y^3-8$에서 접선이 수평이 되는 점의 좌표를 찾아라.

풀이

$\dfrac{dy}{dx}=\dfrac{x+2y}{y-2x}$이고 $\dfrac{dy}{dx}=0$일 때, 접선은 수평이기 때문에, $x=-2y$이다. 곡선의 방

정식에 이것을 대입하면, 다음의 값을 갖는다.

$$y^2 - 4y(-2y) = 4y^2 + 5$$
$$5y^2 = 5$$

따라서 $y = \pm 1$이고 $x = \pm 2$이다. 점들은 (2, −1), (−2, 1)이다.

예제 3.6》 $t = \frac{\pi}{3}$일 때의 점에서 $F(t) = (\cos t, 2\sin^2 t)$에 접선 방정식을 찾아라.

풀이

$\frac{dx}{dy} = -\sin t$이고 $\frac{dy}{dx} = 4\sin t\cos t$

$$\frac{dy}{dx} = \frac{4\sin t\cos t}{-\sin t} = -4\cos t$$

$t = \frac{\pi}{3}$에서, $x = \frac{1}{2}$, $y = 2(\frac{\sqrt{3}}{2})^2 = \frac{3}{2}$, 그리고 $\frac{dy}{dx} = -2$이다. 접선의 방정식은

$$y - \frac{3}{2} = -2(x - \frac{1}{2}) \quad \text{또는} \quad 4x + 2y = 5$$

3.3 극대 극소

함수 $y = f(x)$는 만약 구간 안의 모든 a와 b가 $a < b$에서 $f(b) \geq f(a)$라면 그 구간에서 증가함수이고, $a < b$에서 $f(a) \geq f(b)$이면 그 구간에서 감소함수이다.

$f(x)$가 증가함수이면 $f'(x) \geq 0$이고, $f(x)$가 감소함수이면 $f'(x) \leq 0$이다.

예제 3.7》 $f(x) = x^4 - 4x^3 + 4x^2$의 증감을 조사하여라.

풀이

$$f'(x) = 4x^3 - 12x^2 + 8x = 4x(x-1)(x-2)$$

$x = 0$, 1, 2일 때만 함수가 변하므로, 다음과 같은 구간에서 연속적이다.

그러므로 $x < 0$, $f'(x) < 0$ 그리고 f는 감소한다.

$0 < x < 1$, $f'(x) > 0$ 그리고 f는 증가한다.

$1 < x < 2, f'(x) < 0$ 그리고 f는 감소한다.

$2 < x,\ f'(x) > 0$ 그리고 f는 증가한다.

$y = f(x)$의 곡선은 c의 근접한 주위에서의 모든 x가 $f(c) \geq f(x), f(c) \leq f(x)$이면, $x = c$일 때의 점에서 극댓값, 극솟값을 가진다. 만약 곡선 $x = c$에서 극댓값, 극솟값을 가진다면, 곡선은 x가 c를 따라 증가함에 따라 올라감에서 내려감으로 바뀌는 것이 극댓값이고, 내려감에서 올라감으로 바뀌는 것이 극솟값이다. 만약 함수가 구간 $[a, b]$에서 미분가능하고, $x = c(a < c < b)$에서 극댓값과 극솟값을 가지면, $f'(c) = 0$이다. 이 명제의 역은 옳지 않다.

$[a,\ b]$에서의 함수의 전체 $x = c$에서 $f(c) \geq f(x)$이면 최댓값을 나타내고 $f(c) \leq f(x)$이면 $x = c$에서 최솟값을 나타낸다.

변곡점은 곡선이 그의 오목한 곳을 위쪽에서 아래쪽으로, 또는 아래쪽에서 위쪽으로 바꾸는 점을 말한다.

다음 절차는 곡선의 어떤 최대, 최소, 또는 변곡점을 찾고 그 곡선을 그리기 위해 제안된 것이다.

(1) y'와 y''를 찾아라.

(2) $y' = 0$이 되는 모든 $(x,\ y)$ 모든 임계점들을 찾아라. 이 점 각각의 x에서의 접선은 곡선에 수평이다.

(3) c를 y'가 0이 되는 수로 놓자. c에서의 y''의 부호를 찾아라. 만약 $y''(c) > 0$이면, 곡선은 아래로 볼록하고 c는 극솟값을 나타낸다. 만약 $y''(c) < 0$이면, 곡선은 위로 볼록하고 c는 극댓값을 나타낸다. 이 절차를 이계도함수판정법이라고 한다.

(4) 만약 $y'(c) = 0$이고 $y''(c) = 0$이면, x가 c를 따라 증가함에 따른 y'의 부호를 찾아라. (5) $y'' = 0$이 되는 모든 x들을 찾아라. 이들은 가능한 변곡점들이다. 만약 c가 x와 같고, y''의 부호는 x가 c를 따라 증가함에 따라 변한다면 ($+$에서 $-$로, 또는 $-$에서 $+$로), c는 변곡점의 x-좌표이다. 만약 부호가 변하지 않는다면, c는 변곡점을 나타내지 않는다.

예제 3.8》 그래프 $f(x) = x^3 - 5x^2 + 3x + 6$에서 아무 극대, 극소, 그리고 변곡점들을 찾아서 곡선을 그려라.

풀이

(1) 여기서 $f'(x) = 3x^2 - 10x + 3$이고 $f''(x) = 6x - 10$

(2) $x = \dfrac{1}{3}$ 또는 3일 때, $f'(x) = (3x - 1)(x - 3)$은 0이다.

(3) $f''(\frac{1}{3}) < 0$이기 때문에, 우리는 점 $(\frac{1}{3}, f(\frac{1}{3}))$이 궤적의 극댓값인 것을 안다. $f''(3) > 0$이기 때문에, 점 (3, $f(3)$)은 극솟값이다. 따라서, $(\frac{1}{3}, \frac{175}{27})$은 극댓값이고 (3, −3)은 궤적의 극솟값이다.

(4) 는 이 문제에서는 불필요하다.

(5) $x = \frac{5}{3}$일 때, $f''(x) = 0$이고 f''는 x가 $\frac{5}{3}$를 따라 증가함에 따라 부호를 바꾼다. f의 그래프는 변곡점을 가진다. 그림 3.1을 보자.

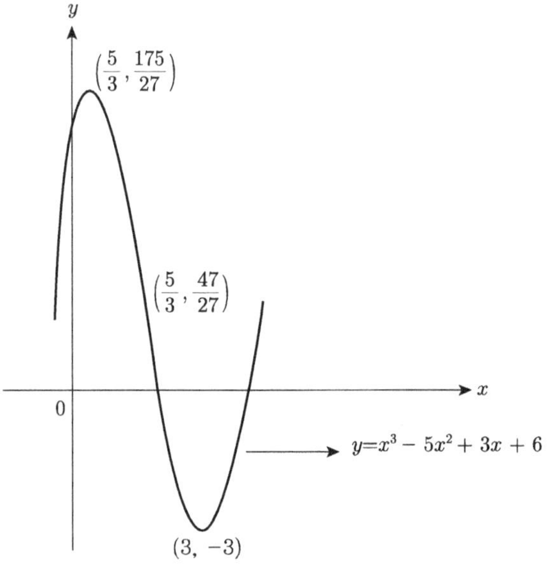

[그림 3.1]

예제 3.9》 표준정규분포함수 $f(x) = \frac{1}{\sqrt{2\pi}} \exp[-\frac{x^2}{2}]$의 변곡점을 구하고, 곡선의 개형을 그려라.

풀이

$f'(x) = \frac{-x}{\sqrt{2\pi}} \exp[-\frac{x^2}{2}]$이므로 $f'(x) = 0$을 만족하는 점을 $x = 0$이고, 주어진 함수 $x = 0$에서 임계값 $f(0) = \frac{1}{\sqrt{2\pi}}$을 갖는다.

$$f''(x) = \frac{1}{\sqrt{2\pi}}(x^2 - 1)\exp[-\frac{x^2}{2}]$$

이므로 $f''(x)=0$을 만족하는 점은 $x=\pm 1$이다.

$$x<1 \text{이면 } f''(x)>0$$
$$-1<x<1 \text{이면 } f''(x)<0$$
$$x>1 \text{이면 } f''(x)>0$$

이므로 변곡점은 $x=\pm 1$이다. $f''(0)=\dfrac{-1}{\sqrt{2\pi}}<0$이므로 $f(x)$는 $x=0$에서 극대이고, 또한

$$\lim_{x\to\pm\infty}\frac{1}{\sqrt{2\pi}}\exp[-\frac{x^2}{2}]=0$$

이므로 수평점근선 $y=0$(또는 x축)을 갖는다. 또한 $x=0$을 중심으로 좌우 대칭이므로 그림 3.2와 같은 곡선의 개형을 얻을 수 있다. 이러한 곡선은 통계학에서 매우 널리 사용하는 표준정규분포 곡선이다.

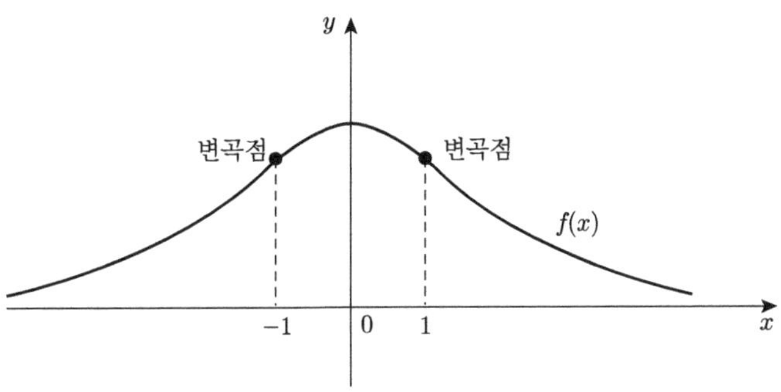

[그림 3.2]

예제 3.10》 $f(x)=x^4-4x^3$의 그래프를 그려라.

풀이

(1) $f'(x)=4x^3-12x^2$이고, $f''(x)=12x^2-24x$

(2) $x=0$ 또는 $x=3$일 때, $f'(x)=4x^2(x-3)$은 0이다.

(3) $f'(x)=12x(x-2)$이고 $f''(3)>0$이기 때문에, 점 (3, −27)은 극솟값이다. $f''(0)=0$이기 때문에, 이계도함수판정법은 0이 극댓값 또는 극솟값을 나타내는지 우리에게 알려주지 못한다.

(4) $f'(x)$가 x가 0을 따라 증가할 때 부호를 바꾸지 않기 때문에, 점 (0, 0)은 극댓값도 극솟값도 나타내지 않는다.

(5) x이 0 또는 2일 때, $f''(x)=0$이다. f''는 x가 0을 따라 증가함에 따라 (+0-) 그리고 또한 x가 2를 따라 증가할 때 (-0+) 부호를 바꾼다. 따라서 (0, 0)과 (2, −16) 모두는 곡선의 변곡점들이다. 이 곡선은 그림 3.3에 그려져 있다.

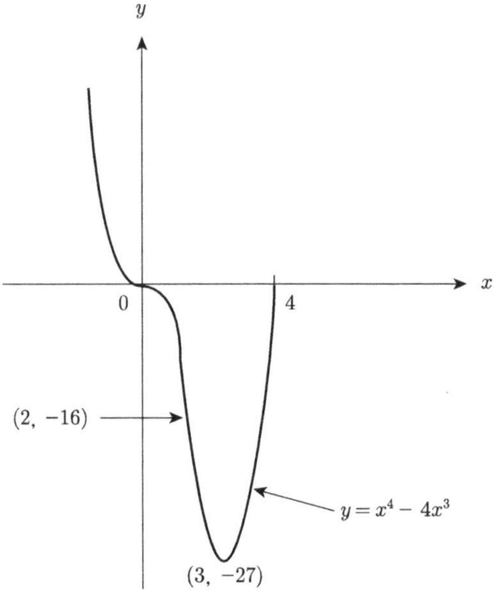

[그림 3.3]

3.4 최댓값 또는 최솟값

함수 f가 폐구간 $a \le x \le b$에서 미분 가능하다면, f는 폐구간 $[a,b]$에서 또한 연속적이고 극한값 정리로부터 f는 폐구간 $[a,b]$에서 최댓값과 최솟값 모두를 가진다는 것을 알고 있다. 이들을 찾기 위해, 구간 $[a,b]$의 임계점을 위한 방정식 $f'(x)=0$을 풀고, 각 점들과 $x=a$, $x=b$에서의 f를 계산한다. 구한 f의 가장 큰 값은 최댓값이고 가장 작은 값은 최솟값이다.

예제 3.11》 $f(x)=2x^3-3x^2-12x$라면, (1)$-2 \le x \le 3$, (2)$0 \le x \le 3$에서 f의 최댓값과 최솟값을 찾아라.

풀이

(1) $f'(x) = 6x^2 - 6x - 12 = 6(x+1)(x-2) = 0$, $x = -1$ 또는 $x = 2$
$f(-2) = -4$, $f(-1) = 7$, $f(2) = -20$, 그리고 $f(3) = -9$, f의 최댓값은 7이고, f의 최솟값은 −20이다.

(2) 오직 임계값 2만 [0,3] 안에 포함된다. 0, 2, 3에서의 f를 계산한다.
$f(0) = 0$, $f(2) = -2$, $f(3) = -9$이기 때문에, f의 최댓값은 0이고, 최솟값은 −20이다.

예제 3.12》 다음 함수의 최댓값 또는 최솟값을 구하여라.

(1) $y = \dfrac{x^2 - 3x + 1}{x - 3}(-2 \leq x < 3)$ (2) $y = \dfrac{x^2 + x - 1}{x^2 - x + 1}$

풀이

(1) $y = \dfrac{x^2 - 3x + 1}{x - 3}$

$$y' = \frac{(2x-3)(x-3) - (x^2 - 3x + 1) \cdot 1}{(x-3)^2}$$

$$= \frac{(x-2)(x-4)}{(x-3)^2}$$

$y' = 0$ 에서 $x = 2, 4$ 최댓값 1, 최솟값은 없다.

(2) $y = \dfrac{x^2 + x - 1}{x^2 - x + 1}$

$$y' = \frac{(2x+1)(x^2 - x + 1) - (x^2 + x - 1)(2x-1)}{(x^2 - x + 1)^2}$$

$$= \frac{-2x(x-2)}{(x^2 - x + 1)^2}$$

$y' = 0$에서 $x = 0, 2$ 최댓값 $\dfrac{5}{3}$, 최솟값 −1

예제 3.13》 $f(x) = \dfrac{1}{x}$의 최대, 최솟값은?

풀이

함수 $f(x) = \dfrac{1}{x}$는 0을 포함하는 어떤 구간에서도 최댓값이나 최솟값을 가지지 않는다. 0을 포함하고 있지 않은 모든 폐구간에서는 최댓값과 최솟값을 가진다. 예를 들어, $[2,5]$에서 f의 최댓값은 $\frac{1}{2}$이고, 최솟값은 $\frac{1}{5}$이다.

3.5 그리기

함수가 방정식의 그래프를 그리기 전에 다음 항목 중 하나 또는 그 이상을 검토하는 것은 아주 중요하다.

1. 정의역을 구한다.
2. x축 절편과 y축 절편을 구한다.
3. 대칭성이 있는지 살펴본다.
   $f(-x,y)=f(x,y)$이면 y축에 관하여 대칭이다.
   $f(x,-y)=f(x,y)$이면 x축에 관하여 대칭이다.
   $f(-x,-y)=f(x,y)$이면 원점에 관하여 대칭이다.
   $f(y,x)=f(x,y)$이면 직선 $y=x$에 관하여 대칭이다.
4. 점근선을 조사한다.
   수평점근선: $\lim_{x\to\infty} f(x)=L_1$, $\lim_{x\to-\infty} f(x)=L_2$이면 $y=L_1, y=L_2$는 수평점근선이다.
   수직점근선: $\lim_{x\to a+} f(x)=\pm\infty$, $\lim_{x\to a-} f(x)=\pm\infty$이면, $x=a$는 수직점근선이다.
   경사점근선 $y=f(x)$를 $y=ax+b+h(x)$ 형태로 변경할 수 있으며, 이때 $\lim_{x\to\infty} h(x)=0$ 또는 $\lim_{x\to-\infty} h(x)=0$이면, $y=ax+b$는 경사점근선이다.
5. 임계점, 변곡점, 극값 및 곡선의 볼록성을 조사한다.

예제 3.14》 함수 $f(x)=\dfrac{x}{(1+x)^2}$의 그래프를 구하여라.

풀이

(1) 정의역: 분모$\neq 0$이어야 하므로 $x\neq -1$인 모든 실수에서 함수 $f(x)$는 정의된다.
(2) 절편점: $f(0)=0$이므로 원점이 x축, y축 절편점이다.
(3) 대칭성은 없다.
(4) 점근선: $\lim_{x\to\infty}\dfrac{x}{(1+x)^2}=\lim_{x\to-\infty}\dfrac{x}{(1+x)^2}=0$이므로 수평점근선은 $y=0$이다.

(5) 임계점, 변곡점, 극값, 볼록성

$$f'(x) = \frac{1-x}{(1+x)^3},\ f''(x) = \frac{2(x-2)}{(1+x)^4}$$

이므로 임계점은 $x=1$이다. 그리고 $f''(1) = \frac{-1}{8} < 0$이므로 $x=1$에서 극댓값 $f(1) = \frac{1}{4}$을 갖는다. 또한 $f''(x)=0$이면 $x=2$이므로 $x=2$에서 변곡점을 갖는다. 위 사실을 종합하여 그림 3.4를 얻을 수 있다.

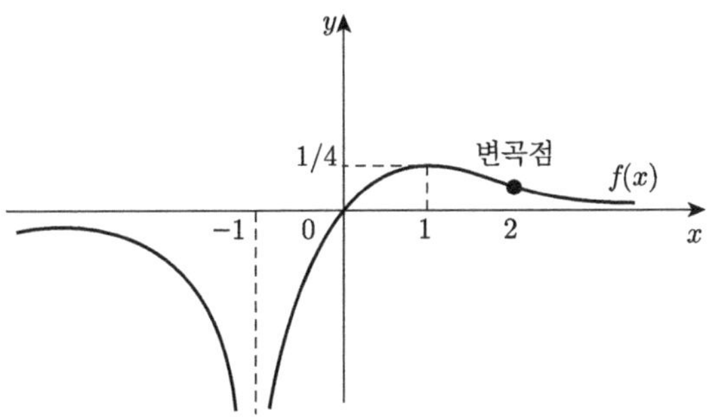

[그림 3.4]

예제 3.15》 다음 각 곡선의 개형을 그려라.

(1) $y = \ln(x^2+1)$ (2) $y = xe^{-x}$

풀이

(1) $y = \ln(x^2+1)$에서 $y' = \frac{2x}{x^2+1},\ y'' = \frac{2(x^2+1)-2x2x}{(x^2+1)^2} = \frac{-2(x+1)(x-1)}{(x^2+1)^2}$

x	⋯	−1	⋯	0	⋯	1	⋯
y'	−	−	−	0	+	+	+
y''	−	0	+	+	+	0	−
y	(	변곡	#	극소	&	변곡	%

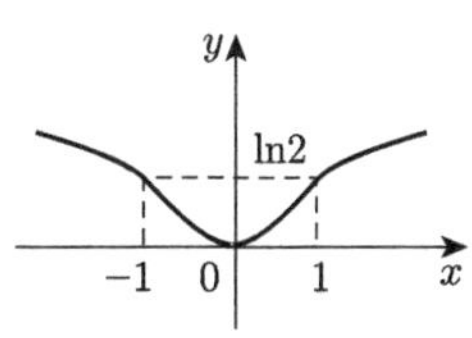

(2) $y = xe^{-x}$에서

$y' = e^{-x} - xe^{-x} = -(x-1)e^{-x},\ y'' = -e^{-x} + (x-1)e^{-x} = (x-2)e^{-x}$

x	⋯	1	⋯	3	⋯
y'	+	0	−	−	−
y''	−	−	−	0	+
y	%	극대	(	변곡	#

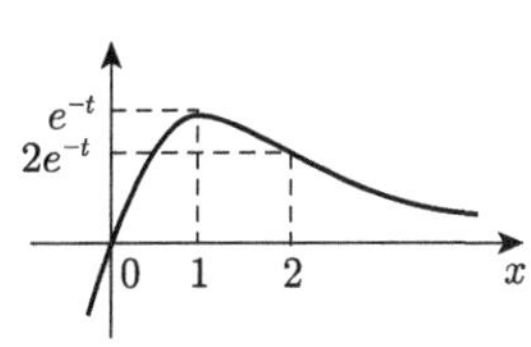

따라서 극대점은 $(1,\ e^{-1})$, 변곡점은 $(2,\ 2e^{-2})$이다.

3.6 최적화: 최댓값과 최솟값을 포함하는 문제들

최대화되어야 하는(또는 최소화되어야 하는) 함수들이 있는 문제들에 적용할 수 있다. 최대화되어야 하는(또는 최소화되어야 하는) 양인 y를 x로 양수적으로 표현할 수 있다면, 위에 약술한 절차들을 사용할 수 있다. y의 정의역이 어떤 폐구간으로 제한되어 있다면, 가능한 극값을 못보고 지나치지 않기 위해 구간의 끝 점들을 반드시 확인해야 한다.

예제 3.16》 곡선 $y^2 = x$와 $y = x$로 둘러싸인 1사분면의 범위는 y-축으로 입체를 형성하기 위해 회전하였다. 이 y-축에 평행한 입체의 단면 중 가장 큰 부분의 넓이를 구하여라.

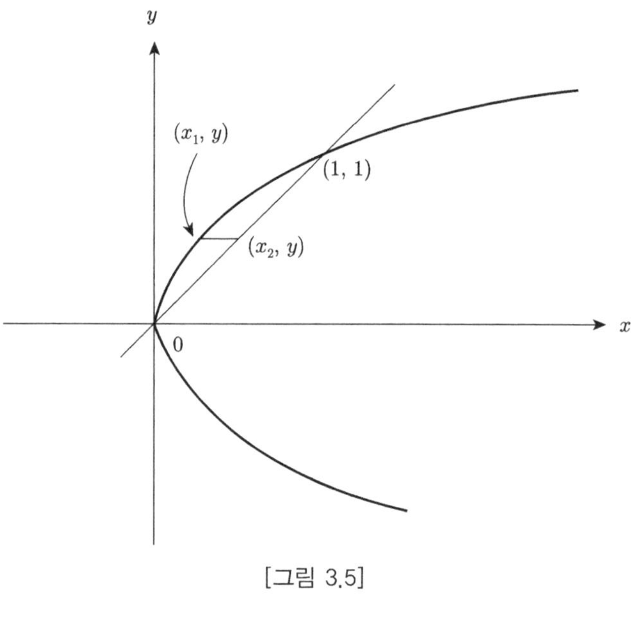

[그림 3.5]

풀이

그림 3.5를 보라. 곡선들은 원점과 (1, 1)에서 교차한다. 따라서 $0 < y < 1$. 입체의 단면은 하나는 반지름이 x_2이고, 다른 하나는 반지름이 x_1인 두 원들의 넓이 사이에서 넓이 A가 다른 고리이다. 따라서

$$A = \pi_2^2 - \pi x_1^2 = \pi(y^2 - y^4);\ \frac{dA}{dy} = \pi(2y - 4y^3) = 2\pi y(1 - 2y^2).$$

첫 번째 미분계수 중 0에 상응하는 유일한 값은 $y = \frac{1}{\sqrt{2}}$이다. 따라서 최대 넓이 A를 갖는다.

$$A = \pi\left(\frac{1}{2} - \frac{1}{4}\right) = \frac{\pi}{4}$$

$\frac{d^2A}{dy^2} = \pi(2 - 12y^2)$이고 $y = \frac{1}{\sqrt{2}}$일 때, 음수이다. A는 구간 [0,1]의 각 끝 점에서 0이어서 $\frac{\pi}{4}$가 최대 넓이다.

예제 3.17》 원기둥의 부피가 k일 때, 전체 겉넓이를 최소화하는 원기둥의 반지름과 높이의 비율을 구하여라.

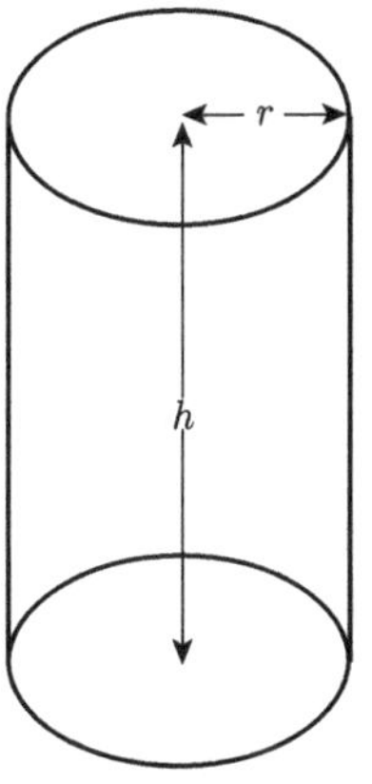

[그림 3.6]

풀이

그림 3.6을 보라. 부피는 다음과 같다.

$$V = \pi r^2 h = k$$

r은 반지름이고, h는 높이이다. 전체 겉넓이인 S를 최소화하려고 한다.

$$S = 2\pi r^2 + 2\pi rh$$

(1)에서 $h = \frac{V}{\pi r^2}$을 (2)에 대입하면

$$S = 2\pi r^2 + 2\pi r \frac{V}{\pi r^2} = 2\pi r^2 + \frac{2V}{r}$$

(3)을 r로 미분을 하면

$$\frac{dS}{dr} = 4\pi r - \frac{2V}{r^2}$$

이제 S를 최소로 만드는 상황을 확인하기 위해 $\frac{ds}{dr}$을 0으로 둔다.

$$4\pi r - \frac{2V}{r^2} = 0$$

$$4\pi r = \frac{2V}{r^2}$$

$$4\pi r = \frac{2(\pi r^2 h)}{r^2}$$

$$2r = h$$

따라서 정해진 부피의 원기둥의 전체 겉넓이는 원기둥의 높이가 이것의 지름과 같을 때 최소이다.

예제 3.18》 반지름이 r인 공에 내접하는 직원뿔 중에서 부피가 최대인 구의 밑면의 반지름과 높이의 비를 구하여라.

풀이

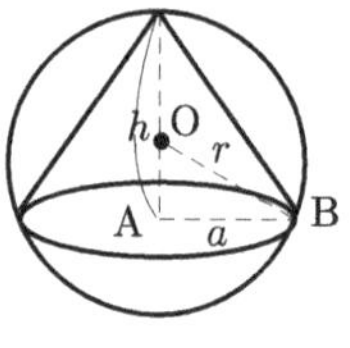

[그림 3.7]

$$V = \frac{1}{3}\pi a^2 h$$

$$V = \frac{1}{3}\pi(2rh - h^2)h = \frac{1}{3}\pi(2rh^2 - h^3)(0 < h < 2r)$$

$V' = \frac{1}{3}\pi(4rh - 3h^2) = -\pi h(h - \frac{4}{3}r) = 0$에서 $h = \frac{4}{3}r$일 때 최대이다.

$$a^2 = 2r\frac{4}{3}r - (\frac{4}{3}r)^2 = \frac{8}{9}r^2 \quad a = \frac{2\sqrt{2}}{3}r$$

$$a : h = \frac{2\sqrt{2}}{3}r : \frac{4}{3}r = 1 : \sqrt{2}$$

$1 : \sqrt{2}$

3.7 선형 근사법

$f'(a)$가 존재한다면, a에서 $f(x)$의 선형화는

$$f(a) + f'(a)(x - a)$$

$x = a$에서 $y = f(x)$에 접선인 방정식은

$$y - f(a) = f'(a)(x - a),$$

이기 때문에, 접선 위의 y의 값은 f의 실제 값의 근삿값인 것을 확인한다. 선형화는 선형 근사법이라고도 불린다.

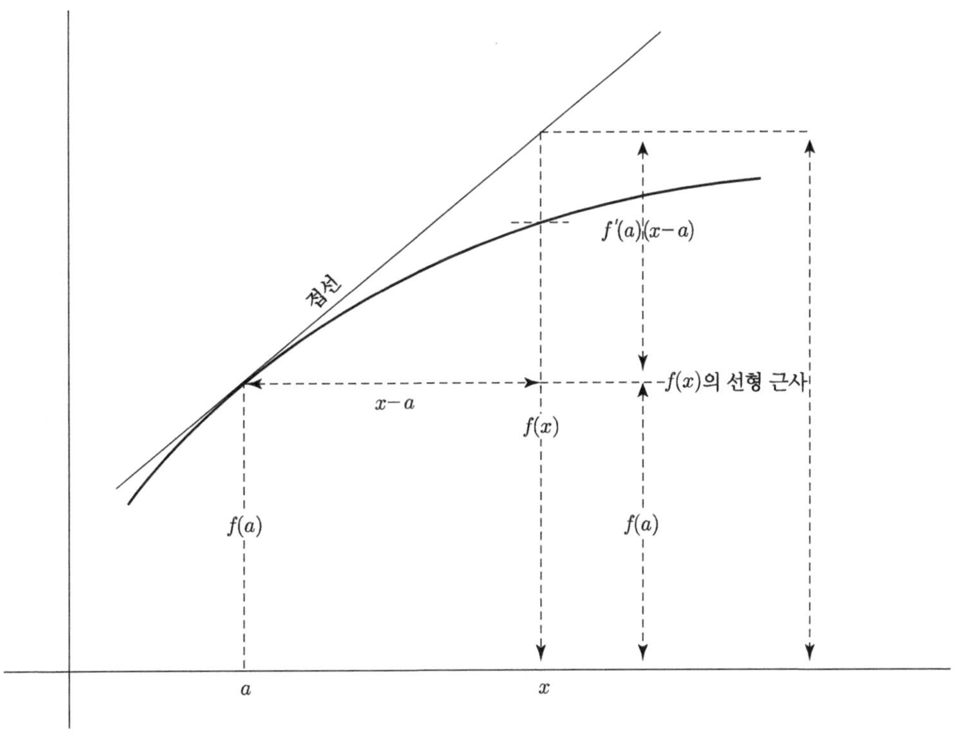

[그림 3.8]

$$f(x) \approx f(a) + f'(a)(x-a)$$

$f(a)+f'(a)(x-a)$가 $f(x)$의 선형 또는 접선의 근사치이고, 곡선을 a에서 x로 움직일 때, $f'(a)(x-a)$가 f의 근사치 변화인 데서 위의 값들을 갖는다. 그림 3.8을 보라. 일반적으로 x가 a에 가까울수록 $f(x)$에 더 근사한다.

예제 3.19》 이제 주어진 값들에서 다음 각각의 함수들의 선형 근사치들을 구하여라.

(1) $\sin x \quad a=0$ (2) $\cos x \quad a=\frac{\pi}{2}$

(3) $2x^3-3x \quad a=1$ (4) $\sqrt{1+x} \quad a=8$

풀이

(1) $a=0$에서, $\sin x \cong \sin(0)+\cos(0)(x-0) \cong 0+1 \cdot x \cong x$

(2) $a=\frac{\pi}{2}$에서, $\cos\frac{\pi}{2} - \sin(\frac{\pi}{2})(x-\frac{\pi}{2}) \cong -x+\frac{\pi}{2}$

(3) $a=1$에서, $2x^3-3x \cong -1+3(x-1) \cong 3x-4$

(4) $a=8$에서, $\sqrt{1+x} = \sqrt{1+8} + \frac{1}{2\sqrt{1+8}}(x-8) = 3+\frac{1}{6}(x-8)$

3.8 관련된 비율

t시간의 함수들인 몇몇의 변수들이 방정식과 관련되어 있다면, t로 미분하여 그 비율의 변화를 포함한 관계를 알아낼 수 있다.

예제 3.20》 만약 직각 삼각형의 오른쪽 AB가 초당 2인치씩 증가하고, 다른 AC는 초당 3인치씩 감소한다고 하면, AB가 6피트이고, AC가 8피트일 때, 빗변은 얼마나 빨리 변하는지 구하여라. (단, 1feet = 12inch)

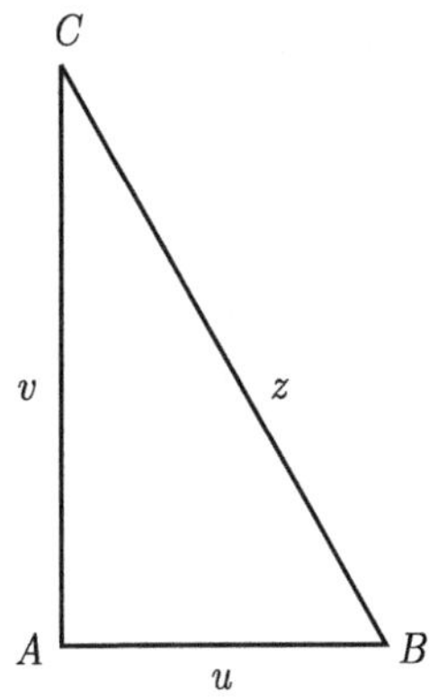

[그림 3.9]

풀이

그림 3.9를 보라. u, v, z가 각각 AB, AC, BC를 나타낸다고 하자. $\frac{du}{dt}=\frac{1}{6}$ (피트/초), 그리고 $\frac{dv}{dt}=-\frac{1}{4}$이다. $z^2=u^2+v^2$이기 때문에,

$$2z=\frac{dz}{dt}=2u\frac{du}{dt}+2v\frac{dv}{dt} \quad \text{그리고} \quad \frac{dz}{dt}=\frac{u\frac{du}{dt}+\frac{dv}{dt}}{z}$$

$u=6$, $v=8$, $z=10$, 따라서

$$\frac{dz}{dt}=\frac{6(\frac{1}{6})+8(-\frac{1}{4})}{10}=-\frac{1}{10} \text{ 피트/초}$$

예제 3.21 》 원뿔 형태의 종이컵의 지름과 높이는 모두 4인치이다. 그리고 물은 초당 $\frac{1}{2}$세제곱 인치의 속도로 새고 있다. 표면의 지름이 2인치일 때 물이 물의 높이가 떨어지는 비율을 찾아라.

풀이

그림 3.10을 보라. $\frac{dV}{dt}=-\frac{1}{2}$이고 $h=2r$이다.

$V=\frac{1}{3}\pi r^2 h=\frac{\pi h^3}{12}$ 따라서

$$\text{항상 } \frac{dV}{dt}=\frac{\pi h^2}{4}\frac{dh}{dt} \quad \text{그리고} \quad \frac{dh}{dt}=-\frac{1}{2}\frac{4}{\pi h^2}=-\frac{2}{\pi h^2}$$

지름이 2인치일 때, 높이도 2인치이고 $\frac{dh}{dt} = -\frac{1}{2\pi}$ 이다.

따라서 물의 높이는 $\frac{1}{2\pi}$ 인치/초의 속도로 떨어진다.

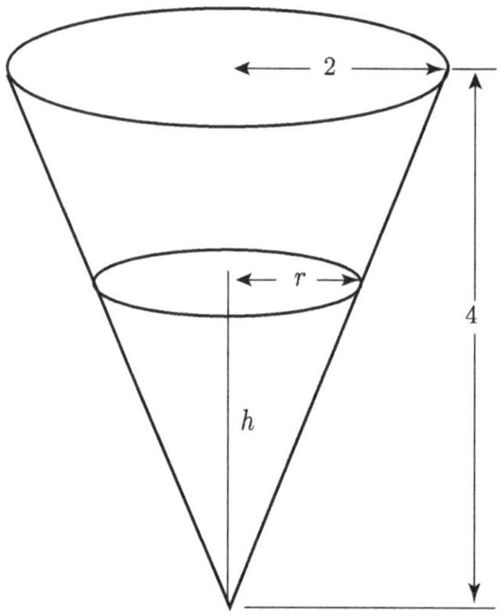

[그림 3.10]

예제 3.22》 수면 위 30m 높이의 암벽 위에서 길이 58m의 로프에 묶여서 끌려오는 배가 있다. 매초 4m의 속력으로 끌면 2초 후에 배의 속력은 얼마인가?

풀이

t초 후의 배에서 암벽 위까지의 거리를 x라 하고 배에서 암벽 밑까지의 거리를 y라 하면

$$x^2 = y^2 + 30^2 \tag{1}$$

양변은 t에 관하여 미분하면

$$2x\frac{dx}{dt} = 2y\frac{dy}{dt} \quad \therefore \frac{dy}{dt} = \frac{x}{y}\frac{dx}{dt} \tag{2}$$

문제의 조건에서 $\frac{dx}{dt} = -4$이고 2초 후의 x는 $x = 58 - 4 \times 2 = 50$이므로 이 값을 (1)에 대입하면 $y = 40$

그러므로 (2)에서 $\frac{dy}{dt} = \frac{50}{40}(-4) = -5(m/\mathrm{sec})$

연습문제

1 임계치를 구하여라.

(1) $f(x)=x(4-x)^3$

(2) $y=x^2+\dfrac{2}{x}$

(3) $y=x^2-32\sqrt{x}$

2 극솟값 또는 극댓값을 구하여라.

(1) $y=x^3+x^2-8x+5$

(2) $y=\dfrac{x}{x^2+1}$

(3) $y=x^{2/3}(x+2)$

(4) $h(x)=-x^3+2x^2$

(5) $h(t)=\dfrac{3}{2}t^4-t^6$

(6) $f(x)=\dfrac{x^2-3}{x-2}, \quad x\neq 2$

(7) $f(x)=x\ln x$

(8) $h(x)=\dfrac{x^3}{3}-2x^2+4x, \quad 0\le x<\infty$

(9) $g(x)=\dfrac{x-2}{x^2-1}, \quad 0\le x<1$

(10) $f(x)=\sqrt{3}\cos x+\sin x, \quad 0\le x\le 2\pi$

(11) $f(x)=\csc^2 x-2\cot x, \quad 0<x<\pi$

3 $f(x)=(x-2)^{2/3}$에서 다음을 구하여라.

(1) $f'(2)$가 존재하는가?

(2) $x=2$일 때 f의 극값이 존재하는가?

4 다음을 구하여라.

(1) 곡선 $y=(x/2)+1/(2x-4)$에서 기울기가 $-\dfrac{3}{2}$인 점을 구하여라.

(2) 곡선 $y=2x^3-3x^2-12x+20$에서 접선이 x축에 평행하는 점을 구하여라.

5 곡선 $y=2x^3-3x^2-12x+20$에서 (1), (2)를 구하여라.

(1) 접선이 $y=1-(x/24)$에 수직인 점은?

(2) 접선이 $y=\sqrt{2}-12x$에 평행하는 점은?

6 $y=c/(x+1)$이 $(0,3)$과 $(5,-2)$을 지나는 직선에 접하는 c의 값은?

7 주어진 점에서 주어진 식에 접하는 방정식과 법선을 찾아라.

(1) $x^2+2y^2=9$, $(1,2)$

(2) $x+\sqrt{xy}=6$, $(4,1)$

8 $(1,2)$에서 $f(x)=ax^2+bx$가 최댓값을 가지기 위한 정수 a와 b값을 결정하라.

9 극값과 변곡점을 구하여라.

(1) $y=x^3-3x+3$

(2) $y=\sin x\cos x$, $\quad 0\le x\le \pi$

(3) $y=\dfrac{8x}{x^2+4}$

10 다음 함수들의 극값과 요철 및 개형을 그려라.

(1) $y=3x^4-4x^3+1$

(2) $y=\dfrac{\ln x}{x}$

(3) $y=x^{-1}e^x$

(4) $y=\dfrac{1}{\sqrt{2\pi}\,\sigma}\exp\left[-\dfrac{(x-\mu)^2}{2\sigma^2}\right]$

11 둘레의 최소화 넓이가 16in.2인 직사각형의 둘레는 최소 얼마인가? 이때 각변의 길이는 얼마인가?

12 직사각형의 밑변은 x축에 있고, 위의 두 꼭짓점은 포물선 $y=12-x^2$에 있다. 직사각형의 넓이는 최대 얼마인가? 이때 각 변의 길이는 얼마인가?

13 반지름이 3인 구에 내접하는 가장 큰 직원뿔의 부피를 구하여라.

14 반지름이 10인 구에 내접하는 부피가 가장 큰 직원기둥의 규격을 구하여라. 최대 부피는 얼마인가?

15 x축 및 2개의 꼭짓점과 함께 한쪽의 곡선 $y=e^{-x^2}$에 그려져 있을 수 있는 큰 사각형의 면적은?

16 직선은 점 $(1,2)$에서 양의 x축 및 y축이 오른쪽 삼각형 형성을 통해 그려진다. 최소 넓이의 삼각형을 형성하는 직선의 기울기는?

17 곡선 $y^2x=18$에서 $(2,0)$에 가장 가까운 제 1사분면 점은?

18 $x=a$에서 $f(x)$의 접선 $L(x)$를 찾아라.

(1) $f(x)=x^3-2x+3,\ a=2$

(2) $f(x)=\tan x,\ a=\pi$

(3) $\cos x,\ a=\pi/2$

(4) $\ln(1+x),\ a=0$

19 반지름이 r이고, 높이가 h인 원기둥의 부피는 $V=\pi r^2 h$이다.

(1) r이 상수일 때, 두 변화율 dV/dt의 관계식을 구하여라.

(2) h가 상수일 때, 부피 변화율 dV/dt와 dr/dt의 관계식을 구하여라.

(3) r과 h가 모두 상수가 아닐 때, 변화율 dV/dt를 두 변화율 dh/dt와 dr/dt의 식으로 표현하여라.

20 길이가 13ft인 사다리가 벽에 기대어 있다가 미끄러지기 시작하였다. 사다리의 아랫부분이 벽으로부터 12ft가 되었을 때의 변화율이 5ft/sec이었다.

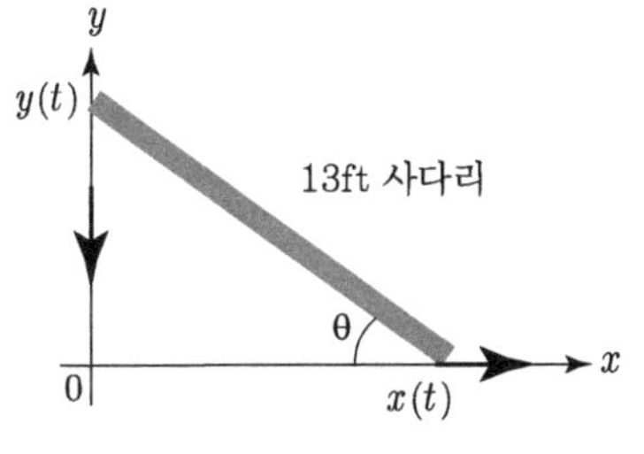

(1) 벽에 기대어 있는 부분이 내려오는 변화율을 구하여라.
(2) 사다리와 벽, 그리고 지면이 이루는 삼각형의 넓이의 변화율을 구하여라.
(3) 사다리와 지면이 이루는 각의 크기 θ의 변화율을 구하여라.

21 원뿔 모양의 수조에서 1분에 50m^3의 물이 흘러나오고 있다. 수조의 윗면의 반지름은 45m이고, 높이는 6m이다.

(1) 물의 높이가 5m일 때 물의 높이가 줄어들고 있는 비율(m/min)을 구하여라.
(2) 이때 수면의 반지름의 변화율(m/min)을 구하여라.

22 열기구가 일정한 속력 1ft/sec으로 수직으로 상승하고 있고, 자전거는 일정한 속력 17ft/sec로 달리고 있다. 열기구가 65ft 높이에 이르렀을 때, 자전거가 열기구의 바로 밑을 통과하고 있었다. 그로부터 3초 후에 열기구와 자전거 사이의 거리 $s(t)$의 변화율을 구하여라.

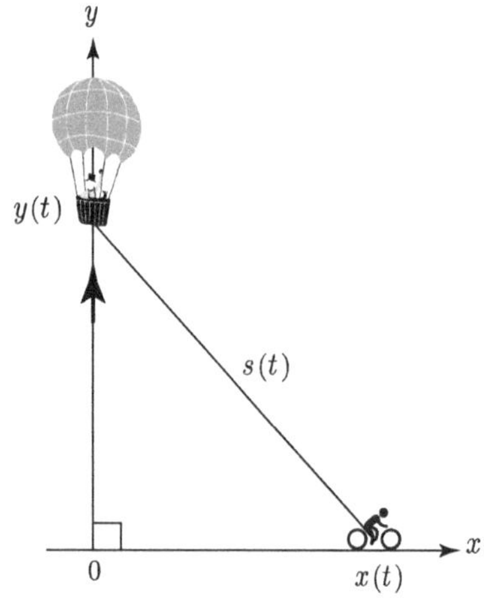

23 두 사람 A와 B가 수직으로 교차하는 길을 걷고 있다. A는 2m/sec의 속력으로 교차로를 향해 걷고 있고, B는 1m/sec의 속력으로 교차로로부터 멀어지고 있다. 교차로에서 A까지의 거리가 10m, 교차로에서 B까지의 거리가 20m일 때, 그림에서 보는 바와 같이 각 θ의 변화율을 구하여라. (단, 단위는 도/sec를 사용한다.)

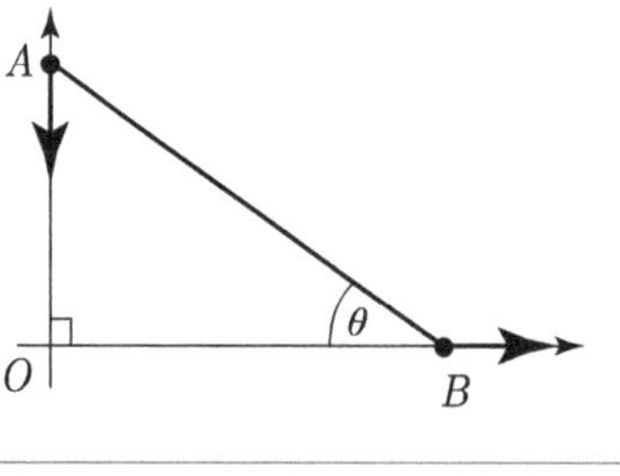

CHAPTER 04

부정적분

4.1 역도함수(Antiderivatives)

$f(x)$의 부정적분은 미분계수가 $f(x)$인 함수 $F(x)$이다. 일정한 미분계수는 0이기 때문에, $f(x)$의 적분계수는 유일하지 않다. 임의의 불변수 C는 적분 상수라고 한다. $f(x)$의 부정적분은 $\int f(x)dx$로 나타낸다.

$$\frac{dF(x)}{dx} = f(x) \text{이면, } \int f(x)\,dx = F(x) + C$$

함수 $f(x)$는 피적분 함수라고 불린다.

4.2 기본 공식들

다음 기본 공식들에 익숙해지는 것은 중요하다.

(1) $\int kf(x)dx = k\int f(x)dx \quad (k \neq 0)$

(2) $\int [f(x) + g(x)]dx = \int f(x)dx + \int g(x)dx$

(3) $\int x^n dx = \frac{x^{n+1}}{n+1} + C \ (n \neq -1)$

(4) $\int \frac{dx}{x} = \ln|x| + C$

(5) $\int \cos x dx = \sin x + C$

(6) $\int \sin x dx = -\cos x + C$

(7) $\int \tan x dx = \ln|\sec x| + C$

또는 $-\ln|\cos x| + C$

(8) $\int \cot x dx = \ln|\sin x| + C$

또는 $-\ln|\csc x| + C$

(9) $\int \sec^2 x dx = \tan x + C$

(10) $\int \csc^2 x dx = -\cot x + C$

(11) $\int \sec x \tan x \, dx = \sec x + C$

(12) $\int \csc x \cot x \, dx = -\csc x + C$

(13) $\int \sec x \, dx = \ln|\sec x + \tan x| + C$

(14) $\int \csc x \, dx = \ln|\csc x - \cot x| + C$

(15) $\int e^x dx = e^x + C$

(16) $\int a^x dx = \frac{a^x}{\ln a} + C \ (a > 0, a \neq 1)$

(17) $\int \frac{dx}{\sqrt{1-x^2}} = \sin^{-1} x + C$

또는 $\arcsin x + C$

(18) $\int \frac{dx}{1+x^2} = \tan^{-1} x + C$

또는 $\arctan x + C$

(19) $\int \frac{dx}{x\sqrt{x^2-1}} = \sec^{-1} x + C$

또는 $\mathrm{arc}sec|x| + C$

부정적분은 다음 예시들에서 설명하고 있다.

예제 4.1

(1) $\int 5x\,dx$

(2) $\int (3-4x+2x^3)dx$

(3) $\int \sqrt[3]{1-x}\,dx$

(4) $\int \frac{4x^2}{(x^3-1)^3}dx$

(5) $\int \frac{x^3-x-4}{2x^2}dx$

(6) $\int \frac{2x^2-4x+3}{(x-1)^2}dx$

(7) $\int \frac{2\cos x\,dx}{5+2\sin x}$

(8) $\int \frac{e^x}{1-2e^x}dx$

(9) $\int \sin(1-2y)\,dy$

(10) $\int \frac{\sin x}{1+3\cos x}dx$

(11) $\int \frac{\cos z}{\sin^2 z}dz$

(12)

1) $\int \frac{dz}{\sqrt{9-z^2}}$

2) $\int \frac{z\,dz}{\sqrt{9-z^2}}$

3) $\int \frac{z\,dz}{9-z^2}$

4) $\int \frac{zdz}{(9-z^2)^2}$

5) $\int \frac{dz}{9+z^2}$

(13) $\int \frac{\cos\sqrt{x}}{\sqrt{x}}dx$

(14) $\int \frac{x\,dx}{x^4+1}$

(15) $\int \frac{dy}{\sqrt{6y-y^2}}$

(16) $\int \frac{e^x-e^{-x}}{e^x+e^{-x}}dx$

(17) $\int \frac{dt}{\sin^2 2t}$

(18) $\int \frac{\sin 2x}{1+\sin^2 x}dx$

(19) $\int \frac{dy}{y\sqrt{1+\ln y}}$

풀이

(1) $\int 5x\,dx = 5\int x\,dx$

$$= 5\left(\frac{x^2}{2}\right) + C$$

(2) $\int (3-4x+2x^3)dx = \int 3dx - 4\int x\,dx + 2\int x^3\,dx$

$$= 3x - \frac{4x^2}{2} + \frac{2x^4}{4} + C$$

$$= 3x - 2x^2 + \frac{x^4}{2} + C$$

(3) $\int \sqrt[3]{1-x}\,dx = \int (1-x)^{\frac{1}{3}}dx = -\int (1-x)^{\frac{1}{3}}(-1)dx = -\frac{3}{4}(1-x)^{\frac{4}{3}} + C$

(4) $\int \frac{4x^2}{(x^3-1)^3}dx = 4\int (x^3-1)^{-3} cdotx^2 dx = \frac{4}{3}\int (x^3-1)^{-3}(3x^2dx)$

$$= \frac{4}{3}\,\frac{(x^3-1)^{-2}}{-2} + C = -\frac{2}{3}\,\frac{1}{(x^3-1)^2} + C$$

(5) $\int \frac{x^3-x-4}{2x^2}dx = \frac{1}{2}\int (x - \frac{1}{x} - \frac{4}{x^2})dx = \frac{1}{2}(\frac{x^2}{2} - \ln|x| + \frac{4}{x}) + C$

(6) $\int \frac{2x^2-4x+3}{(x-1)^2}dx = \int \frac{2x^2-4x+3}{x^2-2x+1}dx = \int (2 + \frac{1}{(x-1)^2})dx$

$$= \int 2\,dx + \frac{dx}{(x-1)^2} = 2x - \frac{1}{x-1} + C$$

(7) $\int \frac{2\cos x\,dx}{5+2\sin x} = \ln|5+2\sin x| + C$

(8) $\int \frac{e^x}{1-2e^x}dx = -\frac{1}{2}\int \frac{-2e^x}{1-2e^x}dx = -\frac{1}{2}\ln|1-2e^x| + C$

(9) $\int \sin(1-2y)\,dy = -\frac{1}{2}\int \sin(1-2y)(-2\,dy)$

$$= -\frac{1}{2}[-\cos(1-2y)] + C = \frac{1}{2}cos(1-2y) + C$$

(10) $\int \frac{\sin x}{1+3\cos x}dx = -\frac{1}{3}\int \frac{-3\sin x\,dx}{1+3\cos x} = -\frac{1}{3}\ln|1+3\cos x| + C$

(11) $\int \frac{\cos z}{\sin^2 z}dz = \int \csc z\cot z\,dz = -\csc z + C$

(12) 1) $\int \frac{dz}{\sqrt{9-z^2}} = \frac{1}{3}\int \frac{dz}{\sqrt{1-(\frac{z}{3})^2}} = 3\cdot\frac{1}{3}\int \frac{\frac{1}{3}dz}{\sqrt{1-(\frac{z}{3})^2}} = \sin^{-1}\frac{z}{3} + C$

2) $\int \frac{z\,dz}{\sqrt{9-z^2}} = \frac{-1}{2}\int (9-z^2)^{-1/2}(-2z\,dz) = -\frac{1}{2}\,\frac{(9-z^2)^{1/2}}{1/2} + C$

$= -\sqrt{9-z^2} + C$

3) $\int \frac{z\,dz}{9-z^2} = -\frac{1}{2}\int \frac{(-2z\,dz)}{9-z^2} = -\frac{1}{2}\ln|9-z^2| + C$

4) $\int \frac{zdz}{(9-z^2)^2} = -\frac{1}{2}\int (9-z^2)^{-2}(-2z\,dz) = \frac{1}{2(9-z^2)} + C$

5) $\int \frac{dz}{9+z^2} = \frac{1}{9}\int \frac{dz}{1+(\frac{z}{3})^2} = 3\cdot\frac{1}{9}\int \frac{\frac{1}{3}dz}{1+(\frac{z}{3})^2} = \frac{1}{3}\tan^{-1}\frac{z}{3} + C$

(13) $\int \frac{\cos\sqrt{x}}{\sqrt{x}}\,dx = 2\int \cos(x^{1/2})(\frac{1}{2}x^{-1/2}\,dx) = 2\sin\sqrt{x} + C$

(14) $\int \frac{x\,dx}{x^4+1} = \frac{1}{2}\int \frac{2x\,dx}{1+(x^2)^2}$

$= \frac{1}{2}\tan^{-1}x^2 + C$

(15) $\int \frac{dy}{\sqrt{6y-y^2}} = \int \frac{dy}{\sqrt{9-(y^2-6y+9)}} = \frac{1}{3}\int \frac{dy}{\sqrt{1-(\frac{y-3}{3})^2}}$

$= 3\cdot\frac{1}{3}\int \frac{\frac{1}{3}dy}{\sqrt{1-(\frac{y-3}{3})^2}} = \sin^{-1}\left(\frac{y-3}{3}\right) + C$

(16) $\int \frac{e^x - e^{-x}}{e^x + e^{-x}}dx = \ln(e^x + e^{-x}) + C$

(17) $\int \frac{dt}{\sin^2 2t} = \int \csc^2 2t\,dt = \frac{1}{2}\int \csc^2 2t\,(2\,dt) = -\frac{1}{2}\cot 2t + C$

(18) $\int \frac{\sin 2x}{1+\sin^2 x}dx = \ln(1+\sin^2 x) + C$

(19) $\int \frac{dy}{y\sqrt{1+\ln y}} = \int (1+\ln y)^{-1/2}(\frac{1}{y}dy) = 2\sqrt{1+\ln y} + C$

4.3 부분 분수 적분

부분 분수의 방법은 유리 함수 $\dfrac{f(x)}{g(x)}$를 더 간단한 함수의 합계로 나타낼 수 있게 한다. 여기서 $f(x)$와 $g(x)$는 x에 관한 다항식이고, $\dfrac{f(x)}{g(x)}$는 진분수 함수이다. 여기서 $f(x)$가 $g(x)$보다 큰 차수인 경우, 주어진 유리 함수를 다항식과 진분수 유리 함수의 합으로 나타내기 위해서 $f(x)$를 $g(x)$로 나눈다. 즉,

$$\frac{x^3-x^2-2}{x(x-1)}=x-\frac{2}{x(x-1)}$$

이다. 부분함수 적분은 다음 예제에서 설명하고 있다.

예제 4.2》 다음을 적분하여라.

(1) $\displaystyle\int \frac{x^2-x+4}{x^3-3x^2+2x}dx$

(2) $\displaystyle\int \frac{x+1}{(x-1)(x-2)}dx$

(3) $\displaystyle\int \frac{x^3-x^2-2}{x(x-1)}dx$

(4) $\displaystyle\int \frac{5x^2+20x+6}{x^3+2x^2+x}dx$

(5) $\displaystyle\int \frac{2x^3-4x-8}{(x^2-x)(x^2+4)}dx$

풀이

(1) $\displaystyle\int \frac{x^2-x+4}{x^3-3x^2+2x}dx$을 찾아라.

분모를 인수분해하고 다음을 제시한다.

$$\frac{x^2-x+4}{x(x-1)(x-2)}=\frac{A}{x}+\frac{B}{x-1}+\frac{C}{x-2}$$

A, B, C는 찾아야 되는 미지수이다. 이것은 다음을 다음과 같이 나타난다.

$$x^2-x+4=A(x-1)(x-2)+Bx(x-2)+Cx(x-1)$$
$$x^2-x+4=(A+B+C)x^2-(3A+2B+C)x+2A$$

x^2의 계수를 사용하면, 다음을 갖는다.   1 = A + B + C;

x의 계수를 사용하면, 다음을 갖는다. -1 = -(3A + 2B + C)

일정한 계수를 사용하면, 4 = 2A

이 방정식들은 A = 2, B = -4, C = 3을 나타낸다.

$$\int (\frac{2}{x} - \frac{4}{x-1} + \frac{3}{x-2})dx = 2\ln|x| - 4\ln|x-1| + 3\ln|x-2| + C$$

$$= \frac{\ln x^2|x-2|^3}{(x-1)^4} + C$$

(2) $\int \frac{x+1}{(x-1)(x-2)}dx$

$\frac{x+1}{(x-1)(x-2)} = \frac{-2}{x-1} + \frac{3}{x-2}$ 이므로

$$\int \frac{x+1}{(x-1)(x-2)}dx \int \left(\frac{-2}{x-1} + \frac{3}{x-2}\right)dx = -2\ln|x-1| + 3\ln|x-2| + C$$

(3) $\int \frac{x^3 - x^2 - 2}{x(x-1)}dx = \int x - \frac{2}{x(x-1)}dx$

$$= \int x - \frac{2}{x-1} + \frac{2}{x}dx$$

$$= \frac{1}{2}x^2 - 2\ln|x-1| + 2\ln|x| + C$$

(4) $\int \frac{5x^2 + 20x + 6}{x^3 + 2x^2 + x}dx = \int \frac{A}{x} + \frac{B}{x+1} + \frac{C}{(x+1)^2}dx$

$$= \int \left(\frac{6}{x} - \frac{1}{x+1} + \frac{9}{(x+1)^2}\right)dx$$

$$= 6\ln|x| - \ln|x+1| - \frac{9}{x+1} + C$$

(5) $\int \frac{2x^3 - 4x - 8}{(x^2 - x)(x^2 + 4)}dx = \int \frac{A}{x} + \frac{B}{x-1} + \frac{Cx + D}{x^2 + 4}dx$

$$= \int \frac{2}{x} - \frac{2}{x-1} + \frac{2x+4}{x^2+4}dx$$

$$= 2\ln|x| - 2\ln|x-1| + \ln|x^2+4| + 2\tan^{-1}\frac{x}{2} + C$$

4.4 부분 적분

$$\frac{d}{dx}(uv) = u\frac{dv}{dx} + v\frac{du}{dx} \text{ 또는, } d(uv) = udv + vdu$$

그러므로, $udv = d(uv) - vdu$, 적분은 부분 공식

$$\int udv = \int d(uv) - \int vdu$$

또는 $\int udv = uv - \int vdu$ 이다.

예제 4.3》 다음을 적분하여라.

(1) $\int x\cos x\,dx$　　　(2) $\int x^2 e^x\,dx$

(3) $\int e^x \cos x\,dx$　　　(4) $\int x^4 \ln x\,dx$

풀이

(1) $\int x\cos x\,dx$를 적분하기 위해, $u = x$ 그리고 $dv = \cos x\,dx$로 놓는다. $du = dx$, $v = \sin x$이다. 부분 공식은 다음을 나타낸다.

$$\int x\cos x\,dx = x\sin x - \int \sin x\,dx = x\sin x + \cos x + C$$

(2) $\int x^2 e^x\,dx$를 적분하기 위해, $u = x^2$ 그리고 $dv = e^x dx$로 놓는다. $du = 2x dx$이고 $v = e^x$이다. $\int x^2 e^x\,dx = x^2 e^x - \int 2x\,e^x dx$이다. 부분 공식을 다시 한 번 사용한다. $u = x$, $du = e^x\,dx$로 놓아, $dv = dx$이고 $v = e^x$이다. 따라서

$$\int x^2 e^x dx = x^2 e^x - 2(xe^x - \int e^x dx) = x^2 e^x - 2xe^x + 2e^x + C$$

(3) $I = \int e^x \cos x\,dx$로 놓자. 적분을 하기 위해,

$u = e^x$, $dv = \cos x\,dx$로 놓는다. $du = e^x dx$, $v = \sin x$이다.

$$I = e^x \sin x - \int e^x \sin x\,dx$$

$u = e^x$, $dv = \sin x\,dx$, $du = e^x dx$, $v = -\cos x$

$$I = e^x \sin x - (-e^x \cos x + \int e^x \cos x\, dx)$$

$$= e^x \sin x + e^x \cos x - I$$

$$2I = e^x (\sin x + \cos x)$$

$$I = \frac{1}{2} e^x (\sin x + \cos x) + C.$$

(4) $\int x^4 \ln x\, dx$를 적분하기 위해 $u = \ln x$ 그리고 $dv = x^4 dx$로 놓는다. $du = \frac{1}{x} dx$ 이고 $v = \frac{x^5}{5}$ 이다.

$$\int x^4 \ln x\, dx = \frac{x^5}{5} \ln x - \frac{1}{5} \int x^4 dx = \frac{x^5}{5} \ln x - \frac{x^5}{25} + C$$

연습문제

1 부정적분을 구하여라.

(1) $\int (3t^2 + \frac{t}{2}) dt$

(2) $\int (\sqrt{x} + \sqrt[3]{x}) dx$

(3) $\int 7 \sin \frac{\theta}{3} d\theta$

(4) $\int \frac{\csc\theta \cot\theta}{2} d\theta$

(5) $\int (4 \sec x \tan x - 2\sec^2 x) dx$

(6) $\int (\frac{1}{x} - \frac{5}{x^2 + 1}) dx$

(7) $\int \cos\theta (\tan\theta + \sec\theta) d\theta$

(8) $\int x^3 (1 + x^4)^{-1/4} dx$

(9) $\int \sin^2 \frac{x}{4} dx$

2 치환을 이용하여 다음 부정적분을 구하여라.

(1) $\int \theta \sqrt[4]{1-\theta^2}\, d\theta$

(2) $\int \tan x\, dx$

(3) $\int \frac{\sin(2t+1)}{\cos^2(2t+1)} dt$

(4) $\int (\sin 2\theta) e^{\sin^2\theta} d\theta$

(5) $\int \frac{1}{x^2} e^{1/x} \sec(1+e^{1/x}) \tan(1+e^{1/x}) dx$

(6) $\int \frac{5}{9+4r^2} dr$

(7) $\int \frac{(\sin^{-1}x)^2 dx}{\sqrt{1-x^2}}$

(8) $\int 2(\cos x)^{-1/2} \sin x\, dx$

(9) $\int \sqrt{t} \sin(2t^{3/2}) dt$

(10) $\int \sec^2(x) e^{\tan x} dx$

(11) $\int \frac{3\, dr}{\sqrt{1-4(r-1)^2}}$

(12) $\int \frac{dx}{(2x-1)\sqrt{(2x-1)^2-4}}$

(13) $\int e^{\tan u} \sec^2 u\, du$

(14) $\int \frac{2s\, ds}{\sqrt{1-s^4}}$

3 부분적분법을 이용하여 적분을 구하여라.

(1) $\int x \sin \frac{x}{2} dx$

(2) $\int x \ln x\, dx$

(3) $\int x^3 e^x dx$

(4) $\int \theta^2 \sin 2\theta\, d\theta$

(5) $\displaystyle\int e^{2x}\cos 3x\,dx$

4 피적분함수를 부분분수의 합으로 나타내고 적분을 구하여라.

(1) $\displaystyle\int \frac{1}{1-x^2}dx$

(2) $\displaystyle\int \frac{1}{x^2+2x}dx$

(3) $\displaystyle\int \frac{x+4}{x^2+5x-6}dx$

(4) $\displaystyle\int \frac{1}{t^3+t^2-2t}dt$

CHAPTER 05

정적분과 연속확률분포

5.1 정적분의 정의

f가 폐구간 $[a,b]$에서 연속적이고 $F' = f$이면, 미적분의 기본적인 정리에 의해,

$$\int_a^b f(x)dx = F(b) - F(a)$$

여기서 $\int_a^b f(x)$는 a에서부터 b까지의 f의 정적분이다. $f(x)$는 피적분 함수라고 한다. a와 b는 각각 적분의 아래, 위의 한계라고 한다. 이 중요한 정리는 f가 F의 미분계수이면 f의 정적분은 a가 b로 바뀔 때 F의 전체 변화를 나타낸다. 이 정리는 찾을 수 있는 f의 역도함수의 정적분을 구할 수 있다.

5.2 정적분의 특성들

다음 정적분에 관한 정리들은 중요하다.

$$\frac{d}{dx}\int_a^x f(t)dt = f(x)$$

$$\int_a^b kf(x)dx = k\int_a^b f(x)dx \quad (k\text{는 상수})$$

$$\int_a^a f(x)dx = 0$$

$$\int_a^b f(x)dx = -\int_b^a f(x)dx$$

$$\int_a^c f(x)dx + \int_c^b f(x)dx = \int_a^b f(x)dx \quad (a < c < b)$$

$$\int_a^b [f(x) \pm g(x)]dx = \int_a^b f(x)dx \pm \int_a^b g(x)dx$$

적분의 평균값 정리: f가 $[a,b]$에서 연속적이면, 그곳엔 적어도 $a < c < b$인 하나의 c가 존재한다.

$$\int_a^b f(x)\,dx = f(c)(b-a)$$

f와 g가 $[a,b]$에서 적분 가능하고 $[a,b]$에 있는 모든 x가 $f(x) \le g(x)$라면

$$\int_a^b f(x)dx \le \int_a^b g(x)dx$$

정적분은 다음 예제에서 설명하고 있다.

예제 5.1 》

(1) $\displaystyle\int_{-1}^{2} (3x^2 - 2x)dx$　　(2) $\displaystyle\int_1^2 \frac{x^2 + x - 2}{2x^2}dx$

(3) $\displaystyle\int_5^8 \frac{dy}{\sqrt{9-y}}$　　(4) $\displaystyle\int_0^1 \frac{x\,dx}{(2-x^2)^3}$

(5) $\displaystyle\int_0^3 \frac{dt}{9+t^2}$　　(6) $\displaystyle\int_0^1 (3x-2)^3 dx$

(7) $\displaystyle\int_0^1 xe^{-x^2}dx$　　(8) $\displaystyle\int_{-\pi/4}^{\pi/4} \cos 2x\,dx$

(9) $\displaystyle\int_{-1}^{1} xe^x dx$　　(10) $\displaystyle\int_0^{1/2} \frac{dx}{\sqrt{1-x^2}}$

(11) $\displaystyle\int_0^{e-1} \ln(x+1)dx$　　(12) $\displaystyle\int_{-1}^{1} \frac{dy}{y^2-4}$

(13) $\int_{\pi/3}^{\pi/2} \tan\frac{\theta}{2}\sec^2\frac{\theta}{2}\,d\theta$

(14) $\int_{0}^{\pi/2} \sin^2\frac{1}{2}x\,dx$

풀이

(1) $\int_{-1}^{2}(3x^2-2x)dx = x^3-x^2|_{-1}^{2} = (8-4)-(-1-1) = 6$

(2) $\int_{1}^{2}\frac{x^2+x-2}{2x^2}dx = \frac{1}{2}\int_{1}^{2}(1+\frac{1}{x}-\frac{2}{x^2})dx = \frac{1}{2}(x+\ln x+\frac{2}{x})|_1^2$

$= \frac{1}{2}[(2+\ln 2+1)-(1+2)] = \frac{1}{2}\ln 2$ 또는 $\ln\sqrt{2}$

(3) $\int_{5}^{8}\frac{dy}{\sqrt{9-y}} = -\int_{5}^{8}(9-y)^{-1/2}(-dy) = -2\sqrt{9-y}|_5^8 = -2(1-2) = 2$

(4) $\int_{0}^{1}\frac{x\,dx}{(2-x^2)^3} = -\frac{1}{2}\int_{0}^{1}(2-x^2)^{-3}(-2x\,dx)$

$$= -\frac{1}{2}\frac{(2-x^2)^{-2}}{-2}|_0^1 = \frac{1}{4}(1-\frac{1}{4}) = \frac{3}{16}$$

(5) $\int_{0}^{3}\frac{dt}{9+t^2} = \frac{1}{3}tan^{-1}\frac{t}{3}|_0^3 = \frac{1}{3}(\tan^{-1}1-\tan^{-1}0)$

$$= \frac{1}{3}(\frac{\pi}{4}-0) = \frac{\pi}{12}$$

(6) $\int_{0}^{1}(3x-2)^3dx = \frac{1}{3}\int_{0}^{1}(3x-2)^3(3dx) = \frac{1}{12}(1-16) = -\frac{5}{4}$

(7) $\int_{0}^{1}xe^{-x^2}dx = -\frac{1}{2}(\frac{1}{e}-1) = \frac{e-1}{2e}$

(8) $\int_{-\pi/4}^{\pi/4}\cos 2x\,dx = \frac{1}{2}(1+1) = 1$

(9) $\int_{-1}^{1}xe^x dx = e-e-(-\frac{1}{e}-\frac{1}{e}) = \frac{2}{e}$

(10) $\int_{0}^{1/2}\frac{dx}{\sqrt{1-x^2}} = \sin^{-1}x|_0^{1/2} = \frac{\pi}{6}$

(11) $\int_{0}^{e-1}\ln(x+1)dx = [(x+1)\ln(x+1)-x]_0^{e-1} = 1$

(12) $\int_{-1}^{1}\frac{dy}{y^2-4}$

부분분해를 한다.

$$\frac{1}{y^2-4}=\frac{A}{y+2}=\frac{B}{y-2}$$

A와 B를 풀면 $A=\frac{1}{4}$, $B=\frac{1}{4}$가 나온다.

$$\int_{-1}^{1}\frac{dy}{y^2-4}=\frac{1}{4}\ln\left|\frac{y-2}{y+2}\right|_{-1}^{1}=\frac{1}{4}(\ln\frac{1}{3}-\ln 3)=-\frac{1}{2}\ln 3$$

(13) $\int_{\pi/3}^{\pi/2}\tan\frac{\theta}{2}\sec^2\frac{\theta}{2}\,d\theta=\frac{2}{2}\tan^2\frac{\theta}{2}\Big|_{\pi/3}^{\pi/2}=\frac{2}{3}$

(14) $\int_{0}^{\pi/2}\sin^2\frac{1}{2}x\,dx=\int_{0}^{\pi/2}(\frac{1}{2}-\frac{\cos x}{2})dx=\frac{\pi}{4}-\frac{1}{2}$

예제 5.2》 다음을 미분하여라.

(1) $\int_{-1}^{x}\sqrt{1+\sin^2 t}\,dt$

(2) $\int_{x}^{1}e^{-t^2}dt$

(3) $F(x)=\int_{1}^{x^2}\frac{dt}{3+t}$

(4) $F(x)=\int_{0}^{\cos x}\sqrt{1-t^3}\,dt$

풀이

(1) $\frac{d}{dx}\int_{-1}^{x}\sqrt{1+\sin^2 t}\,dt=\sqrt{1+\sin^2 x}$

(2) $\frac{d}{dx}\int_{x}^{1}e^{-t^2}dt=\frac{d}{dx}(-\int_{1}^{x}e^{-t^2}dt)=-\frac{d}{dx}\int_{1}^{x}e^{-t^2}dt=-e^{-x^2}$

(3) $F(x)=\int_{1}^{x^2}\frac{dt}{3+t}$ 에서,

$$F'(x)=\frac{1}{3+x^2}2x=\frac{2x}{3+x^2}$$

(4) $F(x)=\int_{0}^{\cos x}\sqrt{1-t^3}\,dt$ 에서, $F(x)$를 찾기 위해 $u=\cos x$로 놓는다.

$$\frac{dF}{dx}=\frac{dF}{du}\cdot\frac{du}{dx}=\sqrt{1-u^3}(-\sin x)=-\sin x\sqrt{1-\cos^3 x}$$

5.3 정적분의 근사치; 리만합

정적분의 값의 근사치를 구하는 것은 항상 가능하다. 피적분 함수가 기본적인 함수의 식으로 표현되지 못할 때도 가능하다. 만약 f가 $[a,b]$에서 음수가 아니라면, $\int_a^b f(x)dx$를 $y=f(x)$의 위로, x-축의 아래로, $x=a$와 $x=b$의 세로 선들로 둘러싸인 넓이로써 이해한다. 그러면 정적분의 값의 근삿값은 n 조각들로 나누고, 직사각형 또는 다른 기하학 도형들의 각 조각의 넓이의 근사치를 구하고 나서, 그 근사치들을 합하여 구할 수 있다. 이 부분에서 a에서부터 b까지의 구간을 넓이 Δx 같은 n조각들로 나눌 것이다.

5.3.1 직사각형을 이용

다음의 합계로 $\int_a^b f(x)dx$의 근사치를 구할 것이다.

(1) 왼쪽 합계: $f(x_0)\Delta x + f(x_1)\Delta x + \cdots + f(x_{n-1})\Delta x$, 각 부분 구간의 왼쪽 끝의 f 값을 사용한다.

(2) 오른쪽 합계: $f(x_1)\Delta x + f(x_2)\Delta x + \cdots + f(x_n)\Delta x$, 각 부분 구간의 오른쪽 끝의 f 값을 사용한다.

(3) 중간 합계: $f(\frac{x_0+x_1}{2})\Delta x + f(\frac{x_1+x_2}{2})\Delta x + \cdots + f(\frac{x_{n-1}+x_n}{2})\Delta x$, 각 부분 구간의 중간 점에서의 f값을 사용한다.

예제 5.3 》 $\int_0^2 x^3 dx$의 근사치를 네 개의 부분 구간들을 사용하고 (1) 왼쪽 합계, (2) 오른쪽 합계, 그리고 (3) 중간 점 합계를 구하여라. 적분을 정확히 계산하여라.

풀이

여기서 $\Delta x = \frac{2-0}{4} = \frac{1}{2}$

(1) 왼쪽 합계를 위해서 우리는 $x=0,\ \frac{1}{2}x=0,\ \frac{1}{2}$, 1에서의 왼쪽 높이를 사용한다.

합계의 근사치는

$$(0)^3 \cdot \frac{1}{2} + (\frac{1}{2})^3 \cdot \frac{1}{2} + (1)^3 \cdot \frac{1}{2} + (\frac{3}{2})^3 \cdot \frac{1}{2} = \frac{9}{4}$$

그림 5.1의 꺾인 선들은 사용된 직사각형들을 나타낸다.

(2) 오른쪽 합계를 위해서 $x=\frac{1}{2}$, 1, $\frac{3}{2}$에서의 오른쪽 높이를 사용한다. 합계의 근사치는

$$(\frac{1}{2})^3 \cdot \frac{1}{2}+(1)^3 \cdot \frac{1}{2}+(\frac{3}{2})^3 \cdot \frac{1}{2}+(2)^3 \cdot \frac{1}{2}=\frac{25}{4}$$

이 합은 그림 5.1에 나온 둘러싸인 직사각형을 사용한다.

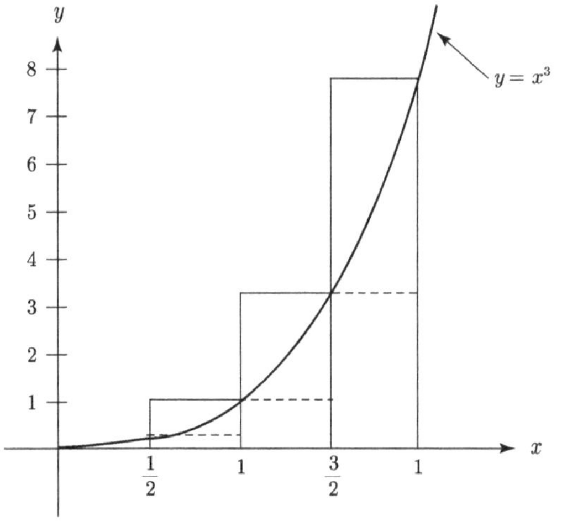

[그림 5.1]

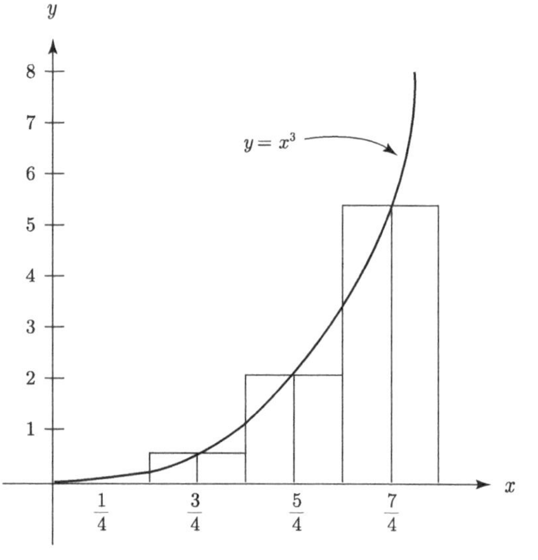

[그림 5.2]

(3) 중간점 합계는 그림 5.2에 나왔듯이 부분 간격들의 중간 점들에서의 높이들을 사용한다.

$$(\frac{1}{4})^3 \cdot \frac{1}{2}+(\frac{3}{4})^3 \cdot \frac{1}{2}+\left(\frac{5}{4}\right)^3 \cdot \frac{1}{2}+(\frac{7}{4})^3 \cdot \frac{1}{2}=\frac{31}{8} \text{ 또는 } \frac{15.5}{4}$$

$\int_0^2 x^3dx$의 정확한 값은 $\frac{x^4}{4}|_0^2$ 또는 4이기 때문에, 중간점의 합계는 세 근사치 중에 가장 정확하다.

5.3.2 사다리꼴을 사용

이제 사다리꼴을 사용하여 그림 5.3에 있는 조각들의 넓이를 찾는다. 사다리꼴의 바닥을 $y_0, y_1, y_2, \cdots, y_n$으로 그리고 높이는 $\triangle x=h$로 나타낸다.

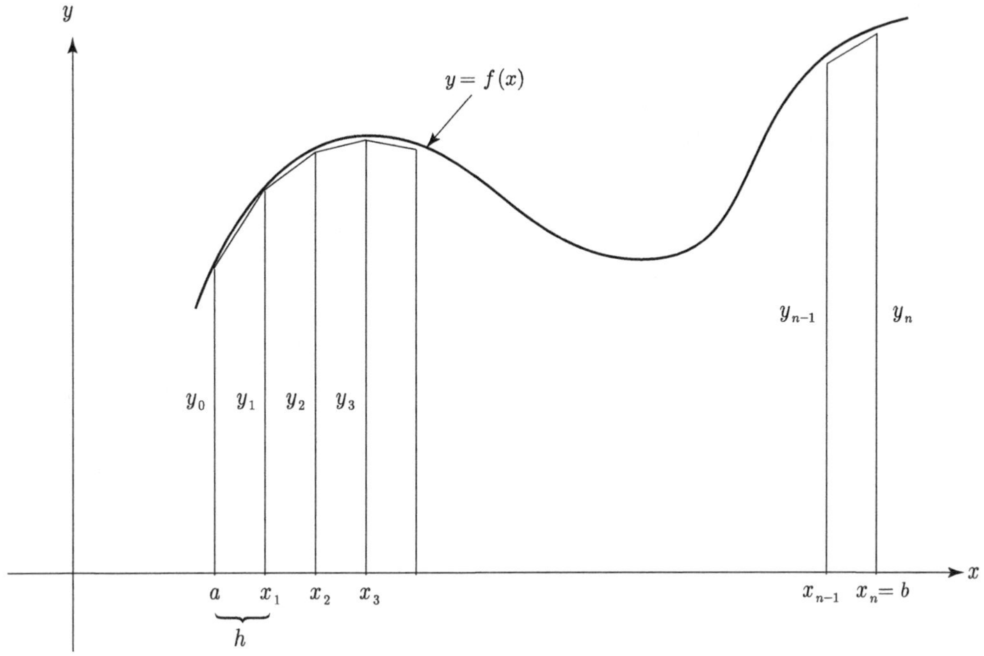

[그림 5.3]

다음 합계는 a에서부터 b까지의 f와 x-축 사이의 넓이의 근사치를 구한다.

$$\frac{y_0+y_1}{2}\cdot h+\frac{y_1+y_2}{2}\cdot h+\frac{y_2+y_3}{2}\cdot h+\cdots+\frac{y_{n-1}+y_n}{2}\cdot h$$

공통 인수 $\frac{h}{2}$를 빼면, 다음을 갖는다.

$$\frac{h}{2}(y_0+y_1+y_1+y_2+y_2+y_3+\cdots+y_{n-1}+y_n)$$

n을 부분 간격으로 두고 합계의 근사치를 구하기 위해 $T(n)$를 사용하면, 사다리꼴 법칙을 갖는다.

$$T(n)=\frac{h}{2}(y_0+2y_1+2y_2+\cdots+2y_{n-1}+y_n)$$

예제 5.4 $\int_0^2 x^3dx$의 근사치를 구하기 위해 T(4)를 사용한다.

풀이

$h=\frac{1}{2}$이다.

$$T(4) = \frac{1/2}{2}(0^3 + 2(\frac{1}{2})^3 + 2(1)^3 + 2(\frac{3}{2})^3 + 2^3) = \frac{17}{4}$$

이것은 $L(4)$ 또는 $R(4)$보다 더 정확하지만, $M(4)$가 가장 정확한 근삿값이다.

예제 5.5》 1시간 동안 10분 간격으로 자동차의 속도계를 측정한 결과는 테이블에 주어졌다. t = 시간, v=속도 시간당 마일:

t	0	10	20	30	40	50	60
v	26	40	55	10	60	32	45

(1) 시간 동안 자동차의 속도를 나타낼 수 있는 그래프를 그려라.

(2) $L(6)$, $R(6)$, $T(6)$를 사용해 운전한 거리의 근삿값을 구하여라.

풀이

(1) 곡선들의 어떤 수도 괜찮다. 그래프는 그림 5.4에 나온 그래프와 같이 속도 그래프에서 주어진 점들을 지나기만 하면 된다.

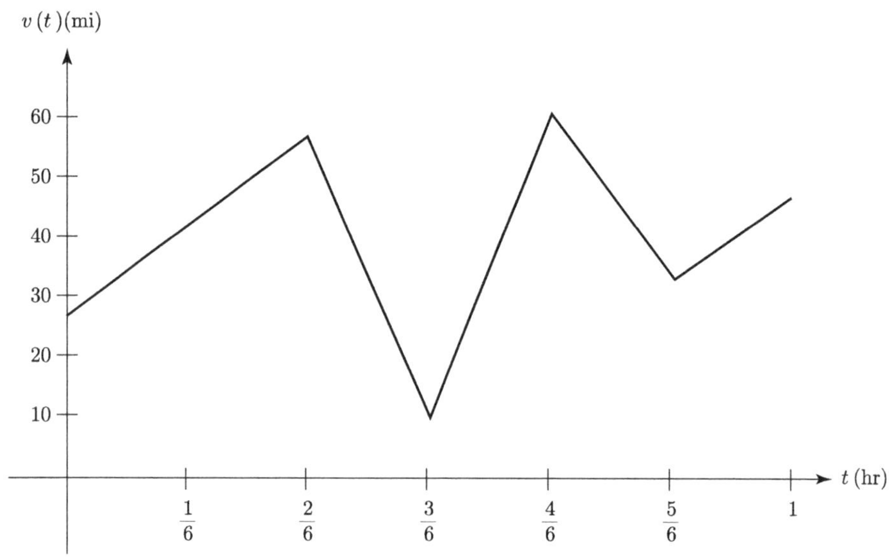

[그림 5.4]

(2) $L(6) = (26 + 40 + 55 + 10 + 60 + 32) \cdot \frac{1}{6} = 37\frac{1}{6}$ 마일

$R(6) = (40 + 55 + 10 + 60 + 32 + 45) \cdot \frac{1}{6} = 40\frac{1}{3}$ 마일

$$T(6) = \frac{\frac{1}{6}}{2}(26+2\cdot 40+2\cdot 55+2\cdot 10+2\cdot 60+2\cdot 32+45)$$

$$= 38\frac{3}{4} \text{마일}$$

5.4 적분의 평균값 정리

함수 $y=f(x)$가 구간 $a \le x \le b$에서 연속적이라면, a에서부터 b까지의 f의 값의 평균을 다음과 같이 정의한다.

$$\frac{1}{b-a}\int_a^b f(x)dx.$$

$$(f\text{의 평균값})\cdot(b-a) = \int_a^b f(x)dx.$$

$[a,b]$에서 모든 x가 $f(x) \ge 0$라면 우변은 $y=f(x)$ 곡선 아래, x-축의 위, 그리고 세로 선 $x=a$ 와 $x=b$에 둘러싸인 넓이를 나타낸다. 좌변은 똑같은 바닥 $(b-a)$에 f의 평균값이 높이인 직사각형의 넓이를 나타낸다. 그림 5.5를 보자.

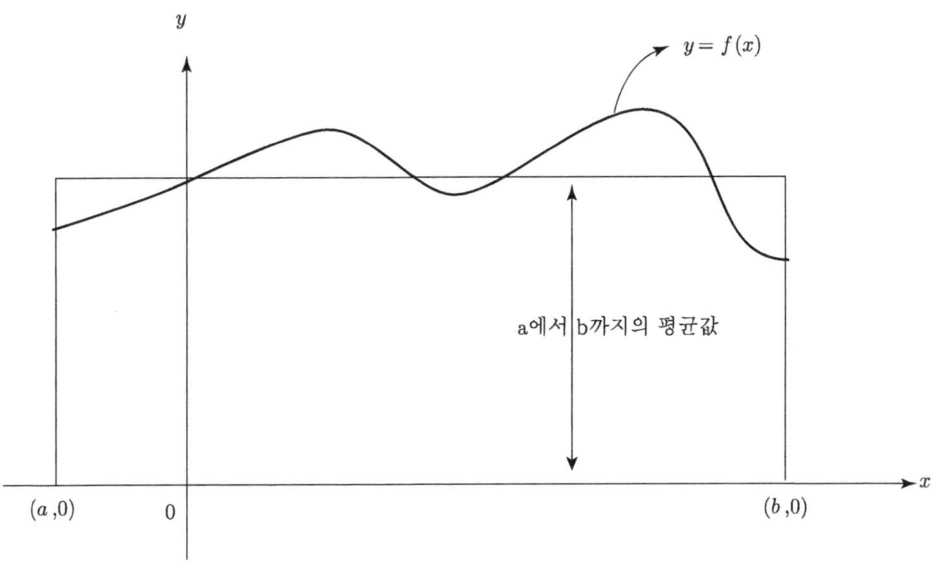

[그림 5.5]

예제 5.6》 구간 [1, 4]에서 $f(x)=\ln x$의 평균값을 구하여라.

풀이

$$\frac{1}{4-1}\int_1^4 \ln x\,dx=\frac{1}{3}(x\ln x-x)|_1^4=\frac{4\ln 4-3}{3}$$

예제 5.7》 그림 5.6a에 그래프로 나타나 있는 함수 $f(x)$의 다음 양들의 각각을 구하여라 ($F'(x)=f(x)$라는 점을 유의하자).

(1) $f(b)-f(a)$

(2) $\dfrac{f(b)-f(a)}{b-a}$

(3) $F'(b)-F(a)$

(4) $\dfrac{F(b)-F(a)}{b-a}$

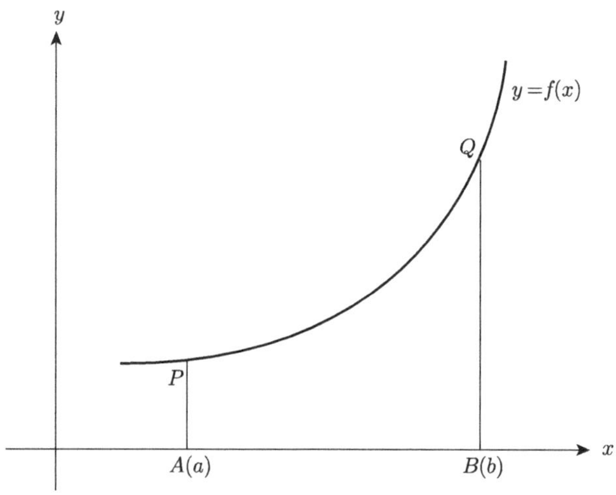

[그림 5.6a]

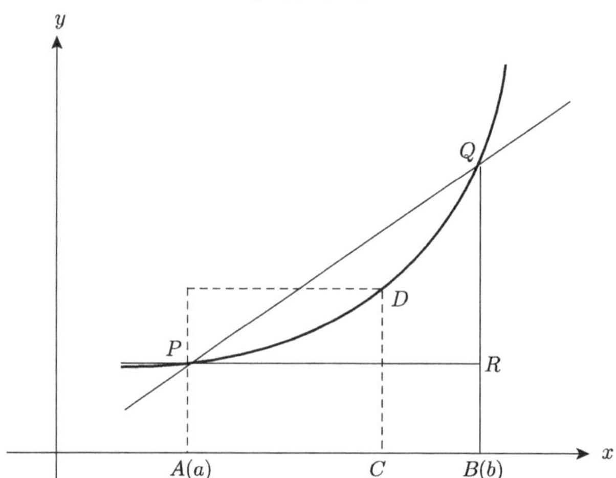

[그림 5.6b]

풀이

그림 5.6a를 보자.

(1) $f(b)-f(a)=RQ$의 길이

(2) $\dfrac{f(b)-f(a)}{b-a}=\dfrac{RQ}{PR}=$할선 PQ의 기울기

(3) $F(b)-F(a)=\displaystyle\int_a^b f(x)dx=APDQB$의 넓이

(4) $\dfrac{F(b)-F(a)}{b-a}=[a,\ b]$에서의 f의 평균값$=CD \cdot AB$ 또는 $CD(b-a)$이 $F(b)-F(a)$의 넓이와 같을 때, CD의 길이

예제 5.8》 그림 5.7의 그래프는 1시간 동안 10분 간격으로 시간당 마일의 자동차의 속도 $v(t)$를 나타낸다.

(1) 이동한 전체 거리의 낮은 어림과 높은 어림을 구하여라.

(2) 가속도가 언제 가장 큰가?

(3) $t=20$일 때 가속도를 계산하여라.

(4) 구간 $30<t<50$ 동안 자동차의 평균 속도를 계산하여라.

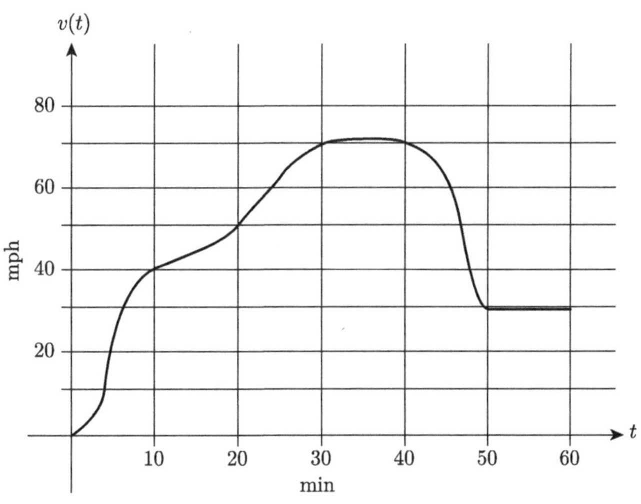

[그림 5.7]

풀이

(1) 최소 속도와 시간인 10분을 사용하면

$$0\left(\frac{1}{6}\right)+40\left(\frac{1}{6}\right)+50\left(\frac{1}{6}\right)+70\left(\frac{1}{6}\right)+70\left(\frac{1}{6}\right)+30\left(\frac{1}{6}\right)$$

이것은 시간 동안 이동한 전체 거리 7.22마일을 나타낸다. 최대 속도를 사용하는 높은 어림은

$$40\left(\frac{1}{6}\right)+50\left(\frac{1}{6}\right)+70\left(\frac{1}{6}\right)+70\left(\frac{1}{6}\right)+30\left(\frac{1}{6}\right)+30\left(\frac{1}{6}\right)$$

또는 전체 거리인 8.06마일과 같다.

(2) $v(t)$의 기울기인 가속도는 곡선이 가장 경사질 때인 $t=5$분에서 가장 크다.

(3) $t=20$에서의 가속도 $v'(t)$를 계산하기 위해, $t=20$에서 곡선의 기울기의 근사치를 구한다. $t=20$에서의 접선의 기울기는 (10mph)/(10분) = (10mph)/($\frac{1}{6}$t시간) = 60마일/시간^2

(4) 평균 속도는 이동한 거리 나누기 시간과 같다. $t=30$부터 $t=50$까지의 거리의 근사치를 곡선 아래의 넓이 또는 대충, 직사각형과 사다리꼴의 넓이들의 합계로 구할 수 있다. $70\left(\frac{1}{6}\right)+\frac{70+30}{2}\left(\frac{1}{6}\right)=20$ 마일. 따라서 $t=30$부터 $t=50$까지의 평균 속도는 $\frac{20\text{마일}}{20\text{분}}=1\,\text{mile/min}=60\,\text{mph}$

5.5 이상적분

이상적분에는 두 종류가 있다.

(1) 적분법의 극한치의 적어도 한 개가 무한일 경우(구간이 명확하게 없을 때)

(2) $f(x)$가 $x=c$, $a\le c\le b$에서 불연속점을 가지는 경우

$$\int_a^b f(x)dx \text{ 식의 적분}$$

종류 (1)의 이상적분 예

$$\int_0^\infty \frac{dx}{\sqrt[3]{x+1}};\qquad \int_1^\infty \frac{dx}{x};\qquad \int_{-\infty}^\infty \frac{dx}{a^2+x^2};\qquad \int_{-\infty}^0 e^{-x}dx;$$

종류 (2)의 이상적분 예

$$\int_0^1 \frac{dx}{x};\qquad \int_1^2 \frac{dx}{(x-1)^n}\qquad \int_{-1}^1 \frac{dx}{1-x^2};$$

$$\int_0^2 \frac{x}{\sqrt{4-x^2}}dx; \qquad \int_\pi^{2\pi} \frac{dx}{1+\sin x}; \qquad \int_{-1}^2 \frac{dx}{x(x-1)^2};$$

이상적분은 두 종류에 모두 속하는 경우가 있다.

$$\int_0^\infty \frac{dx}{x}; \qquad \int_0^\infty \frac{dx}{\sqrt{x+x^4}}; \qquad \int_{-\infty}^1 \frac{dx}{\sqrt{1-x}}.$$

종류 (1)의 경우, 구간이 제한되지 않은 이상적분은 극한으로 다뤄진다:

$$\int_a^\infty f(x)dx = \lim_{b\to\infty}\int_a^b f(x)dx$$

$[a, b]$에서 f는 연속이다. 만약 오른쪽의 극한치가 존재한다면, 왼쪽의 적분은 이 극한치로 수렴한다고 말한다. 만약 오른쪽의 극한치가 존재하지 않으면, 이상적분이 발산한다고 말한다.

이상적분은 다음 예제에서 설명하고 있다.

예제 5.9》 다음을 적분하여라.

(1) $\int_1^\infty \frac{1}{x^2}dx$ (2) $\int_0^\infty \frac{dx}{x^2+9}$

(3) $\int_0^\infty \frac{dy}{e^y}$ (4) $\int_{-\infty}^0 \frac{dz}{(z-1)^2}$

(5) $\int_{-\infty}^0 e^{-x}dx$ (6) $\int_0^\infty \cos x\,dx$

풀이

(1) $\int_1^\infty \frac{1}{x^2}dx = \lim_{b\to\infty}\int_1^b x^{-2}dx = \lim_{b\to\infty} -(\frac{1}{b}-1) = 1$

주어진 적분은 1로 수렴한다. 그림 5.8에서 $\int_1^\infty \frac{dx}{x^2}$을 x축 위와, $x=1$, $y=\frac{1}{x^2}$ 곡선 밑의 넓이로 해석한다.

(2) $$\int_0^\infty \frac{dx}{x^2+9} = \lim_{b\to\infty}\int_0^b \frac{dx}{x^2+9} = \lim_{b\to\infty}\frac{1}{3}\tan^{-1}\frac{x}{3}\Big|_0^b$$

$$= \lim_{b\to\infty}\frac{1}{3}\tan^{-1}\frac{b}{3} = \frac{1}{3}\cdot\frac{\pi}{2} = \frac{\pi}{6}$$

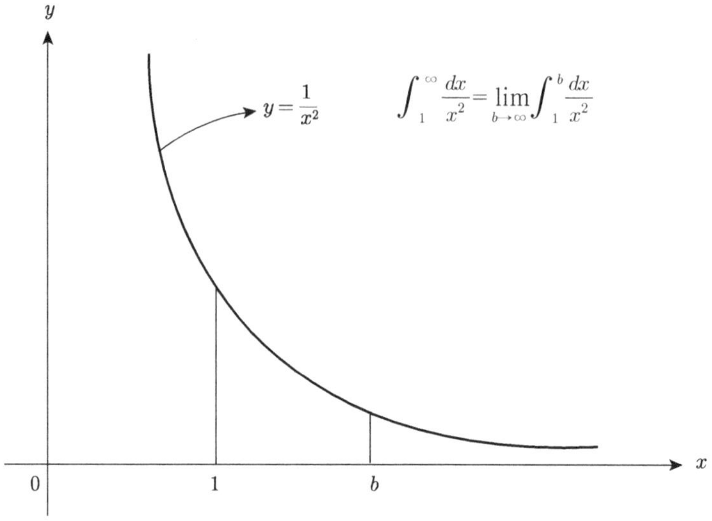

[그림 5.8]

(3) $\int_0^{\infty}\frac{dy}{e^y}=\lim_{b\to\infty}\int_0^b e^{-y}dy=\lim_{b\to\infty}-(e^{-b}-1)=1$

(4) $\int_{-\infty}^{0}\frac{dz}{(z-1)^2}=\lim_{b\to-\infty}\int_b^0(z-1)^{-2}dz=\lim_{b\to-\infty}-\frac{1}{z-1}\Big|_b^0$

$=\lim_{b\to-\infty}-(-1-\frac{1}{b-1})=1$

(5) $\int_{-\infty}^{0}e^{-x}dx=\lim_{b\to\infty}-e^{-x}|_b^0=\lim_{b\to\infty}-(1-e^{-b})=+\infty$ 발산한다.

(6) $\int_0^{\infty}\cos x\,dx=\lim_{b\to\infty}\sin x|_b^0=\lim_{b\to\infty}\sin b$

이 극한치는($\sin b$는 $b\to\infty$ 일 때 −1과 1 사이의 값을 가진다) 존재하지 않으므로 주어진 적분은 발산한다.

f가 $x=a$일 때 무한이 되는 $\int_a^b f(x)dx$를 연구하기 위해, $\int_a^b f(x)dx$를 $\lim_{k\to a^+}\int_k^b f(x)dx$으로 설명한다. 주어진 적분은 극한치의 존재 여부에 따라 수립하거나 발산한다. 만약 f가 b에서 불연속점을 가진다면, $\int_a^b f(x)dx$를 $\lim_{k\to b^-}\int_a^k f(x)dx$으로 설명한다. 주어진 적분은 극한치의 존재 여부에 따라 수렴하거나 발산한다. 피적분 함수가 적분 구간 $(a<c<b)$ 사이 안쪽의 점 c에서 불연속점을 가진다면,

$$\int_a^b f(x)dx = \lim_{k \to c^-}\int_a^k f(x)dx + \lim_{m \to c^+}\int_m^b f(x)dx$$

이다.

이상적분은 극한치 두 개 다 존재해야만 수립한다. 만약 어느 극한치도 존재하지 않으면 이상적분은 발산한다.

예제 5.10》 다음을 적분하여라.

(1) $\displaystyle\int_0^1 \frac{dx}{\sqrt[3]{x}}$ (2) $\displaystyle\int_0^1 \frac{dx}{x^3}$

(3) $\displaystyle\int_0^2 \frac{dx}{(x-1)^{2/3}}$ (4) $\displaystyle\int_2^3 \frac{dt}{(3-t)^2}$

(5) $\displaystyle\int_0^2 \frac{dx}{(x-1)^{2/3}}$ (6) $\displaystyle\int_{-2}^2 \frac{dx}{x^2}$

풀이

(1) $\displaystyle\int_0^1 \frac{dx}{\sqrt[3]{x}} = \lim_{k \to 0^+}\int_k^1 x^{-1/3}dx = \lim_{k \to 0^+}\frac{3}{2}x^{2/3}\Big|_k^1 = \lim_{k \to 0^+}\frac{3}{2}(1-k^{2/3}) = \frac{3}{2}$

그림 5.9에서, 이 적분을 $y = \dfrac{1}{\sqrt[3]{x}}$ 밑과 $x = 1$ 왼쪽으로의 첫 번째 사분면 넓이로 해석한다.

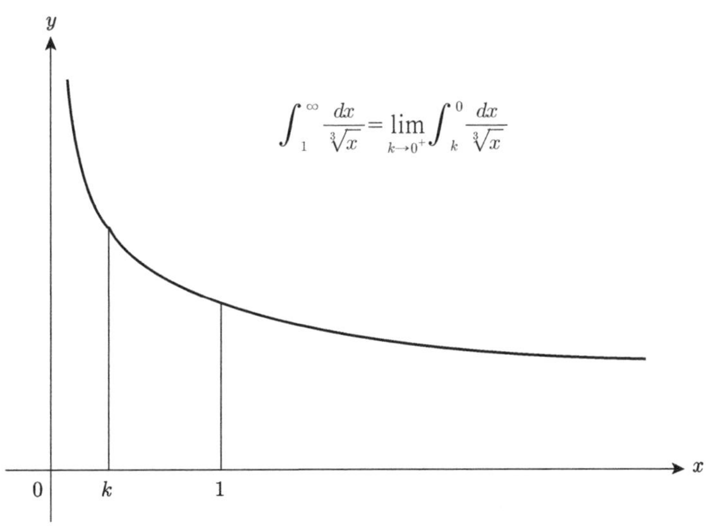

[그림 5.9]

(2) $\int_0^1 \frac{dx}{x^3} = \lim_{k\to 0^+}\int_k^1 x^{-3}dx = \lim_{k\to 0^+} -\frac{1}{2x^2}|_k^1 = \lim_{k\to 0^+} -\frac{1}{2}(1-\frac{1}{k^2}) = \infty$ 발산한다.

(3) $\int_0^2 \frac{dx}{(x-1)^{2/3}} = \lim_{k\to 1^-}\int_0^k (x-1)^{-2/3}dx + \lim_{m\to 1^+}\int_m^2 (x-1)^{-2/3}dx$

$= \lim_{k\to 1^-} 3(x-1)^{1/3}|_0^k + \lim_{m\to 1^+} 3(x-1)^{1/3}|_m^2 = 3(0+1)+3(1-0) = 6$

(4) $\int_2^3 \frac{dt}{(3-t)^2} = \lim_{k\to 3^-} -\int_2^k (3-t)^{-2}(-dt) = \lim_{k\to 3^-}\frac{1}{3-t}|_2^k = +\infty$ 발산한다.

(5) $\int_0^2 \frac{dx}{(x-1)^{2/3}} = \lim_{k\to 1^-}\int_0^k (x-1)^{-2/3}dx + \lim_{m\to 1^+}\int_m^2 (x-1)^{-2/3}dx$

$= \lim_{k\to 1^-} 3(x-1)^{1/3}|_0^k + \lim_{m\to 1^+} 3(x-1)^{1/3}|_m^2 = 3(0+1)+3(1-0) = 6$

(6) $\int_{-2}^2 \frac{dx}{x^2} = \lim_{k\to 0^-}\int_{-2}^k x^{-2}dx + \lim_{m\to 0^+}\int_m^2 x^{-2}dx$

$= \lim_{k\to 0^-} -\frac{1}{x}|_{-2}^k + \lim_{m\to 0^+} -\frac{1}{x}|_m^2$ 극한치가 존재하지 않는다. 발산한다.

5.6 연속적 확률분포

5.6.1 확률밀도함수

연속확률변수 X가 있을 때, 실수의 임의의 구간 A에 대하여

$$P\{X \in A\} = \int_A f(x)dx$$

되는 함수 $f(x)$가 존재할 때, 이 $f(x)$를 X의 확률밀도함수(Probability density function)라고 한다.

따라서 X가 연속확률변수일 때, X의 분포함수 $F(x)$는 $F(x) = P\{-\infty < X \le x\} = \int_{-\infty}^x f(t)dt$로 나타내진다. 또한 $f(x) = \frac{d}{dx}F(x)$이고,

$$P\{a < X \le b\} = \int_a^b f(x)dx \qquad (a < b)$$

$a < x \le b$ 공간 실수에서 정의된 함수 $f(x)$가 있어서 모든 실수

여기서 $f(x)$는 X의 확률밀도함수이고, $F(x)$는 $x\to\infty$ 일 때 1에 수렴하므로,

$\int_{-\infty}^{\infty} f(x)dx = 1$이 된다.

만일 X가 연속이면 $P\{X=c\}=P\{c \le X < c\}=\int_c^c f(x)dx = 0$이다. 즉, 사상 $X=c$의 확률은 0이다. 따라서 이 사실의 결과로서 다음이 성립한다.

$$P\{a \le X \le b\} = P\{a < X \le b\} = P\{a \le X < b\}$$
$$= P\{a < X < b\} = \int_a^b f(x)dx = F(b) - F(a)$$

예제 5.11 지수분포의 밀도함수는

$$f(x) = \begin{cases} \lambda e^{-\lambda x}, & x \ge 0 \\ 0, & x < 0 \end{cases}$$

이다.

(1) 분포함수를 구하고, $P\{1 \le X \le 2\}$를 구하여라.

(2) $P\{(X-1)(X-2)\} \ge 0$를 구하여라.

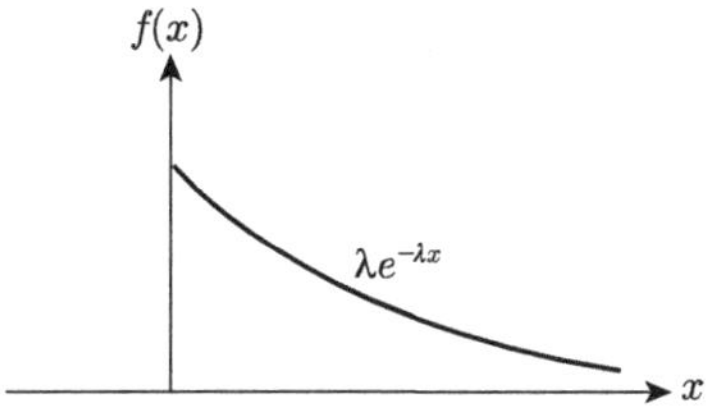

[그림 5.10]

풀이

(1) $F(x) = \int_{-\infty}^{x} f(t)dt$이며, $x < 0$일 때, $f(x) = 0$이므로

$$F(x) = \int_{-\infty}^{0} f(t)\,dt + \int_0^x f(t)dt = \int_0^x \lambda e^{-\lambda x} dt = 1 - e^{-\lambda x}$$

$$P\{1 \le X \le 2\} = \int_1^2 \lambda e^{-\lambda x} dx = e^{-\lambda} - e^{-2\lambda} = F(2) - F(1)$$

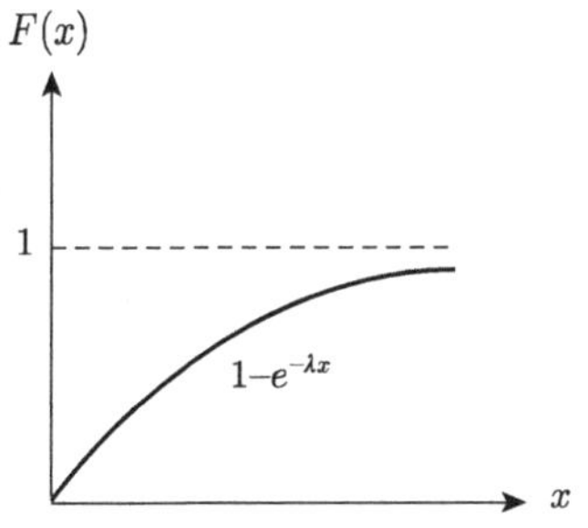

[그림 5.11]

(2) $P\{(X-1)(X-2) \ge 0\} = P\{X \le 1$ 또는 $X \ge 2\} = P\{X \le 1\} + P\{X \ge 2\}$

$$= \int_0^1 \lambda e^{-\lambda x} dx + \int_2^\infty \lambda e^{-\lambda x} dx = 1 - e^{-\lambda} + e^{-2\lambda}$$

예제 5.12》 확률밀도함수 $f(x)$가

$$f(x) = \begin{cases} kx^2(x-2)^2, & 0 \le x \le 2 \\ 0 & , \text{그 밖에서} \end{cases} \text{ 일 때,}$$

(1) $F(x)$를 구하여라.

(2) $P\left\{X < \frac{3}{4}\right\}$ 및 $P\left\{X > \frac{1}{4}\right\}$을 구하여라.

풀이

(1) $\int_{-\infty}^{\infty} f(x)dx = \int_0^2 kx^2(x-2)^2 dx = \frac{16}{15}k = 1$ 에서 $k = \frac{15}{16}$

$$F(x) = \begin{cases} 0 & (x < 0) \\ \int_0^x \frac{15}{16}x^2(x-2)^2 dx = \frac{1}{16}x^3(3x^2 - 15x + 20) & (0 \le x < 2) \\ 1 & (x \ge 2) \end{cases}$$

(2) $P\left\{X < \frac{3}{4}\right\} = F(\frac{3}{4}) = 0.28$, $P\left\{X > \frac{1}{4}\right\} = 1 - F(\frac{1}{4}) = 1 - 0.02 = 0.98$

예제 5.13》 함수 $f(x) = \begin{cases} a(1+x)^{-3}, & x > 0 \\ 0 & , x \le 0 \end{cases}$ 이 확률밀도함수가 되기 위한 상수 a를 구하고 분포함수 $F(x)$를 구하여라.

풀이

확률밀도함수의 정의에 의하여

$$\int_{-\infty}^{\infty} f(x)dx = \int_{-\infty}^{0} 0\, dx + a\int_0^\infty \frac{dx}{(1+x)^3}$$

$$= a\int_0^\infty \frac{dx}{(1+x)^3}$$

$$= a[-\frac{1}{2}\frac{1}{(1+x)^2}]_0^\infty = \frac{a}{2} = 1$$

이므로 $a = 2$이다. 한편 분포함수 $F(x)$는

$$F(x) = \int_{-\infty}^{x} f(t)dt = \int_{0}^{x} \frac{2}{(1+t)^3}dt$$
$$= 1 - \frac{1}{(1+x)^2}, \qquad x \geq 0$$

이다.

5.6.2 기댓값

이 장에서는 1변수의 확률분포를 주로 다룬다. 이들 확률분포에 대하여 확률밀도함수를 정의하고 그 분포의 평균, 분산 등을 구하고 간단한 응용에 대하여 살펴보기로 한다.

확률변수의 기댓값을 먼저 정의한다.

확률변수 X의 기댓값은 다음과 같이 정의한다.

(1) $E[X] = \int_{-\infty}^{\infty} xf(x)dx$ (연속형)

(2) $Y = g(X)$의 기댓값은 $E[Y] = E[g(X)] = \int_{-\infty}^{\infty} g(x)f(x)dx$

예제 5.14》 다음 확률밀도함수를 갖는 확률변수 X의 기댓값을 구하여라.

$$f(x) = \begin{cases} 2e^{-2x}, & x > 0 \\ 0, & x \leq 0 \end{cases}$$

풀이

$$E[X] = \int_{0}^{\infty} x \cdot 2e^{-2x}dx = [x(-e^{-2x})]_0^{\infty} - \int_{0}^{\infty}(-e^{-2x})dx = 0 + [-\frac{1}{2}e^{-2x}]_0^{\infty} = \frac{1}{2}$$

예제 5.15》 확률밀도함수가 $f(x) = \begin{cases} \frac{1}{2}, & -1 < x < 1 \\ 0, & \text{otherwise} \end{cases}$ 로 주어지는 확률변수 X의 기댓값을 구하여라.

풀이

기댓값의 정의로부터

$$E[X] = \int_{-\infty}^{\infty} xf(x)dx = \int_{-1}^{1} \frac{x}{2}dx = [x^2]_{-1}^{1} = 0$$

예제 5.16 앞의 예제에서 주어진 확률밀도함수에 대하여 $Y = X^2$의 기댓값을 구하여라.

풀이

$$E[Y] = E[X^2] = \int_{-\infty}^{\infty} x^2 f(x) dx = \int_{-1}^{1} \frac{x^2}{2} dx = \frac{1}{2}[\frac{x^3}{3}]_{-1}^{1} = \frac{1}{3}$$

이다.

예제 5.17 X가 구간 (a,b)에서 균등분포, 즉 $f(x) = \frac{1}{b-a}$, $a < X < b$를 따를 때 X의 기댓값 $E(X)$는 $E(X) = \frac{a+b}{2}$ 임을 밝혀라.

풀이

$$E[X] = \int_{a}^{b} \frac{x}{b-a} dx = (\frac{1}{b-a})(\frac{b^2-a^2}{2}) = \frac{(b-a)(b+a)}{(b-a)2} = \frac{b+a}{2}$$

예제 5.18 X가 모수 λ인 지수분포를 할 때, X의 기댓값 $E(X)$를 구하여라.

풀이

X의 확률밀도함수는

$$f(x) = \begin{cases} \lambda e^{-\lambda x} & x \geq 0 \\ 0 & x < 0 \end{cases}$$

이므로

$$E[X] = \int_{0}^{\infty} x \lambda e^{-\lambda x} dx$$

이고 부분적분법 $(\lambda e^{-\lambda x} dx = dv,\ u = x)$에 의하면

$$\begin{aligned} E[X] &= -xe^{-\lambda x}|_0^{\infty} + \int_0^{\infty} e^{-\lambda x} dx \\ &= 0 - \frac{e^{-\lambda x}}{\lambda}|_0^{\infty} \\ &= \frac{1}{\lambda} \end{aligned}$$

5.6.3 분산

X가 평균이 μ인 확률변수일 때, X의 분산(Variance)을 $Var(X)$로 나타내고,

$$Var(X) = E[(X-\mu)^2]$$

로 정의한다.

$Var(X)$의 정의를 전개하면

$$\begin{aligned}Var(X) &= E[(X-\mu)^2] = E[X^2 - 2\mu X + \mu^2] \\ &= E[X^2] - E[2\mu X] + \mu^2 = E[X^2] - 2\mu E[X] + \mu^2 \\ &= E[X^2] - \mu^2\end{aligned}$$

따라서

$$Var(X) = E[X^2] - (E[X])^2$$

예제 5.19》 X가 모수 λ인 지수분포 $f(x) = xe^{-\lambda x}$, $x \geq 0$에 따를 때, X의 분산을 구하여라.

풀이

$$E[X] = \lambda \int_0^\infty xe^{-\lambda x} dx = \frac{1}{\lambda},\ E[X^2] = \lambda \int_0^\infty x^2 e^{-\lambda x} dx = \frac{2}{\lambda^2}$$

이므로

$$Var(X) = \lambda \int_0^\infty x^2 e^{-\lambda x} dx - \frac{1}{\lambda^2} = \frac{1}{\lambda^2}$$

예제 5.20》 X가 구간 (a, b)에서 $f(x) = \dfrac{1}{b-a}$일 때, X의 분산을 구하여라.

풀이

$$E[X] = \frac{1}{b-a} \int_a^b x dx = \frac{1}{b-a} [\frac{x^2}{2}]_a^b = \frac{b^2 - a^2}{2(b-a)} = \frac{a+b}{2},$$

$$E[X^2] = \frac{1}{b-a} \int_a^b x^2 dx = \frac{1}{b-a} \cdot \frac{b^3 - a^3}{3} = \frac{a^2 + ab + b^2}{3}$$

$$\begin{aligned}Var(X) &= E(X^2) - [E(X)]^2 = \frac{a^2 + ab + b^2}{3} - \frac{(a+b)^2}{4} \\ &= \frac{(b-a)^2}{12}\end{aligned}$$

연습문제

1 다음 주어진 간격에서 $f(x)$의 평균값을 구하여라.

(1) $f(x) = x^2 - 1 \quad [0, \sqrt{3}]$

(2) $f(x) = \cos x \quad [\frac{\pi}{3}, \frac{\pi}{2}]$

(3) $f(x) = \csc^2 x \quad \left[\frac{\pi}{6}, \frac{\pi}{4}\right]$

2 다음을 정적분하여라.

(1) $\displaystyle\int_0^2 x(x-3)dx$

(2) $\displaystyle\int_0^4 (3x - \frac{1}{4}x^3)dx$

(3) $\displaystyle\int_0^{\pi/3} 2\sec^2 x\, dx$

(4) $\displaystyle\int_0^{\pi/4} \tan^2 x\, dx$

(5) $\displaystyle\int_0^{\pi/8} \sin 2x\, dx$

(6) $\displaystyle\int_{\pi/2}^{\pi} \frac{\sin 2x}{2\sin x} dx$

(7) $\displaystyle\int_0^{1/2} \frac{4}{\sqrt{1-x^2}} dx$

3 다음을 구하여라.

(1) $\displaystyle\frac{d}{dx}\int_0^{\sqrt{x}} \cos t\, dt$

(2) $\displaystyle\frac{d}{dx}\int_0^{x} \sqrt{1+t^2}\, dt$

(3) $\displaystyle\frac{d}{dx}\int_0^{\sin x} \frac{dt}{\sqrt{1-t^2}}, \quad |x| < \frac{\pi}{2}$

(4) $\displaystyle\frac{d}{dx}\int_0^{\sin^{-1} x} \cos t\, dt$

(5) $\dfrac{d}{dy}\displaystyle\int_{\sqrt{y}}^{2\sqrt{y}} \sin t^2 dt$

(6) $\dfrac{d}{dx}\displaystyle\int_{0}^{\ln x} \sin e^t\, dt$

4 치환법을 이용하여 정적분을 구하여라.

(1) $\displaystyle\int_0^{\pi/4} \tan x \sec^2 x\, dx$

(2) $\displaystyle\int_0^{\sqrt{3}} \frac{4x}{\sqrt{x^2+1}} dx$

(3) $\displaystyle\int_0^{2\pi} \frac{\cos z}{\sqrt{4+3\sin z}} dz$

(4) $\displaystyle\int_0^{\pi/4} (1+e^{\tan\theta})\sec^2\theta\, d\theta$

(5) $\displaystyle\int_2^4 \frac{dx}{x(\ln x)^2}$

(6) $\displaystyle\int_0^1 \frac{4\,ds}{\sqrt{4-s^2}}$

(7) $\displaystyle\int_0^{\pi} \sin^2 5r\, dr$

(8) $\displaystyle\int_{-\pi/3}^{0} \sec x \tan x\, dx$

(9) $\displaystyle\int_1^e \frac{1}{x}(1+7\ln x)^{-1/3} dx$

(10) $\displaystyle\int_1^4 \frac{(\ln x)^3}{2x} dx$

(11) $\displaystyle\int_1^{\sqrt{2}} x 2^{(x^2)} dx$

(12) $\displaystyle\int_1^4 \frac{\ln 2 \log_2 x}{x} dx$

5 다음을 구하여라.

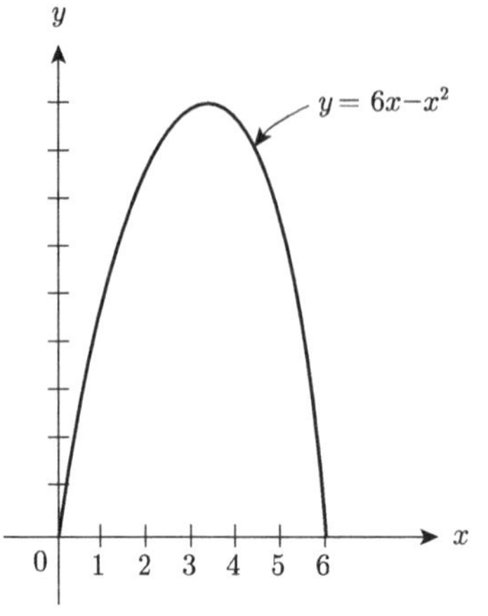

(1) $M(3)$을 이용하여, 가려진 영역의 대략적인 영역은?

(2) $T(6)$을 이용하여, 가려진 영역의 대략적인 영역은?

6 이상적분을 구하여라.

(1) $\displaystyle\int_0^{\infty} \frac{dx}{x^2+1}$

(2) $\displaystyle\int_{-\infty}^{-2} \frac{2dx}{x^2-1}$

(3) $\displaystyle\int_0^{\infty} \frac{dx}{(1+x)\sqrt{x}}$

(4) $\displaystyle\int_0^{1} x \ln x \, dx$

(5) $\displaystyle\int_{-1}^{\infty} \frac{d\theta}{\theta^2+5\theta+6}$

(6) $\displaystyle\int_0^{\ln 2} x^{-2} e^{-1/x} \, dx$

(7) $\displaystyle\int_2^{\infty} \frac{dv}{\sqrt{v-1}}$

7 다음에 주어진 함수와 구간에 대하여 $\displaystyle\int_A af(x)dx = 1$이 되도록 상수 a를 구하여라.

(1) $f(x) = x^{-2}$, $A = [1, \infty)$

(2) $f(x) = \dfrac{1}{2}e^{-x}$, $A = [0, \infty)$

(3) $f(x) = \dfrac{1}{1+x^2}$, $A = [1, \infty)$

(4) $f(x) = xe^{-x^2}$, $A = [0, \infty)$

8 확률밀도함수가 다음과 같을 때 분포함수 $F(x)$를 구하여라.

(1) $f(x) = \begin{cases} \dfrac{3}{26}(x+1)^2, & 0 < x < 2 \\ 0 & \text{, 그 밖에서} \end{cases}$

(2) $f(x) = \begin{cases} x^2(9-8x), & 0 < x < 1 \\ 0 & \text{, 그 밖에서} \end{cases}$

(3) $f(x) = \begin{cases} 9xe^{-3x}, & x > 0 \\ 0 & \text{, 그 밖에서} \end{cases}$

(4) $f(x) = \begin{cases} (a+1)x^a, & 0 < x < 1 \\ 0 & \text{, 그 밖에서} \end{cases}$

9 다음 적분을 구하여라.

(1) $\displaystyle\int_{-\infty}^{x} \frac{1}{\pi}\frac{1}{1+t^2}dt$

(2) $\displaystyle\int_{-\infty}^{x} \theta e^{-\theta t}dt$, $(\theta > 0)$

10 $f(x) = \begin{cases} 1, & 0 \le x \le 1 \\ 0, & \text{그 밖에서} \end{cases}$ 에 대하여 다음을 구하여라.

(1) $\displaystyle\int_{-\infty}^{\infty} f(x)dx$

(2) $M(t) = \displaystyle\int_{-\infty}^{\infty} e^{tx}f(x)dx$, $(-\infty < t < \infty)$

11 X의 확률밀도함수 $f(x)$가

$$f(x) = \begin{cases} \dfrac{x}{2}, & 0 < x < 2 \\ 0, & \text{그 밖에서} \end{cases}$$

일 때, 다음을 구하여라.

(1) $E(X)$ (2) $E(3X^2 - 2X)$

12 X의 확률밀도함수가

$$f(x)=\begin{cases} e^{-x}, & x \ge 0 \\ 0, & \text{그 밖에서} \end{cases}$$

일 때, 다음을 구하여라.

(1) $E[3X-2]$

(2) $E[X^2]$

(3) $E[(X-1)^2]$

13 다음 확률밀도함수에 대하여 $E[X]$, $E[X^2]$, $Var(X)$를 구하여라.

(1) $f(x)=\begin{cases} \dfrac{1}{b-a}, & a<x<b \\ 0 & , \text{그 밖에서} \end{cases}$

(2) $f(x)=\begin{cases} \lambda^2 x e^{-\lambda x}, & 0<x \\ 0 & , \text{그 밖에서} \end{cases}$

(3) $f(x)=\begin{cases} 2x, & 0<x<1 \\ 0 & , \text{그 밖에서} \end{cases}$

(4) $f(x)=\begin{cases} \dfrac{3}{x^4}, & 1<x \\ 0 & , \text{그 밖에서} \end{cases}$

CHAPTER 06

수열과 급수와 이산확률분포

6.1 수열

무한수열은 정의역이 양수들의 집합인 함수이다. 간단하게 a_n로 쓰여진다. 예를 들어, $a_n = \frac{1}{n}$로 정의된 수열은 $1, \frac{1}{2}, \frac{1}{3}, \cdots \frac{1}{n}$ 수들의 집합이다. 이 수열의 n번째 또는 일반 항은 $\frac{1}{n}$이다. 수열 a_n은 $\lim_{n\to\infty} a_n = L$이면, 유한 확정값 L로 수렴한다.

a_n이 극한치가 없다면, 수열이 발산한다고 말한다.

예제 6.1》 다음 무한수열의 수렴, 발산을 조사하고, 수렴하면 그 극한값을 구하여라.

(1) $1, \frac{4}{3}, \frac{9}{5}, \frac{16}{7} \cdots$

(2) $\frac{1^2+1}{1}, \frac{2^2+1}{1+2}, \frac{3^2+1}{1+2+3}, \cdots$

(3) $(\log 1 - \log 2), (\log 2 - \log 3), (\log 3 - \log 4), \cdots$

풀이

(1) $a_n = \frac{n^2}{1+(n-1)2} = \frac{n^2}{2n-1}$

$$\lim_{n\to\infty} a_n = \lim_{n\to\infty} \frac{n^2}{2n-1} = \infty \text{ (발산)}$$

(2) $1+2+3+\cdots+n = \frac{n(n+1)}{2}$이므로 $a_n = \frac{2(n^2+1)}{n(n+1)}$

$$\lim_{n\to\infty} a_n = \lim_{n\to\infty}\frac{2(n^2+1)}{n^2+n} = \lim_{n\to\infty}\frac{2(1+\frac{1}{n^2})}{1+\frac{1}{n}} = 2(\text{수렴})$$

(3) $a_n = \log n - \log(n+1)$

$$\lim_{n\to\infty} a_n = \lim_{n\to\infty}\log\frac{n}{n+1} = \log 1 = 0(\text{수렴})$$

예제 6.2》 다음 극한을 구하여라.

(1) $\lim_{n\to\infty}(\sqrt{n+1}-\sqrt{n-1})$

(2) $\lim_{n\to\infty}\frac{n}{\sqrt{n^2-1}-\sqrt{n}}$

(3) $\lim_{n\to\infty}(3+2n-n^3)$

(4) $\lim_{n\to\infty}\frac{3n^4+5}{4n^4-7n^2+9}$

풀이

(1) $\lim_{n\to\infty}(\sqrt{n+1}-\sqrt{n-1})$

$$= \lim_{n\to\infty}\frac{(\sqrt{n+1}-\sqrt{n-1})(\sqrt{n+1}+\sqrt{n-1})}{(\sqrt{n+1}+\sqrt{n-1})}$$

$$= \lim_{n\to\infty}\frac{2}{(\sqrt{n+1}+\sqrt{n-1})} = 0$$

(2) $\lim_{n\to\infty}\frac{n}{\sqrt{n^2-1}-\sqrt{n}}$

$$= \lim_{n\to\infty}\frac{n(\sqrt{n^2-1}+\sqrt{n})}{(\sqrt{n^2-1}-\sqrt{n})(\sqrt{n^2-1}+\sqrt{n})}$$

$$= \lim_{n\to\infty}\frac{n(\sqrt{n^2-1}+\sqrt{n})}{n^2-1-n} = 1$$

(3) $\lim_{n\to\infty}(3+2n-n^3) = \lim_{n\to\infty} n^3(\frac{3}{n^3}+\frac{2}{n^2-1}) = -\infty$ (발산)

(4) $\lim_{n\to\infty}\frac{3n^4+5}{4n^4-7n^2+9} = \frac{3}{4}$; a_n 은 $\frac{3}{4}$ 으로 수렴

예제 6.3 다음 극한값을 구하여라.

(1) $\lim_{n\to\infty}\frac{3^{n+1}+2^n}{2^{2n}-3^n}$

(2) $\lim_{n\to\infty}\frac{r^n}{1+r^n}$ (단 $r\neq 1$)

(3) $\frac{\sqrt{5^n}+1}{2^n}$

(4) $\frac{(-3)^n}{2^n-1}$

풀이

(1) $\lim_{n\to\infty}\frac{3\cdot 3^n+2^n}{4^n-3^n}=\lim_{n\to\infty}\frac{3(\frac{3}{4})^n+(\frac{2}{4})^n}{1-(\frac{3}{4})^n}=0$

(2) $|r|<1,\ \lim_{n\to\infty}r^n=0\quad \lim_{n\to\infty}\frac{r^n}{1+r^n}=0$

$r=1,\ \lim_{n\to\infty}r^n=1\quad \lim_{n\to\infty}\frac{r^n}{1+r^n}=\frac{1}{2}$

$|r|>1,\ \lim_{n\to\infty}|r|^n=\infty\quad \lim_{n\to\infty}\frac{r^n}{1+r^n}=1$

(3) $\lim_{n\to\infty}\frac{\sqrt{5^n}+1}{2^n}=\infty$

(4) $\lim_{n\to\infty}\frac{(-3)^n}{2^n-1}=\pm\infty$

예제 6.4 다음 극한값을 구하여라.

(1) $\lim_{n\to\infty}\frac{1}{n}\cos n\theta$

(2) $\lim_{n\to\infty}\frac{1}{n}\sin\frac{n\pi}{2}$

풀이

(1) $-1\le\cos n\theta\le 1$이고 $-\frac{1}{n}\le\frac{1}{n}\cos n\theta\le\frac{1}{n}$이므로 샌드위치 정리에 의해

$\lim_{n\to\infty}\frac{1}{n}\cos n\theta=0$

(2) $-1\le\sin\frac{n\pi}{2}\le 1$이고 $-\frac{1}{n}\le\frac{1}{n}\sin\frac{n\pi}{2}\le\frac{1}{n}$이므로 샌드위치 정리에 의해

$\lim_{n\to\infty}\frac{1}{n}\sin\frac{n\pi}{2}=0$

6.2 무한급수

정의 6.1

a_n이 실수의 수열이라면, 무한급수는 다음과 같다.

$$\sum_{k=1}^{\infty} a_k = a_1 + a_2 + \cdots + a_n + \cdots$$

a_n은 급수의 n번째 또는 일반항이다. 첫 항 a와 공비 r을 가지고 있다.

$$\sum_{k=1}^{\infty} ar^{k-1} = a + ar + ar^2 + \cdots + ar^{n-1} + \cdots$$

다음과 같은 유한수 S가 있다면 $\lim_{n\to\infty}\sum_{k=1}^{n} a_k = S$ 또는 $\sum_{k=1}^{\infty} a_k = S$

간단하게 이렇게 표시할 수 있다. $\sum a_k$ 또는 $\sum a_n$

예제 6.5》 기하급수가 $1 + \frac{1}{2} + \frac{1}{4} + \ldots +$가 2로 수렴, 발산함을 보여라.

풀이

S가 급수의 합이라고 하자.

$$S = \lim_{n\to\infty}\left(1 + \frac{1}{2} + \frac{1}{4} + \cdots + \frac{1}{2^n}\right), \quad \frac{1}{2}S = \lim_{n\to\infty}\left(\frac{1}{2} + \frac{1}{4} + \cdots + \frac{1}{2^{n+1}}\right)$$

빼기를 하면 $\frac{1}{2}S = \lim_{n\to\infty}\left(1 - \frac{1}{2^{n+1}}\right)$, $S = 2$

예제 6.6》 다음 조화급수가 수렴, 발산함을 보여라.

$$1 + \frac{1}{2} + \frac{1}{3} + \cdots$$

풀이

급수의 항들을 다음과 같이 배치될 수 있다.

$$1 + \frac{1}{2} + \left(\frac{1}{3} + \frac{1}{4}\right) + \left(\frac{1}{5} + \frac{1}{6} + \frac{1}{7} + \frac{1}{8}\right) + \cdots$$

이 합은 다음 식보다 크다. $1+\frac{1}{2}+2(\frac{1}{4})+4(\frac{1}{8})+\ldots$

이것은 다음과 같다.

$1+\frac{1}{2}+\frac{1}{2}+\frac{1}{2}+\cdots$ 합이 무한대이므로 $\sum\frac{1}{n}$은 ∞로 발산한다.

6.2.1 무한급수의 수렴성과 발산성에 대한 정리

다음 정리들은 중요하다.

정리 a $\sum a_k$가 수렴한다면, $\lim_{n\to\infty} a_n=0$

정리 b $\sum_{k=1}^{\infty} a_k$ 그리고 $\sum_{k=m}^{\infty} a_k$(m은 양수이다.) 둘 다 수렴하거나 발산한다.

정리 c $\sum_{k=1}^{\infty} a_k$ 그리고 $\sum_{k=m}^{\infty} ca_k(c\neq 0)$ 둘 다 수렴하거나 둘 다 발산한다.

정리 d $\sum a_k$ 그리고 $\sum b_k$이 둘 다 수렴한다면, $\sum(a_k+b_k)$도 수렴한다.

정리 e 수렴하는 급수의 항들이 다시 배치된다면, 새로운 급수는 수렴한다.

정리 f $\lim_{n\to\infty} a_n\neq 0$ 이라면, $\sum a_n$은 발산한다.

예제 6.7》 $\sum\frac{n}{2n+1}$은 수렴하는가, 발산하는가?

풀이

$\lim_{n\to\infty}\frac{n}{2n+1}=\frac{1}{2}\neq 0$이므로 발산한다.

정리 g $|r|<1$일 경우에 한해서만 기하급수 $\sum ar^n$은 수렴한다.

$|r|<1$이라면, 합은 $\frac{a}{(1-r)}$이다.

예제 6.8》 다음 무한 등비급수의 합을 구하여라.

(1) $\lim_{n\to\infty}\sum_{k=0}^{n}(1-\sqrt{2})^k$ (2) $\sum_{n=1}^{\infty}4^{n-1}(\frac{1}{3})^{2n}$

(3) $1-\frac{1}{4}+\frac{1}{16}-\frac{1}{64}+\cdots+(-1)^{n-1}(\frac{1}{4})^{n-1}+\cdots$

풀이

(1) $\lim_{n\to\infty}\sum_{k=0}^{n}(1-\sqrt{2})^k = 1+(1-\sqrt{2})+(1-\sqrt{2})^2+\ldots$

이것은 첫째 항이 1이고, 공비가 $1-\sqrt{2}$ 인 무한 등비급수이고 $|1-\sqrt{2}|<1$ 이므로

$$\lim_{n\to\infty}\sum_{k=0}^{n}(1-\sqrt{2})^k = \frac{1}{1-(1-\sqrt{2})} = \frac{1}{\sqrt{2}} = \frac{\sqrt{2}}{2}$$

(2) $\sum_{n=1}^{\infty}4^{n-1}(\frac{1}{3})^{2n} = \sum_{n=1}^{\infty}4^{n-1}(\frac{1}{9})^n = \sum_{n=1}^{\infty}\frac{1}{9}(\frac{4}{9})^{n-1} = \frac{1}{9}\frac{1}{1-(4/9)} = \frac{1}{5}$

(3) $\frac{4}{5}$

6.3 음이 아닌 급수의 수렴성 검정

급수 $\sum a_n$ 은 만약 모든 n 에서 $a_n \geq 0$ 라면, 음이 아닌 급수라고 정의한다.

6.3.1 적분판정법 검정

$f(x)$가 연속, 양수, 감소하는 함수이고 $f(n)=a_n$ 이라면, $\sum a_n$ 이 수렴하기 위한 필요충분조건은 이상적분 $\int_1^\infty f(x)$ 이 수렴하는 경우에 한해서 수렴한다.

예제 6.9》 $\sum \frac{n}{n^2+1}$ 은 수렴하는가?

풀이

$$\int_1^\infty \frac{xdx}{x^2+1} = \lim_{b\to\infty}\int_1^b \frac{x}{x^2+1}dx = \lim_{b\to\infty}\frac{1}{2}ln(b^2+1)| = \infty$$

따라서 발산한다.

예제 6.10》 $\sum \frac{n}{e^n}$ 의 수렴성을 검정하여라.

풀이

$$\int_1^\infty \frac{x}{e^x}dx = \lim_{n\to\infty}\int_a^b xe^{-x}dx = \lim_{n\to\infty}\left(\frac{1+b}{e^b} - \frac{2}{e}\right) = \frac{2}{e}$$

그러므로 $\sum\frac{n}{e^n}$은 수렴한다.

6.3.2 p-급수 검정

p-급수 $\sum_{n=1}^{n}\frac{1}{n^p}$는 $p>1$일 때 수렴하고 $p\le 1$일 때 발산한다.

이것은 적분 검정과 $\int_1^\infty \frac{1}{x^p}dx$ 형태의 이상적분으로부터 즉각 알 수 있다.

예제 6.11 $1+\frac{1}{2^2}+\frac{1}{3^2}+\ldots$은 $p=3$인 p-급수이다; 그러므로 p-급수 검정으로 인해 수렴한다.

예제 6.12 $\sum\frac{1}{\sqrt{n}}$은 $p=\frac{1}{2}$인 p-급수이므로 발산한다.

6.3.3 비교 검정

$\sum a_n$의 일반항들을 수렴하는지 발산하는지 밝혀진 급수의 일반항들과 비교한다.

(1) $\sum u_n$이 수렴하고 $a_n \le u_n$라면, $\sum a_n$은 수렴한다.

(2) $\sum u_n$이 발산하고 $a_n \ge u_n$라면, $\sum a_n$은 발산한다.

예제 6.13 $\sum\frac{1}{1+n^4}$은 수렴하는가, 발산하는가?

풀이

$\frac{1}{1+n^4}<\frac{1}{n^4}$이고 p-급수 $\sum\frac{1}{n^4}$는 수렴하므로, 수렴한다.

예제 6.14 $\frac{1}{\sqrt{2}}+\frac{1}{\sqrt{5}}+\frac{1}{\sqrt{8}}+\ldots+\frac{1}{\sqrt{3n-1}}$는 발산하는가?

풀이

$$\frac{1}{\sqrt{3n-1}} > \frac{1}{\sqrt{3n}} = \frac{1}{\sqrt{3}\,n^{1/2}}\ ,\ p\text{-급수에서 } \sum \frac{c}{n^p}$$

위는 $c = \frac{1}{\sqrt{3}}$ 이고 $p = \frac{1}{2}$ 인 발산하는 급수 $\sum \frac{c}{n^p}$ 의 일반항이다.

따라서 발산한다.

6.3.4 극한 비교 검정

$\lim_{n \to \infty} \frac{a_n}{b_n}$ 이 유한이고 0이 아니므로, $\sum a_n$ 그리고 $\sum b_n$ 은 둘 다 수렴하거나 둘 다 발산한다.

예제 6.15》 $\sum \frac{1}{2n+1}$ 이 수렴하는가, 발산하는가?

풀이

이 급수는 발산하는 조화급수로 보인다. 하지만 $\frac{1}{2n+1} < \frac{1}{n}$ 이므로 비교검정이 안 된다. 극한 비교 검정은 다음과 같다.

$$\lim_{n \to \infty} \frac{\frac{1}{2n+1}}{\frac{1}{n}} = \frac{1}{2}$$

$\sum \frac{1}{n}$ 이 발산하므로 $\sum \frac{1}{2n+1}$ 도 극한비교검정으로 인해 발산한다.

예제 6.16》 급수 $\sum_{n=1}^{\infty} \frac{2n^2+3n}{\sqrt{5+n^5}}$ 의 수렴, 발산을 판정하여라.

풀이

분자의 최고차항은 $2n^2$ 이고 분모의 최고차항은 $\sqrt{n^5} = n^{\frac{5}{2}}$ 이므로

$$a_n = \frac{2n^2+3n}{\sqrt{5+n^5}},\ b_n = \frac{2n^2}{n^{\frac{5}{2}}} = \frac{2}{n^{\frac{1}{2}}}$$

$$\lim_{n\to\infty}\frac{a_n}{b_n}=\lim_{n\to\infty}\frac{2n^2+3n}{\sqrt{5+n^5}}\frac{n^{\frac{1}{2}}}{2}=\lim_{n\to\infty}\frac{2n^{\frac{5}{2}}+3n^{\frac{3}{2}}}{2\sqrt{5+n^5}}=\lim_{n\to\infty}\frac{2+\frac{3}{n}}{2\sqrt{\frac{5}{n^5}+1}}=\frac{2+0}{2\sqrt{0+1}}=1$$

$\sum\frac{2}{\sqrt{n}}$이 발산하므로 $\sum_{n=1}^{\infty}\frac{2n^2+3n}{\sqrt{5+n^5}}$도 극한비교검정으로 인해 발산한다.

6.3.5 비판정법

$\lim_{n\to\infty}\frac{a_{n+1}}{a_n}=L$이라고 하자. 그러면 $\sum a_n$은 $L<1$일 때 수렴하고 $L>1$일 때 발산한다. 만약 $L=1$이라면, 이 검정은 결론에 이르지 못한다.

예제 6.17》 급수 $\sum_{n=1}^{\infty}(-1)^n\frac{n^3}{3^n}$이 절대 수렴함을 보여라.

풀이

$a_n=(-1)^n\frac{n^3}{3^n}$이라 놓으면

$$\left|\frac{a_{n+1}}{a_n}\right|=\left|\frac{\frac{(-1)^{n+1}(n+1)^3}{3^{n+1}}}{\frac{(-1)^n n^3}{3^n}}\right|=\frac{(n+1)^3}{3^{n+1}}\frac{3^n}{n^3}=\frac{1}{3}\left(\frac{n+1}{n}\right)^3\to\frac{1}{3}<1$$

그러므로 비판정법에 의하여 주어진 급수는 절대 수렴한다. 따라서 수렴한다.

예제 6.18》 $\sum\frac{n^n}{n!}$의 수렴, 발산을 조사하라.

풀이

$$\frac{a_{n+1}}{a_n}=\frac{(n+1)^n}{n^n}$$

$$\lim_{n\to\infty}\left(\frac{n+1}{n}\right)^n=e$$

$e>1$이므로 $\sum\frac{n^n}{n!}$은 비검정으로 인해 발산한다.

6.3.6 n근수 검정

$\lim_{n\to\infty} \sqrt[n]{a_n} = L$라고 하자. 그러면 $\sum a_n$ 은 $L<1$ 일 때 수렴하고 $L>1$일 때 발산한다. 만약 $L=1$이라면, 이 검정은 판정불가이다.

예제 6.19》 급수 $\sum(\frac{n}{2n+1})^n$은 수렴하는가?

풀이

급수 $\sum(\frac{n}{2n+1})^n$는 n근수 검정으로 수렴한다.

$$\lim_{n\to\infty} \sqrt[n]{(\frac{n}{2n+1})^n} = \lim_{n\to\infty} \frac{n}{2n+1} = \frac{1}{2}$$

예제 6.20》 급수 $\sum_{n=1}^{\infty}(\frac{2n+3}{3n+2})^n$의 수렴, 발산을 판정하여라.

풀이

$a_n = (\frac{2n+3}{3n+2})^n$이라 하면

$$\sqrt[n]{|a_n|} = \frac{2n+3}{3n+2} = \frac{2+\frac{3}{n}}{3+\frac{2}{n}} \to \frac{2}{3} < 1$$

급수 $\sum_{n=1}^{\infty}(\frac{2n+3}{3n+2})^n$는 n근수 검정으로 수렴한다.

6.3.7 교대급수

음이 아닌 급수에 적용될 수 있는 모든 검정은 모든 항이 음수인 급수에 쓰일 수 있다. 여기서 교대급수라고 하는, 부호가 섞인 급수 유형 한 가지만 고려한다.

$$1 - \frac{1}{2} + \frac{1}{3} - \frac{1}{4} + \cdots$$

위는 교대조화급수이다.

교대급수검정

교대급수는 다음과 같을 때 수렴한다.

(1) 모든 n에서 $a_{n+1} < a_n$

(2) $\lim_{n \to \infty} a_n = 0$

예제 6.21》 교대조화급수 $\sum \frac{(-1)^{n+1}}{n}$의 수렴, 발산을 판정하여라.

풀이

(1) 모든 n에서 $\frac{1}{n+1} < \frac{1}{n}$

(2) $\lim_{n \to \infty} \frac{1}{n} = 0$

이므로 교대급수검정으로 수렴한다.

예제 6.22》 급수 $\frac{1}{2} - \frac{2}{3} + \frac{3}{4} - \cdots$의 수렴, 발산을 판정하여라.

풀이

$\lim_{n \to \infty} \frac{n}{n+1}$이 0이 아니고 1이므로 발산한다.

6.4 멱급수

다음과 같은 형태의 급수는 x로 표현된 멱급수라고 한다.

$$\sum_{k=0}^{\infty} a_k x^k = a_0 + a_1 x + a_2 x^2 + \cdots \quad (1)$$

a_k는 상수이다. 그리고

$$\sum_{k=0}^{\infty} a_k (x-a)^k = a_0 + a_1 (x-a) + a_2 (x-a)^2 + \cdots \quad (2)$$

는 $(x-a)$로 표현된 멱급수라고 한다.

멱급수 (1)이 $|x| < r$일 때 수렴하고 $|x| > r$일 때 발산한다면, r은 수렴 반경이라고 부른다. 만약 (2)가 $|x-a| < r$일 때 수렴하고 $|x-a| > r$일 때 발산한다면 r은 멱급수 (2)의 수렴 반경이다.

예제 6.23》 다음 급수가 수렴하는 모든 x를 찾아라.

$$1 + x + x^2 + x^3 + ..$$

풀이

비율 검정에 의하여, 만약 다음과 같다면 급수는 수렴한다.

$$\lim_{n\to\infty}\left|\frac{u_{n+1}}{u_n}\right| = \lim_{n\to\infty}|x| = |x| < 1 \tag{3}$$

수렴 반경은 1이다. $x = 1$일 때, (3)은 $1+1+1+\cdots$이 되고 발산한다. $x = -1$일 때, (3)은 $1-1+1-1+\cdots$이 되고 발산한다. 수렴 구간은 $-1 < x < 1$

예제 6.24》 x가 무엇일 때 $\sum_{n=1}^{\infty}\frac{(-1)^{n-1}x^{n-1}}{n+1}$이 수렴하는가?

풀이

$$\lim_{n\to\infty}\left|\frac{u_{n+1}}{u_n}\right| = \lim_{n\to\infty}|x| = |x| < 1$$

수렴 반경은 1이다. $x = 1$일 때, 수렴하는 $\frac{1}{2}-\frac{1}{3}+\frac{1}{4}-\cdots$ 교대급수를 갖는다. $x = -1$
이면 발산하는 급수 $\frac{1}{2}+\frac{1}{3}+\frac{1}{4}+\cdots$이다. 이 급수는 $-1 < x \le 1$이면 수렴한다.

예제 6.25》 모든 x에서 $\sum_{n=1}^{\infty}\frac{x^n}{n!}$은 수렴하는가?

풀이

$$\lim_{n\to\infty}\left|\frac{u_{n+1}}{u_n}\right| = \lim_{n\to\infty}\frac{|x|}{n+1} = 0$$

이것은 모든 x에서 1보다 작다. 급수는 $-\infty < x < \infty$일 때 수렴한다.

예제 6.26》 다음 급수가 수렴하는 모든 x를 찾아라.

$$1+\frac{(x-2)}{2}+\frac{(x-2)^2}{2^2}+\ldots \tag{4}$$

풀이

$$\lim_{n\to\infty}\left|\frac{u_{n+1}}{u_n}\right|=\lim_{n\to\infty}\frac{|x-2|}{2}=\frac{|x-2|}{2}$$

이것은 $|x-2|<2$일 때 1보다 작다. 그것은 $0<x<4$일 때이다. 급수 (4)는 이 구간에서 수렴하고 $|x-2|>2$일 때 발산한다. 그것은 $x<0$ 또는 $x>4$일 때이다.
$x=0$일 때, (4)는 $1-1+1-\cdots$ 이고 발산한다. $x=4$일 때, (4)는 $1+1+1+\cdots$ 이고 발산한다.
수렴구간은 $0<x<4$이다.

6.5 테일러 급수

6.5.1 테일러 다항식

함수 $f(x)$가 $|x-a|<r$ 구간에서, 다음 형태의 멱급수로 표현될 수 있다면

$$c_0+c_1(x-a)+c_2(x-a)^2+\cdots+c_n(x-a)^n+\cdots$$

계수들은 이렇게 주어진다.

$$c_n=\frac{f^{(n)}(a)}{n!}$$

다음 급수는

$$f(x)=f(a)+f'(a)(x-a)+\frac{f''(x-a)}{2!}+\cdots+\frac{f^{(n)}(x-a)^n}{n!}+\cdots,$$

$a=0$일 때 특별한 급수를 가진다.

$$f(x)=f(0)+f'(0)x+\frac{f''(0)}{2!}x^2+\cdots+\frac{f^{(n)}(0)}{n!}x^n+\cdots,$$

위 급수는 함수 f의 맥로린 급수이다. 이것은 $x=0$에 대한 f의 전개식(expansion)

이다.

예제 6.27》 $f(x)=e^x$의 맥로린 급수를 찾아라.

풀이

여기서 모든 n에서 $f'(x)=e^x, \cdots, f^{(n)}(x)=e^x, \cdots$이다. 모든 n에서 $f'(0)=1, \cdots, f^{(n)}(0)=1, \cdots,$ 이며 계수 $c^n = \dfrac{1}{n!}$이 된다.

$$e^x = 1 + x + \frac{x^2}{2!} + \frac{x^3}{3!} + \cdots + \frac{x^n}{n!} + \cdots$$

예제 6.28》 $f(x)=\sin x$의 맥로린 급수를 찾아라.

풀이

$$\begin{array}{ll} f(x)=\sin x; & f(0)=0; \\ f'(x)=\cos x; & f'(0)=1; \\ f''(x)=-\sin x; & f''(0)=0; \\ f'''(x)=-\cos x; & f^{(3)}(0)=-1; \\ f^{(4)}(x)=\sin x; & f(0)=0. \end{array}$$

그러므로

$$\sin x = x - \frac{x^3}{3!} + \frac{x^5}{5!} - \cdots + (-1)^{n-1}\frac{x^{2n-1}}{(2n-1)!} + \cdots$$

예제 6.29》 $f(x)=\dfrac{1}{1-x}$의 맥로린 급수를 찾아라.

풀이

$$\begin{array}{ll} f(x)=(1-x)^{-1}; & f(0)=1; \\ f'(x)=(1-x)^{-2}; & f'(0)=1; \\ f''(x)=2(1-x)^{-3}; & f''(0)=2; \\ \cdots & \cdots \\ f^{(n)}(x)=n!(1-x)^{-(n+1)}; & f^{(n)}(0)=n! \end{array}$$

$$\frac{1}{1-x} = 1 + x + x^2 + x^3 + \cdots + x^n + \cdots$$

예제 6.30》 $x=1$에 대한 함수 $f(x)=\ln x$의 테일러 급수를 찾아라.

풀이

$f(x)=\ln x;$ $\quad\quad f(1)=\ln 1=0;$

$f'(x)=\dfrac{1}{x};$ $\quad\quad f'(1)=1;$

$f''(x)=-\dfrac{1}{x^2};$ $\quad\quad f''(1)=-1;$

$f^{(3)}(x)=\dfrac{2}{x^3};$ $\quad\quad f^{(3)}(1)=2$

$f^{(4)}(x)=\dfrac{-3\cdot 2}{x^4};$ $\quad\quad f^{(4)}(1)=-3!$

$\cdots$ $\quad\quad \cdots$

$f^{(n)}(x)=\dfrac{(-1)^{n-1}(n-1)!}{x^n};$ $\quad\quad f^{(n)}(1)=(-1)^{n-1}(n-1)!$

$$\ln x=(x-1)-\frac{(x-1)^2}{2}+\frac{(x-1)^3}{3}-\frac{(x-1)^4}{4}+\cdots+\frac{(-1)^{n-1}(x-1)^n}{n}+\cdots$$

다음은 앞으로의 참고를 위하여, 앞 절에서 구한 몇 가지 중요한 맥로린 급수를 나열한 것이다.

함수	맥로린 급수	수렴구간
$\sin x$	$x-\dfrac{x^3}{3!}+\dfrac{x^5}{5!}-\ldots+\dfrac{(-1)^{n-1}x^{2n-1}}{(2n-1)!}+\ldots$	$-\infty<x<\infty$
$\cos x$	$1-\dfrac{x^2}{2!}+\dfrac{x^4}{4!}-\ldots+\dfrac{(-1)^{n-1}x^{2n-2}}{(2n-2)!}+\ldots$	$-\infty<x<\infty$
e^x	$1+x+\dfrac{x^2}{2!}+\dfrac{x^3}{3!}-\ldots+\dfrac{x^n}{n!}+\ldots$	$-\infty<x<\infty$
$\ln(1+x)$	$x-\dfrac{x^2}{2}+\dfrac{x^3}{3}-\ldots+\dfrac{(-1)^{n-1}x^n}{n}+\ldots$	$-1\le x\le 1$
$\tan^{-1}x$	$x-\dfrac{x^3}{3}+\dfrac{x^5}{5}-\ldots+\dfrac{(-1)^{n-1}x^{2n-1}}{2n-1}+\ldots$	$-1\le x\le 1$

6.5.2 멱급수 계산

함수의 멱급수 전개식(expansion)은 수렴 구간 안에 위치한 x값들의 함수로 취급될 수 있다. 그것들은 더해지거나, 빼지거나, 곱해지거나, 나눠지거나, 미분되거나, 또는 적분될 수 있다. 이 특성들은 수많은 다르고 어려운 계산들에 있어 유익한 접근을 제공한다. 멱급수는 함수값들의 근사치를 구하고, 부정 형태의 극한치의 값을 구하고, 정적분의 근삿값을 구할 때 유용하다.

예제 6.31》 $\dfrac{1}{\sqrt{e}}$를 소수점 이하 네 자리까지 계산하여라.

풀이

맥로린 급수를 쓸 수 있다.

$$e^{x}=1+x+\frac{x^{2}}{2!}+\frac{x^{3}}{3!}+\frac{x^{4}}{4!}+\cdots,$$

그리고 $x=-\dfrac{1}{2}$이라고 하면 다음을 갖는다.

$$\begin{aligned}e^{-1/2}&=1-\frac{1}{2}+\frac{1}{4\cdot 2}-\frac{1}{8\cdot 3!}+\frac{1}{16\cdot 4}-\frac{1}{32\cdot 5!}+R_{5}\\&=1-0.50000+0.12500-0.02083+0.00260-0.00026+R_{5}\\&=0.60651+R_{5}\end{aligned}$$

$$R_{5}<\frac{1}{64\cdot 6!}<0.00003,$$

그러므로 $\dfrac{1}{\sqrt{e}}=0.6065$이고 소수점 이하 네 자리까지 맞다.

예제 6.32》 $\displaystyle\lim_{x\to 0}\frac{\ln(x+1)}{3x}$을 계산하기 위해 급수를 사용하여라.

풀이

$$\lim_{x\to 0}\frac{x-\frac{x^{2}}{2}+\frac{x^{3}}{3}-\frac{x^{4}}{4}+\cdots}{3x}=\lim_{x\to 0}\frac{1}{3}-\frac{x}{6}+\frac{x^{2}}{9}-\cdots=\frac{1}{3}$$

예제 6.33》 $\displaystyle\lim_{x\to 0}\frac{e^{-x^{2}}-1}{x^{2}}$을 계산하기 위해 급수를 사용하여라.

풀이

$$\lim_{x\to 0}\frac{e^{-x^{2}}-1}{x^{2}}=\lim_{x\to 0}\frac{(1-x^{2}+\frac{x^{4}}{2!}-\frac{x^{6}}{3!}+\cdots)-1}{x^{2}}=\lim_{x\to 0}(-1+\frac{x^{2}}{2!}-\frac{x^{4}}{4!}+\cdots)=-1$$

예제 6.34》 $\int_0^{0.1} e^{-x^2}dx$를 소수점 이하 네 자리까지 계산하기 위해 급수를 사용하여라.

풀이

$\int e^{-x^2}dx$가 초등 함수로 표현될 수 없다지만, e^u의 급수를 쓸 수 있다. u를 $(-x^2)$으로 대신하고, 항들을 적분한다.

$$e^{-x^2} = 1 - x^2 + \frac{x^4}{2!} - \frac{x^6}{3!} + \cdots .$$

$$\int_0^{0.1} e^{-x^2}dx = x - \frac{x^3}{3} + \frac{x^5}{5 \cdot 2!} - \frac{x^7}{7 \cdot 3!} + \cdots \Big|_0^{0.1}$$

$$= 0.1 - \frac{0.001}{3} + \frac{0.00001}{10} - \frac{0.0000001}{42} + \cdots$$

$$= 0.1 - 0.00033 + 0.000001 + R_6$$

$$= 0.09967 + R_6$$

이것은 수렴하는 교대급수이므로, $|R_6| < \frac{10^{-7}}{42}$, 이것은 네 번째 소수점 이하 자리에 영향을 미치지 않는다.

$$\int_0^{0.1} e^{-x^2}dx = 0.0997$$

6.6 이산 확률분포

이 장에서는 일변수의 확률분포를 주로 다룬다. 이들 확률분포에 대하여 확률질량함수를 정의하고 그 분포의 평균, 분산 등을 구하고 간단한 응용에 대하여 살펴보기로 한다.

6.6.1 기댓값

확률변수의 기댓값(평균)을 먼저 정의하여 본다.

확률변수 X의 기댓값(평균값)은 다음과 같이 정의한다.

$$E[X] = \sum_i x_i p_i, \text{ 여기서 } p_i = p(X = x_i)$$

예제 6.35》 X가 0과 1인 값을 취하는 확률변수이고, $p(0)=\frac{1}{3}$, $p(1)=\frac{2}{3}$이다. X의 기댓값을 구하여라.

풀이

$$E[X]=0(\frac{1}{3})+1(\frac{2}{3})=\frac{2}{3}$$

예제 6.36》 확률질량함수가 $f(x)=\begin{cases}\frac{1}{4}, & x=1,\ 2,\ 3,\ 4 \\ 0\ , & \text{다른 곳에서}\end{cases}$으로 주어지는 확률변수 X의 기댓값을 구하여라.

풀이

기댓값의 정의로부터

$$\begin{aligned} E[X] &= \sum_{x=1}^{4} xf(x) \\ &= 1\cdot f(1)+2\cdot f(2)+3\cdot f(3)+4\cdot f(4) \\ &= \frac{1+2+3+4}{6}=\frac{10}{4}=2.5 \end{aligned}$$

이다.

예제 6.37》 이산확률변수 X의 확률질량함수 $f(x)$가 $f(x)=(\frac{1}{3})^x\,(x=1,\ 2,\ \cdots)$일 때, X의 평균 $E(X)$를 구하여라.

풀이

$$E(X)=\sum_{x=1}^{\infty} x\left(\frac{1}{3}\right)^x=\frac{1}{3}+2(\frac{1}{9})+3(\frac{1}{27})+\ \cdots\ =s$$

$$s-\frac{1}{3}s=\frac{1}{3}+\frac{1}{9}+\frac{1}{27}+\ \cdots=\frac{1}{2},\quad s=E(X)=\frac{3}{4}$$

예제 6.38》 이항분포 $B(n,\ p)$, $P(X=x)=\binom{n}{x}p^x(1-p)^{n-x}$를 따르는 확률변수 X의 기댓값 $E(X)$는 $E(X)=np$임을 보여라.

풀이

$$E(X)=\sum_{k=0}^{n} kP(X=k)=\sum_{k=0}^{n} k\binom{n}{k}p^k(1-p)^{n-k}$$

$$=np\sum_{k=1}^{n}\binom{n-1}{k-1}p^{k-1}(1-p)^{n-k}=np\sum_{j=0}^{n-1}\binom{n-1}{j}p^j(1-p)^{n-1-j}$$

$$=np\{p+(1-p)\}^{n-1}=np$$

예제 6.39》 포아송 분포 $P\{X=x\}=\dfrac{e^{-\lambda}\lambda^x}{x!}$ 를 따르는 확률변수 X의 기댓값이 $E(X)=\lambda$ 임을 구하여라.

풀이

$$E(X)=\sum_{x=0}^{\infty} xe^{-\lambda}\frac{\lambda^x}{x!}=\lambda e^{-\lambda}\sum_{x=0}^{\infty}\frac{\lambda^{x-1}}{(x-1)!}=\lambda$$

여기서 $\displaystyle\sum_{x=0}^{\infty}\frac{\lambda^{x-1}}{(x-1)!}=\sum_{k=0}^{\infty}\frac{\lambda^k}{k!}=e^{\lambda}$을 사용하였다.

예제 6.40》 기하분포를 따르는 확률변수 X가 $P\{X=n\}=p(1-p)^{n-1}$ $n\geq 1$에 따를 때, 기댓값이 $E(X)=\dfrac{1}{p}$ 임을 구하여라.

풀이

$$E(X)=\sum_{n=1}^{\infty} np(1-p)^{n-1}$$

$$=p\sum_{n=1}^{\infty} nq^{n-1} \qquad (q=1-p)$$

따라서

$$E[X]=p\sum_{n=1}^{\infty}\frac{d}{dq}(q^n)=p\frac{d}{dq}\left(\sum_{n=1}^{\infty}q^n\right)$$

$$=p\frac{d}{dq}\left(\frac{q}{1-q}\right)=\frac{p}{(1-q)^2}$$

$$=\frac{1}{p}$$

6.6.2 분산

X가 평균이 μ인 확률변수일 때, X의 분산(Variance)을 $Var(X)$로 나타내고,

$$Var(X) = E[(X-\mu)^2]$$

로 정의한다.

$Var(X)$의 정의를 전개하면

$$\begin{aligned} Var(X) &= E[(X-\mu)^2] = E[X^2 - 2\mu X + \mu^2] \\ &= E[X^2] - E[2\mu X] + \mu^2 = E[X^2] - 2\mu E[X] + \mu^2 \\ &= E[X^2] - \mu^2 \end{aligned}$$

따라서

$$Var(X) = E[X^2] - (E[X])^2$$

예제 6.41》 확률변수 X가 모수 n과 p를 가지는 이항분포 $B(n,\ p)$에 따를 때, X의 분산을 구하여라.

풀이

$$E[X^2] = \sum_{k=0}^{n} k^2 \binom{n}{k} p^k (1-p)^{n-k}$$

$k^2 = k(k-1) + k$임을 이용하여 $E(X^2)$을

$$E(X^2) = E[X(X-1) + X] = E[X(X-1)] + E(X)$$

$$\begin{aligned} E[X(X-1)] &= \sum_{k=0}^{n} k(k-1)P\{X=k\} = \sum_{k=0}^{n} k(k-1)\binom{n}{k} p^k (1-p)^{n-k} \\ &= n(n-1)p^2 \sum_{k=2}^{n} \binom{n-2}{k-2} p^{k-2}(1-p)^{n-k} \\ &= n(n-1)p^2 \sum_{j=0}^{n-2} \binom{n-2}{j} p^j (1-p)^{n-2-j} \\ &= n(n-1)p^2 \{p + (1-p)\}^{n-2} = n(n-1)p^2 \end{aligned}$$

평균 $E(X) = np$이므로

$$\begin{aligned} Var(X) &= n(n-1)p^2 + np - n^2p^2 \\ &= np(1-p) \end{aligned}$$

예제 6.42》 포아송 분포 $P\{X=x\}=\dfrac{e^{-\lambda}\lambda^x}{x!}$의 분포 $Var(X)$를 구하여라.

풀이

$$E[X^2]=\sum_{x=0}^{\infty}x^2e^{-\lambda}\frac{\lambda^x}{x!}=e^{-\lambda}\left\{\sum_{x=1}^{\infty}x(x-1)\frac{\lambda^x}{x!}+\sum_{x=1}^{\infty}x\cdot\frac{\lambda^x}{x!}\right\}$$

$$=e^{-\lambda}\left\{\lambda^2\sum_{x=2}^{\infty}\frac{\lambda^{x-2}}{(x-2)!}+\lambda\sum_{x=0}^{\infty}\frac{\lambda^{x-1}}{(x-1)!}\right\}=\lambda^2+\lambda$$

$E[X]=\lambda$이므로

$$Var(X)=E[X^2]-(E[X])^2$$
$$=\lambda^2+\lambda-\lambda^2=\lambda$$

예제 6.43》 공평한 동전을 4회 던질 때, 표면이 나오는 횟수를 X라 할 때

(1) $E[X]$를 구하여라. (2) $E[X-E(X)]$를 구하여라.

풀이

(1) $E[X]=\sum_{x=0}^{4}x\binom{4}{x}\left(\frac{1}{2}\right)^4=2$

(2) $E[Y]=(-2)^2\left(\frac{1}{16}\right)+(-1)^2\left(\frac{4}{16}\right)+(0)\left(\frac{6}{16}\right)+(1)^2\left(\frac{4}{16}\right)+(2)^2\left(\frac{1}{16}\right)=1$

연습문제

1 다음 무한수열의 수렴, 발산을 조사하여라.

(1) $a_n=\dfrac{1-5n^4}{n^4+8n^3}$

(2) $a_n=\dfrac{(-1)^{n+1}}{2n-1}$

(3) $a_n=\dfrac{n}{2^n}$

(4) $a_n=\dfrac{n!}{n^n}$

2 급수의 합을 구하여라.

(1) $\sum_{n=0}^{\infty}(\frac{1}{2^n}+\frac{(-1)^n}{5^n})$

(2) $\sum_{n=1}^{\infty}(\frac{1}{\ln(n+2)}-\frac{1}{\ln(n+1)})$

(3) $\sum_{n=1}^{\infty}(-1)^{n+1}\frac{3}{2^n}$

(4) $\sum_{n=0}^{\infty}\frac{2^n-1}{3^n}$

3 수렴하기 위한 x의 범위를 구하고 그 때 합을 구하여라.

(1) $\sum_{n=0}^{\infty}3(\frac{x-1}{2})^n$

(2) $\sum_{n=0}^{\infty}(-1)^n(x+1)^n$

(3) $\sum_{n=0}^{\infty}\sin^n x$

4 다음 급수의 수렴, 발산을 조사하여라.

(1) $\sum_{n=1}^{\infty}\frac{3}{\sqrt[3]{n}}$

(2) $\sum_{n=0}^{\infty}\frac{-2}{n+1}$

(3) $\sum_{n=0}^{\infty}\cos n\pi$

(4) $\sum_{n=1}^{\infty}\frac{8\tan^{-1}n}{1+n^2}$

(5) $\sum_{n=1}^{\infty}(\frac{n}{3n+1})^n$

(6) $\sum_{n=1}^{\infty}\frac{1}{1+\ln n}$

(7) $\sum_{n=1}^{\infty}\frac{1}{3^{n-1}+1}$

(8) $\sum_{n=1}^{\infty} \frac{1}{1+3+3+\cdots+n}$

(9) $\sum_{n=1}^{\infty} \frac{n^{10}}{10^n}$

(10) $\sum_{n=1}^{\infty} (\frac{1}{n} - \frac{1}{n^2})$

(11) $\sum_{n=1}^{\infty} \frac{n!}{(2n+1)!}$

5 급수의 수렴구간을 구하여라.

(1) $\sum_{n=0}^{\infty} (-1)^n (4x+1)^n$

(2) $\sum_{n=0}^{\infty} \frac{x^{2n+1}}{n!}$

(3) $\sum_{n=0}^{\infty} \frac{n(x+3)^n}{5^n}$

(4) $\sum_{n=2}^{\infty} \frac{(-1)^{n+1}(x+2)^n}{n2^n}$

6 주어진 함수의 맥로린 급수를 구하여라.

(1) e^{-x}

(2) $\frac{1}{1+x}$

(3) $\sin 3x$

(4) $7\cos(-x)$

7 $x=a$일 때 f의 테일러 급수를 구하여라.

(1) $f(x)=x^3-2x+4,\ a=2$

(2) $f(x)=1/x^2,\ a=1$

(3) $f(x)=e^x,\ a=2$

8 치환을 이용하여 함수의 $x=0$에서 테일러 급수를 구하여라.

(1) e^{-5x}

(2) $\cos\sqrt{x+1}$

9 곱을 이용하여 $x=0$에서 테일러 급수를 구하여라.

(1) xe^x

(2) $x\cos\pi x$

(3) $\dfrac{1}{(1-x)^2}$

10 급수를 이용하여 오차가 10^{-3}보다 작도록 적분값을 계산하여라.

(1) $\displaystyle\int_0^{0.2}\sin x^2 dx$

(2) $\displaystyle\int_0^{0.2}\frac{e^{-x}-1}{x}dx$

(3) $\displaystyle\int_0^{0.1}\frac{\sin x}{x}dx$

(4) $\displaystyle\int_0^{1}\frac{1-\cos x}{x^2}dx$

11 다음 부정형의 극한값을 구하여라.

(1) $\displaystyle\lim_{x\to 0}\frac{e^x-(1+x)}{x^2}$

(2) $\displaystyle\lim_{t\to 0}\frac{1-\cos t-(t^2/2)}{t^4}$

(3) $\displaystyle\lim_{y\to 0}\frac{y-\tan^{-1}y}{y^3}$

(4) $\displaystyle\lim_{x\to\infty}x^2(e^{-1/x^2}-1)$

(5) $\displaystyle\lim_{x\to 0}\frac{\ln(1+x^2)}{1-\cos x}$

(6) $\displaystyle\lim_{x\to 2}\frac{x^2-4}{\ln(x-1)}$

12 확률생성함수(probability generatingfunction)

$$P(s)=\sum_{x=0}^{\infty}s^x f(x)$$

를 구하여라. 이 함수 $P(s)$는 다음과 같이 정의한다.

다음 함수 $f(x)$에 대해 $P(s)$를 구하여라.

(1) $f(x)=e^{-\lambda}\dfrac{\lambda^x}{x!}$, $x=0, 1, 2, \cdots$

(2) $f(x)=pq^x$, $\quad x=0, 1, 2, \cdots$,
$\quad p+q=1$, $\quad 0<p<1$

(3) $f(x)=\binom{n}{x}p^x(1-p)^{n-x}$,
$\quad x=0, 1, 2, \cdots, n$, $\quad 0 \le p \le 1$,
$\quad \binom{n}{x}=\dfrac{n!}{x!(n-x)!}$

13 문제 12에서 주어진 확률생성함수 $P(s)$에 대하여 $P'(s)$, $P''(s)$와

$$P'(1),\ P''(1),$$
$$P''(1)-[P''(1)]^2+P'(1)$$

을 구하여라.

14 확률밀도함수

$$f(x)=\frac{\lambda^x}{x!}e^{-\lambda},$$
$$x=0, 1, 2, \cdots, \lambda>0$$

에 대하여 $M(t)=\sum_{x=0}^{\infty}e^{xt}f(x)$라 할 때,

(1) 적률생성함수 $M_X(t)$를 구하여라.

(2) $M_X(t)$를 이용하여 $E(X)$와 $Var(X)$를 구하여라.

15 확률질량함수

$$f(x)=pq^x,\ x=0, 1, 2, \cdots,$$
$$0<p<1,\ p+q=1$$

에 대하여

(1) 적률생성함수 $M_X(t)$를 구하여라.

(2) $M_X(t)$를 이용하여 $E(X)$와 $Var(X)$를 구하여라.

CHAPTER 07

편미분과 결합확률분포

7.1 다변수 함수

7.1.1 2변수함수

주어진 시각의 지표면 위의 한 점에서의 온도 T는 그 점의 경도 x와 위도 y에 의존한다. T는 두 변수 x와 y의 함수 또는 (x, y)의 함수로 생각할 수 있다. 이러한 함수관계를 $T = f(x,y)$로 나타낸다. 원기둥의 부피 V는 반지름 r과 높이 h에 의해 결정된다. 이미 $V = \pi r^2 h$임을 알고 있다. 그러므로 V는 r과 h의 함수라고 말하고, $V(r, h) = \pi r^2 h$라고 쓴다.

2변수함수 f는 집합 $D \subset R^2$ 안의 각 실수 순서쌍 (x, y)에 대해 $f(x, y)$로 표시되는 유일한 실수 값을 대응시켜 주는 규칙이다. 이때 집합 D를 f의 정의역이라 하고, f의 치역은 f가 취하는 값들의 집합, 즉 $\{f(x, y) | (x, y) \in D\}$이다.

임의의 점 (x, y)에서 f에 의하여 취해지는 값을 양 함수적으로 표시하기 위하여 $z = f(x,y)$로 흔히 쓴다. 변수 x와 y는 독립변수이고, z는 종속변수이다(1변수함수).

예제 7.1 》 주어진 함수에 대하여 $f(3, 2)$의 값과 정의역을 구하여라.

(1) $f(x, y) = \dfrac{\sqrt{x+y+1}}{x-1}$

(2) $f(x, y) = x \ln(y^2 - x)$

풀이

(1) $f(3,2)=\dfrac{\sqrt{3+2+1}}{3-1}=\dfrac{\sqrt{6}}{2}$

(2) $f(3,2)=3\ln(2^2-3)=3\ln 1=0$

7.1.2 3변수 또는 그보다 많은 변수들의 함수

3변수함수 f는 정의역 $D\subset R^3$ 안의 각 실수 순서조 (x,y,z)에 대해 $f(x,y,z)$로 표시되는 유일한 실수값을 대응시켜 주는 대응 규칙이다. 예를 들면, 지구 표면 위의 한 점에서의 온도 T는 그 점의 경도 x와 위도 y뿐만 아니라 시간 t에도 의존한다. 그러므로 이것은 $T=f(x,y,t)$로 쓸 수 있다.

예제 7.2 》 $f(x,y,z)=\ln(z-y)+zy\sin z$의 정의역을 구하여라.

풀이

$f(x,y,z)$에 대한 식은 $z-y>0$에서만 정의된다. 그러므로 f의 정의역은

$D=\{(x,y,z)\in R^3 | z>y\}$

예제 7.3 》 다음 함수의 정의역을 구하고 기술하여라.

(1) $f(x,y,z)=\dfrac{\cos(x+z)}{xy}$

(2) $g(x,y,z)=\sqrt{9x^2-y^2-z^2}$

풀이

(1) $f(x,y,z)=\dfrac{\cos(x+z)}{xy}$에 대하여 분모가 0이면 $x=0$ 또는 $y=0$이다. 따라서 정의역은 $\{(x,y,z)|x\neq 0, y\neq 0\}$으로 yz평면과 xz평면을 제외한 삼차원공간 전체이다.

(2) $g(x,y,z)=\sqrt{9x^2-y^2-z^2}$이 정의되기 위해 $9x^2-y^2-z^2\geq 0$, 즉 $x^2+y^2+z^2\leq 9$. 따라서 g의 정의역은 중심이 원점에 있고 반지름이 3인 구와 그 내부이다.

여러 가지 응용에서, 우리가 관심을 갖는 함수 중에는 수식으로 표현할 수 없는 함수도 있다. 다음 예제와 같이 비교적 적은 개수의 점에서의 함수값만을 알고 있는 경우도 있다.

예제 7.4》 다음 표는 초기 속도 $v$ft/s, 역회전율 $w$rpm으로 친 야구공이 수평으로 날아간 거리를 컴퓨터 시뮬레이션으로 제공한 데이터 정보이다. 수평선과 30도의 각도로 공을 친다고 가정하자.

v \ w	0	1000	2000	3000	4000
150	294	312	333	350	367
160	314	334	354	373	391
170	335	356	375	395	414
180	355	376	397	417	436

수평으로 날아간 거리를 함수 $R(v,\ w)$로 생각하고, $R(180,0)$, $R(160,0)$, $R(160,4000)$, $R(160,2000)$을 구하여라.

풀이

주어진 v의 값을 갖는 행과 w의 값을 갖는 열이 교차하는 곳이 함수의 값이다. 따라서 $R(180,0)=355$, $R(160,0)=314$, $R(160,4000)=391$, $R(160,2000)=354$이다.

임의의 개수의 변수의 함수도 가능하다. n변수함수는 n개의 실수의 순서쌍 $(x_1,x_2,x_3,\ldots x_n)$에 오직 하나의 실수 $z=f(x_1,\ldots x_n)$을 대응시키는 규칙이다. 그런 n개 순서쌍들의 집합을 R^n으로 표시한다. 예를 들어, 어떤 회사가 음식을 만드는 데 n개의 서로 다른 재료를 쓴다고 하자. c_i를 i번째 재료의 가격, x_i를 i번째 재료의 단위 개수라고 하면, 재료를 구입할 때 들어가는 총 비용 C는 n변수함수

$$C=f(x_{1,}\ldots,x_n)=c_1x_1+\ldots+c_nx_n$$

이다.

7.2 결합분포함수

7.2.1 결합밀도질량함수와 주변밀도질량함수

X, Y가 이산확률변수이면, X와 Y의 동시결합확률질량함수는

$$f(x,y)=P(X=x,\ Y=y)(x,\ y\text{는 실수})$$

로 정의된다.

X의 확률함수

$$f_X(x) = P(X = x) = \sum_y f(x, y)$$

로 주어진다. 이와 마찬가지로

$$f_Y(y) = P(Y = y) = \sum_x f(x, y)$$

이와 같이 구해진 $f_X(x)$, $f_Y(y)$를 각각 $f(x, y)$에서 정해지는 X, Y의 주변확률분포라고 한다.

$\lim_{y \to \infty} F(x, y) = F(x, \infty) = P(X \leq x)$는 확률변수 X의 분포함수이다. 같은 방법으로 $\lim_{x \to \infty} F(x, y) = F(\infty, y) = P(Y \leq y)$는 확률변수 Y의 분포함수이다. 이들을 각각 X, Y의 주변분포함수라고 하고, $F_X(x)$, $F_Y(y)$로 나타낸다.

예제 7.5 》 주사위 1개와 동전 1개를 독립적으로 던지는 실험을 한다. 이때 확률변수 X와 Y를 각각 다음과 같이 정의할 때,

$$X = \text{표면에 나타난 주사위의 눈}, \quad Y = \begin{cases} 1, & \text{동전의 표면이 그림이면,} \\ 0, & \text{동전의 표면이 숫자이면.} \end{cases}$$

주어진 확률변수 X, Y에 대하여

(1) 결합확률질량함수를 구하여라.

(2) 주변확률질량함수를 구하여라.

(3) 주변분포함수를 구하여라.

(4) $F(3, 1)$을 구하여라.

(5) $P(X \leq 2, Y \leq 0.5)$

풀이

(1) 표본공간은 $\Omega = \{(1,0), \dots, (6,1)\}$이므로 결합확률질량함수는 아래 표와 같다.

y \ x	1	2	3	4	5	6	f_Y
0	$\frac{1}{12}$	$\frac{1}{12}$	$\frac{1}{12}$	$\frac{1}{12}$	$\frac{1}{12}$	$\frac{1}{12}$	$\frac{1}{2}$
1	$\frac{1}{12}$	$\frac{1}{12}$	$\frac{1}{12}$	$\frac{1}{12}$	$\frac{1}{12}$	$\frac{1}{12}$	$\frac{1}{2}$
f_X	$\frac{1}{6}$	$\frac{1}{6}$	$\frac{1}{6}$	$\frac{1}{6}$	$\frac{1}{6}$	$\frac{1}{6}$	1

(2) 위의 표로부터 X, Y의 주변질량함수는 각각

$$f_X(x) = \frac{1}{6}, x = 1,2,...,6$$

$$f_Y(y) = \frac{1}{2}, y = 1,2$$

이다.

(3) (2)로부터 주변분포함수를 각각 구하면 다음과 같다.

$$F_X(x) = \begin{cases} \frac{1}{6}, & 1 \le x < 2 \\ \frac{2}{6}, & 2 \le x < 3 \\ \cdots & \cdots \\ 1, & x \ge 6 \\ 0, & \text{그 밖에서} \end{cases} \qquad F_Y(y) = \begin{cases} \frac{1}{2}, & 0 \le y < 1 \\ 1, & y \ge 1 \\ 0, & \text{그 밖에서} \end{cases}$$

(4) $F(3,1) = P[X \le 3,\ Y \le 1]$

$$= P[\{(0,1),(1,1),(2,0),(2,1),(3,0),(3,1)\}]$$

$$= \frac{1}{2}$$

(5) $P(X \le 2,\ Y \le 0.5) = P[(1,0),(2,0)] = \frac{2}{12} = \frac{1}{6}$

예제 7.6 》 확률변수 X와 Y가 다음과 같은 결합확률질량함수를 갖는다고 한다.

$$f(x,y) = \begin{cases} \frac{2x+y}{12}, & (x,y) = (0,1),(0,2),(1,2),(1,3) \\ 0, & \text{그 밖에서} \end{cases}$$

(1) 이산확률변수 X와 Y의 주변확률질량함수를 구하여라.

(2) $P(X=1,\ Y=2)$와 $P(X \le 1,\ Y < 3)$를 구하여라.

풀이

(1)

y \ x	0	1	
1	$\frac{1}{12}$	0	$\frac{1}{12}$
2	$\frac{2}{12}$	$\frac{4}{12}$	$\frac{6}{12}$
3	0	$\frac{5}{12}$	$\frac{5}{12}$
	$\frac{3}{12}$	$\frac{9}{12}$	1

$$f_X(x)=\begin{cases}\frac{3}{12}, x=0\\ \frac{9}{12}, x=1\end{cases} \qquad f_Y(y)=\begin{cases}\frac{1}{12}, y=1\\ \frac{6}{12}, y=2\\ \frac{5}{12}, y=3\end{cases}$$

(2) $P(X=1, Y=2)=\frac{4}{12}=\frac{1}{3}$

$P(X\le 1, Y<3)=P(0,1)+P(0,2)+P(1,1)+P(1,2)=\frac{7}{12}$

7.3 극한과 연속

7.3.1 극한

일반적으로, (x, y)가 정의역 안에 있는 임의의 경로를 따라 (a, b)에 가까이 갈 때, $f(x, y)$가 수값 L에 가까이 가면,

$$\lim_{(x,y)\to(0,0)} f(x, y)=L$$

이라 쓴다. 다시 말해서 점(x, y)를 점 (a, b)와 같게 하지는 않고 충분히 가깝게만 함으로서 $f(x, y)$를 L에 가깝게 할 수 있는 것이다. 보다 정확한 정의는 다음과 같다.

$$\lim_{\substack{x\to a\\ y\to b}} f(x, y)=L\text{과 } (x, y)\to(a, b)\text{일 때 } f(x, y)\to L$$

예제 7.7 $\lim_{(x,y)\to(0,0)} \frac{x^2-y^2}{x^2+y^2}$이 존재하지 않음을 보여라.

풀이

우선 x축을 따라 $(0, 0)$에 접근하여 보자. 그러면 $y=0$이므로 $x\neq 0$인 모든 x에서 $f(x, 0)=x^2/x^2=1$이다. 따라서 $(x,y)\to(0,0)$이면 $f(x,y)\to 1$이다.
다음은 $x=0$으로 놓고 y축을 따라 접근하여 보자. 그러면 $y\neq 0$인 모든 y에 대해서 $f(0, y)=-y^2/y^2=-1$이다. 따라서 $(x,y)\to(0,0)$이면 $f(x,y)\to -1$
따라서 존재하지 않는다.

예제 7.8 $f(x,y)=\dfrac{xy}{x^2+y^2}$ 일 때 $\lim_{(x,y)\to(0,0)} f(x,y)$는 존재하는가?

풀이

$y=0$이면 $f(x,0)=0/x^2=0$이다. 따라서 $f(x,y)\to 0$

$x=0$이면 $f(0,y)=0/y^2=0$이다. 따라서 $f(x,y)\to 0$

직선 $y=x$를 따라 $(0,0)$으로 접근해 보자. 그러면 $f(x,y)\to\dfrac{1}{2}$

7.3.2 연속

1변수 연속함수들의 극한 계산은 쉽다는 것을 상기하자. 그 극한값 계산은 직접 값을 대입함으로써 얻을 수 있다. 연속함수를 정의하는 성질은 $\lim_{x\to a} f(x)=f(a)$이기 때문이다. 2변수함수의 연속성도 역시 직접 값을 대입하는 특징으로서 정의될 수 있다.

정의 7.1

2변수함수 f에 대하여 만일 $\lim_{(x,y)\to(a,b)} f(x,y)=f(a,b)$가 성립하면 f는 (a,b)에서 연속이라고 한다. 모든 점 (a,b)에서 f가 연속이면, f는 연속이라고 한다.

예제 7.9 다음 함수는 점 $(0,0)$에서 연속인가?

$$g(x)=\begin{cases}\dfrac{x^2-y^2}{x^2+y^2}, & (x,y)\neq(0,0)\\ 0, & (x,y)=(0,0)\end{cases}$$

풀이

g가 $(0,0)$에서 정의되었지만 $\lim_{(x,y)\to(0,0)} g(x,y)$가 존재하지 않으므로 여전히 불연속이다.

예제 7.10 다음 함수는 연속함수인가?

$$f(x,y)=\begin{cases}\dfrac{3x^2y}{x^2+y^2}, & (x,y)\neq(0,0)\\ 0, & (x,y)=(0,0)\end{cases}$$

풀이

$(x,y)\neq(0,0)$일 때 f가 연속일 것을 알고 있다. 이것은 유리함수이기 때문이다.

또한 $\lim_{(x,y)\to(0,0)} \frac{3x^2y}{x^2+y^2} = 0 = f(0,0)$이다. 그러므로 f는 $(0,0)$에서 연속이고, 따라서 R^2 위에서 연속이다.

7.4 편도함수

7.4.1 편미분

x, y의 함수 $z=f(x,y)$에 대하여 $y=b$로서 일정하다면 $z=f(x,y)$는 x만의 함수로 생각할 수 있으며, 또한 $x=a$로 일정하다면 $z=f(x,y)$는 y만의 함수로 간주할 수 있다.

따라서 x만의 함수 $z=g(x)=f(x,b)$가 $x=a$에서 미분가능하다면 도함수의 정의에 의하여

$$\frac{dz}{dx} = \lim_{h\to 0}\frac{g(a+h)-g(a)}{h} = \lim_{h\to 0}\frac{f(a+h,b)-f(a,b)}{h}$$

이고, 이 극한값은 (a,b)에서 x에 관한 편미분계수(partial defferential coefficient)라 하고, $f_x(a,b)$로 나타낸다. 마찬가지로 y만의 함수 $z=h(y)=f(a,y)$가 $y=b$에서 미분가능하다면 (a,b)에서 y에 관한 편미분계수 $f_y(a,b)$는

$$\frac{dz}{dy}\Big|_{y=b} = \lim_{k\to 0}\frac{h(a+k)-h(b)}{k} = \lim_{k\to 0}\frac{k(a,b+k)-f(a,b)}{k}$$

로 정의된다.

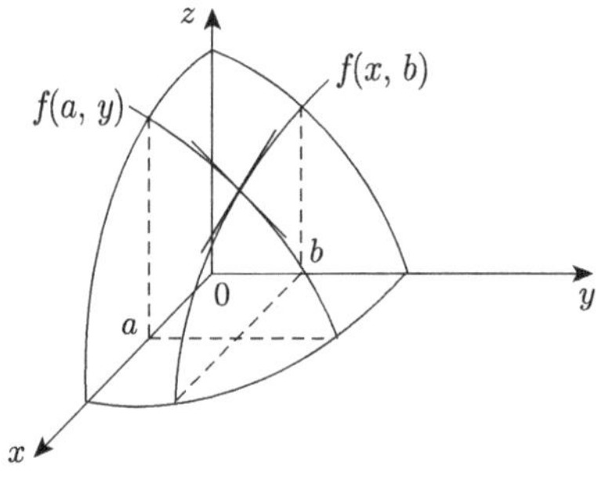

[그림 7.1]

편도함수의 표기법

$z=f(x,y)$라고 할 때, 다음과 같이 쓴다.

$$f_x(x,y)=f_x=\frac{df}{dx}=\frac{dz}{dx}=f_1=D_1f=D_xf$$

$$f_y(x,y)=f_y=\frac{df}{dy}=\frac{dz}{dy}=f_2=D_2f=D_yf$$

편도함수를 계산하기 위해서 해야 할 것은, x에 관한 편도함수는 y를 고정함으로써 얻어지는 1변수함수 g의 보통의 도함수라는 사실을 기억하는 것이다. 따라서 다음과 같은 규칙을 정하기로 한다.

$z=f(x,y)$**의 편도함수를 구하는 규칙**

1. f_x를 구하기 위해서 y를 상수로 보고 x에 관해 미분한다.
2. f_y를 구하기 위해서 x를 상수로 보고 y에 관해 미분한다.

예제 7.11 》 $f(x,y)=x^3+x^2y^3-2y^2$일 때, $f_x(2,1)$, $f_y(2,1)$을 구하여라.

풀이

y를 상수로 생각하고 x에 관하여 미분하면, $f_x(x,y)=3x^2+2xy^3$,

$$f_x(2,1)=3(2^2)+2(2)(1^3)=16$$

x를 상수로 생각하고 y에 관하여 미분하면, $f_x(x,y)=3x^2y^2-4y$,

$$f_y(2,1)=3(2^2)(1^2)-4(1)=8$$

예제 7.12 》 $f(x,y)=\sin(\frac{x}{1+y})$일 때 $\frac{df}{dx}$, $\frac{df}{dy}$를 구하여라.

풀이

1변수함수에 관한 연쇄 법칙을 이용하면

$$\frac{df}{dx}=\cos(\frac{x}{1+y})\frac{d}{dx}(\frac{x}{1+y})=\cos\frac{x}{1+y}(\frac{1}{1+y})$$

$$\frac{df}{dy}=\cos(\frac{x}{1+y})\frac{d}{dy}(\frac{x}{1+y})=-x\cos\frac{x}{1+y}(\frac{1}{(1+y)^2})$$

이다.

예제 7.13 》 $f(x,y,z)=e^{xy}\ln z$ 일 때, f_x, f_y, f_z를 구하여라.

풀이

y와 z를 상수로 생각하고 x에 관하여 미분하면,

$$f_x = ye^{xy}\ln z$$

마찬가지로,

$$f_y = xe^{xy}\ln z, f_z = \frac{e^{xy}}{z}$$

이다.

7.4.2 고계편도함수

f가 2변수함수이면 편도함수 f_x와 f_y도 또한 2변수함수이므로, 그것들의 편도함수 $(f_x)_x, (f_x)_y$, $(f_y)_x$, $(f_y)_y$도 생각할 수 있고, 이것들을 f의 2계편도함수라고 부른다. 만약 $z=f(x,y)$이면 다음 표기법을 사용한다.

$$(f_x)_x = f_{xx} = \frac{d^2f}{dx^2} = \frac{d^2z}{dx^2} \qquad (f_x)_y = f_{xy} = \frac{d^2f}{dydx} = \frac{d^2z}{dydx}$$

$$(f_y)_x = f_{yx} = \frac{d^2f}{dxdy} = \frac{d^2z}{dxdy} \qquad (f_y)_y = f_{yy} = \frac{d^2f}{dy^2} = \frac{d^2x}{dy^2}$$

그러므로 f_{xy}(또는 $\frac{d^2f}{dydx}$) 표기법은 우선 x에 관하여 미분하고 다음으로 y에 관하여 미분하는 것이고, 반면 f_{yx}는 반대의 순서로 미분하는 것이다.

예제 7.14 》 $f(x,y)=x^3+x^2y^3-2y^2$의 2계편도함수를 구하여라.

풀이

$$f_{xx} = \frac{d^2f}{dx^2} = \frac{d^2z}{dx^2} = 6x+2y^3 \qquad f_{xy} = \frac{d^2f}{dydx} = \frac{d^2z}{dydx} = 6xy^2$$

$$f_{yx} = \frac{d^2f}{dxdy} = \frac{d^2z}{dxdy} = 6xy^2 \qquad f_{yy} = \frac{d^2f}{dy^2} = \frac{d^2x}{dy^2} = 6x^2y-4$$

이다.

예제 7.15 $f(x,y,z)=xyze^{-x-y-z}$일 때, f_{xyz}를 구하여라.

풀이

$$f_x(x,y,z)=yze^{-x-y-z}-xyze^{-x-y-z}=(1-x)yze^{-x-y-z}$$

$$f_{xy}(x,y,z)=(1-x)(1-y)ze^{-x-y-z}$$

$$f_{xyz}(x,y,z)=(1-x)(1-y)(1-z)e^{-x-y-z}$$

7.4.3 연쇄법칙

정리 7.1

$z=f(x,y)$가 x, y에 관하여 편미분가능한 함수이고, $x=g(t)$와 $y=h(t)$가 t에 대하여 미분가능하면

$$\frac{dz}{dt}=\frac{\partial f}{\partial x}\frac{dx}{dt}+\frac{\partial f}{\partial y}\frac{dy}{dt}$$

이다.

예제 7.16 $x=\sin t, y=e^t$일 때, $z=x^2y+exy^4$에 대한 $\frac{dz}{dt}$를 구하여라.

풀이

$$\frac{dx}{dt}=\cos t,\ \frac{dy}{dt}=e^t$$

$$\frac{dz}{dx}=2xy+3y^4,\ \frac{dz}{dy}=x^2+12xy^3$$

$$\frac{\partial z}{\partial t}=\frac{\partial f}{\partial x}\frac{\partial x}{\partial t}+\frac{\partial f}{\partial y}\frac{\partial y}{\partial t}=(2\sin t+3e^{3t})e^t\cos t+(\cos^2 t+12e^{3t\sin t})e^t \text{ 이다.}$$

예제 7.17 $x=\sin 2t, y=\cos t$이고, $z=x^2y+3xy^4$일 때 $t=0$에서 $\frac{dz}{dt}$를 구하여라.

풀이

연쇄법칙에 의하여

$$\frac{\partial z}{\partial t}=\frac{\partial f}{\partial x}\frac{\partial x}{\partial t}+\frac{\partial f}{\partial y}\frac{\partial y}{\partial t}=(2xy+3y^4)(2\cos 2t)+(x^2+12xy^3)(-\sin t)$$

여기서 x, y를 다시 t로 바꾸어 쓸 필요 없이, $t=0$일 때 $x=\sin 0=0$, $y=\cos 0=1$이므로

$$\frac{dz}{dt} = (0+3)(2\cos 0) + (0+0)(-\sin 0) = 6$$

정리 7.2

$z = f(x, y), x = g(s,t), y = h(s,t)$가 모두 편미분가능한 함수이면

$$\frac{\partial z}{\partial s} = \frac{\partial z}{\partial x}\frac{\partial x}{\partial s} + \frac{\partial z}{\partial y}\frac{\partial y}{\partial s}$$

$$\frac{\partial z}{\partial t} = \frac{\partial z}{\partial x}\frac{\partial x}{\partial t} + \frac{\partial z}{\partial y}\frac{\partial y}{\partial t}$$

이다.

예제 7.18》 $z = e^x \sin y, x = uv^2, y = u^2 v$일 때 $\frac{dz}{du}$, $\frac{dz}{dv}$를 구하여라.

풀이

$$\frac{\partial z}{\partial u} = \frac{\partial z}{\partial x}\frac{\partial x}{\partial u} + \frac{\partial z}{\partial y}\frac{\partial y}{\partial u} = (v^2 \sin u^2 v + 2uv\cos u^2 v)e^{uv^2}$$

$$\frac{\partial z}{\partial v} = \frac{\partial z}{\partial x}\frac{\partial x}{\partial v} + \frac{\partial z}{\partial y}\frac{\partial y}{\partial v} = (2uv \sin u^2 v + u^2 \cos u^2 v)e^{uv^2}$$

이다.

예제 7.19》 $z = e^x \sin y$, $x = st^2$, $y = s^2 t$일 때 $\frac{dz}{ds}$, $\frac{dz}{dt}$를 구하여라.

풀이

연쇄법칙을 이용하면

$$\frac{dz}{ds} = \frac{dz}{dx}\frac{dx}{ds} + \frac{dz}{dy}\frac{dy}{ds} = t^2 e^{st^2} \sin(s^2 t) + 2ste^{st^2} \cos(s^2 t)$$

$$\frac{dz}{dt} = \frac{dz}{dx}\frac{dx}{dt} + \frac{dz}{dy}\frac{dy}{dt} = 2ste^{st^2} \sin(s^2 t) + s^2 e^{st^2} \cos(s^2 t)$$

정리 7.3

$w = f(x, y, z)$가 편미분가능하고, x, y, z 모두 u, v에 관하여 편미분가능한 함수이면

$$\frac{\partial w}{\partial u} = \frac{\partial w}{\partial x}\frac{\partial x}{\partial u} + \frac{\partial w}{\partial y}\frac{\partial y}{\partial u} + \frac{\partial w}{\partial z}\frac{\partial z}{\partial u}$$

$$\frac{\partial w}{\partial v} = \frac{\partial w}{\partial x}\frac{\partial x}{\partial v} + \frac{\partial w}{\partial y}\frac{\partial y}{\partial v} + \frac{\partial w}{\partial z}\frac{\partial z}{\partial v}$$

예제 7.20》 편도함수 구하기

$w = x + 2y + z^2$, $x = \frac{r}{s}$, $z = 2r$일 때 $\frac{\partial w}{\partial r}$, $\frac{\partial w}{\partial s}$를 r과 s에 관한 함수로 나타내어라.

풀이

$$\begin{aligned}\frac{\partial w}{\partial r} &= \frac{\partial w}{\partial x}\frac{\partial x}{\partial r} + \frac{\partial w}{\partial y}\frac{\partial y}{\partial r} + \frac{\partial w}{\partial z}\frac{\partial z}{\partial r} \\ &= (1)(\frac{1}{s}) + (2)(2r) + (2z)(2)\end{aligned}$$

$$\begin{aligned}\frac{\partial w}{\partial s} &= \frac{\partial w}{\partial x}\frac{\partial x}{\partial s} + \frac{\partial w}{\partial y}\frac{\partial y}{\partial s} + \frac{\partial w}{\partial z}\frac{\partial z}{\partial s} \\ &= (1)(-\frac{r}{s^2}) + (2)(\frac{1}{s}) + (2z)(0) = \frac{2}{s} - \frac{r}{s^2}\end{aligned}$$

예제 7.21》 $x = rse^t$, $y = rs^2e^{-t}$, $z = r^2 s\,\mathrm{sin}t$이고, $u = x^4y + y^2z^3$이면 $r = 2$, $s = 1$, $t = 0$에서 $\frac{\partial u}{\partial s}$의 값을 구하여라.

풀이

$$\begin{aligned}\frac{\partial u}{\partial s} &= \frac{\partial u}{\partial x}\frac{\partial x}{\partial s} + \frac{\partial u}{\partial y}\frac{\partial y}{\partial s} + \frac{\partial u}{\partial z}\frac{\partial z}{\partial s} \\ &= (4x^3y)(re^t) + (x^4 + 2yz^3)(2rse^{-t}) + (3y^2z^2)(r^2\mathrm{sin}t)\end{aligned}$$

$r = 2$, $s = 1$, $t = 0$일 때 $x = 2$, $y = 2$, $z = 0$이므로

$$\frac{\partial u}{\partial s} = (64)(2) + (16)(4) + (0)(0) = 192$$

7.5 통계에서 편미분의 응용

7.5.1 결합확률분포의 편미분

연속확률변수 X와 Y의 결합분포함수와 결합확률밀도함수 그리고 주변분포함수와 주변확률밀도함수 사이에 다음이 성립한다.

(1) $f(x, y) = \dfrac{\partial^2}{\partial x \, \partial y} F(x, y)$

(2) $f_X(x) = \dfrac{d}{dx} F_X(x),\ F_Y(y) = \dfrac{d}{dy} F_Y(y)$

예제 7.22》 확률변수 X, Y의 결합분포함수가 다음과 같을 때,

$$F(x, y) = (1 - e^{-x})(1 - e^{-2y}),\ 0 \le x < \infty,\ 0 \le y < \infty$$

(1) X와 Y의 결합확률밀도함수를 구하여라.

(2) X와 Y의 주변확률밀도함수를 구하여라.

(3) $P(1 < X \le 2,\ 1 < Y \le 2)$를 구하여라.

풀이

X와 Y 각각의 주변분포함수를 구하면, $0 \le x < \infty$, $0 \le y < \infty$에서

$$F_X(x) = \lim_{y \to \infty} F(x, y) = \lim_{y \to \infty} (1 - e^{-x})(1 - e^{-2y}) = 1 - e^{-x}$$

$$F_Y(y) = \lim_{x \to \infty} F(x, y) = \lim_{x \to \infty} (1 - e^{-x})(1 - e^{-2y}) = 1 - e^{-2y}$$

이다. 그러므로 X와 Y의 결합확률밀도함수와 주변확률밀도함수는 각각 다음과 같다.

(1) $f(x, y) = \dfrac{\partial^2}{\partial x \, \partial y} F(x, y) = \dfrac{\partial^2}{\partial x \, \partial y} (1 - e^{-x})(1 - e^{-2y})$

$\quad = (e^{-x})(2e^{-2y}) = 2e^{-(x+2y)} \qquad 0 \le x < \infty,\ 0 \le y < \infty$

(2) $f_X(x) = \dfrac{d}{dx} F_X(x) = \dfrac{d}{dx} (1 - e^{-x}) = e^{-x},\ 0 \le x < \infty$

$\quad f_Y(y) = \dfrac{d}{dy} F_Y(y) = \dfrac{d}{dy} (1 - e^{-2y}) = 2e^{-2y},\ 0 \le y < \infty$

또한 두 확률변수 X와 Y가 동일한 확률분포를 가지는 경우, 즉 모든 실수 x에 대하여

$$f_X(x) = f_Y(x)$$

이면, X와 Y는 동일한 분포(identically distributed)를 가진다고 한다. 예를 들어,

결합확률밀도함수가

$$f(x,y)=e^{-x}e^{-y},\ 0\le x<\infty,\ 0\le y<\infty$$

이면, 각각의 주변확률밀도함수는

$$f_X(x)=e^{-x},\ 0\le x<\infty,\ f_Y(y)=e^{-y},\ 0\le y<\infty$$

이고 $f(x,y)=f_X(x)\cdot f_Y(y)$이다. 따라서 X와 Y는 독립이다. 특히,

$$f_Y(x)=e^{-x}=f_X(x),\ 0\le x<\infty$$

즉, X와 Y는 동일한 분포를 가진다. 이와 같이 두 개 이상의 확률변수가 독립이고 동일한 분포(independent identically distributed)를 가지는 경우, 이들 확률변수는 간단히 i.i.d 확률변수라고 한다.

예제 7.23》 두 확률변수 X와 Y의 결합분포함수가 다음과 같을 때,

$$F(x,y)=(1-e^{-2x})(1-e^{-3y}),\ 0\le x<\infty,\ 0\le y<\infty$$

X와 Y는 i.i.d 확률변수인가?

풀이

X와 Y의 결합확률밀도함수와 주변확률밀도함수는 각각 다음과 같다.

$$f_X(x)=\int_0^\infty 6e^{-(2x+3y)}dy=2e^{-2x},\ 0\le x<\infty$$

$$f_Y(y)=\int_0^\infty 6e^{-(2x+3y)}dx=3e^{-3y},\ 0\le y<\infty$$

이므로 $0\le x<\infty,\ 0\le y<\infty$에 대하여 $f(x,y)=f_X(x)f_Y(y)$가 성립한다. 따라서 X와 Y는 독립이다. 그러나

$$f_X(x)=2e^{-2x}\ne f_Y(x)=3e^{-3x},\ 0\le x<\infty$$

이므로 동일한 분포를 따르지 않는다.

7.5.2 최소제곱법과 적합모형

이 절에서는 회귀선을 추정하여 자료에 적합시키는 방법을 살펴보기로 한다. 이것은 α의 추정치 a와 β의 추정치 b를 구하는 것과 같은 의미이다. 물론 적합선으로부터 예측

치를 구할 수 있고, 선형관계의 강도와 적합모형의 적절성 등에 관한 정보도 얻을 수 있다. 최소제곱추정법을 알아보기 전에 먼저 잔차(residual)의 개념을 알아보는 것이 중요하다. 잔차란 근본적으로 모형 $\hat{y}= a+bx$를 적합시킬 때 생기는 오차이다.

잔차: 회귀자료$\{(x_i, y_i); i=1,2,...,n\}$와 적합모형 $\hat{y_i}= a+bx_i$가 주어졌을 때, i번째 잔차 e_i는

$$e_i = y_i - \hat{y}_i, i = 1, 2, \ldots, n$$

으로 주어진다.

당연히 잔차가 크면 모형의 적합성은 좋지 않다고 할 수 있다. 반대로 잔차가 작으면 적합성이 좋다는 신호이다. 잔차의 정의로부터 다음과 같은 흥미로운 관계식을 얻을 수 있다.

$$y_i = a + bx_i + e_i$$

이때, 잔차 e_i와 개념적인 모형오차 ϵ_i는 명확하게 구분되어야 한다. 모형오차 ϵ_i는 관측될 수 없는 반면, 잔차 e_i는 관측될 수 있을 뿐만 아니라 전체 분석 과정에서 매우 중요한 역할을 한다.

다음 그림에는 자료에 적합된 직선 $\hat{y}= a+bx$와 모형 $\mu_{Y|x} = \alpha + \beta x$를 나타낸 직선이 그려져 있다. 물론 α와 β는 미지의 모수이다. 적합된 직선은 통계적 모형에 의해서 만들어낸 직선의 추정값이다.

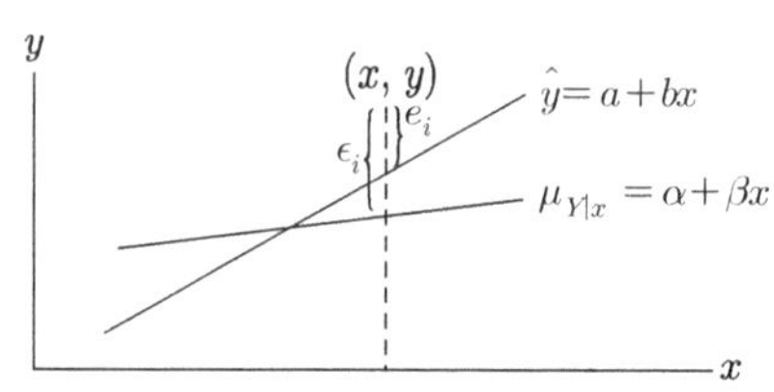

[그림 7.2]

α와 β의 추정값 a와 b는 잔차제곱합(residual sum of squares)을 최소화시키면 구할 수 있다. 잔차제곱합은 회귀직선에 대한 오차제곱합(error sum of squares)이라고도 부르며, 기호로는 SSE로 나타낸다. 모수 α와 β를 추정하는 이러한 방법을 최소제곱법 또는 최소자승법(method of least squares)이라고 부른다. SSE를 수식으로 표현하면

$$\text{SSE}=\sum_{i=1}^{n}e_i^2=\sum_{i=1}^{n}(y_i-\hat{y_i})^2=\sum_{i=1}^{n}(y_i-a-bx_i)^2$$

이 된다. 이 SSE를 최소화하기 위하여 a와 b로 각각 편미분하면

$$\frac{\partial(\text{SSE})}{\partial a}=-2\sum_{i=1}^{n}(y_i-a-bx_i),\quad \frac{\partial(\text{SSE})}{\partial b}=-2\sum_{i=1}^{n}(y_i-a-bx_i)x_i$$

가 된다. 이 편미분된 식을 각각 0으로 놓고 정리하면 다음의 방정식이 얻어지는데, 이 식을 정규방정식(normal equations)이라고 부른다.

$$na+b\sum_{i=1}^{n}x_i=\sum_{i=1}^{n}y_i,\quad a\sum_{i=1}^{n}x_i+b\sum_{i=1}^{n}x^2=\sum_{i=1}^{n}x_iy_i$$

따라서 이 정규방정식을 a와 b에 대하여 연립으로 풀면 다음의 해가 구해진다.

$$b=\frac{n\sum_{i=1}^{n}x_iy_i-(\sum_{i=1}^{n}x_i)(\sum_{i=1}^{n}y_i)}{n\sum_{i=1}^{n}x_i^2-(\sum_{i=1}^{n}x_i)^2}=\frac{\sum_{i=1}^{n}(x_i-\overline{x})(y_i-\overline{y})}{\sum_{i=1}^{n}(x_i-\overline{x})^2}$$

$$a=\frac{\sum_{i=1}^{n}y_i-b\sum_{i=1}^{n}x_i}{n}=\overline{y}-b\overline{x}$$

예제 7.24》 α, β의 최소제곱 추정치를 구하여라.

x	1	2	3	3	4	5
y	8	4	5	2	2	0

풀이

$\sum x_i=18$, $\sum y_i=21$, $\sum x_iy_i=45$, $\sum x_i^2=64$이므로 a과 b를 구하면

$$b=\frac{6\times 45-18\times 21}{6\times 64-18^2}=-\frac{9}{5}=-1.8$$

$a=\frac{21}{6}-(-1.8)\frac{18}{6}=8.9$이 된다.

따라서 추정된 회귀선은 $y=8.9-1.8x$이다.

예제 7.25》 (1) α, β의 최소제곱 추정치를 구하여라.
(2) 회귀직선을 구하여라.

x	0	2	4	6	8
y	4	3	6	8	9

풀이

(1) $a = 3.00$, $b = 0.75$

(2) $y = 3.00 + 0.75x$

예제 7.26》 최소제곱법을 사용하여 무게에 대한 몸길이를 추정하여라.

무게	57	84	90	71	77	68	73
몸길이	123	129	143	125	122	125	122

풀이

$\sum x_i = 520$, $\sum y_i = 889$, $\sum x_i^2 = 39328$, $\sum x_i y_i = 66392$

$y = 89.61 + 0.503x$

연습문제

1 $f(x, y) = \ln(x + y - 1)$이라고 하자.

(1) $f(1, 1)$일 때를 구하여라.

(2) $f(e, 1)$일 때를 구하여라.

(3) f의 정의역을 구하여라.

2 $f(x, y) = x^2 e^{3xy}$라고 하자.

(1) $f(2,0)$일 때를 구하여라.

(2) f의 정의역을 구하여라.

(3) f의 범위를 구하여라.

3 다음 함수의 정의역과 치역을 구하여라.

$$f(x, y) = \sqrt{1+x-y^2}$$

4 $f(x, y, z) = e^{\sqrt{z-x^2-y^2}}$라고 하자.

(1) $f(2, -1, 6)$일 때를 구하여라.

(2) f의 정의역을 구하여라.

(3) f의 범위를 구하여라.

5 $g(x, y, z) = \ln(25-x^2-y^2-z^2)$

(1) $g(2, -2, 4)$일 때를 구하여라.

(2) g의 정의역을 구하여라.

(3) g의 범위를 구하여라.

6 다음 함수들의 정의역을 구하여라.

(1) $f(x, y) = \sqrt{x+y}$

(2) $f(x, y) = \sqrt{1-x^2} - \sqrt{1-y^2}$

(3) $f(x, y, z) = \sqrt{1-x^2-y^2-z^2}$

7 공정한 주사위와 동전을 독립적으로 던지는 통계적 실험을 한다. 이때, X는 동전의 윗면이 그림이면 '1', 숫자이면 '0'인 값을 가지며, Y는 주사위 눈의 수를 나타낸다고 하자.

(1) 결합확률질량함수 $f(x,y)$를 구하여라.

(2) 결합분포함수 $F(x, y)$를 구하여라.

8 X, Y의 결합질량함수가 다음과 같을 때,

$$f(x, y) = \frac{x+y}{110},$$

$$x = 1, 2, 3, 4,\ y = 1, 2, 3, 4, 5$$

(1) X, Y의 주변질량함수를 구하여라.

(2) $E(X)$, $E(Y)$를 구하여라.

(3) $P(X < Y)$

(4) $P(Y = 2X)$

(5) $P(X+Y=5)$

(6) $P(3 \le X+Y \le 5)$

9 극한을 구하여라.

(1) $\displaystyle\lim_{(x,y)\to(5,-2)} (x^5+4x^3y-5xy^2)$

(2) $\displaystyle\lim_{(x,y)\to(0,0)} \frac{y^4}{x^4+3y^4}$

(3) $\displaystyle\lim_{(x,y)\to(0,0)} \frac{xy}{\sqrt{x^2+y^2}}$

(4) $\displaystyle\lim_{(x,y)\to(0,0)} \frac{x^2+y^2}{\sqrt{x^2+y^2+1}-1}$

(5) $\displaystyle\lim_{(x,y,z)\to(0,0,0)} \frac{xy+yz^2+xz^2}{x^2+y^2+z^4}$

10 연속인 집합을 구하여라.

(1) $f(x,y)=\dfrac{1}{x^2-y}$

(2) $g(x,y)=\ln(x^2+y^2-4)$

(3) $f(x,y,z)=\dfrac{\sqrt{y}}{x^2-y^2+z^2}$

(4) $f(x,y)=\begin{cases} \dfrac{x^2y^3}{2x^2+y^2}, & \text{만약}(x,y)\neq(0,0) \\ 1, & \text{만약}(x,y)=(0,0) \end{cases}$

11 도함수를 구하여라.

(1) $f(x,y)=3x-2y^4$

(2) $f(x,y)=\dfrac{x-y}{x+y}$

(3) $f(r,s)=r\ln(r^2+s^2)$

(4) $w=\ln(x+2y+3z)$

(5) $u=xy\sin^{-1}(yz)$

12 도함수를 구하여라.

(1) $f(x, y) = 3xy^4 + x^3y^2$; f_{xxy}, f_{yyy}

(2) $f(x, y, z) = \cos(4x + 3y + 2z)$; f_{xyz}, f_{yzz}

(3) $u = e^{r\theta}\sin\theta$; $\dfrac{\partial^3 u}{\partial r^2 \partial\theta}$

(4) $w = \dfrac{x}{y + 2z}$; $\dfrac{\partial^3 w}{\partial z\,\partial y\,\partial x}$, $\dfrac{\partial^3 w}{\partial x^2\,\partial y}$

13 체인 방법을 이용하여 $\dfrac{dw}{dt}$ 또는 $\dfrac{\partial z}{\partial s}$, $\dfrac{\partial z}{\partial t}$를 구하여라.

(1) $w = x^2y + xy^2$, $x = 2 + t^4$, $y = 1 - t^3$

(2) $w = xe^{y/z}$, $x = t^2$, $y = 1 - t$, $z = 1 + 2t$

(3) $z = x^2y^3$, $x = s\cos t$, $y = s\sin t$

(4) $z = \sin\theta\cos\phi$, $\theta = st^2$, $\phi = s^2t$

14

$$M(t_1, t_2) =$$
$$\exp[\mu_1 t_1 + \mu_2 t_2 + \frac{\sigma_1^2 t_1^2 + \sigma_2^2 t_2^2 + 2\rho\sigma_1\sigma_2 t_1 t_2}{2}]$$

에 대하여 다음을 구하여라. 단, $-\infty < x, y, \mu_1, \mu_2 < \infty, \sigma_1, \sigma_2 > 0, |\rho| < 1$이다.

(1) $\dfrac{\partial M(t_1, t_2)}{\partial t_1}$, $\dfrac{\partial M(t_1, t_2)}{\partial t_2}$를 구하여라.

(2) $E(X) = \dfrac{\partial M(t_1, t_2)}{\partial t_1}\Big|_{t_2=0}^{t_1=0}$,

$E(Y) = \dfrac{M(t_1, t_2)}{\partial t_2}\Big|_{t_2=0}^{t_1=0}$

를 구하여라.

(3) $E(XY) = \dfrac{\partial^2 M(t_1, t_2)}{\partial t_1\,\partial t_2}$을 구하여라.

(4) $cov(X, Y) = \dfrac{\partial^2 M(t_1, t_2)}{\partial t_1 \partial t_2}\Big|_{t_2=0}^{t_1=0} -$
$(\dfrac{\partial M(t_1, t_2)}{\partial t_1}\Big|_{t_2=0}^{t_1=0})(\dfrac{\partial M(t_1, t_2)}{\partial t_2}\Big|_{t_2=0}^{t_1=0})$

를 구하여라.

15 다음은 어떤 공정에서 여러 수준의 온도에 따라 당분으로 변화된 양을 측정한 결과이다.

온도 x	1.0	1.1	1.2	1.3	1.4	1.5	1.6	1.7	1.8	1.9	2.0
당분 y	8.1	7.8	8.5	9.8	9.5	8.9	8.6	10.2	9.3	9.2	10.5

(1) 회귀직선을 추정하여라.

(2) 온도가 1.75일 때 당분으로 변화된 양을 추정하여라.

16 다음은 여러 수준의 온도에 따라 물 100g 속에 용해된 혼합물의 양을 측정한 자료이다.

온도 x	혼합물의 양 y	온도 x	혼합물의 양 y
0	8	6	8
15	12	10	14
30	25	21	24
45	31	33	28
60	44	39	42
75	48	51	44

(1) 회귀직선을 구하여라.

(2) 산점도상에 회귀직선을 그려라.

(3) 온도가 50도일 때 물 100g 속에 용해된 홉합물의 양을 추정하여라.

17 어떤 도매상에서 주당 광고비와 상품매 출액과 어떤 관계가 있는가를 알기 위하여 조사를 하였더니 다음과 같은 자료가 얻어졌다.

주당 광고비($)	매출액
40	385
20	400
25	395
20	365
30	475
50	440
40	490
20	420
50	560
40	525
25	480
50	510

(1) 산점도를 그려라.

(2) 주당 광고비를 지출액으로부터 매출액을 추정할 수 있는 회귀직선을 구하여라.

(3) 주당 광고비가 $35일 때 매출액을 추정하여라.

18 연속확률변수 X, Y의 결합분포함수가 다음과 같을 때,

$$F(x, y) = (1 - e^{-2x})(1 - e^{-3y})$$
$$0 \le x < \infty, \ 0 \le y < \infty$$

(1) X, Y의 결합밀도함수를 구하여라.

(2) X, Y의 주변분포함수를 구하여라.

(3) X의 주변분포함수와 주변밀도함수를 구하여라.

(4) X, Y의 독립성을 조사하여라.

CHAPTER 08

중적분과 연속결합확률분포

8.1 이중적분과 연속결합확률분포

이 절에서는 이중적분(중적분)을 반복적분으로 표현하고, 두 개의 단순적분을 계산하여 구하는 방법을 배울 것이다.

f가 직사각형 $R=[a,b]\times[c,d]$에서 적분가능한 2변수함수라고 하자. x를 고정하고 $f(x,y)$를 $y=c$에서 $y=d$까지 y에 관해 적분한 것을 $\int_c^d f(x,y)dy$로 나타내기로 하자. 이것을 y에 관한 편적분이라고 한다. $\int_c^d f(x,y)dy$는 x의 값에 따라 정해지는 값이므로 x의 함수이다. 이제

$$A(x)=\int_c^d f(x,y)dy$$

라 하자. 함수 A를 $x=a$에서 $x=b$까지 x에 관하여 적분하면

$$\int_a^b A(x)dx=\int_a^b\left[\int_c^d f(x,y)dy\right]dx$$

라 쓰고, 이것은 먼저 c에서 d까지 y에 관하여 적분한 뒤 a에서 b까지 x에 관하여 적분하는 것을 의미한다.

마찬가지로 반복적분

$$\int_c^d \int_a^b f(x,y)dxdy = \int_c^d [\int_a^b f(x,y)dx]dy$$

는 먼저 a에서 b까지 x에 관하여 적분(y는 고정한 채)한 뒤, 얻어진 함수를 c에서 d까지 y에 관하여 적분하는 것을 의미한다.

예제 8.1 》 반복적분을 계산하여라.

(1) $\int_0^3 \int_1^2 x^2 y dy dx$ (2) $\int_1^2 \int_0^3 x^2 y dx dy$

풀이

(1) x를 상수로 보고 안쪽 적분을 하면,

$$\int_1^2 x^2 y dy = x^2(\frac{2^2}{2}) - x^2(\frac{1^2}{2}) = \frac{3}{2}x^2$$

앞에서 논의한 함수 A는 $A(x) = \frac{3}{2}x^2$이 되고 이것을 $x=0$ 부터 $x=3$까지 적분한다.

$$\int_0^3 \int_1^2 x^2 y dy dx = \int_0^3 \frac{3}{2}x^2 dx = \frac{27}{2}$$

(2) 이번에는 x에 대해 적분을 먼저 한다.

$$\int_1^2 \int_0^3 x^2 y dx dy = \int_1^2 [\int_0^3 x^2 y dx] dy = \int_1^2 9y dy = \frac{27}{2}$$

다음 정리는 이중적분을 반복적분으로 표시하여(순서에 관계없다) 계산하는 방법을 보여준다.
f가 직사각형 $R = \{(x,y) | a \le x \le b, c \le y \le d\}$상에서 연속이면 다음 식이 성립한다.

$$\iint_R f(x,y)dA = \int_a^b \int_c^d f(x,y)dydx = \int_c^d \int_a^b f(x,y)dxdy$$

보다 일반적으로 f가 R상에서 유계(bounded)이고 f가 매끄러운 곡선의 유한개의 점에서만 불연속이며 반복적분이 존재하면, 위의 식이 성립한다.

예제 8.2》 $R=\{(x,y)|0\le x\le 2, 1\le y\le 2\}$에 대하여 이중적분 $\int\int_R (x-3y^2)dA$를 계산하여라.

풀이

$$\int\int_R (x-3y^2)dA = \int_0^2\int_1^2 (x-3y^2)dydx = \int_0^2 (x-7)dx = -12$$

예제 8.3》 $\int\int_R y\sin(xy)dA$, $R=[1,2]\times[0,\pi]$를 계산하여라.

풀이

$$\int\int_R y\sin(xy)dA = \int_0^{\pi}\int_1^2 y\sin(xy)dxdy = \int_0^{\pi}(-\cos 2y+\cos y)dy = 0$$

분포함수 $F(x,y)=P(X\le x,\ Y\le y)$를 갖는 확률벡터 $(X,\ Y)$에 대하여

$$F(x,y)=\int_{-\infty}^{x}\int_{-\infty}^{y} f(u,v)dvdu$$

를 만족하는 음이 아닌 함수 $f(x,y)$가 존재할 때, 확률벡터 $(X,\ Y)$를 연속형 확률벡터라고 하고, 함수 $f(x,y)$를 확률벡터 $(X,\ Y)$의 결합확률밀도함수(joint probability density function)라고 한다.

연속형 확률벡터 $(X,\ Y)$에 대하여 다음과 같은 성질을 살펴볼 수 있다.

(1) $F(+\infty,+\infty)=\lim_{\substack{x\to\infty\\ y\to\infty}}\int_{-\infty}^{x}\int_{-\infty}^{y} f(u,v)dvdu = \int_{-\infty}^{\infty}\int_{-\infty}^{\infty} f(x,y)dydx = 1$

(2) f가 (x,y)에서 연속이면, $\dfrac{\partial^2 F(x,y)}{\partial x\partial y}=f(x,y)$이다.

(3) $P[(X,\ Y)\in B]=\int\int_B f(x,y)dydx$이다.

이산형 확률벡터 $(X,\ Y)$에서와 같이 $(X,\ Y)$가 연속형이고 결합확률밀도함수 $f(x,y)$를 갖는다면, $f(x,y)\in R^2$에 대하여 음이 아닌 함수이므로 다음이 성립한다.

(4) $f_X(x)=\int_{-\infty}^{\infty} f(x,y)dy$와 $f_Y(y)=\int_{-\infty}^{\infty} f(x,y)dx$

(5) $\int_{-\infty}^{\infty} f_X(x)dx = \int_{-\infty}^{\infty}\int_{-\infty}^{\infty} f(x,y)dydx = 1$

$$\int_{-\infty}^{\infty} f_Y(y)dy = \int_{-\infty}^{\infty}\int_{-\infty}^{\infty} f(x,y)dxdy = 1$$

이므로 $f_X(x)$와 $f_Y(y)$는 확률밀도함수의 조건을 만족하고, 이것들을 각각 X와 Y의 주변확률밀도함수(marginal probability density function)라고 한다. 한편 X와 Y의 주변분포함수(marginal distribution function)는 각각 다음과 같이 정의된다.

$$F_X(x) = \int_{-\infty}^{x} f_X(u)du = \int_{-\infty}^{x}\int_{-\infty}^{\infty} f(u,y)dydu$$

$$F_Y(y) = \int_{-\infty}^{y} f_Y(v)dv = \int_{-\infty}^{y}\int_{-\infty}^{\infty} f(x,v)dxdv$$

예제 8.4 》 $(X,\ Y)$의 결합확률밀도함수가 다음과 같이 정의된다고 하자.

$$f(x,y) = \begin{cases} e^{-(x+y)}, & 0 < x < \infty, 0 < y < \infty \\ 0, & \text{그 밖에서} \end{cases}$$

(1) $(X,\ Y)$의 결합분포함수 $F(x,y)$을 구하여라.

(2) X의 주변분포함수 $F_X(x)$를 구하여라.

(3) X의 주변확률밀도함수 $f_X(x)$를 구하여라.

(4) $P[0 < X < 1, 0 < Y < 1]$을 구하여라.

풀이

(1) $F(x,y) = \int_0^x\int_0^y f(u,v)dvdu = \int_0^x\int_0^y e^{-u}e^{-v}dvdu = (1-e^{-x})(1-e^{-y})$

(2) $F_X(x) = \int_0^x\int_0^\infty e^{-(u+y)}dydu = \int_o^x e^{-u}du = 1-e^{-x} \quad (0 < x < \infty)$

(3) $f_X(x) = \dfrac{dF_X(x)}{dx} = e^{-x} \ (0 < x < \infty)$

(4) $P[0 < X < 1, 0 < Y < 1] = \int_0^1\int_0^1 e^{-(x+y)}dxdy = (1-e^{-1})^2$

예제 8.5 》 $(X,\ Y)$의 결합확률밀도함수가 다음과 같을 때, x와 y의 주변확률밀도함수를 구하여라.

$$f(x,y) = \begin{cases} \frac{1}{4}(1+xy), & -1 \le x \le 1,\ -1 \le y \le 1 \\ 0, & \text{그 밖에서} \end{cases}$$

풀이

$$f_X(x) = \int_{-\infty}^{\infty} f(x, y)dy = \begin{cases} \frac{1}{4}\int_{-1}^{1}(1+xy)dy = \frac{1}{2}, & -1 \le x \le 1 \\ 0, & \text{그 밖에서} \end{cases}$$

$$f_Y(y) = \begin{cases} \frac{1}{4}\int_{-1}^{1}(1+xy)dx = \frac{1}{2}, & -1 \le y \le 1 \\ 0, & \text{그 밖에서} \end{cases}$$

예제 8.6》 (X, Y)의 결합확률밀도함수가 $f(x, y) = k(xy^2 + e^x)$, $0 < x < 1$, $0 < y < 1$ 일 때,

(1) k의 값을 구하여라.

(2) X의 주변확률밀도함수 $f_X(x)$를 구하여라.

(3) X와 Y는 독립이냐?

풀이

(1) $\int_0^1 \int_0^1 k(xy^2 + e^x)dxdy = k\int_0^1 (\frac{1}{2}y^2 + e - 1)dy = k(\frac{1}{6} + e - 1) = \frac{6e-5}{6}k = 1$

$k = \frac{6}{6e-5}$

(2) $f(x) = \int_0^1 \frac{6}{6e-5}(xy^2 + e^x)dy = \frac{6}{6e-5}(\frac{x}{3} + e^x)$

(3) y의 주변밀도를 $f_Y(y)$라면

$g(y) = \int_0^1 \frac{6}{6e-5}(xy^2 + e^x)dx = \frac{6}{6e-5}(\frac{y^2}{2} + e)$

예제 8.7》 $f(x, y) = \begin{cases} \theta xy, & 0 < x < 1,\ 0 < y < 1 \\ 0, & \text{그 밖에서} \end{cases}$ 이라 하자.

(1) $f(x, y)$가 확률변수 X, Y의 결합밀도함수일 때, θ의 값을 구하여라.

(2) $P(X \le 0.5,\ Y \le 0.5)$를 구하여라.

풀이

(1) $\int_{-\infty}^{\infty}\int_{-\infty}^{\infty} f(x, y)dxdy = 1$

$\int_{-\infty}^{\infty}\int_{-\infty}^{\infty} f(x, y)dxdy = \int_0^1\int_0^1 \theta xydxdy = \theta\int_0^1 \frac{y}{2}dy = \frac{\theta}{4} - 1$

$\theta = 4$

(2) $P(X \le 0.5,\ Y \le 0.5) = \int_0^{0.5}\int_0^{0.5} 4xydxdy = 4\int_0^{0.5}\frac{1}{2}ydy = 2\int_0^{0.5} ydy = 0.25$

8.2 일반영역 위에서 이중적분과 연속적 결합확률분포

만일 영역 D가 사각형이 아닌 폐곡선으로 주어진다면 영역 D를 포함하는 좌표축에 평행한 직선으로 둘러싸인 사각형을 생각한다. 이를 위하여 다음과 같은 폐곡선을 다루어 보자. 폐구간 $[a, b]$에서 연속인 함수 $g_1(x)$, $g_2(x)$에 대하여 영역 D가 $\{(x, y) | a \le x \le b, g_1(x) \le y \le g_2(x)\}$라 하면, 다음 그림과 같이 생각할 수 있다.

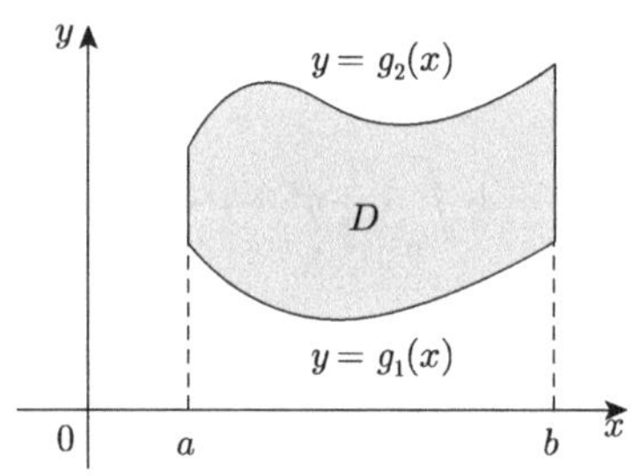

[그림 8.1]

$$\int\int_D f(x, y)\,dydx = \int_a^b \int_{g_1(x)}^{g_2(x)} f(x, y)\,dy\,dx$$

와 같이 적분할 수 있다. 또한 D가 $D = \{(x, y) | h_1(y) \le x \le h_2(y), c \le y \le d\}$이면 앞에서와 동일한 방법으로 $\int\int_D f(x, y)\,dA = \int_c^d \int_{h_1(y)}^{h_2 y)} f(x, y)\,dx\,dy$와 같이 영역 D에서의 중적분을 구할 수 있다.

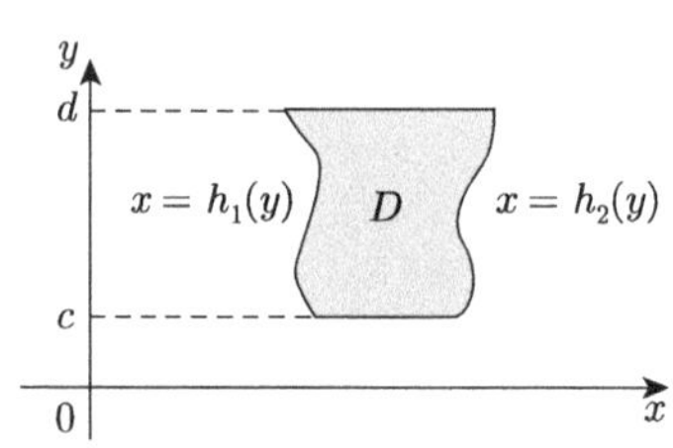

[그림 8.2]

예제 8.8》 $f(x,y)=\begin{cases} 8xy, & 0 \le y \le x \le 1 \\ 0, & \text{그 밖에서} \end{cases}$ 일 때, $(X,\ Y)$의 주변확률밀도함수를 구해보자.

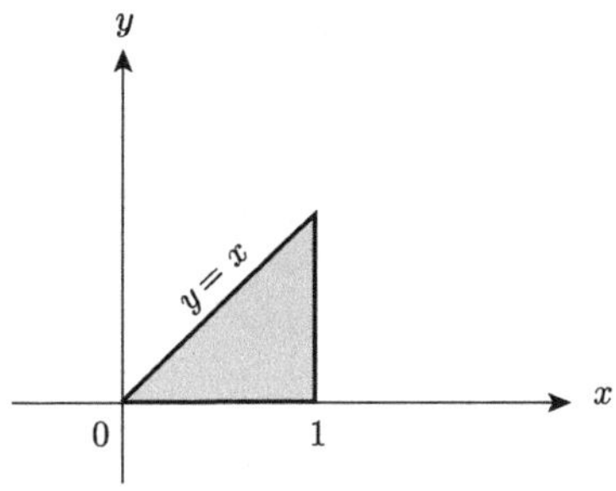

[그림 8.3]

$$f_X(x)=\begin{cases} \displaystyle\int_0^x 8xy dy = 4x^3, 0 \le x \le 1 \\ 0, \qquad\qquad\qquad x<0,\ x>1 \end{cases}$$

$$f_Y(y)=\begin{cases} \displaystyle\int_y^1 8xy dx = 4y(1-y^2), 0 \le y < 1 \\ 0, \qquad\qquad\qquad y<0,\ y>1 \end{cases}$$

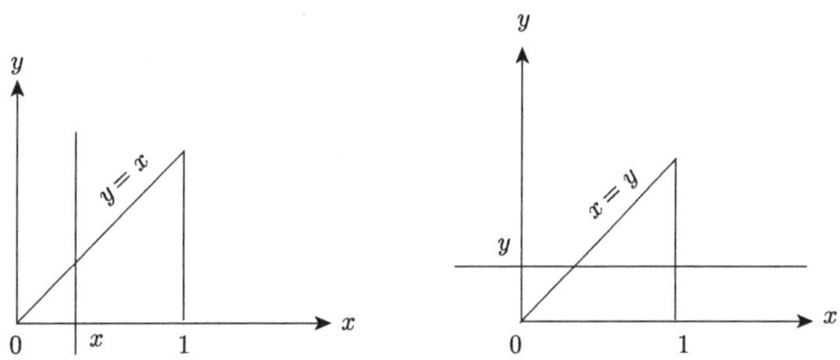

[그림 8.4]

예제 8.9》 $f(x,y)=e^{-(x+y)}$, $x>0$, $y>0$일 때, 다음 사상의 확률을 구하여라.

(1) $X<2$ (2) $X<Y$

(3) $X+Y<2$

풀이

(1) X에 관한 주변확률밀도함수를 구하면

$$f_X(x)=\int_0^\infty e^{-(x+y)}dy = e^{-x}$$

따라서 $P(X<2)=\int_0^2 e^{-x}dx=1-e^{-2}$

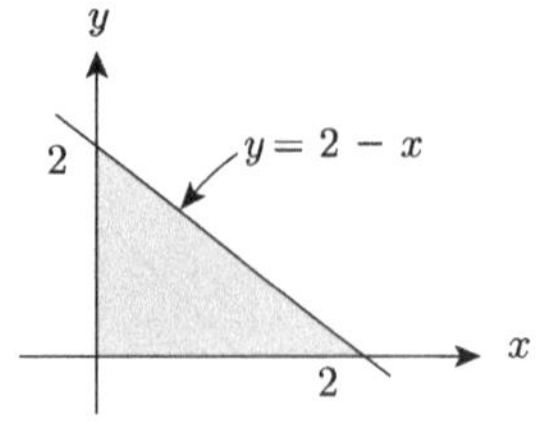

$\{x+y<2\}$의 영역

[그림 8.5]

(2) $P(X<Y)=\int_0^{\infty}\int_x^{\infty}e^{-(x+y)}dydx=\int_0^{\infty}e^{-2x}dx=\frac{1}{2}$

(3) $P(X+Y<2)=\int_0^2\int_0^{2-x}e^{-(x+y)}dydx=\int_0^2(e^{-x}-e^{-2})dx$

$=1-e^{-2}-2e^{-2}=1-3e^{-2}$

8.3 극좌표에서 이중적분

한편 $\int\int_R f(x,y)dA$를 계산할 때, 적분영역 R을 극좌표계로 변환하여 구하면 편리할 때가 종종 있다. 이러한 경우에는 직교좌표계와 극좌표계의 관계, 즉

$$x=r\cos\theta,\ y=r\sin\theta$$

$$r=x^2+y^2,\ \theta=\tan^{-1}\frac{y}{x}$$

를 이용한다. 예를 들어, 극좌표계의 적분영역 R이

$$R=\{(r,\theta)|a\le r\le b,\ \alpha\le\theta\le\beta\}$$

라 하고 $\int\int_R f(x,y)dA$를 계산한다고 하자. 그러면 적분영역 R을

$$a=r_0<r_1<r_2\ldots<r_{i-1}<r_i<\ldots<r_m=b$$

$$a=\theta_0<\theta_1<\theta_2\ldots<\theta_{j-1}<\theta_j<\ldots<\theta_n=\beta$$

와 같이 분할하여 $R_{ij}=\{(r,\theta)|r_{i-1}\le r\le r_i, \theta_{j-1}\le\theta\le\theta_j\}$의 중심을 각각 $(r_i{}^*, \theta_j{}^*)$라 하면 $r_i{}^*=\frac{1}{2}(r_{i-1}+r_i)$, $\theta_j{}^*=\frac{1}{2}(\theta_{j-1}+\theta_j)$이라 하자.

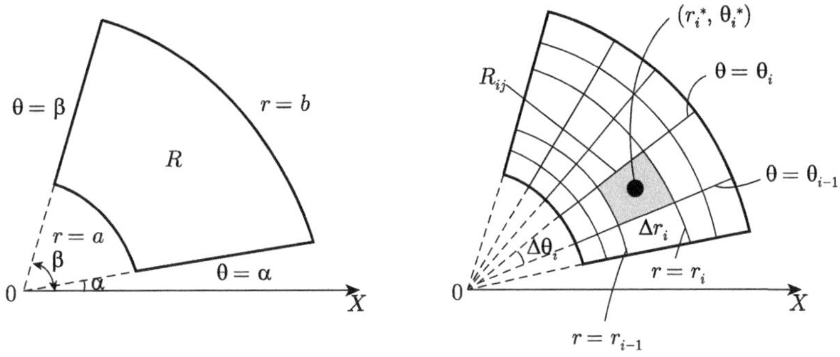

[그림 8.6]

그리고 $\triangle r_i=r_i-r_{i-1}$, $\triangle\theta_j=\theta_j-\theta_{j-1}$, R_{ij}의 면적을 $\triangle A_i$라 하면

$$\begin{aligned}\triangle A_i &= \frac{1}{2}r_i^2\triangle\theta-\frac{1}{2}r_{i-1}^2\triangle\theta=\frac{1}{2}(r_i^2-r_{i-1}^2)\triangle\theta\\ &=\frac{1}{2}(r_i+r_{i-1})(r_i-r_{i-1})\triangle\theta=r_i{}^*\triangle r\triangle\theta\end{aligned}$$

이다. 이때 R_{ij}의 중심을 직교좌표로 표시하면 $f(r_i{}^*\cos\theta_j{}^*, r_i{}^*\sin\theta_j{}^*)$이므로 리만합은

$$\begin{aligned}&\sum_{i=1}^{m}\sum_{j=1}^{n}f(r^*{}_i\cos\theta_j{}^*, r^*{}_i\sin\theta_j{}^*)\triangle A_i\\ &=\sum_{i=1}^{m}\sum_{j=1}^{n}f(r^*{}_i\cos\theta_j{}^*, r^*{}_i\sin\theta_j{}^*)(r_i{}^*)\triangle r\triangle\theta\end{aligned}$$

이고 직교좌표계에서와 같이 m, $n\to\infty$이라 하면 $\triangle r\to 0$, $\triangle\theta\to 0$이다.

따라서 극한이 존재한다면 중적분의 정의로부터

$$\begin{aligned}\int\int_R f(x,y)dA &= \sum_{i=1}^{m}\sum_{j=1}^{n}f(r^*{}_i\cos\theta_j{}^*, r^*{}_i\sin\theta_j{}^*)(r_i{}^*)\triangle r\triangle\theta\\ &=\int_\alpha^\beta\int_a^b f(r\cos\theta, r\sin\theta)r\,dr\,d\theta\end{aligned}$$

가 된다. 즉, 적분영역 R에서의 중적분을 극좌표계로 변환하여 적분한 결과는 다음과 같다.

$$\iint_R f(x,y)dA = \iint_R f(x,y)dxdy = \iint_{R'} f(r\cos\theta, r\sin\theta)rdrd\theta$$

여기서 R'은 R에 일대일 대응을 이루는 극좌표계의 폐영역이다. 그러면 형태면에서 두 적분을 비교할 수 있다.

$$x = r\cos\theta,\ y = r\sin\theta$$

라 하면 $dxdy$는 그림에서와 같이

$$dxdy = rdrd\theta$$

로 변경되는 것을 알 수 있다.

예제 8.10》 원 $x^2+y^2=1$, $x^2+y^2=4$에 의해 둘러싸이고 x축 위쪽 반 평면에 있는 영역을 R이라 할 때 $\iint_R (3x+4y^2)dA$를 계산하여라.

풀이

$$\iint_R (3x+4y^2)dA = \int_0^{\pi} (7\cos\theta + 15\sin^2\theta)d\theta = \frac{15\pi}{2}$$

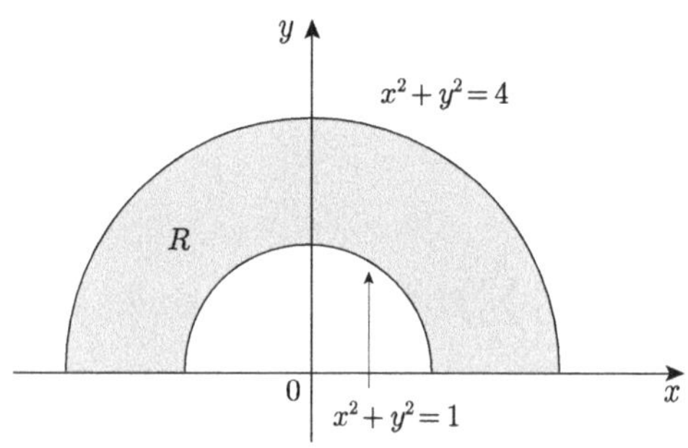

[그림 8.7]

예제 8.11》 $x^2+y^2=1$, $x^2+y^2=9$로 둘러싸인 제1사분면 R에서 $\iint_R e^{x^2+y^2}dxdy$를 구하여라.

풀이

적분영역 R을 극좌표로 변형하면

$$R' = \left\{(r,\theta) | 1 \le r \le 3, 0 \le \theta \le \frac{\pi}{2}\right\}$$

이고 $dxdy = rdrd\theta$, $x^2 + y^2 = r^2$이므로

$$\int\int_R e^{x^2+y^2}dxdy = \int\int_R e^{r^2} rdrd\theta = \frac{1}{2}\int_0^{\frac{\pi}{2}}\int_1^3 2re^{r^2}drd\theta$$

$$= \frac{1}{2}\int_0^{\frac{\pi}{2}}(e^9 - e)d\theta = \frac{\pi(e^9 - e)}{4}$$

이다.

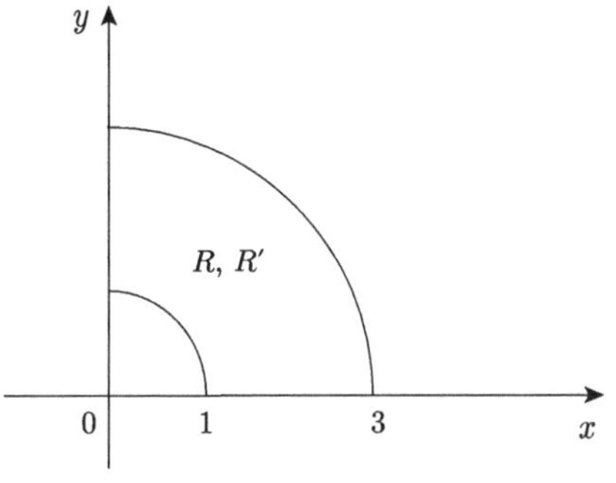

[그림 8.8]

예제 8.12》 $f(x) = \frac{1}{\sqrt{2\pi}\sigma}e^{-(x-\mu)^2/2\sigma^2}(-\infty < x < \infty)$일 때, X는 정규분포를 따른다고 한다. $y = f(x)$ 아래의 면적이 1이 됨을 밝혀라.

풀이

$I = \int_{-\infty}^{\infty} e^{-x^2}dx$ 이라면

$$I^2 = \int_{-\infty}^{\infty} e^{-x^2}dx \int_{-\infty}^{\infty} e^{-y^2}dy = \int_{-\infty}^{\infty}\int_{-\infty}^{\infty} e^{-(x^2+y^2)}dxdy$$

$x = r\cos\theta$, $y = r\sin\theta$인 극좌표로 변수변환하면

$$I^2 = \int_0^{2\pi} d\theta \int_0^{\infty} re^{-r^2}dr = \pi$$

따라서 $I = \int_{-\infty}^{\infty} e^{-z^2}dz = \sqrt{\pi}$

$y = \frac{x-\mu}{\sqrt{2}\sigma}$이라면 $dy = \frac{1}{\sqrt{2}\sigma}dx$이고, $dx = \sqrt{2}\sigma dy$이므로

$$\int_{-\infty}^{\infty} \frac{1}{\sqrt{2\pi}\sigma} e^{-(x-\mu)^2/2\sigma^2} dx = \int_{-\infty}^{\infty} \frac{1}{\sqrt{\pi}} e^{-y^2} dy = 1$$

따라서 $f(x)$는 분명히 확률밀도함수이다.

$$f(x) = \frac{1}{\sqrt{2\pi}} e^{-\frac{x^2}{2}}, \quad -\infty < x < \infty$$

으로 주어지는 확률분포를 표준정규분포(standard normal distribution)라고 하고, 이러한 확률밀도함수를 갖는 확률변수 X를 $X \sim N(0,\ 1)$로 나타낸다.

예제 8.13》 xy 평면 위의 원기둥 $x^2 + y^2 = 4$의 외부와 포물면 $z = 9 - x^2 + y^2$의 내부가 이루는 입체의 체적을 구하여라.

풀이

$$V = \iint_R (9 - x^2 - y^2) dA = \int_0^{2\pi} \int_2^3 (9 - r^2) r dr d\theta = \int_0^{2\pi} \int_2^3 (9r - r^3) dr d\theta = \frac{25}{2}\pi$$

예제 8.14》 반복적분 $\int_{-1}^{1} \int_0^{\sqrt{1-x^2}} x^2 (x^2 + y^2)^2 dy dx$을 계산하여라.

풀이

$$\int_{-1}^{1} \int_0^{\sqrt{1-x^2}} x^2 (x^2 + y^2)^2 dy dx = \iint_R x^2 (x^2 + y^2)^2 dA = \int_0^{\pi} \int_0^1 r^7 \cos^2\theta dr d\theta$$

$$= \frac{1}{8} \int_0^{\pi} \frac{1}{2} (1 + \cos 2\theta) d\theta = \frac{\pi}{16}$$

8.4 변수변환

연속확률변수 X의 함수 $Y = g(x)$가 연속이면 Y도 확률변수이다. 여기서 새로운 확률변수 Y의 분포함수 및 확률밀도함수에 대하여 알아보라.

8.4.1 분포함수를 이용하는 방법

연속확률변수 함수의 분포는 대부분 새로운 확률변수의 분포함수를 유도함으로써 구할 수 있다.

예제 8.15》 X의 확률밀도함수가 $f_X(x)=2(1-x)$, $0 \le x \le 1$일 때, $Y=3X-1$의 확률밀도함수를 구하여라.

풀이

$P(X \le x) = \int_0^x f(t)dt = \int_0^x 2(1-x)dx = 2x - x^2$

$P(Y \le y) = P(3X-1 \le 1) = P(X \le \frac{y+1}{3}) = 2(\frac{y+1}{3}) - (\frac{y+1}{3})^2 = \frac{(y+1)(5-y)}{3}$

따라서 $f_Y(y) = \frac{d}{dy}\frac{(y+1)(5-y)}{3} = -\frac{2}{3}y + \frac{4}{3}$이고 y의 범위는 $0 \le x = \frac{y+1}{3} \le 1$ 이므로 $-1 \le y \le 2$

예제 8.16》 확률변수 X가 $f(x) = \frac{1}{2}$, $-1 < x < 1$일 때, $Y = X^2$의 분포함수를 구하여라.

풀이

$-1 < x < 1$일 때 $0 < y < 1$이다.

$$P(Y \le y) = P(X^2 \le Y) = P(-\sqrt{y} \le x \le \sqrt{y})$$
$$= \int_{-\sqrt{y}}^{\sqrt{y}} \frac{1}{2}dx = \sqrt{y},\ 0 < y < 1$$

따라서 $F_Y(y) = \sqrt{y}$, Y의 밀도함수는 $f_Y(x) = \frac{1}{2\sqrt{y}}$, $0 < y < 1$이다.

8.4.2 밀도함수에 의한 방법

X는 $f_X(x)$인 연속형 확률변수이고 $f_X(x)$의 정의역에서 단조증가 또는 단조감소일 때 $y = g(x)$를 x에 대하여 풀면 $x = w(y)$ 밀도함수는 다음과 같다.

$$f_Y(y) = f(w(y))|J|$$

여기서 $J = w'(y)$이며, 자코비안(jacobian)이라고 부른다.

예제 8.17》 확률변수 X가 $f_X(x)=\frac{1}{6}$, $1 \le x \le 7$일 때, $Y=2X^2$의 확률밀도함수를 구하여라.

풀이

$$2x^2=y,\ x=\frac{\sqrt{y}}{\sqrt{2}},\ |J|=\left|\frac{dx}{dy}\right|=\left|\frac{1}{\sqrt{2}\,2\sqrt{y}}\right|=\frac{1}{2\sqrt{2y}}$$

그러므로 $f_Y(y)=\frac{1}{6}|J|=\frac{1}{2\sqrt{2y}}$, $2 \le y \le 98$이다.

예제 8.18》 확률변수 X가 $f_X(x)=2x$, $0<x<1$일 때, 확률변수 $Y=8X^3$의 확률밀도함수를 구하여라.

풀이

$$y=8x^3,\ x=\frac{y^{\frac{1}{3}}}{2},\ 0<y<8,\ |J|=\frac{y^{-\frac{2}{3}}}{6}$$

그러므로 $f_Y(y)=f(\frac{y^{\frac{1}{3}}}{2})|J|=2(\frac{y^{\frac{1}{3}}}{2})(\frac{y^{-\frac{2}{3}}}{6})=\frac{1}{6}y^{-\frac{1}{3}}$, $0<y<8$

8.4.3 결합확률밀도함수의 변수변환

확률변수 X과 Y의 결합확률밀도함수가 $f(x,y)$이고 $U=u_1(X,Y)$, $V=u_2(X,Y)$로 정해지는 확률변수 U, V의 결합확률밀도함수는 $g(u,v)=f(w_1(u,v),w_2(u,v))|J|$가 된다. 여기서 $u=u_1(x,y)$, $v=u_2(x,y)$를 x, y에 대하여 풀면 $x=w_1(u,v)$, $y=w_2(u,v)$이고,

$$J=\begin{vmatrix}\frac{\partial x}{\partial u}, & \frac{\partial x}{\partial v}\\ \frac{\partial y}{\partial u}, & \frac{\partial y}{\partial v}\end{vmatrix}$$

이다.

예제 8.19》 X, Y의 결합밀도함수 $f(x,y)=\begin{cases}24xy, & 0 \le x \le 1,\ 0 \le y \le 1,\ x+y \le 1\\ 0, & \text{그 밖에서}\end{cases}$일 때, $w=x$, $z=x+y$이라 하고

(1) w, z의 결합밀도함수 $g(w,z)$를 구하여라.

(2) z의 주변밀도함수 $g(z)$를 구하여라.

풀이

(1) $w=x$, $z=x+y$에서 $x=w$, $y=z-w$, $0<w<z$, $0<z<1$,

$$J=\begin{vmatrix} \frac{\partial x}{\partial u}, & \frac{\partial x}{\partial v} \\ \frac{\partial y}{\partial u}, & \frac{\partial y}{\partial v} \end{vmatrix} = \begin{vmatrix} 1 & 0 \\ -1 & 1 \end{vmatrix} = 1$$

$$g(w,z)=f(w,z-w)|J|=24w(z-w),\ 0<w<z,\ 0<z<1$$

(2) $g(z)=\int_0^1 24w(z-w)dw=4z^3,\ 0<z<1$

예제 8.20》 X, Y가 $N(0,1)$에서 추출된 확률표본 $\frac{X}{Y}$의 확률밀도함수를 구하여라.

풀이

(X, Y)의 결합밀도함수 $f(x,y)$는 $f(x,y)=\frac{1}{\sqrt{2\pi}}\exp(-\frac{x^2+y^2}{2})$,

$v=\frac{x}{y}$, $u=y$이라면 $x=uv$, $y=u$이므로, $J=\begin{vmatrix} v & u \\ 1 & 0 \end{vmatrix}=-u$이므로 (u,v)의 결합확률

밀도함수 $g(u,v)=\frac{1}{2\pi}\exp\left(-\frac{u^2v^2+u^2}{2}\right)|u|$

따라서 v의 확률밀도함수 $h(v)$는

$$h(v)=\frac{1}{2\pi}\int_{-\infty}^{\infty}\exp(-\frac{v^2+1}{2}u^2)|u|du=\frac{2}{2\pi}\int_0^{\infty}\exp(-\frac{v^2+1}{2}u^2)udu$$

$$=\frac{1}{\pi}\left[-\frac{1}{v^2+1}\exp(-\frac{v^2+1}{2}u^2)\right]_0^{\infty}=\frac{1}{\pi}(\frac{1}{v^2+1}),\ -\infty<v<\infty$$

연습문제

1 다음을 이중적분하여라.

(1) $\int_1^3\int_0^1(1+4xy)dxdy$

(2) $\int_0^{\pi/2}\int_0^{\pi/2}\sin x\cos y\,dydx$

(3) $\int_1^4 \int_1^2 (\frac{x}{y} + \frac{y}{x}) dydx$

(4) $\int_0^2 \int_0^{\pi} r\sin^2\theta d\theta dr$

2 다음을 반복적분하여라.

(1) $\int_0^1 \int_0^{2x} (x+2y) dydx$

(2) $\int_0^1 \int_0^{2y} (4x\sqrt{y} + y) dxdy$

(3) $\int_0^2 \int_0^{2y} e^{y^2} dxdy$

(4) $\int_1^4 \int_0^{1/x} \cos xy\, dydx$

3 다음 2변수함수

$$f(x, y) = \begin{cases} xe^{-(x+xy)}, & x, y \geq 0 \\ 0, & \text{그 밖에서} \end{cases}$$

에 대하여

(1) $f(x, y)$는 확률밀도함수임을 보여라.

(2) X, Y의 주변확률밀도함수를 구하여라.

(3) X, Y의 주변분포함수를 구하여라.

(4) X, Y의 결합분포함수를 구하여라.

4 다음 결합확률밀도함수

$$f(x,y) = \begin{cases} cx^2y, & \begin{matrix} 0 < x < 2, \\ 0 < y < 2-x \end{matrix} \\ 0, & \text{그 밖에서} \end{cases}$$

에 대하여

(1) $f(x, y)$가 결합확률밀도함수가 되기 위한 상수 c를 구하여라.

(2) X, Y의 주변확률밀도함수 $f_X(x)$, $f_Y(y)$를 구하여라.

(3) $f(x, y) = f_X(x) f_Y(y)$가 성립하는지 조사하여라.

5 극 좌표계를 사용하여 이중적분을 계산하여라.

(1) R이 $x^2+y^2 \le 9$일 때, $\displaystyle\iint_R \sqrt{x^2+y^2}\,dA$

(2) R이 $x^2+y^2 \le 4$일 때, $\displaystyle\iint_R e^{-x^2-y^2}dA$

(3) R이 $x^2+y^2=9$의 내부일 때, $\displaystyle\iint_R (x^2+y^2)dA$

6 직교 좌표계를 극 좌표계로 변환하여 반복적분을 계산하여라.

(1) $\displaystyle\int_{-2}^{2}\int_{-\sqrt{4-x^2}}^{\sqrt{4-x^2}} \sqrt{x^2+y^2}\,dydx$

(2) $\displaystyle\int_{0}^{2}\int_{0}^{\sqrt{8-x^2}} (x^2+y^2)^{3/2}dydx$

7 $f_X(x)=e^{-x}$, $x \ge 0$일 때, $Y=\ln X$의 밀도함수를 구하여라.

8 확률변수 X가 평균 1인 지수분포 $f_X(x)=e^{-x}$에 따를 때 $Y=\sqrt{X}$의 밀도함수를 구하여라.

9 확률밀도함수 $f(x)=\dfrac{1}{\pi}\dfrac{1}{1+x^2}$, $-\infty<x<\infty$에 대하여 $Y=X^2$의 확률밀도함수를 구하여라.

10 확률밀도함수 $f(z)=\dfrac{1}{\sqrt{2\pi}}e^{-\frac{z^2}{2}}$, $-\infty<z<\infty$에 대하여

(1) $Y=\dfrac{1}{3}Z^2$의 확률밀도함수를 구하여라.

(2) $X=\sigma Z+\mu$의 확률밀도함수를 구하여라. 단, $\sigma>0$, $-\infty<\mu<\infty$이다.

11 X, Y가 독립이고, 각 확률밀도함수가 $f(x)=e^{-x}(x>0), g(y)=e^{-y}(y>0)$일 때 $Z=Y/X$의 확률밀도함수를 구하여라.

12 주어진 변환식의 자코비안을 구하여라.

(1) $x = ue^{v}$, $y = ue^{-v}$

(2) $x = u/v$, $y = v^2$

(3) $x = 5u - v$, $y = u + 3v$

(4) $x = \dfrac{u}{u+v}$, $v = \dfrac{u}{u-v}$

(5) $x = uv$, $y = uw$, $z = uw$

CHAPTER 09

행렬

9.1 행렬의 연산

9.1.1 행렬의 뜻

행렬이란 자연수 m과 n에 대하여 mn개의 실수(또는 복소수)를 직사각형의 꼴로 늘어놓은 것이며, 행렬을 나타낼 때에는 흔히 대문자 A, B, C, …를 쓰고, 행렬의 성분을 문자로 나타낼 때에는 소문자 a, b, c, …를 쓴다.

또 $(i,\ j)$ 성분을 a_{ij}와 같이 두 개의 첨자 $i,\ j$를 사용하여 각각 행과 열의 위치를 밝혀 나타내는 경우가 있다. 이를테면 위의 2×3 행렬 A는 아래와 같이 나타낼 수 있고,

$$A=(a_{ij}),\ \ i=1,\ 2,\ \ j=1,\ 2,\ 3$$

이것을

$$A=\begin{pmatrix} a_{11} & a_{12} & a_{13} \\ a_{21} & a_{22} & a_{23} \end{pmatrix}$$

이라 쓰기도 한다. 또 굳이 행렬의 꼴을 밝힐 필요가 없을 때에는 간단히 $A=(a_{ij})$라고 쓰기도 한다. 일반적으로 $m\times n$ 행렬은 다음과 같이 나타낼 수 있다.

$$\begin{pmatrix} a_{11} & a_{12} & a_{13} & \cdots & a_{1j} & \cdots & a_{1n} \\ a_{21} & a_{22} & a_{23} & \cdots & a_{2j} & \cdots & a_{2n} \\ a_{31} & a_{32} & a_{33} & \cdots & a_{3j} & \cdots & a_{3n} \\ \cdots & \cdots & \cdots & \cdots & \cdots & \cdots & \cdots \\ a_{i1} & a_{i2} & a_{i3} & \cdots & a_{ij} & \cdots & a_{in} \\ \cdots & \cdots & \cdots & \cdots & \cdots & \cdots & \cdots \\ a_{m1} & a_{m2} & a_{m3} & \cdots & a_{mj} & \cdots & a_{mn} \end{pmatrix} \text{ 또는 } \begin{bmatrix} a_{11} & a_{12} & a_{13} & \ldots & a_{1j} & \ldots & a_{1n} \\ a_{21} & a_{22} & a_{23} & \cdots & a_{2j} & \cdots & a_{2n} \\ a_{31} & a_{32} & a_{33} & \cdots & a_{3j} & \cdots & a_{3n} \\ \cdots & \cdots & \cdots & \cdots & \cdots & \cdots & \cdots \\ a_{i1} & a_{i2} & a_{i3} & \cdots & a_{ij} & \cdots & a_{in} \\ \cdots & \cdots & \cdots & \cdots & \cdots & \cdots & \cdots \\ a_{m1} & a_{m2} & a_{m3} & \cdots & a_{mj} & \cdots & a_{mn} \end{bmatrix}$$

특히 $m=n$일 때는 a를 n의 정방행렬이라고 한다. 이때 수 a_{11}, a_{22}, …, a_{nn}을 A의 주대각선원소라고 한다. 행렬 A의 원소가 모두 실수일 때 A를 실행렬이라 하고, 행렬 A의 원소가 복소수일 때 A를 복소행렬이라고 한다. 또 모든 원소가 0으로 되어 있는 행렬을 영행렬이라 하고 O으로 나타낸다.

예제 9.1》 행렬 $A=(a_{ij})$에서 a_{ij}가 다음과 같을 때, 행렬 A를 구하여라.

(1) $i=j$일 때 $a_{ij}=1$, $i \neq j$일 때 $a_{ij}=0$ (단, $i, j=1$, 2, 3)

(2) $2i+3j-4$ (단, $i=1$, 2, $j=1$, 2, 3)

(3) $(-i)^{i+j}+i^2+j$ (단, $i, j=1$, 2)

풀이

(1) $i=1$, 2, 3이고 $j=1$, 2, 3이므로 구하는 행렬은 3×3 행렬이다. $i=j$일 때 $a_{ij}=1$, $i \neq j$일 때 $a_{ij}=0$이므로

$$a_{11}=a_{22}=a_{33}=1$$
$$a_{21}=a_{31}=a_{32}=0$$
$$a_{12}=a_{13}=a_{23}=0$$
$$A=\begin{pmatrix} 1 & 0 & 0 \\ 0 & 1 & 0 \\ 0 & 0 & 1 \end{pmatrix}$$

(2) $i=1$, 2이고 $j=1$, 2, 3이므로 구하는 행렬은 2×3 행렬이다. $a_{ij}=2i+3j-4$이므로

$$a_{11}=2\cdot 1+3\cdot 1-4=1,\ a_{12}=2\cdot 1+3\cdot 2-4=4,\ a_{13}=2\cdot 1+3\cdot 3-4=7$$
$$a_{21}=2\cdot 2+3\cdot 1-4=3,\ a_{22}=2\cdot 2+3\cdot 2-4=6,\ a_{23}=2\cdot 2+3\cdot 3-4=9$$
$$A=\begin{pmatrix} 1 & 4 & 7 \\ 3 & 6 & 9 \end{pmatrix}$$

(3) $i=1$, 2이고 $j=1$, 2이므로 구하는 행렬은 2×2 행렬이다.

$a_{ij} = (-1)^{i+j} + i^2 + j$이므로

$$a_{11} = (-1)^{1+1} + 1^2 + 1 = 3 \; a_{12} = (-1)^{1+2} + 1^2 + 2 = 2$$

$$a_{21} = (-1)^{2+1} + 2^2 + 1 = 4 \; a_{22} = (-1)^{2+2} + 2^2 + 2 = 7$$

$$A = \begin{pmatrix} 3 & 2 \\ 4 & 7 \end{pmatrix}$$

9.1.2 행렬의 연산

행렬의 덧셈, 뺄셈

$A = (a_{ij})$, $B = (b_{ij})$를 모두 (m,n)형의 행렬이라 할 때 A와 B의 합 $C = (c_{ij})$를

$$c_{ij} = a_{ij} + b_{ij} (1 \le i \le m,\ 1 \le j \le n)$$

와 같이 정의한다. 즉, C는 A와 B의 대응하는 원소를 더함으로써 얻어진다. 이것을 더 구체적으로 나타내면

$$A = (a_{ij}) = \begin{pmatrix} a_{11} & a_{12} & \cdots & a_{1n} \\ a_{21} & a_{22} & \cdots & a_{2n} \\ \cdots & \cdots & \cdots & \cdots \\ a_{m1} & a_{m2} & \cdots & a_{mn} \end{pmatrix},\ B = \begin{pmatrix} b_{11} & b_{12} & \cdots & b_{1n} \\ a_{21} & b_{22} & \cdots & b_{2n} \\ \cdots & \cdots & \cdots & \cdots \\ a_{m1} & b_{m2} & \cdots & b_{mn} \end{pmatrix}$$

에 대하여 다음과 같다.

$$A + B = \begin{pmatrix} a_{11} + b_{11} & a_{12} + b_{12} & \cdots & a_{1n} + b_{12} \\ a_{21} + b_{21} & a_{22} + b_{22} & \cdots & a_{2n} + b_{2n} \\ \cdots & \cdots & \cdots & \cdots \\ a_{m1} + b_{m1} & a_{m2} + b_{m2} & \cdots & a_{mn} + b_{mn} \end{pmatrix}$$

예제 9.2》 다음 두 행렬의 합을 구하여라.

(1) $\begin{pmatrix} 1 & 3 \\ 2 & 4 \end{pmatrix} + \begin{pmatrix} 5 & 6 \\ 7 & 8 \end{pmatrix}$

(2) $\begin{pmatrix} -1 & 3 & 5 \\ -2 & 4 & 6 \end{pmatrix} + \begin{pmatrix} 1 & 0 & -3 \\ 2 & 4 & -2 \end{pmatrix}$

풀이

(1) 준식 $= \begin{pmatrix} 1+5 & 3+6 \\ 2+7 & 4+8 \end{pmatrix} = \begin{pmatrix} 6 & 9 \\ 9 & 12 \end{pmatrix}$

(2) 준식 $= \begin{pmatrix} -1+1 & 3+0 & 5+(-3) \\ -2+2 & 4+4 & 6+(-2) \end{pmatrix} = \begin{pmatrix} 0 & 3 & 2 \\ 0 & 8 & 4 \end{pmatrix}$

행렬의 스칼라곱

행렬 $A=(a_{ij})$의 각 원소 a_{ij}를 모두 k배(k는 수)한 것을 원소로 하는 행렬을 A의 k배라 하고 kA라 쓴다. 즉, 행렬 A가

$$A=(a_{ij})=\begin{pmatrix} a_{11} & a_{12} & \cdots & a_{1n} \\ a_{21} & a_{22} & \cdots & a_{2n} \\ \cdots & \cdots & \cdots & \cdots \\ a_{m1} & a_{m2} & \cdots & a_{mn} \end{pmatrix}$$

이라 하면

$$kA=\begin{pmatrix} ka_{11} & ka_{12} & \cdots & ka_{1n} \\ ka_{21} & ka_{22} & \cdots & ka_{2n} \\ \cdots & \cdots & \cdots & \cdots \\ ka_{m1} & ka_{m2} & \cdots & ka_{mn} \end{pmatrix}$$

특히 $(-1)A$를 $-A$로 표시한다. 즉, $(-1)A=-A$이다. 따라서 A와 B가 같은 형의 행렬이라면 차를 $A-B=A+(-B)$로 정의한다. 다음의 정리에서 행렬의 덧셈과 행렬의 실수배에 관한 기본 성질을 알 수 있다.

행렬의 덧셈에 대한 기본 법칙

$m\times n$ 행렬 전체의 집합을 M이라고 하자. $A\in M$, $B\in M$, $C\in M$이라고 할 때 다음 기본 법칙이 성립한다. 단, O의 모든 성분은 0이다.

(1) $A\in M$, $B\in M$이면 $A+B\in M$

(2) $A+B=B+A$

(3) $A+O+A=A$인 O가 M에 존재한다.

(5) $A+X=X+A=O$인 X가 M에 존재한다.

행렬의 실수배에 관한 기본 법칙

A, B가 같은 꼴의 행렬이고 k, l이 실수일 때,

(1) $k(lA)=(kl)A$

(2) $(k+l)A=kA+lA, k(A+B)=kA+kB$

(3) $1A=A$, $(-1)A=-A$

(4) $kO=O$, $0A=O$ (단, O는 모든 성분이 0인 행렬이다.)

예제 9.3》 $P=\begin{pmatrix} 1 & 2 \\ 1 & 1 \end{pmatrix}$, $Q=\begin{pmatrix} 0 & 2 \\ 2 & 0 \end{pmatrix}$일 때, 행렬 $\begin{pmatrix} 2 & 6 \\ 4 & 2 \end{pmatrix}$를 실수 x,y를 사용하여 $xP+yQ$의 꼴로 나타내어라.

풀이

$\begin{pmatrix}2&6\\4&2\end{pmatrix}=x\begin{pmatrix}1&2\\1&1\end{pmatrix}+y\begin{pmatrix}0&2\\2&0\end{pmatrix}$으로 놓고 우변을 정리하면

$$\begin{pmatrix}2&6\\4&2\end{pmatrix}=\begin{pmatrix}x&2x+2y\\x+2y&x\end{pmatrix}$$

행렬의 상등의 정의로부터

$$x=2,\ 2x+2y=6,\ x+2y=4,\ x=2$$

이 네 식을 동시에 만족하는 x, y는 $x=2,\ y=1$이다.

$$\begin{pmatrix}2&6\\4&2\end{pmatrix}=2\begin{pmatrix}1&2\\1&1\end{pmatrix}+\begin{pmatrix}0&2\\2&0\end{pmatrix}=2P+Q$$

예제 9.4》 행렬 $A=\begin{pmatrix}1&2&4\\-3&0&-1\\2&1&2\end{pmatrix}$와 $B=\begin{pmatrix}2&0&0\\1&-4&3\\-1&3&2\end{pmatrix}$에서 다음을 구하여라.

(1) $3A$　　(2) $-B$　　(3) $3A-B$

풀이

(1) $3A=\begin{pmatrix}1&2&4\\-3&0&-1\\2&1&2\end{pmatrix}=\begin{pmatrix}3(1)&3(2)&3(4)\\3(-3)&3(0)&3(-1)\\3(2)&3(1)&3(2)\end{pmatrix}=\begin{pmatrix}3&6&12\\-9&0&-3\\6&3&6\end{pmatrix}$

(2) $-B=(-1)\begin{pmatrix}2&0&0\\1&-4&3\\-1&3&2\end{pmatrix}=\begin{pmatrix}-2&0&0\\-1&4&-3\\1&-3&-2\end{pmatrix}$

(3) $3A-B=\begin{pmatrix}3&6&12\\-9&0&-3\\6&3&6\end{pmatrix}-\begin{pmatrix}2&0&0\\1&-4&3\\-1&3&2\end{pmatrix}=\begin{pmatrix}1&6&12\\-10&4&-6\\7&0&4\end{pmatrix}$

행렬의 상등

두 행렬 A, B가 각각 $m\times n$ 행렬일 때, 곧 행렬 A와 행렬 B의 행의 개수와 열의 개수가 각각 같을 때, A와 B는 같은 꼴이라 하며 두 행렬 A, B가 같은 꼴이고 대응하는 성분이 모두 같을 때 행렬 A와 B는 상등이다 또는 같다고 하고 $A=B$로 나타낸다. 즉, $(m,\ n)$형 행렬 A와 $(r,\ s)$형 행렬 B가

$$A=(a_{ij})=\begin{pmatrix}a_{11}&a_{12}&\cdots&a_{1n}\\a_{21}&a_{22}&\cdots&a_{2n}\\\cdots&\cdots&\cdots&\cdots\\a_{m1}&a_{m2}&\cdots&a_{mn}\end{pmatrix},\quad B=\begin{pmatrix}b_{11}&b_{12}&\cdots&b_{1s}\\a_{21}&b_{22}&\cdots&b_{2s}\\\cdots&\cdots&\cdots&\cdots\\a_{r1}&b_{r2}&\cdots&b_{rs}\end{pmatrix}$$

이때

$$m=r,\ n=s,\ a_{ij}=b_{ij}(i=1,\ 2,\ \cdots,\ m;\ j=1,\ 2,\ \cdots,\ n)$$

이 성립된다면 A와 B는 상등이다고 한다.

예제 9.5》 다음 등식을 만족하는 x, y, a, b의 값을 구하여라.

(1) $\begin{pmatrix} x+y \\ x-y \end{pmatrix}=\begin{pmatrix} 4 \\ 2 \end{pmatrix}$

(2) $\begin{pmatrix} x-1 & 0 \\ y+1 & y \end{pmatrix}=\begin{pmatrix} 2 & a-2 \\ 1 & b+2 \end{pmatrix}$

풀이

(1) 행렬의 상등의 정의로부터

$$x+y=4,\ x-y=2 \qquad \therefore\ x=3,\ y=1$$

(2) 행렬의 상등의 정의로부터

$$x-1=2,\ 0=a-2,\ y+1=1,\ y=b+2 \quad \therefore\ x=3,\ y=0,\ a=2,\ b=-2$$

예제 9.6》 다음 등식을 만족하는 x, y, z의 값을 구하여라.

$$\begin{pmatrix} x-y+z \\ 3x+2y-z \\ 2x+y-3z \end{pmatrix}=\begin{pmatrix} 2 \\ 4 \\ -5 \end{pmatrix}$$

풀이

$x-y+z=2$

$3x+2y-z=4$

$2x+y-3z=-5$에서 $x=1,\ y=2, z=3$

9.1.3 행렬의 곱셈

행렬의 곱의 정리

행렬 A의 열의 개수와 행렬 B의 행의 개수가 같을 때, A의 제i행과 B의 제j열의 대응하는 위치에 있는 성분을 차례로 곱하여 더한 것을 $(i,\ j)$ 성분으로 하는 행렬을 A와 B의 곱이라 하고, AB로 나타낸다. 여기서 A가 $l\times m$ 행렬, B가 $m\times n$ 행렬이면 AB는 $l\times n$ 행렬이 된다.

행렬의 곱셈의 기본 법칙

(1) $AB \neq BA$

(2) $(AB)C = A(BC)$

(3) $A(B+C) = AB + AC$, $(A+B)C = AC + BC$

(4) $(kA)B = A(kB) = k(AB)$ (단, k는 실수)

예제 9.7 다음을 계산하여라.

(1) $(5\ 7)\begin{pmatrix} 3 \\ 2 \end{pmatrix}$

(2) $\begin{pmatrix} 3 \\ 2 \end{pmatrix}(1\ 4)$

(3) $\begin{pmatrix} 8 & -1 \\ 3 & 5 \end{pmatrix}\begin{pmatrix} 2 & 0 \\ 4 & -3 \end{pmatrix}$

(4) $\begin{pmatrix} 1 & 2 & 3 \\ -1 & 0 & 1 \\ 3 & -2 & 4 \end{pmatrix}\begin{pmatrix} -2 & 0 & 4 \\ 1 & -1 & 2 \\ 2 & 1 & -3 \end{pmatrix}$

풀이

(1) $(5\ 7)\begin{pmatrix} 3 \\ 2 \end{pmatrix} = (5\times 3 + 7\times 2) = 29$

(2) $\begin{pmatrix} 3 \\ 2 \end{pmatrix}(1\ 4) = \begin{pmatrix} 3\times 1 & 3\times 4 \\ 2\times 1 & 2\times 4 \end{pmatrix} = \begin{pmatrix} 3 & 2 \\ 2 & 8 \end{pmatrix}$

(3) $\begin{pmatrix} 8 & -1 \\ 3 & 5 \end{pmatrix}\begin{pmatrix} 2 & 0 \\ 4 & -3 \end{pmatrix} = \begin{pmatrix} 8\times 2 + (-1)\times 4 & 8\times 0 + (-1)\times(-3) \\ 3\times 2 + 5\times 4 & 3\times 0 + 5\times(-3) \end{pmatrix} = \begin{pmatrix} 12 & 3 \\ 26 & -15 \end{pmatrix}$

(4) $\begin{pmatrix} 1 & 2 & 3 \\ -1 & 0 & 1 \\ 3 & -2 & 4 \end{pmatrix}\begin{pmatrix} -2 & 0 & 4 \\ 1 & -1 & 2 \\ 2 & 1 & -3 \end{pmatrix} = \begin{pmatrix} -2+2+6 & 0-2+3 & 4+4-9 \\ 2+0+2 & 0+0+1 & -4+0-3 \\ -6-2+8 & 0+2+4 & 12-4-12 \end{pmatrix}$

$= \begin{pmatrix} 6 & 1 & -1 \\ 4 & 1 & -7 \\ 0 & 6 & -4 \end{pmatrix}$

예제 9.8 다음 각 물음에 답하여라.

(1) 다음 등식을 만족하는 x, y의 값을 구하여라.

$$\begin{pmatrix} x & y \\ 2 & 1 \end{pmatrix}\begin{pmatrix} x & 0 \\ y & x \end{pmatrix} = 2\begin{pmatrix} 10 & 6-x \\ 3 & 0 \end{pmatrix} + \begin{pmatrix} 5 & 2x \\ 4 & x \end{pmatrix}$$

(2) 모든 실수 x, y에 대하여 다음 등식을 만족하는 상수 a, b, c의 값을 구하여라.

$$(x\ y)\begin{pmatrix} a & b \\ 0 & c \end{pmatrix}\begin{pmatrix} x \\ y \end{pmatrix} = (x\ y)\begin{pmatrix} 1 & 2 \\ 3 & 1 \end{pmatrix}\begin{pmatrix} x \\ y \end{pmatrix}$$

풀이

(1) 준식에서 $\begin{pmatrix} x^2+y^2 & xy \\ 2x+y & x \end{pmatrix} = \begin{pmatrix} 25 & 12 \\ 10 & x \end{pmatrix}$

$$x^2+y^2=25\cdots①,\ xy=12\cdots②,\ 2x+y=10\cdots③$$

①, ③을 연립하여 풀면

$$x=3,\ y=4 \text{ 또는 } x=5,\ y=0$$

이 중에서 ②를 만족하는 것은

$$x=3,\ y=4$$

(2) 준식에서

$$(ax \quad bx+cy)\begin{pmatrix} x \\ y \end{pmatrix} = (x+3y \quad 2x+y)\begin{pmatrix} x \\ y \end{pmatrix}$$
$$(ax^2+(bx+cy)y) = ((x+3y)x+(2x+y)y$$
$$ax^2+bxy+cy^2 = x^2+5xy+y^2$$

모든 실수 x, y에 대하여 성립하려면

$$a=1,\ b=5,\ c=1$$

단위행렬

다음 행렬과 같은 정사각행렬 중에서 왼쪽 위에서 오른쪽 아래로의 대각선 위의 성분이 모두 1이고, 그 이외의 성분은 모두 0인 행렬을 단위행렬이라고 한다. 단위 행렬은 흔히 I 또는 E로 나타내지만, 이 책에서는 I로 나타내기로 한다. $A=\begin{pmatrix} a & b \\ c & d \end{pmatrix}$, $I=\begin{pmatrix} 1 & 0 \\ 0 & 1 \end{pmatrix}$일 때

$$AI=\begin{pmatrix} a & b \\ c & d \end{pmatrix}\begin{pmatrix} 1 & 0 \\ 0 & 1 \end{pmatrix}=\begin{pmatrix} a & b \\ c & d \end{pmatrix}=A$$
$$IA=\begin{pmatrix} 1 & 0 \\ 0 & 1 \end{pmatrix}\begin{pmatrix} a & b \\ c & d \end{pmatrix}=\begin{pmatrix} a & b \\ c & d \end{pmatrix}=A$$
$$I^2=\begin{pmatrix} 1 & 0 \\ 0 & 1 \end{pmatrix}\begin{pmatrix} 1 & 0 \\ 0 & 1 \end{pmatrix}=\begin{pmatrix} 1 & 0 \\ 0 & 1 \end{pmatrix}$$
$$I^3=I^2I=\begin{pmatrix} 1 & 0 \\ 0 & 1 \end{pmatrix}\begin{pmatrix} 1 & 0 \\ 0 & 1 \end{pmatrix}=\begin{pmatrix} 1 & 0 \\ 0 & 1 \end{pmatrix}=I$$

에서 알 수 있는 바와 같이 단위행렬 E에는 다음 성질이 있다. A, I가 같은 꼴의 정사각행렬일 때,

$$AI=IA=A,\ \ I^2=I,\ I^3=I,\ \ldots,\ I^n=I$$

9.2 특수 행렬

9.2.1 전치행렬

$$A=(a_{ij})=\begin{pmatrix} a_{11} & a_{12} & \cdots & a_{1n} \\ a_{21} & a_{22} & \cdots & a_{2n} \\ \cdots & \cdots & \cdots & \cdots \\ a_{m1} & a_{m2} & \cdots & a_{mn} \end{pmatrix}$$

의 행과 열을 바꾸어서 생기는 행렬을 A의 전치행렬이라 하고, A^T로 나타낸다. 즉,

$$A^T=(a_{ji})=\begin{pmatrix} a_{11} & a_{21} & \cdots & a_{m1} \\ a_{12} & a_{22} & \cdots & a_{m2} \\ \cdots & \cdots & \cdots & \cdots \\ a_{1n} & a_{2n} & \cdots & a_{mn} \end{pmatrix}$$

예제 9.9 다음 행렬들의 전치행렬을 구하여라.

(1) $A=\begin{pmatrix} 2 \\ 8 \end{pmatrix}$

(2) $B=\begin{pmatrix} 1 & 2 & 3 \\ 4 & 5 & 6 \\ 7 & 8 & 9 \end{pmatrix}$

(3) $C=\begin{pmatrix} 1 & 2 & 0 \\ 2 & 1 & 0 \\ 0 & 0 & 1 \end{pmatrix}$

(4) $D=\begin{pmatrix} 0 & 1 \\ 2 & 4 \\ 1 & -1 \end{pmatrix}$

풀이

(1) $A^T=(2\ 8)$

(2) $B^T=\begin{pmatrix} 1 & 4 & 7 \\ 2 & 5 & 8 \\ 3 & 6 & 9 \end{pmatrix}$

(3) $C^T=\begin{pmatrix} 1 & 2 & 0 \\ 2 & 1 & 0 \\ 0 & 0 & 1 \end{pmatrix}$

(4) $D^T=\begin{pmatrix} 0 & 2 & 1 \\ 1 & 4 & -1 \end{pmatrix}$

9.2.2 대칭행렬, 교대행렬

$A^T=A$일 때 행렬 $A=(a_{ij})$를 대칭행렬이라고 한다. 즉, A가 $a_{ij}=a_{ji}$를 만족하는 정방행렬이면 A는 대칭행렬이다. A가 대칭행렬이면 A의 원소는 A의 주대각선에 관해서 대칭이다. 또, $A^T=-A$일 때 행렬 $A=(a_{ij})$를 교대행렬이라고 한다. 즉, A가 $a_{ij}=-a_{ji}$를 만족하는 정방행렬이면 A는 교대행렬이다.

예제 9.10》 $A=\begin{pmatrix}1 & -1 & 1\\ -1 & 2 & 0\\ 1 & 0 & 3\end{pmatrix}$, $B=\begin{pmatrix}1 & 2 & 3\\ 2 & 4 & 5\\ 3 & 5 & 6\end{pmatrix}$, $C=\begin{pmatrix}1 & 1\\ -1 & 1\end{pmatrix}$의 행렬의 이름을 말하여라.

풀이

A와 B는 대칭행렬이고, C는 교대행렬이다.

9.2.3 대각행렬, 스칼라행렬, 삼각행렬

행과 열의 수가 같은 행렬, 즉 $(n,\ n)$형의 행렬을 정방행렬이라 하고, n을 그의 차수라고 한다. 즉, $A=(a_{ij})=\begin{pmatrix}a_{11} & a_{12} & \cdots & a_{1n}\\ a_{21} & a_{22} & \cdots & a_{2n}\\ \cdots & \cdots & \cdots & \cdots\\ a_{n1} & a_{n2} & \cdots & a_{nn}\end{pmatrix}$에서 왼쪽 위에서 오른쪽 아래로 향하는 대각선을 주대각선이라고 하고, 원소 $a_{ij}(1\leq i\leq n)$을 대각원소라고 한다.

n차 정방행렬로서 대각원소가 모두 1이고 다른 원소가 모두 0인 행렬을 n차 단위행렬이라 하고, I_n 또는 간단히 I로 쓴다. 주대각선 원소를 제외한 모든 원소가 0, 즉 $i\neq j$일 때 $a_{ij}=0$인 정방행렬을 대각행렬이라고 한다.

예제 9.11》 다음 행렬은 대각행렬의 예이다.

$$A=\begin{pmatrix}4 & 0\\ 0 & 2\end{pmatrix}\text{와 } B=\begin{pmatrix}3 & 0 & 0\\ 0 & -2 & 0\\ 0 & 0 & 4\end{pmatrix}$$

주대각선 원소가 모두 같은 대각행렬, 즉 $i\neq j$이면 $a_{ij}=0$이고 $i=j$이면 $a_{ij}=c$인 대각행렬 $A=(a_{ij})$를 스칼라행렬이라고 한다.

예제 9.12》 다음 행렬은 스칼라행렬의 예이다.

$$A=\begin{pmatrix}a & 0 & 0\\ 0 & a & 0\\ 0 & 0 & a\end{pmatrix},\ B=\begin{pmatrix}-2 & 0\\ 0 & -2\end{pmatrix},\ I_2=\begin{pmatrix}1 & 0\\ 0 & 1\end{pmatrix}$$

정방행렬 $A=(a_{ij})$에 있어서 $i=j$일 때 $a_{ij}=0$ 또는 $i<j$일 때 $a_{ij}=0$이라면 A를 삼각행렬이라 하고 앞의 것을 상삼각행렬, 뒤의 것을 하삼각행렬이라고 한다.

예제 9.13》 다음 두 삼각행렬을 상삼각행렬과 하삼각행렬로 구분하여라.

$$A=\begin{pmatrix} a_{11} & a_{12} & a_{13} \\ 0 & a_{22} & a_{23} \\ 0 & 0 & a_{33} \end{pmatrix},\quad B=\begin{pmatrix} 1 & 0 & 0 \\ 2 & 3 & 0 \\ 3 & 4 & 5 \end{pmatrix}$$

풀이

A : 상삼각행렬, B : 하삼각행렬

9.2.4 행렬의 분할

행렬을 몇 개의 가로선 및 세로선으로 소행렬의 구획으로 나누는 것을 행렬의 분할이라고 한다.

예제 9.14》 행렬 $A=\begin{pmatrix} 2 & 3 & 5 & 7 & 11 \\ 3 & 5 & 7 & 11 & 2 \\ 5 & 7 & 11 & 2 & 3 \end{pmatrix}$를 소행렬을 늘어놓은 형태로 나타내어라.

풀이

$$A_{11}=\begin{pmatrix} 2 & 3 & 5 \\ 3 & 5 & 7 \end{pmatrix},\ A_{12}=\begin{pmatrix} 7 & 11 \\ 11 & 2 \end{pmatrix},\ A_{21}=(5\ 7\ 11),\ A_{22}=(2\ 3)$$

따라서 다음과 같이 나타낼 수 있다.

$$A=\begin{pmatrix} A_{11} & A_{12} \\ A_{21} & A_{22} \end{pmatrix}$$

일반적으로 두 행렬 A와 B를 각각

$$A=\begin{pmatrix} A_{11} & A_{12} & \cdots & A_{1q} \\ A_{21} & A_{22} & \cdots & A_{2q} \\ \cdots & \cdots & \cdots & \cdots \\ A_{p1} & A_{p2} & \cdots & A_{pq} \end{pmatrix},\quad B=\begin{pmatrix} B_{11} & B_{12} & \cdots & B_{1s} \\ B_{21} & B_{22} & \cdots & B_{2s} \\ \cdots & \cdots & \cdots & \cdots \\ B_{q1} & B_{q2} & \cdots & B_{qs} \end{pmatrix}$$

와 같이 분할하면 곱 $C=AB$는 다음과 같은 구획으로 분할된다.

$$C=\begin{pmatrix} c_{11} & c_{12} & \cdots & c_{1q} \\ c_{21} & c_{22} & \cdots & c_{2q} \\ \cdots & \cdots & \cdots & \cdots \\ c_{p1} & c_{p2} & \cdots & c_{ps} \end{pmatrix}$$

여기서 4번째 행의 구분은 다음과 같이 계산된다.

$$C_{ij}=A_{i1}B_{1j}+A_{i2}B_{2j}+\ldots+A_{iq}B_{qj}(1\le i\le p, 1\le j\le s)$$

예제 9.15》 적당히 행렬을 분할하여 다음 계산을 하여라.

(1) $\begin{pmatrix} 1 & 2 & 0 & 0 \\ -1 & 1 & 0 & 0 \\ 0 & 0 & 3 & 1 \\ 0 & 0 & 2 & -1 \end{pmatrix}\begin{pmatrix} 1 & 3 & 0 & 0 \\ 1 & 2 & 0 & 0 \\ 0 & 0 & 2 & 2 \\ 0 & 0 & -1 & 1 \end{pmatrix}$

(2) $\begin{pmatrix} 1 & 2 & -1 & 0 \\ -1 & 0 & 1 & 0 \\ 0 & 0 & 0 & 1 \\ 0 & 0 & 0 & 3 \end{pmatrix}\begin{pmatrix} 2 & -1 & 0 & 0 \\ 1 & 1 & 0 & 0 \\ 3 & 2 & 0 & 0 \\ 0 & 0 & 2 & -1 \end{pmatrix}$

풀이

(1) 주어진 행렬을 다음과 같이 분할하면

$$\left(\begin{array}{cc|cc} 1 & 2 & 0 & 0 \\ -1 & 1 & 0 & 0 \\ \hline 0 & 0 & 3 & 1 \\ 0 & 0 & 2 & -1 \end{array}\right)\left(\begin{array}{cc|cc} 1 & 3 & 0 & 0 \\ 1 & 2 & 0 & 0 \\ \hline 0 & 0 & 2 & 2 \\ 0 & 0 & -1 & 1 \end{array}\right)$$

행렬의 곱은 다음과 같이 표시된다.

$$\begin{aligned}
\begin{pmatrix} A_{11} & 0 \\ 0 & A_{22} \end{pmatrix}\begin{pmatrix} B_{11} & 0 \\ 0 & B_{22} \end{pmatrix} &= \begin{pmatrix} A_{11}B_{11}+0\times 0 & A_{11}\times 0+0\times B_{22} \\ 0\times B_{11}+A_{22}\times 0 & 0\times 0+A_{22}B_{22} \end{pmatrix} \\
&= \begin{pmatrix} A_{11}B_{11} & 0 \\ 0 & A_{22}B_{22} \end{pmatrix} \\
&= \begin{pmatrix} \begin{pmatrix} 1 & 2 \\ -1 & 1 \end{pmatrix}\begin{pmatrix} 1 & 3 \\ 1 & 2 \end{pmatrix} & 0 \\ 0 & \begin{pmatrix} 3 & 1 \\ 2 & -1 \end{pmatrix}\begin{pmatrix} 2 & 2 \\ -1 & 1 \end{pmatrix} \end{pmatrix} \\
&= \begin{pmatrix} \begin{pmatrix} 3 & 7 \\ 0 & -1 \end{pmatrix} & 0 \\ 0 & \begin{pmatrix} 5 & 7 \\ 5 & 3 \end{pmatrix} \end{pmatrix} = \left(\begin{array}{cc|cc} 3 & 7 & 0 & 0 \\ 0 & -1 & 0 & 0 \\ \hline 0 & 0 & 5 & 7 \\ 0 & 0 & 5 & 3 \end{array}\right)
\end{aligned}$$

(2) 주어진 행렬을 다음과 같이 분할하면

$$\left(\begin{array}{cc|cc} 1 & 2 & -1 & 0 \\ -1 & 0 & 1 & 0 \\ \hline 0 & 0 & 0 & 1 \\ 0 & 0 & 0 & 3 \end{array}\right)\left(\begin{array}{cc|cc} 2 & -1 & 0 & 0 \\ 1 & 1 & 0 & 0 \\ \hline 3 & 2 & 0 & 0 \\ 0 & 0 & 2 & -1 \end{array}\right)$$

행렬의 곱은 다음과 같이 표시된다.

$$\begin{pmatrix} A_{11} & A_{12} \\ 0 & A_{22} \end{pmatrix}\begin{pmatrix} B_{11} & 0 \\ B_{21} & B_{22} \end{pmatrix} = \begin{pmatrix} A_{11}B_{11} + A_{12}B_{21} & A_{11} \times 0 + A_{12}B_{22} \\ 0 \times B_{11} + A_{22}B_{21} & 0 \times 0 + A_{22}B_{22} \end{pmatrix}$$

$$= \begin{pmatrix} A_{11}B_{11} + A_{12}B_{21} & A_{12}B_{22} \\ A_{22}B_{21} & A_{22}B_{22} \end{pmatrix}$$

$$= \begin{pmatrix} \begin{pmatrix} 1 & 2 \\ -1 & 0 \end{pmatrix}\begin{pmatrix} 2 & -1 \\ 1 & 1 \end{pmatrix} + \begin{pmatrix} -1 & 0 \\ 1 & 0 \end{pmatrix}\begin{pmatrix} 3 & 2 \\ 0 & 0 \end{pmatrix} & \begin{pmatrix} -1 & 0 \\ 1 & 0 \end{pmatrix}\begin{pmatrix} 0 & 0 \\ 2 & -1 \end{pmatrix} \\ \begin{pmatrix} 0 & 1 \\ 0 & 3 \end{pmatrix}\begin{pmatrix} 3 & 2 \\ 0 & 0 \end{pmatrix} & \begin{pmatrix} 0 & 1 \\ 0 & 3 \end{pmatrix}\begin{pmatrix} 0 & 0 \\ 2 & -1 \end{pmatrix} \end{pmatrix}$$

$$= \begin{pmatrix} \begin{pmatrix} 1 & -1 \\ 1 & 3 \end{pmatrix} & \begin{pmatrix} 0 & 0 \\ 0 & 0 \end{pmatrix} \\ \begin{pmatrix} 0 & 0 \\ 0 & 0 \end{pmatrix} & \begin{pmatrix} 2 & -1 \\ 6 & -3 \end{pmatrix} \end{pmatrix} = \left(\begin{array}{cc|cc} 1 & -1 & 0 & 0 \\ 1 & 3 & 2 & -1 \\ \hline 0 & 0 & 2 & -1 \\ 0 & 0 & 6 & -3 \end{array}\right)$$

연습문제

1 다음 주어진 행렬들의 (a) $A+B$, (b) $A-B$, (c) $2A$, (d) $2A-B$를 구하여라.

(1) $A = \begin{pmatrix} 1 & -1 \\ 2 & -1 \end{pmatrix}$, $B = \begin{pmatrix} 2 & -1 \\ -1 & 8 \end{pmatrix}$ (2) $A = \begin{pmatrix} 6 & -1 \\ 2 & 4 \\ -3 & 5 \end{pmatrix}$, $B = \begin{pmatrix} 1 & 4 \\ -1 & 5 \\ 1 & 10 \end{pmatrix}$

2 다음 행렬 방정식에서 x, y, z를 구하여라.

$$4\begin{pmatrix} x & y \\ z & -1 \end{pmatrix} = 2\begin{pmatrix} y & z \\ -x & 1 \end{pmatrix} + 2\begin{pmatrix} 4 & x \\ 5 & -x \end{pmatrix}$$

3 다음 행렬 방정식의 a, b, c, d를 구하여라.

$$\begin{pmatrix} 1 & 2 \\ 3 & 4 \end{pmatrix}\begin{pmatrix} a & b \\ c & d \end{pmatrix} = \begin{pmatrix} 6 & 3 \\ 19 & 2 \end{pmatrix}$$

4 대각행렬 A에 대해서 행렬의 곱 AA를 구하여라.

$$A = \begin{pmatrix} -1 & 0 & 0 \\ 0 & 2 & 0 \\ 0 & 0 & 3 \end{pmatrix}$$

5 다음 행렬들에 대해서 AB와 BA를 구하여라.

(1) $A=\begin{pmatrix}2 & 0\\0 & -3\end{pmatrix}$, $B=\begin{pmatrix}-5 & 0\\0 & 4\end{pmatrix}$

(2) $A=\begin{pmatrix}2 & 1\\-3 & 4\\1 & 6\end{pmatrix}$, $B=\begin{pmatrix}0 & -1 & 0\\4 & 0 & 2\\8 & -1 & 7\end{pmatrix}$

(3) $A=\begin{pmatrix}-1 & 3\\4 & -5\\0 & 2\end{pmatrix}$, $B=\begin{pmatrix}1 & 2\\0 & 7\end{pmatrix}$

6 다음 행렬의 곱이 정의된다면 (a) $2A+B$, (b) $3B-A$, (c) AB, (d) BA를 구하여라.

(1) $A=\begin{pmatrix}2 & -2 & 4 & 1 & 0 & 3\\-1 & 4 & 2 & -2 & -1 & 3\\3 & -3 & 1 & 2 & 3 & -4\\2 & -1 & 3 & 0 & 1 & 2\\5 & 1 & -2 & -4 & 1 & 3\\2 & 2 & 3 & -4 & -1 & -2\end{pmatrix}$, $B=\begin{pmatrix}1 & 2 & -3 & 4 & 1 & 2\\2 & -3 & 1 & 3 & -1 & 2\\0 & -2 & -3 & 0 & 1 & -1\\1 & 2 & 3 & 2 & 1 & -1\\2 & -1 & -3 & 0 & 4 & 2\\1 & -2 & 4 & -2 & -4 & -1\end{pmatrix}$

7 $A=\begin{pmatrix}-4 & 0\\1 & -5\\-3 & 2\end{pmatrix}$, $B=\begin{pmatrix}1 & 2\\-2 & 1\\4 & 4\end{pmatrix}$일 때 X를 구하여라.

(1) $3X+2A=B$

(2) $X-3A+2B=0$

8 $A=\begin{pmatrix}1 & 2\\0 & -1\end{pmatrix}$, $I=\begin{pmatrix}1 & 0\\0 & 1\end{pmatrix}$일 때 다음을 계산하여라.

(1) A^2

(2) $A(I+A)$

9 다음 행렬들의 (a) A^T, (b) A^TA, (c) AA^T를 구하여라.

(1) $A=\begin{pmatrix}2 & -1 & 3\\4 & 3 & -5\end{pmatrix}$

(2) $A=\begin{pmatrix}6 & 0\\0 & -4\\7 & 5\end{pmatrix}$

10 행렬 $A=\begin{pmatrix}1 & 0 & 0\\0 & -1 & 0\\0 & 0 & 1\end{pmatrix}$에 대한 거듭제곱을 구하여라.

(1) A^{19}

(2) A^{20}

11 행렬 A와 B의 구간별 곱셈을 구하여라. 만약 행렬 A와 B가 4개의 소행렬로 분할된다면

$$A=\begin{pmatrix} A_{11} & A_{12} \\ A_{21} & A_{22} \end{pmatrix},\ B=\begin{pmatrix} B_{11} & B_{12} \\ B_{21} & B_{22} \end{pmatrix}$$

각 소행렬들의 크기는 곱셈과 덧셈을 하는 데 잘 정의되었다는 가정하에 구간별 곱셈을 할 수 있다.

$$AB=\begin{pmatrix} A_{11} & A_{12} \\ A_{21} & A_{22} \end{pmatrix}\begin{pmatrix} B_{11} & B_{12} \\ B_{21} & B_{22} \end{pmatrix}=\begin{pmatrix} A_{11}B_{11}+A_{12}B_{21} & A_{11}B_{12}+A_{12}B_{22} \\ A_{21}B_{11}+A_{22}B_{21} & A_{21}B_{12}+A_{22}B_{22} \end{pmatrix}$$

(1) $A=\left(\begin{array}{cc:cc} 1 & 2 & 0 & 0 \\ 0 & 1 & 0 & 0 \\ \hdashline 0 & 0 & 2 & 1 \end{array}\right)$, $B=\left(\begin{array}{cc:c} 1 & 2 & 0 \\ -1 & 1 & 0 \\ \hdashline 0 & 0 & 1 \\ 0 & 0 & 3 \end{array}\right)$

(2) $A=\left(\begin{array}{cc:cc} 0 & 0 & 1 & 0 \\ 0 & 0 & 0 & 1 \\ \hdashline -1 & 0 & 0 & 0 \\ 0 & -1 & 0 & 0 \end{array}\right)$, $B=\left(\begin{array}{cc:cc} 1 & 2 & 3 & 4 \\ 5 & 6 & 7 & 8 \\ \hdashline 1 & 2 & 3 & 4 \\ 5 & 6 & 7 & 8 \end{array}\right)$

CHAPTER 10

연립일차방정식과 역행렬

10.1 연립일차방정식

n개의 미지수를 갖는 일차방정식은 다음과 같은 형의 방정식이다.

$$a_1x_1 + a_2x_2 + \cdots + a_nx_n = b$$

여기서 a_1, a_2, …, a_n과 b는 실수이고 x_1, x_2, …, x_n은 변수이다.

$$\begin{aligned} a_{11}x_1 + a_{12}x_2 + \cdots + a_{1n}x_n &= b_1 \\ a_{21}x_1 + a_{22}x_2 + \cdots + a_{2n}x_n &= b_2 \\ &\vdots \\ a_{m1}x_1 + a_{m2}x_2 + \cdots + a_{mn}x_n &= b_n \end{aligned} \tag{1}$$

여기서 a_{ij}와 $b_i (i = 1,\ 2,\ \ldots,\ m,\ j = 1,\ 2,\ \ldots,\ n)$들은 모두 실수이고, $x_i (i = 1,\ 2,\ \ldots,\ n)$들은 변수이다. 앞으로 연립방정식 (1)을 $m \times n$ 연립방정식이라 부르기로 한다. 다음은 연립일차방정식의 예이다.

(a) $x_1 + 2x_2 = 5$, $2x_1 + 3x_2 = 8$

(b) $x_1 - x_2 + x_3 = 2$, $2x_1 + x_2 - x_3 = 4$

(a)는 2×2 연립방정식, (b)는 2×3 연립방정식이다. 다음의 연립방정식을 생각해 보자.

$$x-4y+3z=5$$
$$-x+3y-z=-3$$
$$2x-4z=6$$

이 연립방정식을 x_i의 계수들로 이루어지는 3×3 배열과 관련시켜 생각하면

계수행렬

$$\begin{pmatrix} 1 & -4 & 3 \\ -1 & 3 & -1 \\ 2 & 0 & -4 \end{pmatrix}$$

이다. 이 배열을 연립방정식 3×3 계수행렬(coefficient matrix)이라고 한다. 위 계수행렬의 오른쪽에 점선을 긋고 연립방정식의 우변에 있는 수들을 첨가하면 다음과 같은 새로운 행렬을 얻는다.

첨가행렬

$$\begin{pmatrix} 1 & -4 & 3 & 5 \\ -1 & 3 & -1 & -3 \\ 2 & 0 & -4 & 6 \end{pmatrix}$$

이 새로운 행렬을 확대행렬(argumented matrix)이라고 한다. 또한 식 (1)의 계수행렬은

$$A=\begin{pmatrix} a_{11} & a_{12} & \cdots & a_{1n} \\ a_{21} & a_{22} & \cdots & a_{2n} \\ \cdots & \cdots & \cdots & \cdots \\ a_{m1} & a_{m2} & \cdots & a_{mn} \end{pmatrix}$$

이고, 식 (1)의 확대행렬은

$$A=\begin{pmatrix} a_{11} & a_{12} & \cdots & a_{1n} & b_1 \\ a_{21} & a_{22} & \cdots & a_{2n} & b_2 \\ \cdots & \cdots & \cdots & \cdots & \cdots \\ a_{m1} & a_{m2} & \cdots & a_{mn} & b_n \end{pmatrix}$$

이다. 앞 절에서 동치인 연립일차방정식을 얻는 데 쓰이는 세 가지의 연산을 살펴보면 다음과 같다.

1. 두 방정식의 순서를 바꾼다.
2. 어느 한 방정식에 0이 아닌 상수를 곱한다.
3. 어느 한 방정식에 상수를 곱하여 다른 방정식에 더한다.

예제 10.1》 기본행연산의 3가지 연산의 예를 보면 다음과 같다.

(a) 첫째 행과 둘째 행의 순서를 바꾼다.

원래의 행렬	새로 얻은 동치인 행렬	기호
$\begin{pmatrix} 0 & 1 & 3 & 4 \\ -1 & 2 & 0 & 3 \\ 2 & -3 & 4 & 1 \end{pmatrix}$	$\begin{pmatrix} -1 & 2 & 0 & 3 \\ 0 & 1 & 3 & 4 \\ 2 & -3 & 4 & 1 \end{pmatrix}$	$R_1 \rightarrow R_2$

(b) 첫째 행에 $\dfrac{1}{2}$을 곱한다.

원래의 행렬	새로 얻은 동치인 행렬	기호
$\begin{pmatrix} 2 & -4 & 6 & -2 \\ 1 & 3 & -3 & 0 \\ 5 & -2 & 1 & 2 \end{pmatrix}$	$\begin{pmatrix} 1 & -2 & 3 & -1 \\ 1 & 3 & -3 & 0 \\ 5 & -2 & 1 & 2 \end{pmatrix}$	$\dfrac{1}{2}R_1 \rightarrow R_2$

(c) 첫째 행에 −2를 곱하여 셋째 행에 더한다.

원래의 행렬	새로 얻은 동치인 행렬	기호
$\begin{pmatrix} 1 & 2 & -4 & 3 \\ 0 & 3 & -2 & -1 \\ 2 & 1 & 5 & -2 \end{pmatrix}$	$\begin{pmatrix} 1 & 2 & -4 & 3 \\ 0 & 3 & -2 & -1 \\ 0 & -3 & 3 & -8 \end{pmatrix}$	$R_3 + (-2)R_1 \rightarrow R_3$

예제 10.2》 다음 연립방정식을 기본행연산을 사용하여 풀어라.

연립일차방정식	대응 첨가행렬
$\begin{aligned} x - 2y + 3z &= 9 \\ -x + 3y \quad\quad &= -4 \\ 2x - 5y + 5z &= 17 \end{aligned}$	$\begin{pmatrix} 1 & -2 & 3 & 9 \\ -1 & 3 & 0 & -4 \\ 2 & -5 & 5 & 17 \end{pmatrix}$

풀이

첫째 방정식을 둘째 방정식에 더한다.	첫째 행을 둘째 행에 더한다.	
$\begin{aligned} x - 2y + 3z &= 9 \\ y + 3z &= 5 \\ 2x - 5y + 5z &= 17 \end{aligned}$	$\begin{pmatrix} 1 & -2 & 3 & 9 \\ 0 & 1 & 3 & 5 \\ 2 & -5 & 5 & 17 \end{pmatrix}$	$R_2 + R_1 \rightarrow R_2$

첫째 방정식에 −2를 곱하여 셋째 행에 더한다.

$$\begin{aligned} x-2y+3z&=9 \\ y+3z&=5 \\ -y\ \ -z&=-1 \end{aligned}$$

첫째 행에 −2를 곱하여 셋째 행에 더한다.

$$\begin{pmatrix} 1 & -2 & 3 & 9 \\ 0 & 1 & 3 & 5 \\ 0 & -1 & -1 & -1 \end{pmatrix} \quad R_3+(-2)R_1 \to R_3$$

둘째 방정식을 셋째 방정식에 더한다.

$$\begin{aligned} x-2y+3z&=9 \\ y+3z&=5 \\ 2z&=4 \end{aligned}$$

둘째 행을 셋째 행에 더한다.

$$\begin{pmatrix} 1 & -2 & 3 & 9 \\ 0 & 1 & 3 & 5 \\ 0 & 0 & 2 & 4 \end{pmatrix} \quad R_3+R_2 \to R_3$$

셋째 방정식에 1/2을 곱한다.

$$\begin{aligned} x-2y+3z&=9 \\ y+3z&=5 \\ z&=2 \end{aligned}$$

셋째 행에 1/2을 곱한다.

$$\begin{pmatrix} 1 & -2 & 3 & 9 \\ 0 & 1 & 3 & 5 \\ 0 & 0 & 1 & 2 \end{pmatrix} \quad \left(\frac{1}{2}\right)R_3 \to R_3$$

이제 해를 구하려면 역대입법을 쓰면 된다.

$$x=1,\ \ y=-1,\ \ z=2$$

행사다리꼴의 정의 : 다음 조건을 만족하는 행렬을 행사다리꼴이라고 한다.

(1) 모든 성분이 0인 행은 행렬의 아래쪽에 있다.

(2) 0이 아닌 성분을 포함하는 행에서 처음 나타나는 0 아닌 성분은 1이다(이를 선두의 1이 한다.)

(3) 0이 아닌 성분을 포함하는 행들에 있어서, 위 행의 선두의 1이 아래 행의 선두의 1보다 왼쪽에 있어야 한다.

예제 10.3》 다음 행렬들은 행사다리꼴이다.

(1) $\begin{pmatrix} 1 & 2 & -1 & 4 \\ 0 & 1 & 0 & 3 \\ 0 & 0 & 1 & -2 \end{pmatrix}$ (2) $\begin{pmatrix} 0 & 1 & 0 & 5 \\ 0 & 0 & 1 & 3 \\ 0 & 0 & 0 & 0 \end{pmatrix}$

(3) $\begin{pmatrix} 1 & -5 & 2 & -1 & 3 \\ 0 & 0 & 1 & 3 & -2 \\ 0 & 0 & 0 & 1 & 4 \\ 0 & 0 & 0 & 0 & 1 \end{pmatrix}$ (4) $\begin{pmatrix} 1 & 0 & 0 & -1 \\ 0 & 1 & 0 & 2 \\ 0 & 0 & 1 & 3 \\ 0 & 0 & 0 & 0 \end{pmatrix}$

(2), (4)의 행렬은 기약행사다리꼴이다. 다음 행렬들은 행사다리꼴이 아니다.

(5) $\begin{pmatrix} 1 & 2 & -3 & 4 \\ 0 & 2 & 1 & -1 \\ 0 & 0 & 1 & -3 \end{pmatrix}$ (6) $\begin{pmatrix} 1 & 2 & -1 & 2 \\ 0 & 0 & 0 & 0 \\ 0 & 1 & 2 & -4 \end{pmatrix}$

가우스 소거법과 역대입법을 사용하여 연립방정식의 해를 구하려면 다음과 같이 하면 된다.

(1) 주어진 연립방정식의 첨가행렬을 쓴다.

(2) 첨가행렬을 행사다리꼴로 바꾸기 위해서 기본행연산들을 적용한다.

(3) 행사다리꼴인 행렬에 대응하는 연립일차방정식으로 바꾸고 역대입법을 사용하여 해를 구한다.

예제 10.4》 다음 방정식을 풀어라.

$$x_2 + x_3 - 2x_4 = -3$$
$$x_1 + 2x_2 - x_3 = 2$$
$$2x_1 + 4x_2 + x_3 - 3x_4 = -2$$
$$x_1 - 4x_2 - 7x_3 - x_4 = -19$$

풀이

이 연립방정식의 첨가행렬은 다음과 같다.

$$\begin{pmatrix} 0 & 1 & 1 & -2 & -3 \\ 1 & 2 & -1 & 0 & 2 \\ 2 & 4 & 1 & -3 & -2 \\ 1 & -4 & -7 & -1 & -19 \end{pmatrix}$$

첫째 열 제일 위의 성분이 선두의 1이 되도록 하고, 그 아래 성분은 0이 되게 한다.

$$\begin{pmatrix} 1 & 2 & -1 & 0 & 2 \\ 0 & 1 & 1 & -2 & -3 \\ 2 & 4 & 1 & -3 & -2 \\ 1 & -4 & -7 & -1 & -19 \end{pmatrix} \quad R_1 \leftrightarrow R_2$$

$$\begin{pmatrix} 1 & 2 & -1 & 0 & 2 \\ 0 & 1 & 1 & -2 & -3 \\ 0 & 0 & 3 & -3 & -6 \\ 1 & -4 & -7 & -1 & -19 \end{pmatrix} \quad R_3 + (-2)R_1 \rightarrow R_3$$

$$\begin{pmatrix} 1 & 2 & -1 & 0 & 2 \\ 0 & 1 & 1 & -2 & -3 \\ 0 & 0 & 3 & -3 & -6 \\ 0 & -6 & -6 & -1 & -21 \end{pmatrix} \quad R_4 + (-1)R_1 \rightarrow R_4$$

이제 첫째 열은 우리가 원하던 형태가 되었으므로 둘째 열을 변형시킨다.

$$\begin{pmatrix} 1 & 2 & -1 & 0 & 2 \\ 0 & 1 & 1 & -2 & -3 \\ 0 & 0 & 3 & -3 & -6 \\ 0 & 0 & 0 & -13 & -39 \end{pmatrix} \quad R_4 + (6)R_2 \rightarrow R_4$$

셋째 열을 변형시키기 위해서 셋째 행에 $\frac{1}{3}$을 곱한다.

$$\begin{pmatrix} 1 & 2 & -1 & 0 & 2 \\ 0 & 1 & 1 & -2 & -3 \\ 0 & 0 & 1 & -1 & -2 \\ 0 & 0 & 0 & -13 & -39 \end{pmatrix} \quad \left(\frac{1}{3}\right)R_3 \rightarrow R_3$$

마찬가지로 넷째 열을 변형시키기 위해서는 넷째 행에 $-\frac{1}{13}$을 곱한다.

$$\begin{pmatrix} 1 & 2 & -1 & 0 & 2 \\ 0 & 1 & 1 & -2 & -3 \\ 0 & 0 & 1 & -1 & -2 \\ 0 & 0 & 0 & 1 & 3 \end{pmatrix} \quad \left(-\frac{1}{13}\right)R_4 \rightarrow R_4$$

이제 행사다리꼴이 얻어졌으므로 그에 대응하는 연립일차방정식을 생각하면 다음과 같다.

$$\begin{aligned} x_1 + 2x_2 - x_3 &= 2 \\ x_2 + x_3 - 2x_4 &= -3 \\ x_3 - x_4 &= -2 \\ x_4 &= 3 \end{aligned}$$

역대입법을 적용하면 해 $x_1 = -1$, $x_2 = 2$, $x_3 = 1$, $x_4 = 3$이 얻어진다.

예제 10.5》 다음 연립방정식을 풀어라.

$$\begin{aligned} x_1 - x_2 + 2x_3 &= 4 \\ x_1 + x_3 &= 6 \\ 2x_1 - 3x_2 + 5x_3 &= 4 \\ 3x_1 + 2x_2 - x_3 &= 1 \end{aligned}$$

풀이

이 연립방정식의 첨가행렬은 다음과 같다.

$$\begin{pmatrix} 1 & -1 & 2 & 4 \\ 1 & 0 & 1 & 6 \\ 2 & -3 & 5 & 4 \\ 3 & 2 & -1 & 1 \end{pmatrix}$$

이 첨가행렬에 가우스 소거법을 적용한다.

$$\begin{pmatrix} 1 & -1 & 2 & 4 \\ 0 & 1 & -1 & 2 \\ 2 & -3 & 5 & 4 \\ 3 & 2 & -1 & 1 \end{pmatrix} \quad R_2 + (-1)R_1 \rightarrow R_2$$

$$\begin{pmatrix} 1 & -1 & 2 & 4 \\ 0 & 1 & -1 & 2 \\ 0 & -1 & 1 & -4 \\ 3 & 2 & -1 & 1 \end{pmatrix} \quad R_3 + (-2)R_1 \rightarrow R_3$$

$$\begin{pmatrix} 1 & -1 & 2 & 4 \\ 0 & 1 & -1 & 2 \\ 0 & -1 & 1 & -4 \\ 0 & 5 & -7 & -11 \end{pmatrix} \quad R_4 + (-3)R_1 \rightarrow R_4$$

$$\begin{pmatrix} 1 & -1 & 2 & 4 \\ 0 & 1 & -1 & 2 \\ 0 & 0 & 0 & -2 \\ 0 & 5 & -7 & -11 \end{pmatrix} \quad R_3 + R_2 \rightarrow R_3$$

셋째 행을 보면 마지막 성분을 제외하고 모두 0이다. 이는 원래의 연립일차방정식의 해가 없다는 것을 의미한다.

$$\begin{aligned} x_1 - x_2 + 2x_3 &= 4 \\ x_2 - x_3 &= 2 \\ 0 &= -2 \\ 5x_2 - 7x_3 &= -11 \end{aligned}$$

셋째 방정식은 성립할 수 없으므로 이 연립방정식은 해를 갖지 않는다.

가우스-조르단 소거법

가우스 소거법은 행렬에 기본행연산을 적용하여 행사다리꼴을 얻도록 한다. 또 하나의 소거법이 있는데, 이는 칼 가우스와 빌헴 조르단의 이름을 딴 가우스-조르단 소거법으로, 기약행사다리꼴이 얻어질 때까지 더 진행하는 것이다.

예제 10.6》 가우스-조르단 소거법으로 다음 연립일차방정식의 해를 구하여라.

$$x - 2y + 3z = 9$$
$$-x + 3y = -4$$
$$2x - 5y + 5z = 17$$

풀이

예제 10.3에서는 행사다리꼴을 얻기 위해서 가우스 소거법을 사용하였다.

$$\begin{pmatrix} 1 & -2 & 3 & 9 \\ 0 & 1 & 3 & 5 \\ 0 & 0 & 1 & 2 \end{pmatrix}$$

이제 역대입법을 사용하는 대신 기약행사다리꼴이 얻어질 때까지 기본행연산을 적용한다.

$$\begin{pmatrix} 1 & 0 & 9 & 19 \\ 0 & 1 & 3 & 5 \\ 0 & 0 & 1 & 2 \end{pmatrix} \quad R_1 + (2)R_2 \to R_1$$

$$\begin{pmatrix} 1 & 0 & 9 & 19 \\ 0 & 1 & 0 & -1 \\ 0 & 0 & 1 & 2 \end{pmatrix} \quad R_2 + (-3)R_3 \to R_2$$

$$\begin{pmatrix} 1 & 0 & 0 & 1 \\ 0 & 1 & 0 & -1 \\ 0 & 0 & 1 & 2 \end{pmatrix} \quad R_1 + (-9)R_3 \to R_1$$

연립일차방정식으로 바꾸면

$$x = 1, \ y = -1, \ z = 2$$

을 얻는다.

동차연립일차방정식

이 절의 마지막 주제는 상수항이 0인 일차방정식으로 이루어진 연립방정식이다. 이런 연립방정식을 동차라고 한다. 예를 들어, 미지수가 n개인 m개의 방정식으로 이루어진 동차연립방정식은 다음과 같은 형태이다.

$$\begin{aligned} a_{11}x_1 + a_{12}x_2 + a_{13}x_3 + \cdots + a_{1n}x_n &= 0 \\ a_{21}x_1 + a_{22}x_2 + a_{23}x_3 + \cdots + a_{2n}x_n &= 0 \\ a_{31}x_1 + a_{32}x_2 + a_{33}x_3 + \cdots + a_{3n}x_n &= 0 \\ &\vdots \\ a_{m1}x_1 + a_{m2}x_2 + a_{m3}x_3 + \cdots + a_{mn}x_n &= 0 \end{aligned}$$

동차 연립일차방정식이 항상 적어도 하나의 해를 갖는다는 것은 쉽게 보일 수 있다. 모든 미지수가 0을 취하면 동차연립방정식의 모든 방정식이 만족된다. 이런 해를 자명한 해라고 한다. 예를 들면, 세 미지수 x_1, x_2, x_3의 세 개의 방정식으로 이루어진 동차연립방정식은 $x_1 = 0$, $x_2 = 0$, $x_3 = 0$이라는 자명한 해를 갖는다.

예제 10.7》 다음 연립일차방정식을 풀어라.

$$\begin{aligned} x_1 - x_2 + 3x_3 &= 0 \\ 2x_1 + x_2 + 3x_3 &= 0 \end{aligned}$$

풀이

첨가행렬 $\begin{pmatrix} 1 & -1 & 3 & 0 \\ 2 & 1 & 3 & 0 \end{pmatrix}$에 가우스-조르단 소거법을 적용하면

$$\begin{pmatrix} 1 & -1 & 3 & 0 \\ 0 & 3 & -3 & 0 \end{pmatrix} \quad R_2 + (-2)R_1 \rightarrow R_2$$

$$\begin{pmatrix} 1 & -1 & 3 & 0 \\ 0 & 1 & -1 & 0 \end{pmatrix} \quad \left(\frac{1}{3}\right)R_2 \rightarrow R_2$$

$$\begin{pmatrix} 1 & 0 & 2 & 0 \\ 0 & 1 & -1 & 0 \end{pmatrix} \quad R_1 + R_2 \rightarrow R_1$$

을 얻는다. 이 행렬에 대응하는 연립일차방정식은 $x_1 + 2x_3 = 0$, $x_2 - x_3 = 0$이고, 매개변수 $x_3 = t$를 쓰면 $x = -2t$, $x_2 = t$, $x_3 = t$, t는 임의의 실수를 얻는다. 그러므로 이 연립방정식은 무수히 많은 해를 가지며 그 중 하나는 $t = 0$일 때 얻어지는 자명한 해이다.

정리 10.1

모든 동차연립일차방정식은 항상 해를 갖는다. 연립일차방정식에서 방정식의 개수가 미지수의 개수보다 적으면 반드시 무수히 많은 해를 갖는다.

예제 10.8》 다음 연립방정식을 풀어라.

$$\begin{aligned} 2x_1 + 2x_2 - x_3 + x_5 &= 0 \\ -x_1 - x_2 + 2x_3 - 3x_4 + x_5 &= 0 \\ x_1 + x_2 - 2x_3 - x_5 &= 0 \\ x_3 + x_4 + x_5 &= 0 \end{aligned}$$

풀이

이것의 확대행렬은

$$\begin{pmatrix} 2 & 2 & -1 & 0 & 1 & 0 \\ -1 & -1 & 2 & -3 & 1 & 0 \\ 1 & 1 & -2 & 0 & -1 & 0 \\ 0 & 0 & 1 & 1 & 1 & 0 \end{pmatrix}$$

이고, 이것은 행 소거형 제형행렬과 행동치이다. 이것에 대응되는 방정식은 다음과 같다.

$$\begin{aligned} x_1 + x_2 + x_5 &= 0 \\ x_3 + x_5 &= 0 \\ x_4 &= 0 \end{aligned}$$

이것을 풀면

$$\begin{aligned} x_1 &= -x_2 - x_5 \\ x_3 &= -x_5 \\ x_4 &= 0 \end{aligned}$$

따라서 x_2, x_5에 임의의 실수 s, t를 준다면 해는 다음과 같다.

$$x_1 = -s-t,\ x_2 = s,\ x_3 = -t,\ x_4 = 0,\ x_5 = t$$

10.2 역행렬

$n \times n$ 행렬 A에 대하여 $AB = BA = I_n$을 만족하는 $n \times n$ 행렬 B가 존재할 때 A를 가역이라고 한다. 이때 I_n은 크기가 n인 단위행렬이고, 행렬 B는 A의 역행렬이라고 한다. 역행렬이 존재하지 않는 행렬은 가역이 아니라고 한다.

예제 10.9》 $A = \begin{pmatrix} 1 & 3 \\ 2 & 4 \end{pmatrix}$의 역행렬을 구하여라.

풀이

$A^{-1} = \begin{pmatrix} a & b \\ c & d \end{pmatrix}$라고 하자.

$$AA^{-1}=\begin{pmatrix}1&3\\2&4\end{pmatrix}\begin{pmatrix}a&b\\c&d\end{pmatrix}=\begin{pmatrix}1&0\\0&1\end{pmatrix}=I_n$$

즉, $\begin{pmatrix}a+3c & b+3d\\2a+4c & 2b+4d\end{pmatrix}=\begin{pmatrix}1&0\\0&1\end{pmatrix}$이 된다. 따라서 연립방정식 $a+3c=\frac{1}{2}a+4c=0$과 $b+3d=\frac{0}{2}b+4d=1$을 풀면 $a=-2$, $b=\frac{3}{2}$, $c=1$, $d=-\frac{1}{2}$을 얻게 된다. 따라서 A는 정칙이며

$$A^{-1}=\begin{pmatrix}-2 & \frac{3}{2}\\ 1 & -\frac{1}{2}\end{pmatrix}$$

이다.

가우스-조르단 소거법을 이용하여 역행렬 구하기

A를 크기가 n인 정방행렬이라고 하자.

(1) 주어진 행렬 A를 왼쪽에 두고 $n\times n$ 단위행렬을 오른쪽에 두어 크기가 $n\times 2n$인 $[A:I]$를 쓴다. 행렬 A와 I는 점선을 이용하여 구분한다. 이 과정을 A와 I의 연결이라고 한다.

(2) 가능하다면 A를 단위행렬 I가 될 때까지 전체 행렬 $[A:I]$에 행에 관한 기본 연산을 사용한다. 그 결과는 $[I:A^{-1}]$일 것이다. 만약 가능하지 않다면 A는 가역이 아니다.

(3) $AA^{-1}=I=A^{-1}A$임을 확인한다.

예제 10.10 》 다음 행렬의 역행렬을 구하여라.

$$A=\begin{pmatrix}1&-1&0\\1&0&-1\\-6&2&3\end{pmatrix}$$

풀이

행렬 A에 단위행렬을 연결하여 다음 행렬을 얻는다.

$$[A:I]=\left(\begin{array}{ccc|ccc}1&-1&0&1&0&0\\1&0&-1&0&1&0\\-6&2&3&0&0&1\end{array}\right)$$

행에 관한 기본 연산을 통하여 $[I:A^{-1}]$를 다음과 같이 구한다.

$$\left(\begin{array}{ccc|ccc} 1 & -1 & 0 & 1 & 0 & 0 \\ 0 & 1 & -1 & -1 & 1 & 0 \\ -6 & 2 & 3 & 0 & 0 & 1 \end{array}\right) \quad R_2+(-1)R_1 \rightarrow R_2$$

$$\left(\begin{array}{ccc|ccc} 1 & -1 & 0 & 1 & 0 & 0 \\ 0 & 1 & -1 & -1 & 1 & 0 \\ 0 & -4 & 3 & 6 & 0 & 1 \end{array}\right)$$

$$\left(\begin{array}{ccc|ccc} 1 & -1 & 0 & 1 & 0 & 0 \\ 0 & 1 & -1 & -1 & 1 & 0 \\ 0 & 0 & -1 & 2 & 4 & 1 \end{array}\right) \quad R_3+(4)R_2 \rightarrow R_3$$

$$\left(\begin{array}{ccc|ccc} 1 & -1 & 0 & 1 & 0 & 0 \\ 0 & 1 & -1 & -1 & 1 & 0 \\ 0 & 0 & 1 & -2 & -4 & -1 \end{array}\right) \quad (-1)R_3 \rightarrow R_3$$

$$\left(\begin{array}{ccc|ccc} 1 & -1 & 0 & 1 & 0 & 0 \\ 0 & 1 & 0 & -3 & -3 & -1 \\ 0 & 0 & 1 & -2 & -4 & -1 \end{array}\right) \quad R_3+R_3 \rightarrow R_2$$

$$\left(\begin{array}{ccc|ccc} 1 & 0 & 0 & -2 & -3 & -1 \\ 0 & 1 & 0 & -3 & -3 & -1 \\ 0 & 0 & 1 & -2 & -4 & -1 \end{array}\right) \quad R_1+R_2 \rightarrow R_1$$

그러므로 A는 가역이고 그 역행렬은

$$A^{-1}=\begin{pmatrix} -2 & -3 & -1 \\ -3 & -3 & -1 \\ -2 & -4 & -1 \end{pmatrix}$$

이다. $AA^{-1}=I=A^{-1}A$를 통하여 역행렬임을 확인할 수 있다.

예제 10.11 》 $A=\begin{pmatrix} 1 & 2 & 0 \\ 3 & -1 & 2 \\ -2 & 3 & -2 \end{pmatrix}$는 가역이 아님을 보여라.

풀이 A에 단위행렬을 연결하여 다음을 얻는다.

$$[A:I]=\left(\begin{array}{ccc|ccc} 1 & 2 & 0 & 1 & 0 & 0 \\ 3 & -1 & 2 & 0 & 1 & 0 \\ -2 & 3 & -2 & 0 & 0 & 1 \end{array}\right)$$

가우스-조르단 소거법을 사용한다.

$$\left(\begin{array}{ccc|ccc} 1 & 2 & 0 & 1 & 0 & 0 \\ 0 & -7 & 2 & -3 & 1 & 0 \\ -2 & 3 & -2 & 0 & 0 & 1 \end{array}\right) \quad R_2+(-3)R_1 \rightarrow R_2$$

$$\left(\begin{array}{ccc|ccc} 1 & 2 & 0 & 1 & 0 & 0 \\ 0 & -7 & 2 & -3 & 1 & 0 \\ 0 & 7 & -2 & 2 & 0 & 1 \end{array}\right) \quad R_3+(2)R_1 \rightarrow R_3$$

두 번째 행을 세 번째 행에 더함으로써 왼쪽 행렬에 0으로 된 행이 생기는 것을 알 수 있다.

$$\left(\begin{array}{ccc|ccc} 1 & 2 & 0 & 1 & 0 & 0 \\ 0 & -7 & 2 & -3 & 1 & 0 \\ 0 & 0 & 0 & -1 & 1 & 1 \end{array}\right) \quad R_3 + R_2 \rightarrow R_3$$

행렬의 A 부분에 0으로만 된 행이 생겼기 때문에 행렬 $[A:I]$를 $[I:A^{-1}]$ 형태의 행렬로 표시할 수 없다. 이것이 바로 A의 역행렬이 존재하지 않는다는 것을 의미한다.

$A=\begin{pmatrix} a & b \\ c & d \end{pmatrix}$일 때, A가 가역이기 위한 필요충분조건은 $ad-bc \neq 0$이면 역행렬은 다음과 같이 주어진다.

$$A^{-1} = \frac{1}{ad-bc}\begin{pmatrix} d & -b \\ -c & a \end{pmatrix}$$

예제 10.12 》 다음 행렬들의 역행렬을 구하여라.

(1) $A=\begin{pmatrix} 3 & -1 \\ -2 & 2 \end{pmatrix}$ (2) $B=\begin{pmatrix} 3 & -1 \\ -6 & 2 \end{pmatrix}$

풀이

(1) $A^{-1} = \frac{1}{4}\begin{pmatrix} 2 & 1 \\ 2 & 3 \end{pmatrix} = \begin{pmatrix} \frac{1}{2} & \frac{1}{4} \\ \frac{1}{2} & \frac{3}{4} \end{pmatrix}$

(2) $ad-bc=(3)(2)-(-1)(-6)=0$, 즉 B는 가역이 아니다.

정리 10.2

A가 가역, k는 양의 정수, c는 스칼라라고 할 때 A^{-1}, A^k, cA, A^T는 모두 가역이고 다음을 만족한다.

1. $(A^{-1})^{-1} = A$
2. $(A^k)^{-1} = A^{-1}A^{-1}\cdots A^{-1} = (A^{-1})^k$
3. $(cA)^{-1} = \frac{1}{c}A^{-1}$, $c \neq 0$
4. $(A^T)^{-1} = (A^{-1})^T$

가역행렬들에 대해서 음의 정수를 지수로 이용하여 정방행렬의 거듭제곱 형태를 표현할 수 있다. A^{-k}의 뜻은 A^{-1}가 k번 거듭제곱된 것을 의미한다.

$$A^{-k} = A^{-1}A^{-1}\cdots A^{-1} = (A^{-1})^k$$

이러한 방법으로 모든 정수 j, k에 대해서 $A^jA^k = A^{j+k}$, $(A^j)^k = A^{jk}$로 표현할 수 있다.

예제 10.13 》 $A = \begin{pmatrix} 1 & 1 \\ 2 & 4 \end{pmatrix}$에 대하여 A^{-2}를 두 가지 다른 방법으로 구하고, 이들이 같음을 보여라.

풀이 A^{-2}를 구하는 한 방법은 $(A^2)^{-1}$이다.

$$A^2 = \begin{pmatrix} 3 & 5 \\ 10 & 18 \end{pmatrix}$$

2×2 행렬의 역행렬을 구하는 공식을 이용하여 다음을 얻는다.

$$(A^2)^{-1} = \frac{1}{4}\begin{pmatrix} 18 & -5 \\ -10 & 3 \end{pmatrix} = \begin{pmatrix} \frac{9}{2} & -\frac{5}{4} \\ -\frac{5}{2} & \frac{3}{4} \end{pmatrix}$$

A^{-2}를 구하는 또 다른 방법은 $(A^{-1})^2$이다.

$$A^{-1} = \frac{1}{2}\begin{pmatrix} 4 & -1 \\ -2 & 1 \end{pmatrix} = \begin{pmatrix} 2 & -\frac{1}{2} \\ -1 & \frac{1}{2} \end{pmatrix}$$

그리고 이 행렬을 제곱하여 다음을 얻는다.

$$(A^{-1})^2 = \begin{pmatrix} \frac{9}{2} & -\frac{5}{4} \\ -\frac{5}{2} & \frac{3}{4} \end{pmatrix}$$

따라서 두 가지 방법에 의한 결과가 같다는 것을 알 수 있다.

연립일차방정식은 정확히 한 개의 해를 갖거나 무수히 많은 해를 갖거나 해가 없는 세 가지 경우 중 하나이다. 정방연립방정식(변수와 방정식의 개수가 같은 경우)에 대해서는 해가 유일한지에 관하여 다음의 정리를 이용하여 알 수 있다.

정리 10.3

A가 가역이면 연립일차방정식 $Ax=b$는 유일한 해, $x=A^{-1}b$를 갖는다.

증명 A는 가역이므로 다음과 같다.

$$\begin{aligned} &Ax=b \\ &A^{-1}Ax=A^{-1}b \\ &Ix=A^{-1}b \\ &x=A^{-1}b \end{aligned}$$

예제 10.14 》 다음 각 연립방정식의 해를 역행렬을 이용하여 구하여라.

(1) $2x+3y+z=-1$, $3x+3y+z=1$, $2x+4y+z=-2$

(2) $2x+3y+z=4$, $3x+3y+z=8$, $2x+4y+z=5$

(3) $2x+3y+z=0$, $3x+3y+z=0$, $2x+4y+z=0$

풀이

먼저 각 연립방정식의 계수행렬을 구한다.

$$A=\begin{pmatrix}2&3&1\\3&3&1\\2&4&1\end{pmatrix}$$

가우스-조르단 소거법을 이용하여 A^{-1}을 구한다.

$$A^{-1}=\begin{pmatrix}-1&1&0\\-1&0&1\\6&-2&-3\end{pmatrix}$$

각 연립방정식의 해를 얻기 위하여 다음 행렬곱을 구한다.

(1) $$\mathrm{x}=A^{-1}b=\begin{pmatrix}-1&1&0\\-1&0&1\\6&-2&-3\end{pmatrix}\begin{pmatrix}-1\\1\\-2\end{pmatrix}=\begin{pmatrix}2\\-1\\-2\end{pmatrix}$$

따라서 해는 $x=2,\ y=-1,\ z=-2$이다.

(2) $$\mathrm{x}=A^{-1}b=\begin{pmatrix}-1&1&0\\-1&0&1\\6&-2&-3\end{pmatrix}\begin{pmatrix}4\\8\\5\end{pmatrix}=\begin{pmatrix}4\\1\\-7\end{pmatrix}$$

따라서 해는 $x=4,\ y=1,\ z=-7$이다.

(3) $$\mathrm{x}=A^{-1}b=\begin{pmatrix}-1&1&0\\-1&0&1\\6&-2&-3\end{pmatrix}\begin{pmatrix}0\\0\\0\end{pmatrix}=\begin{pmatrix}0\\0\\0\end{pmatrix}$$

따라서 해는 $x=0,\ y=0,\ z=0$이다.

10.3 기본연산

여기서는 행렬의 이론에 기본이 되는 기본연산(elementary operations, 또는 기본변환, elementary transformations)을 자세히 보자. 행렬에서 쓰이는 세 가지 기본연산은 다음과 같다.

① i번째 행과 j번째 행을 교환한다.
② i번째 행에 0이 아닌 실수 c를 곱한다.
③ i번째 행에 0이 아닌 실수 c를 곱하여 j번째 행에 더한다.

이것을 특별히 기본행연산(elementary row operations)이라고 한다. 위와 같은 연산을 열에 적용시키는 것을 기본열연산(elementary column operations)이라고 한다.

정의 10.1

단위행렬 I_n에 단 한 번의 기본행연산을 행하여 얻어지는 행렬을 기본행렬(elementary matrix)이라 하며, E_n으로 표시한다.
첫 번째 기본연산, 즉 두 행을 교환해서 얻어진 기본행렬을 특별히 치환행렬(permutation matrix)이라 부르기도 한다.

정리 10.4

A가 $m \times n$ 행렬이고 기본행렬 E가 단위행렬 I_n에서 어떤 한 번의 기본행연산을 행하여 얻어진 것일 때, EA는 A에 같은 행연산을 행하여 얻어진 것과 같다.

예제 10.15 》 (1) 첫째 행과 둘째 행을 교환한다.

$$\begin{pmatrix} 0 & 1 & 0 \\ 1 & 0 & 0 \\ 0 & 0 & 1 \end{pmatrix}\begin{pmatrix} 1 & 2 & 3 \\ 4 & 5 & 6 \\ 7 & 8 & 9 \end{pmatrix} = \begin{pmatrix} 4 & 5 & 6 \\ 1 & 2 & 3 \\ 7 & 8 & 9 \end{pmatrix}$$

(2) 둘째 행에 2를 곱한다.

$$\begin{pmatrix} 1 & 0 & 0 \\ 0 & 2 & 0 \\ 0 & 0 & 1 \end{pmatrix}\begin{pmatrix} 1 & 2 & 3 \\ 4 & 5 & 6 \\ 7 & 8 & 9 \end{pmatrix} = \begin{pmatrix} 1 & 2 & 3 \\ 8 & 10 & 12 \\ 7 & 8 & 9 \end{pmatrix}$$

(3) 첫째 행에 상수 c를 곱하여 셋째 행에 더한다.

$$\begin{pmatrix} 1 & 0 & 0 \\ 0 & 1 & 0 \\ c & 0 & 1 \end{pmatrix}\begin{pmatrix} 1 & 2 & 3 \\ 4 & 5 & 6 \\ 7 & 8 & 9 \end{pmatrix} = \begin{pmatrix} 1 & 2 & 3 \\ 4 & 5 & 6 \\ c+7 & 2c+8 & 3c+9 \end{pmatrix}$$

예제 10.16 》 (1) 다음 행렬의 곱에서 E는 I_3의 처음 두 행을 서로 바꾸는 기본행렬을 나타낸다.

$$\begin{pmatrix}0&1&0\\1&0&0\\0&0&1\end{pmatrix}\begin{pmatrix}0&2&1\\1&-3&6\\3&2&-1\end{pmatrix}=\begin{pmatrix}1&-3&6\\0&2&1\\3&2&-1\end{pmatrix}$$

A의 처음 두 행은 E를 왼쪽으로 곱함으로써 바꾸어진다.

(2) 다음 행렬 곱에서 E는 I_3의 두 번째 행에 $\frac{1}{2}$을 곱한 기본행렬을 나타낸다.

$$\begin{pmatrix}1&0&0\\0&\frac{1}{2}&0\\0&0&1\end{pmatrix}\begin{pmatrix}1&0&-4&1\\0&2&6&-4\\0&1&3&1\end{pmatrix}=\begin{pmatrix}1&0&-4&1\\0&1&3&-2\\0&1&3&1\end{pmatrix}$$

여기서 A는 3×4 행렬이다. 그러나 A가 어떠한 $3\times n$ 행렬이라도 기본행렬 E를 왼쪽에 곱할 수 있다. E를 왼쪽에 곱하는 것은 A의 두 번째 행에 $\frac{1}{2}$을 곱하는 것과 같은 결과가 된다.

(3) 다음 곱에서 E는 I_3의 첫 번째 행에 2를 곱해서 두 번째 행에 더한 기본행렬을 뜻한다.

$$\begin{pmatrix}1&0&0\\2&1&0\\0&0&1\end{pmatrix}\begin{pmatrix}1&0&-1\\-2&-2&3\\0&4&5\end{pmatrix}=\begin{pmatrix}1&0&-1\\0&-2&1\\0&4&5\end{pmatrix}$$

EA는 A의 첫 번째 행에 2를 곱해서 두 번째 행에 더한 것과 같다.

같은 원리가 열에도 적용된다. 기본열연산 행렬의 오른쪽에 대응하는 기본행렬을 곱함으로써 얻을 수 있다. 즉, AE는 A에 대응하는 기본열연산을 행하여 얻어진 것과 같다.

예제 10.17 》 (1) 첫째 열과 셋째 열을 교환한다.

$$\begin{pmatrix}1&2&3\\4&5&6\\7&8&9\end{pmatrix}\begin{pmatrix}0&0&1\\0&1&0\\1&0&0\end{pmatrix}=\begin{pmatrix}3&2&1\\6&5&4\\9&8&7\end{pmatrix}$$

(2) 셋째 열에 $\frac{1}{3}$을 곱한다.

$$\begin{pmatrix}1&2&3\\4&5&6\\7&8&9\end{pmatrix}\begin{pmatrix}1&0&0\\0&1&0\\0&0&\frac{1}{3}\end{pmatrix}=\begin{pmatrix}1&2&1\\4&5&2\\7&8&3\end{pmatrix}$$

(3) 첫째 열에 -2를 곱하여 둘째 열에 더한다.

$$\begin{pmatrix}1&2&3\\4&5&6\\7&8&9\end{pmatrix}\begin{pmatrix}1&-2&0\\0&1&0\\0&0&1\end{pmatrix}=\begin{pmatrix}1&0&3\\4&-3&6\\7&-6&9\end{pmatrix}$$

단위행렬 I에 기본행연산을 행하여 기본행렬 E를 만들 때 E에서 다시 I로 만드는 역연산(inverse operation)이 존재한다.

I에서 E를 만드는 행연산	E에서 다시 I로 만드는 행연산
1) i번째 행과 j번째 행을 교환함	1) i번째 행과 j번째 행을 교환함
2) i번째 행에 c를 곱함	2) i번째 행에 $1/c$를 곱함
3) i번째 행에 c를 곱하여 j번째 행에 더함	3) i번째 행에 $-c$를 곱하여 j번째 행에 더함

예제 10.18 》

$I \to E$ — 대응하는 역행렬 E^{-1}

1) $\begin{pmatrix}1&0&0\\0&1&0\\0&0&1\end{pmatrix}\to\begin{pmatrix}0&1&0\\1&0&0\\0&0&1\end{pmatrix}$ $\quad\begin{pmatrix}0&1&0\\1&0&0\\0&0&1\end{pmatrix}$

2) $\begin{pmatrix}1&0&0\\0&1&0\\0&0&1\end{pmatrix}\to\begin{pmatrix}1&0&0\\0&-2&0\\0&0&1\end{pmatrix}$ $\quad\begin{pmatrix}1&0&0\\0&-\frac{1}{2}&0\\0&0&1\end{pmatrix}$

3) $\begin{pmatrix}1&0&0\\0&1&0\\0&0&1\end{pmatrix}\to\begin{pmatrix}1&0&0\\0&1&0\\3&0&1\end{pmatrix}$ $\quad\begin{pmatrix}1&0&0\\0&1&0\\-3&0&1\end{pmatrix}$

여기서 대응하는 역행렬 E^{-1}도 또한 기본행렬임을 알 수 있다.

예제 10.19 》 기본행렬 E의 역행렬을 찾기 위해서는 E를 얻기 위하여 시행된 행에 관한 기본연산을 거꾸로 하면 된다. 세 개의 기본행렬의 역행렬은 다음과 같이 구할 수 있다.

$$E_1=\begin{pmatrix}0&1&0\\1&0&0\\0&0&1\end{pmatrix}\quad R_1\leftrightarrow R_2 \qquad E_1^{-1}=\begin{pmatrix}0&1&0\\1&0&0\\0&0&1\end{pmatrix}\quad R_1\leftrightarrow R_2$$

$$E_2 = \begin{pmatrix} 1 & 0 & 0 \\ 0 & 1 & 0 \\ -2 & 0 & 1 \end{pmatrix} \quad R_3 + (-2)R_1 \to R_3 \qquad E_2^{-1} = \begin{pmatrix} 1 & 0 & 0 \\ 0 & 1 & 0 \\ 2 & 0 & 1 \end{pmatrix} \quad R_3 + (2)R_1 \to R_3$$

$$E_3 = \begin{pmatrix} 1 & 0 & 0 \\ 0 & 1 & 0 \\ 0 & 0 & \frac{1}{2} \end{pmatrix} \quad \left(\frac{1}{2}\right)R_3 \to R_3 \qquad E_3^{-1} = \begin{pmatrix} 1 & 0 & 0 \\ 0 & 1 & 0 \\ 0 & 0 & 2 \end{pmatrix} \quad (2)R_3 \to R_3$$

연습문제

1 가우스 소거법과 함께 역대입법을 쓰거나 가우스-조르단 소거법을 사용하여 연립일차방정식을 풀어라.

(1) $x + 2y = 7$
$2x + y = 8$

(2) $x_1 - 3x_3 = -2$
$3x_1 + x_2 - 2x_3 = 5$
$2x_1 + 2x_2 + x_3 = 4$

(3) $x_1 + x_2 - 5x_3 = 3$
$x_1 - 2x_3 = 5$
$2x_1 - x_2 - x_3 = 0$

(4) $3x + 3y + 12z = 6$
$x + y + 4z = 2$
$-x + 2y + 8z = 4$
$2x + 5y + 20z = 10$

2 주어진 계수행렬에 대응하는 동차연립일차방정식을 풀어라.

(1) $\begin{pmatrix} 1 & 0 & 0 \\ 0 & 1 & 1 \\ 0 & 0 & 0 \end{pmatrix}$

(2) $\begin{pmatrix} 1 & 0 & 0 & 1 \\ 0 & 0 & 1 & 0 \\ 0 & 0 & 0 & 0 \end{pmatrix}$

3 행렬 $A = \begin{pmatrix} 1 & k & 2 \\ -3 & 4 & 1 \end{pmatrix}$에 대하여

(1) A가 연립일차방정식의 첨가행렬일 때, 해를 갖도록 하는 k값을 구하여라.

(2) A가 동차연립방정식의 계수행렬일 때, 해를 갖도록 하는 k값을 구하여라.

4 주어진 연립일차방정식이 (a) 유일한 해, (b) 해없음, (c) 무수히 많은 해를 갖도록 하는 a, b, c의 값을 구하여라.

$$\begin{aligned} x+y&=2\\ y+z&=2\\ x+z&=2\\ ax+by+cz&=0 \end{aligned}$$

5 다음 행렬들의 역행렬을 구하여라.

(1) $\begin{pmatrix}1&2\\3&7\end{pmatrix}$ (2) $\begin{pmatrix}-7&33\\4&-19\end{pmatrix}$ (3) $\begin{pmatrix}1&1&1\\3&5&4\\3&6&5\end{pmatrix}$

(4) $\begin{pmatrix}1&2&-1\\3&7&-10\\7&16&-21\end{pmatrix}$ (5) $\begin{pmatrix}1&1&2\\3&1&0\\-2&0&3\end{pmatrix}$

6 다음 각 연립방정식을 역행렬을 사용하여 풀어라.

(1) $\begin{aligned} -x+y&=4\\ -2x+y&=0 \end{aligned}$ (2) $\begin{aligned} -x+y&=0\\ -2x+y&=0 \end{aligned}$

(3) $\begin{aligned} 3x_1+2x_2+2x_3&=0\\ 2x_1+2x_2+2x_3&=5\\ -4x_1+4x_2+3x_3&=2 \end{aligned}$ (4) $\begin{aligned} 3x_1+2x_2+2x_3&=0\\ 2x_1+2x_2+2x_3&=0\\ -4x_1+4x_2+3x_3&=0 \end{aligned}$

7 다음 행렬이 그것의 역행렬과 같기 위한 x를 구하여라.

$$A=\begin{pmatrix}3&x\\-2&-3\end{pmatrix}$$

8 다음 행렬이 가역임을 보이고, 이것의 역행렬을 구하여라.

$$A=\begin{pmatrix}\sin\theta&\cos\theta\\-\cos\theta&\sin\theta\end{pmatrix}$$

9 행렬 $A=\begin{pmatrix}1&0\\2&3\end{pmatrix}$일 때, A^3, A^{-3}, A^2-2A+I를 계산하여라.

10 주어진 연립방정식의 해를 모두 구하여라.

(1) $$\begin{aligned} x+y+2z &= -1 \\ x+2y+z &= -5 \\ 3x+y+z &= 3 \end{aligned}$$

(2) $$\begin{aligned} x+y+3z+2w &= 7 \\ 2x-y+4w &= 8 \\ 3y+6z &= 8 \end{aligned}$$

(3) $$\begin{aligned} x+2y-4z &= 3 \\ x-2y+3z &= -1 \\ 2x+3y-z &= 5 \end{aligned}$$

(4) $$\begin{aligned} x+y+z &= 1 \\ x+y-2z &= 3 \\ 2x+y+z &= 2 \end{aligned}$$

11 다음 동차연립방정식의 해를 구하여라.

(1) $$\begin{aligned} x+y+2z &= 0 \\ 2x+y+z &= 0 \\ 3x-y+z &= 0 \end{aligned}$$

(2) $$\begin{aligned} x-y+z &= 0 \\ 2x+y &= 0 \\ 2x-2y+2z &= 0 \end{aligned}$$

(3) $$\begin{aligned} 2x-y+5z &= 0 \\ 3x+2y-3z &= 0 \\ x-y+4z &= 0 \end{aligned}$$

CHAPTER 11

행렬식

11.1 행렬식의 여인자 전개

A가 $(n\times n)$ 행렬일 때 A의 행렬식이란 A에 대응하는 하나의 수이며, 이것을 $\det(A)$로 표시한다. 행렬식은 "여인자(cofactor)" 아니면 "치환(permutation)"을 가지고 정의하는 것이 보통인데, 여기서는 여인자를 가지고 정의하기로 한다. 먼저 (2×2) 행렬 A에 대한 행렬식부터 정의한다.

정의 11.1

$A=(a_{ij})$를 (2×2) 행렬이라고 하자. 이때 A의 행렬식(determinant)은 다음과 같이 정의한다.

$$\det(A)=a_{11}a_{22}-a_{12}a_{21}$$

편의상 행렬식은 다음과 같이 표시하기도 한다.

$$\det(A)=\begin{vmatrix} a_{11} & a_{12} \\ a_{21} & a_{22} \end{vmatrix}$$

예제 11.1 》 다음 행렬의 행렬식을 구하여라.

$$A=\begin{pmatrix} 1 & 2 \\ -1 & 3 \end{pmatrix},\quad B=\begin{pmatrix} 4 & 1 \\ 2 & 1 \end{pmatrix},\quad C=\begin{pmatrix} 3 & 4 \\ 6 & 8 \end{pmatrix}$$

풀이

$$\det(A) = \begin{vmatrix} 1 & 2 \\ -1 & 3 \end{vmatrix} = 1\times 3 - 2(-1) = 5$$

$$\det(B) = \begin{vmatrix} 4 & 1 \\ 2 & 1 \end{vmatrix} = 4\times 1 - 1\times 2 = 2$$

$$\det(C) = \begin{vmatrix} 3 & 4 \\ 6 & 8 \end{vmatrix} = 3\times 8 - 4\times 6 = 0$$

정의 11.2

$A=(a_{ij})$를 $(n\times n)$ 행렬이라고 하자. A에서 r번째 행과 s번째 열을 제거해서 얻는 $(n-1)\times(n-1)$ 행렬을 M_{rs}로 표시하고, M_{rs}를 A의 소행렬(minor matrix)이라고 한다. 또 $\det(M_{rs})$를 $(r,\ s)$원 a_{rs}의 소행렬식이라 하고, 특히

$$C_{ij} = (-1)^{i+j}\det(M_{ij})$$

를 $(i,\ j)$원 a_{ij}의 여인자라고 한다.

예제 11.2 》 다음 행렬 A에 대하여 소행렬 M_{11}, M_{23}, M_{32}를 구하여라. 또 여인자 C_{11}, C_{23}, C_{32}를 계산하여라.

$$A = \begin{pmatrix} 1 & -1 & 2 \\ 2 & 3 & -3 \\ 4 & 5 & 1 \end{pmatrix}$$

풀이

A에서 1행과 1열을 제거하면 M_{11}을 얻는다. 즉,

$$M_{11} = \begin{pmatrix} 3 & -3 \\ 5 & 1 \end{pmatrix}$$

마찬가지로, 소행렬 M_{23}, M_{32}는 각각 다음과 같다.

$$M_{23} = \begin{pmatrix} 1 & -1 \\ 4 & 5 \end{pmatrix},\quad M_{32} = \begin{pmatrix} 1 & 2 \\ 2 & -3 \end{pmatrix}$$

위에서 얻은 소행렬에 대응하는 여인자 $C_{ij} = (-1)^{i+j}\det(M_{ij})$를 구하면 각각 다음과 같다.

$$C_{11} = (-1)^{1+1}\begin{vmatrix} 3 & -3 \\ 5 & 1 \end{vmatrix} = 3+15 = 18$$

$$C_{23} = (-1)^{2+3}\begin{vmatrix} 1 & -1 \\ 4 & 5 \end{vmatrix} = -(5+4) = -9$$

$$C_{32} = (-1)^{3+2}\begin{vmatrix} 1 & 2 \\ 2 & -3 \end{vmatrix} = -(-3-4) = 7$$

이제 여인자를 사용하여 행렬식을 정의하자.

정의 11.3

$A = (a_{ij})$를 $(n \times n)$ 행렬이라고 하자. 이때 A의 행렬식을 다음과 같이 정의한다.

$$\det(A) = a_{i1}C_{i1} + a_{i2}C_{i2} + \cdots + a_{in}C_{in}$$

(i행에 의한 여인수 전개)

$$\det(A) = a_{1j}C_{1j} + a_{2j}C_{2j} + \cdots + a_{nj}C_{nj}$$

(j열에 의한 여인수 전개)

단, C_{ij}는 a_{ij}의 여인자이다($1 \leq i \leq n$, $1 \leq j \leq n$).

예제 11.3》 다음 행렬 A의 행렬식 $\det(A)$를 계산하여라.

$$A = \begin{pmatrix} 3 & 2 & 1 \\ 2 & 1 & -3 \\ 4 & 0 & 1 \end{pmatrix}$$

풀이

행렬 A는 (3×3) 행렬이므로 $\det(A)$는 다음과 같다.

$$\begin{aligned} \det(A) &= a_{11}C_{11} + a_{12}C_{12} + a_{13}C_{13} \\ &= 3\begin{vmatrix} 1 & -3 \\ 0 & 1 \end{vmatrix} - 2\begin{vmatrix} 2 & -3 \\ 4 & 1 \end{vmatrix} + 1\begin{vmatrix} 2 & 1 \\ 4 & 0 \end{vmatrix} \\ &= 3(1) - 2(14) + 1(-4) = -29 \end{aligned}$$

예제 11.4》 행렬 A가 다음과 같을 때 $\det(A)$를 계산하여라.

$$A = \begin{pmatrix} 1 & 2 & 0 & 2 \\ -1 & 2 & 3 & 1 \\ -3 & 2 & -1 & 0 \\ 2 & -3 & -2 & 1 \end{pmatrix}$$

풀이

A는 (4×4) 행렬이므로 $\det(A)$는 다음과 같다.

$$\det(A) = a_{11}C_{11} + a_{12}C_{12} + a_{13}C_{13} + a_{14}C_{14} = C_{11} + 2C_{12} + 2C_{14}$$

실제로 이것들을 구하면 다음과 같다.

$$C_{11} = (-1)^{1+1}\begin{vmatrix} 2 & 3 & 1 \\ 2 & -1 & 0 \\ -3 & -2 & 1 \end{vmatrix} = 2\begin{vmatrix} -1 & 0 \\ -2 & 1 \end{vmatrix} - 3\begin{vmatrix} 2 & 0 \\ -3 & 1 \end{vmatrix} + 1\begin{vmatrix} 2 & -1 \\ -3 & -2 \end{vmatrix} = -15$$

$$C_{12} = (-1)^{1+2}\begin{vmatrix} -1 & 3 & 1 \\ -3 & -1 & 0 \\ 2 & -2 & 1 \end{vmatrix} = -\left(-1\begin{vmatrix} -1 & 0 \\ 2 & 1 \end{vmatrix} - 3\begin{vmatrix} -3 & 0 \\ 2 & 1 \end{vmatrix} + 1\begin{vmatrix} -3 & -1 \\ 2 & -2 \end{vmatrix}\right) = -18$$

$$C_{14} = (-1)^{1+4}\begin{vmatrix} -1 & 2 & 3 \\ -3 & -2 & -1 \\ 2 & -3 & -2 \end{vmatrix} = -\left(-1\begin{vmatrix} 2 & -1 \\ -3 & -2 \end{vmatrix} - 2\begin{vmatrix} -3 & -1 \\ 2 & -2 \end{vmatrix} + 3\begin{vmatrix} -3 & 2 \\ 2 & -3 \end{vmatrix}\right) = -6$$

따라서 $\det(A) = C_{11} + 2C_{12} + 2C_{14} = -15 - 36 - 12 = -63$

11.2 행렬식의 응용

11.3.1 행렬의 수반행렬(adjoint)

행렬 A의 여인수 C_{ij}는 A의 i행과 j열을 제거하여 만든 행렬의 행렬식의 $(-1)^{i+j}$ 배이다. A가 정방행렬이면 A의 여인수 행렬은 다음과 같다.

$$\begin{pmatrix} C_{11} & C_{12} & \cdots & C_{1n} \\ C_{21} & C_{22} & \cdots & C_{2n} \\ \vdots & \vdots & \vdots & \vdots \\ C_{n1} & C_{n2} & \cdots & C_{nn} \end{pmatrix}$$

이 행렬의 전치행렬을 A의 수반행렬이라 하고 $\mathrm{adj}(A)$로 표시한다.

$$\mathrm{adj}(A) = \begin{pmatrix} C_{11} & C_{21} & \cdots & C_{n1} \\ C_{12} & C_{22} & \cdots & C_{n2} \\ \vdots & \vdots & \vdots & \vdots \\ C_{1n} & C_{2n} & \cdots & C_{nn} \end{pmatrix}$$

예제 11.5 》 $A = \begin{pmatrix} -1 & 3 & 2 \\ 0 & -2 & 1 \\ 1 & 0 & -2 \end{pmatrix}$의 수반행렬을 구하여라.

풀이

여인수 C_{11}은 다음과 같이 주어진다.

$$\begin{pmatrix} -1 & 3 & 2 \\ 0 & -2 & 1 \\ 1 & 0 & -2 \end{pmatrix} \to C_{11} = (-1)^2 \begin{vmatrix} -2 & 1 \\ 0 & -2 \end{vmatrix} = 4$$

이 과정을 계속하여 A의 여인수행렬을 얻는다.

$$\begin{pmatrix} \begin{vmatrix} -2 & 1 \\ 0 & -2 \end{vmatrix} & -\begin{vmatrix} 0 & 1 \\ 1 & -2 \end{vmatrix} & \begin{vmatrix} 0 & -2 \\ 1 & 0 \end{vmatrix} \\ -\begin{vmatrix} 3 & 2 \\ 0 & -2 \end{vmatrix} & \begin{vmatrix} -1 & 2 \\ 1 & -2 \end{vmatrix} & -\begin{vmatrix} -1 & 3 \\ 1 & 0 \end{vmatrix} \\ \begin{vmatrix} 3 & 2 \\ -2 & 1 \end{vmatrix} & -\begin{vmatrix} -1 & 2 \\ 0 & 1 \end{vmatrix} & \begin{vmatrix} -1 & 3 \\ 0 & -2 \end{vmatrix} \end{pmatrix} = \begin{pmatrix} 4 & 1 & 2 \\ 6 & 0 & 3 \\ 7 & 1 & 2 \end{pmatrix}$$

이 행렬의 전치행렬은 A의 수반행렬이다.

$$\text{adj}(\text{A}) = \begin{pmatrix} 4 & 6 & 7 \\ 1 & 0 & 1 \\ 2 & 3 & 2 \end{pmatrix}$$

정리 11.1

A가 $n \times n$ 역행렬이면

$$A^{-1} = \frac{1}{\det(A)} \text{adj}(A)$$

이다.

증명 A와 그것의 수반행렬의 곱은 A의 행렬식과 I_n의 곱과 같다는 것을 먼저 증명한다. 곱

$$A(\text{adj}(A)) = \begin{pmatrix} a_{11} & a_{12} & \cdots & a_{1n} \\ a_{21} & a_{22} & \cdots & a_{2n} \\ \vdots & \vdots & \vdots & \vdots \\ a_{i1} & a_{i2} & \cdots & a_{in} \\ \vdots & \vdots & \vdots & \vdots \\ a_{n1} & a_{n2} & \cdots & a_{nn} \end{pmatrix} \begin{pmatrix} C_{11} & C_{21} & C_{j1} & \cdots & C_{n1} \\ C_{12} & C_{22} & C_{j2} & \cdots & C_{n2} \\ \vdots & \vdots & \vdots & \vdots & \vdots \\ C_{1n} & C_{2n} & C_{jn} & \cdots & C_{nn} \end{pmatrix}$$

을 생각하자. 이 곱의 i행과 j열의 성분은

$$a_{11}C_{j1} + a_{12}C_{j2} + \cdots + a_{in}C_{jn}$$

이다. $i = j$이면 이 합은 i행을 따라서 A의 여인수 전개이다. 이는 이 합이 A의 행렬

식이라는 것을 의미한다. 다른 한편 $i \neq j$이면 그 합은 0이다. 그러므로

$$A[\text{adj}(A)] = \begin{pmatrix} \det(A) & 0 & \cdots & 0 \\ 0 & \det(A) & \cdots & 0 \\ \vdots & \vdots & \vdots & \vdots \\ 0 & 0 & \cdots & \det(A) \end{pmatrix} = \det(A)I$$

A가 가역이므로 $\det(A) \neq 0$이고

$$\frac{1}{\det(A)}A(\text{adj}(A)) = I$$

또는

$$A\left(\frac{1}{\det(A)}\text{adj}(A)\right) = I$$

양변에 A^{-1}를 곱하면

$$A^{-1}A\left(\frac{1}{\det(A)}\text{adj}(A)\right) = A^{-1}$$

이고

$$A^{-1} = \frac{1}{\det(A)}\text{adj}(A)$$

이다.

예제 11.6 》 $A = \begin{pmatrix} -1 & 3 & 2 \\ 0 & -2 & 1 \\ 1 & 0 & -2 \end{pmatrix}$의 수반행렬을 사용하여 A의 역행렬을 구하여라.

풀이

이 행렬의 행렬식 $|A| = 3$이다. A의 수반행렬을 사용하여 A^{-1}를 구하면

$$A^{-1} = \frac{1}{|A|}\text{adj}(A) = \frac{1}{3}\begin{pmatrix} 4 & 6 & 7 \\ 1 & 0 & 1 \\ 2 & 3 & 2 \end{pmatrix} = \begin{pmatrix} \frac{4}{3} & 2 & \frac{7}{3} \\ \frac{1}{3} & 0 & \frac{1}{3} \\ \frac{2}{3} & 1 & \frac{2}{3} \end{pmatrix}$$

이다. 곱하기에 의하여 이 행렬이 A^{-1}임을 확인할 수 있다.

$$AA^{-1}=\begin{pmatrix}-1&3&2\\0&-2&1\\1&0&-2\end{pmatrix}\begin{pmatrix}\frac{4}{3}&2&\frac{7}{3}\\\frac{1}{3}&0&\frac{1}{3}\\\frac{2}{3}&1&\frac{2}{3}\end{pmatrix}=\begin{pmatrix}1&0&0\\0&1&0\\0&0&1\end{pmatrix}$$

예제 11.7 $A=\begin{pmatrix}3&2&-1\\1&6&3\\2&-4&0\end{pmatrix}$의 수반행렬을 사용하여 A의 역행렬을 구하여라.

풀이

$A=\begin{pmatrix}3&2&-1\\1&6&3\\2&-4&0\end{pmatrix}$이라 할 때, A의 각 성분의 여인수는

$$C_{11}=12,\ C_{12}=6,\ C_{13}=-16$$
$$C_{21}=4,\ C_{22}=2,\ C_{23}=16$$
$$C_{31}=12,\ C_{32}=-10,\ C_{33}=16$$

따라서 A의 여인수행렬은

$$\begin{pmatrix}12&6&-16\\4&2&16\\12&-10&16\end{pmatrix}$$

이고, A의 전치여인수행렬, 즉 A의 수반행렬은 다음과 같다.

$$\operatorname{adj}(A)=\begin{pmatrix}12&4&12\\6&2&-10\\-16&16&16\end{pmatrix}$$

$\det(A)=64$이므로, 따라서 A^{-1}은 다음과 같다.

$$A^{-1}=\frac{1}{\det(A)}\operatorname{adj}(A)=\frac{1}{64}\begin{pmatrix}12&4&12\\6&2&-10\\-16&16&16\end{pmatrix}=\begin{pmatrix}\frac{12}{64}&\frac{4}{64}&\frac{12}{64}\\\frac{6}{64}&\frac{2}{64}&-\frac{10}{64}\\-\frac{16}{64}&\frac{16}{64}&\frac{16}{64}\end{pmatrix}$$

11.3.2 Cramer 공식

이 절에서는 행렬식과 선형방정식계 $Ax=b$와의 관계에 대하여 알아본다.

정리 11.2

Cramer의 공식 $A=\{A_1, A_2, \dots, A_n\}$을 $(n\times n)$ 정축행렬, b를 R^n의 임의의 벡터라고 하자. 행렬 B_i를 $B_i=[A_1, \dots, A_{i-1}, b, A_{i+1}, \dots, A_n]$이라 하면 $Ax=b$의 해의 i번째 성분 x_i는 다음과 같다.

$$x_i=\frac{\det(B_i)}{\det(A_j)}$$

예제 11.8》 Cramer의 공식을 사용하여 다음을 풀어라.

$$3x_1+2x_2=4$$
$$5x_1+4x_2=6$$

풀이

주어진 선형계를 $Ax=b$라고 하면 행렬 A와 Cramer의 공식에서의 $B_1=(b, A_2)$와 $B_2=(A_1, b)$는 각각 다음과 같다.

$$A=\begin{pmatrix}3 & 2\\5 & 4\end{pmatrix},\ B_1=\begin{pmatrix}4 & 2\\6 & 4\end{pmatrix},\ B_2=\begin{pmatrix}3 & 4\\5 & 6\end{pmatrix}$$

여기서 $\det(A)=2$, $\det(B_1)=5$, $\det(B_2)=-2$이므로 (2)식에 의해서 구하는 해는 다음과 같다.

$$x_1=\frac{4}{2}=2,\ x_2=\frac{-2}{2}=-1$$

예제 11.9》 Cramer의 공식을 사용하여 다음 선형계를 풀어라.

$$x_1-x_2+x_3=0$$
$$x_1+x_2-2x_3=1$$
$$x_1+2x_2+x_3=6$$

풀이

주어진 선형계를 $Ax=b$라고 하면 다음을 얻는다.

$$A=\begin{pmatrix}1 & -1 & 1\\1 & 1 & -2\\1 & 2 & 1\end{pmatrix},\ B_1=\begin{pmatrix}0 & -1 & 1\\1 & 1 & -2\\6 & 2 & 1\end{pmatrix},\ B_2=\begin{pmatrix}1 & 0 & 1\\1 & 1 & -2\\1 & 6 & 1\end{pmatrix},\ B_3=\begin{pmatrix}1 & -1 & 0\\1 & 1 & 1\\1 & 2 & 6\end{pmatrix}$$

여기서 $\det(A)=9$, $\det(B_1)=9$, $\det(B_2)=18$, $\det(B_3)=9$이다. 따라서 (2)식에

의하여 해는 다음과 같다.

$$x_1 = \frac{9}{9} = 1,\ x_2 = \frac{18}{9} = 2,\ x_3 = \frac{9}{9} = 1$$

연습문제

1 다음 행렬의 행렬식을 구하여라.

(1) $\begin{pmatrix} 5 & 2 \\ -6 & 3 \end{pmatrix}$ (2) $\begin{pmatrix} \lambda-3 & 2 \\ 4 & \lambda-1 \end{pmatrix}$

2 다음 행렬에서 (1) 소행렬식, (2) 여인수를 각각 구하여라.

(1) $\begin{pmatrix} 1 & 2 \\ 3 & 4 \end{pmatrix}$ (2) $\begin{pmatrix} -3 & 2 & 1 \\ 4 & 5 & 6 \\ 2 & -3 & 1 \end{pmatrix}$

3 다음 행렬의 행렬식을 구하기 위하여 여인수 전개를 사용하여라.

(1) $\begin{pmatrix} 1 & 4 & -2 \\ 3 & 2 & 0 \\ -1 & 4 & 3 \end{pmatrix}$ (2) $\begin{pmatrix} x & y & 1 \\ 2 & 3 & 1 \\ 0 & -1 & 1 \end{pmatrix}$

(3) $\begin{pmatrix} 2 & 6 & 6 & 2 \\ 2 & 7 & 3 & 6 \\ 1 & 5 & 0 & 1 \\ 3 & 7 & 0 & 7 \end{pmatrix}$ (4) $\begin{pmatrix} 5 & 3 & 0 & 6 \\ 4 & 6 & 4 & 12 \\ 0 & 2 & -3 & 4 \\ 0 & 1 & -2 & 2 \end{pmatrix}$

4 행렬식이 0이 되도록 하는 λ의 값을 구하여라.

(1) $\begin{pmatrix} \lambda-1 & -4 \\ -2 & \lambda+1 \end{pmatrix}$ (2) $\begin{pmatrix} \lambda+1 & 0 & 0 \\ 4 & \lambda & 3 \\ 2 & 8 & \lambda+5 \end{pmatrix}$

5 다음 문제에서 (a) $|A|$, (b) $|B|$, (c) AB, (d) $|AB|$를 구하고, $|A||B| = |AB|$를 확인하여라.

(1) $A = \begin{pmatrix} -2 & 1 \\ 4 & -2 \end{pmatrix}$, $B = \begin{pmatrix} 1 & 1 \\ 0 & -1 \end{pmatrix}$ (2) $A = \begin{pmatrix} -1 & 2 & 1 \\ 1 & 0 & 1 \\ 0 & 1 & 0 \end{pmatrix}$, $B = \begin{pmatrix} -1 & 0 & 0 \\ 0 & 2 & 0 \\ 0 & 0 & 3 \end{pmatrix}$

6 다음 문제에서 (a) $|A^T|$, (b) $|A^2|$, (c) $|AA^T|$, (d) $|2A|$, (e) $|A^{-1}|$를 구하여라.

(1) $A = \begin{pmatrix} 6 & -11 \\ 4 & -5 \end{pmatrix}$ (2) $A = \begin{pmatrix} 2 & 0 & 5 \\ 4 & -1 & 6 \\ 3 & 2 & 1 \end{pmatrix}$

7 행렬식을 사용하여 그 행렬이 정칙인지 아닌지를 결정하여라.

(1) $\begin{pmatrix} 5 & 4 \\ 10 & 8 \end{pmatrix}$ (2) $\begin{pmatrix} 14 & 5 & 7 \\ -2 & 0 & 3 \\ 1 & -5 & -10 \end{pmatrix}$

(3) $\begin{pmatrix} \frac{1}{2} & \frac{3}{2} & 2 \\ \frac{2}{3} & -\frac{1}{3} & 0 \\ 1 & 1 & 1 \end{pmatrix}$ (4) $\begin{pmatrix} 1 & 0 & -8 & 2 \\ 0 & 8 & -1 & 10 \\ 0 & 0 & 0 & 1 \\ 0 & 0 & 0 & 2 \end{pmatrix}$

8 일차방정식계가 유일한 해를 갖는지 어떤지를 결정하기 위하여 계수행렬의 행렬식을 구하여라.

(1) $x_1 - x_2 + x_3 = 4$
$2x_1 - x_2 + x_3 = 6$
$3x_1 - 2x_2 + 2x_3 = 0$

(2) $2x_1 + x_2 + 3x_3 + x_4 = 5$
$x_1 + x_2 - 3x_3 - 4x_4 = -1$
$2x_1 + 2x_2 + 2x_3 - 3x_4 = 2$
$x_1 + 5x_2 + 6x_3 = 3$

9 A가 정칙이 아니도록 k의 값을 구하여라.

(1) $A = \begin{pmatrix} k-1 & 3 \\ 2 & k-2 \end{pmatrix}$ (2) $A = \begin{pmatrix} 1 & 0 & 3 \\ 2 & -1 & 0 \\ 4 & 2 & k \end{pmatrix}$

10 행렬 A의 수반행렬을 구하여라. 가능하면 A의 역행렬도 구하여라.

(1) $A = \begin{pmatrix} 1 & 2 \\ 3 & 4 \end{pmatrix}$ (2) $A = \begin{pmatrix} 1 & 0 & 0 \\ 0 & 2 & 6 \\ 0 & -4 & -12 \end{pmatrix}$

(3) $A = \begin{pmatrix} -3 & -5 & -7 \\ 2 & 4 & 3 \\ 0 & 1 & -1 \end{pmatrix}$

11 다음 연립일차방정식을 가능하면 크라멜의 법칙을 사용하여 풀어라.

(1) $x_1 + 2x_2 = 5$

$-x_1 + x_2 = 1$

(2) $3x_1 + 4x_2 = -2$

$5x_1 + 3x_2 = 4$

(3) $4x_1 - x_2 - x_3 = 11$

$2x_1 + 2x_2 + 3x_3 = 10$

$5x - 2x_2 - 2x_3 = -1$

(4) $3x_1 + 4x_2 + 4x_3 = 11$

$4x_1 - 4x_2 + 6x_3 = 11$

$6x_1 - 6x_2 = 3$

12 x, y에 관한 일차방정식계를 크라멜의 법칙을 사용하여 풀어라. k의 어떤 값에 대하여 해가 없을까?

$$kx + (1-k)y = 1$$
$$(1-k)x + ky = 3$$

13 다음 행렬의 역행렬을 구하여라.

(1) $\begin{pmatrix} 1 & 2 & -1 \\ -1 & 1 & 2 \\ 2 & -1 & 1 \end{pmatrix}$

(2) $\begin{pmatrix} 1 & 2 & -1 & 2 \\ 2 & 2 & -1 & 1 \\ -1 & -1 & 1 & -1 \\ 2 & 1 & -1 & 2 \end{pmatrix}$

14 다음 방정식을 풀어라.

$$\begin{vmatrix} x & 1 & 1 \\ 0 & x & 1 \\ 0 & 0 & x \end{vmatrix} = 27$$

CHAPTER 12

벡터

12.1 벡터의 정의

수학의 응용에서 나타나는 대부분은 한 수치로 완전히 나타낼 수 있다. 예를 들면, 길이, 질량, 온도, 에너지, 면적 등이 그렇다. 이런 수치를 스칼라(scalar)라고 하며, 속도, 가속도, 힘 등과 같이 양을 표시하기 위해서는 크기뿐만 아니라 방향의 개념이 필요하다. 이와 같은 양을 벡터(vector)라고 한다. 벡터의 기하적 표현은 다음과 같다.

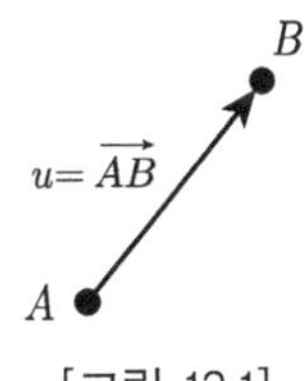

[그림 12.1]

그림 12.1에서 보는 바와 같이 방향을 가진 화살표인 벡터로 나타낸다. 이 경우 화살표의 출발점 A를 벡터의 시작점이라 하고, 화살표의 끝 B를 끝점으로 나타내며, $\overrightarrow{AB}$로 표시한다. $\overline{AB}$의 길이를 벡터의 크기 또는 길이로 정의하고 $|\overrightarrow{AB}|$로 나타낸다. 예를 들어, 그림 12.1과 같이 벡터 u의 시작점이 A이고, 끝점이 B인 경우

$$\mathrm{u} = \overrightarrow{AB}$$

로 쓰기도 한다. 벡터가 그림 12.2와 같이 같은 방향과 같은 길이를 가질 때 이들은 동

치라고 한다.

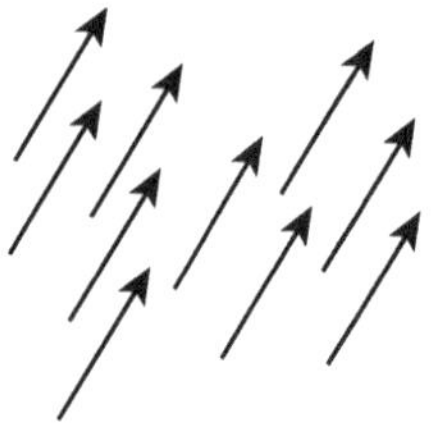

[그림 12.2]

질점이 점 A로부터 B로 움직인다고 가정하면 이에 해당하는 변위벡터는 $\overrightarrow{AB}$이다. 그런 다음 그림 12.3에서처럼 방향을 바꾸어 점 B에서 C로 움직이는 효과와 같다. 이 결과에 의한 변위벡터 $\overrightarrow{AC}$를 $\overrightarrow{AB}$와 $\overrightarrow{BC}$의 합이라 하고

$$\overrightarrow{AC} = \overrightarrow{AB} + \overrightarrow{BC}$$

로 쓴다.

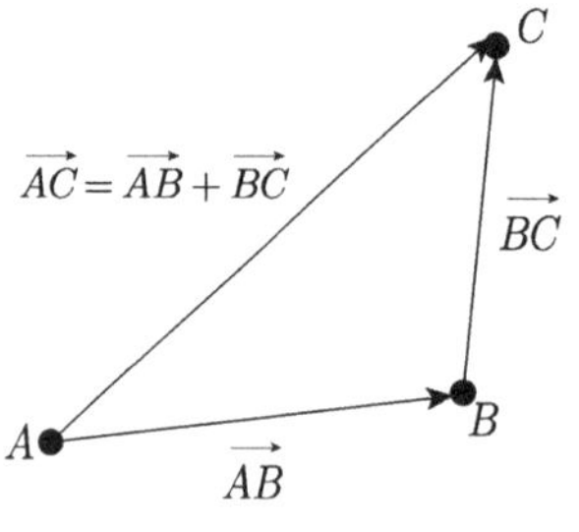

[그림 12.3]

일반적으로 두 벡터 u와 v의 합을 다음과 같이 정의한다.

두 벡터 u와 v에 대하여 v의 시작점이 u의 끝점과 일치한다고 가정하면 합 u + v는 벡터이고, 시작점은 u의 시작점과 같고 끝점은 v의 끝점과 같다.

그림 12.4(a)는 벡터의 합을 나타낸다. 이 그림을 보면 벡터 합의 정의를 때때로 삼각형 법칙이라 하는 이유를 알 수 있다. 그림 12.4(b)는 그림 12.3의 벡터 u, v와 같은 벡터를 이용하여 u의 시작점에서 시작하는 또 다른 v를 표시하였다. 이들을 이용하여 평행사변형을 그리면 u + v = v + u가 됨을 알 수 있다. 벡터 u와 v의 시작점이 같으면 u + v는 u와 v를 변으로 하는 평행사변형의 대각선과 같다(이를 평행사변형 법칙이라고 한다).

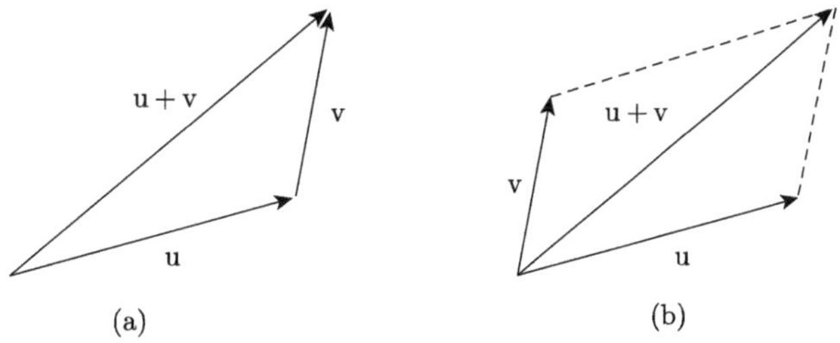

[그림 12.4]

a가 스칼라이고 v가 벡터이면 av의 길이는 v의 길이에 $|a|$를 곱한 것과 같다. 여기서 $a>0$이면 v와 같은 방향이며, $a<0$이면 v와 반대 방향의 벡터이다. 또한 $a=0$이면 av$=0$, 즉 영벡터이다.

벡터의 스칼라배의 정의는 그림 12.5에 설명되어 있다. 0이 아닌 두 벡터가 다른 벡터의 스칼라배이면 두 벡터는 평행하다고 정의한다. 특별히 벡터 $-$v$=(-1)$v는 v와 길이가 같지만 방향이 반대인 벡터이다. 이를 v의 음벡터라고 한다.

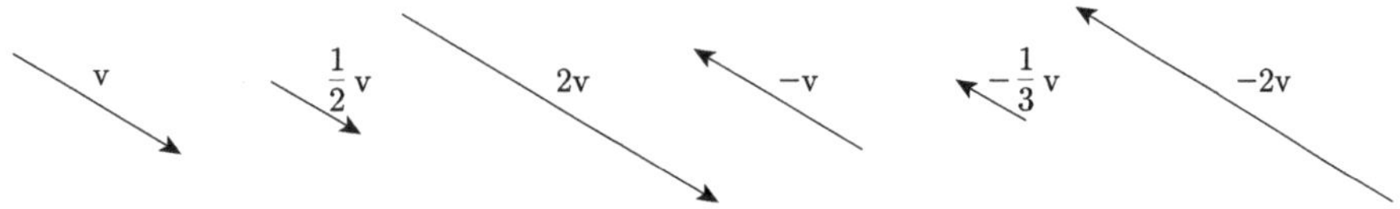

[그림 12.5]

두 벡터의 차(difference) u$-$v는

$$\mathrm{u}-\mathrm{v}=\mathrm{u}+(-\mathrm{v})$$

를 의미한다. 따라서 먼저 v의 음벡터 $-$v를 그린 다음 그림 12.6과 같이 평행사변형 법칙을 이용하여 $-$v를 u에 더하면 u$-$v를 얻는다. 다른 방법을 이용하면

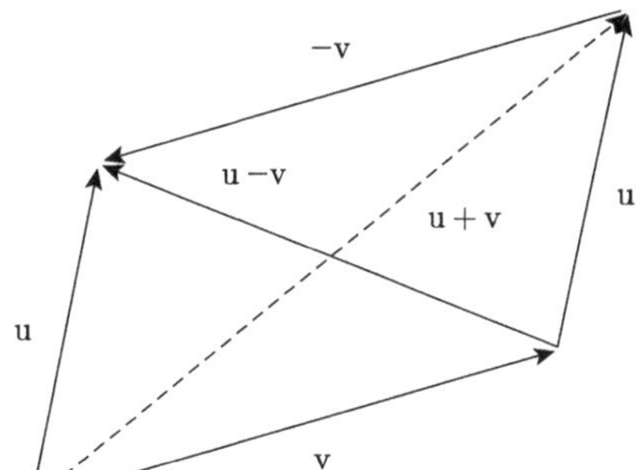

[그림 12.6]

v + (u − v) = u이므로 벡터 u − v를 v에 더하면 u를 얻는다. 따라서 그림 12.6과 같이 삼각형 법칙을 이용하면 u − v를 얻을 수 있다.

예제 12.1 》 벡터 a와 b가 그림 12.7과 같을 때 a − 2b를 그려라.

풀이

먼저 b와 방향이 반대이고 길이가 2배인 벡터 −2b를 그린 다음, 그림 12.8과 같이 −2b의 시작점이 a의 끝점과 같도록 하여 삼각형 법칙을 이용하면 a + (− 2b)를 그릴 수 있다.

[그림 12.7]

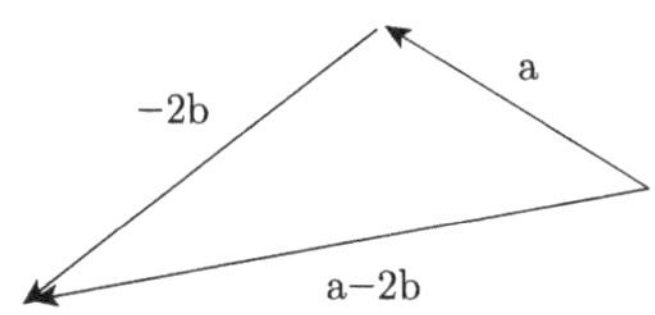

[그림 12.8]

벡터를 포함하는 여러 가지 문제는 간혹 직교좌표계를 도입함으로써 간단하게 되는 경우가 많다. v를 평면상의 벡터라고 할 때 이것을 표시하기 위하여 그림 12.9에서와 같이 직교좌표계의 원점을 시작점이 되도록 위치시키자. 그리고 v의 끝점의 좌표 (v_1, v_2)를 v의 성분(components of v)이라 부르고, v = (v_1, v_2)로 쓰기도 한다.

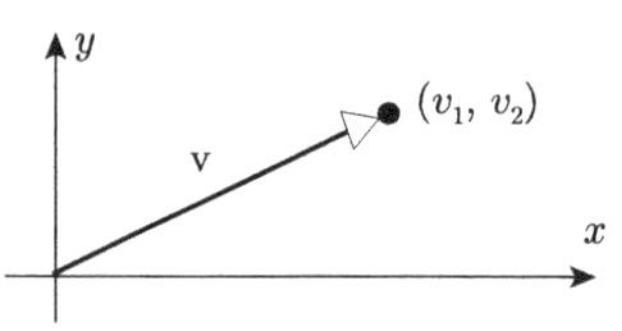

[그림 12.9]

만일에 동치인 벡터 v와 w를 그 시작점이 원점이 되도록 하면 그 끝점은 일치하게 된다. 또한 역으로, 성분이 같은 두 개의 벡터는 그 방향이나 길이도 같으므로 동치이다. 즉, 두 개의 벡터

$$\mathrm{v} = (v_1, v_2) \text{와 } \mathrm{w} = (w_1, w_2)$$

가 동치이기 위해서는

$$v_1 = w_1 \text{이고 } v_2 = w_2$$

로 되는 것이 필요충분조건이다.

벡터끼리의 합이나 벡터의 스칼라곱이라는 벡터의 연산을 그 성분을 사용해서 표현

하기는 쉽다.

$$\mathrm{v}+\mathrm{w}=(v_1+w_1,\ v_2+w_2) \tag{1}$$

만일 $\mathrm{v}=(v_1,\ v_2)$이고 k를 임의의 스칼라라고 하면

$$k\mathrm{v}=(kv_1,\ kv_2) \tag{2}$$

이다.

$\mathrm{v}-\mathrm{w}=\mathrm{v}+(-1)\mathrm{w}$이기 때문에 공식 (1)과 (2)로부터

$$\mathrm{v}-\mathrm{w}=(v_1-w_1,\ v_2-w_2)$$

이다.

예제 12.2》 $\mathrm{v}=(1,\ -3)$, $\mathrm{w}=(4,\ 2)$일 때, $\mathrm{v}+\mathrm{w}$, $2\mathrm{v}$, $-\mathrm{w}$, $\mathrm{v}-\mathrm{w}$를 구하여라.

풀이

$\mathrm{v}+\mathrm{w}=(1+4,\ -3+2)=(5,\ -1)$

$2\mathrm{v}=2(1,\ -3)=(2,\ -6)$

$-\mathrm{w}=-(4,\ 2)=(-4,\ -2)$

$\mathrm{v}-\mathrm{w}=\mathrm{v}+(-\mathrm{w})=(1-4,\ -3+(-2))=(-3,\ -5)$

삼차원 공간의 벡터 평면상의 벡터가 두 개의 실수를 나열하여 표시할 수 있는 바와 같이 삼차원 공간 내의 벡터에 대해서 직교좌표계(rectangular coordinate system)를 도입함으로써 세 개의 실수를 나열해서 표시할 수 있다.

그림 12.10에서와 같이 삼차원 공간 내에 벡터 v가 직각좌표계의 원점에 그 시작점이 있도록 위치하면 끝점의 좌표를 v의 성분(components of v)이라 하고

$$\mathrm{v}=(v_1,\ v_2,\ v_3)$$

로 표기한다.

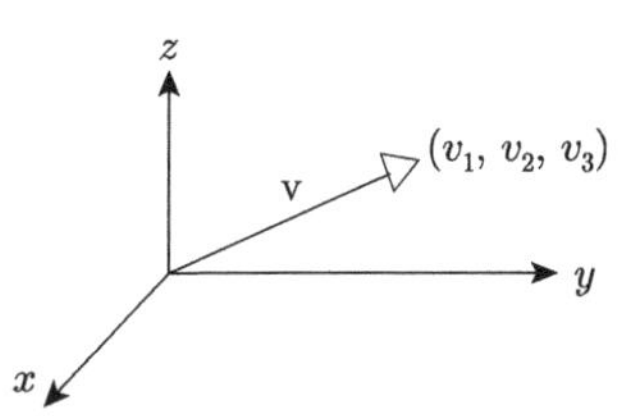

[그림 12.10]

삼차원 공간 내의 두 벡터를 $\mathrm{v} = (v_1, v_2, v_3)$, $\mathrm{w} = (w_1, w_2, w_3)$라 하면 평면상의 벡터에 사용되었던 바와 똑같은 논법은 다음 결과를 밝히는 데 사용될 수 있다.

v와 w가 동치이기 위해서는 $v_1 = w_1$, $v_2 = w_2$, $v_3 = w_3$인 것이 필요충분조건이다.

$$\mathrm{v} + \mathrm{w} = (v_1 + w_1, v_2 + w_2, v_3 + w_3)$$

$$k\mathrm{v} = (kv_1, kv_2, kv_3) \text{ (단, } k\text{는 임의의 스칼라)}$$

예제 12.3》 $\mathrm{v} = (1, -3, 2)$, $\mathrm{w} = (4, 2, 1)$이라 할 때, $\mathrm{v} + \mathrm{w}$, $2\mathrm{v}$, $-\mathrm{w}$, $\mathrm{v} - \mathrm{w}$를 구하여라.

풀이

$\mathrm{v} + \mathrm{w} = (5, -1, 3)$, $2\mathrm{v} = (2, -6, 4)$, $-\mathrm{w} = (-4, -2, -1)$,
$\mathrm{v} - \mathrm{w} = \mathrm{v} + (-\mathrm{w}) = (-3, -5, 1)$

벡터 $\overrightarrow{P_1P_2}$의 시작점을 $P_1(x_1, y_1, z_1)$, 끝점을 $P_2(x_2, y_2, z_2)$라고 할 때

$$\overrightarrow{P_1P_2} = (x_2 - x_1, y_2 - y_1, z_2 - z_1)$$

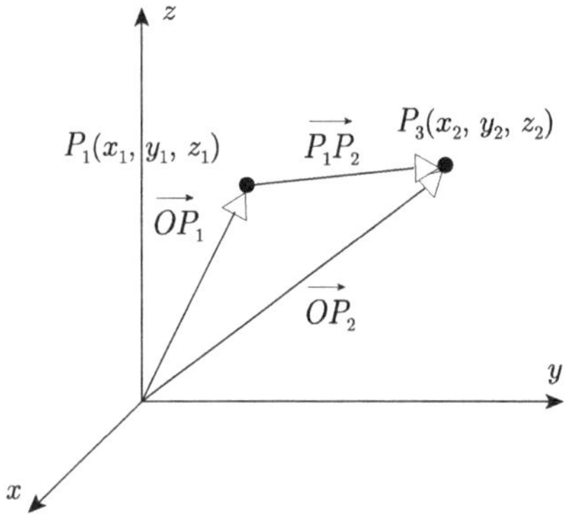

[그림 12.11]

즉, $\overrightarrow{P_1P_2}$의 성분은 끝점의 좌표에서 시작점의 좌표를 빼서 얻어진다. 그림 12.11을 이용하여 벡터 $\overrightarrow{P_1P_2}$는 벡터 $\overrightarrow{OP_2}$와 $\overrightarrow{OP_1}$의 차라고 생각할 수 있으므로,

$$\overrightarrow{P_1P_2} = \overrightarrow{OP_2} - \overrightarrow{OP_1} = (x_2, y_2, z_2) - (x_1, y_1, z_1) = (x_2 - x_1, y_2 - y_1, z_2 - z_1)$$

이다.

예제 12.4》 다음에 주어진 시작점 P_1, 끝점 P_2를 갖는 벡터의 성분을 구하여라.

(1) $P_1(4, 8)$, $P_2(3, 7)$ (2) $P_1(3, -7, 2)$, $P_2(-2, 5, -4)$

풀이

(1) $\overrightarrow{P_1P_2} = \overrightarrow{OP_2} - \overrightarrow{OP_1} = (-1, -1)$

(2) $\overrightarrow{P_1P_2} = \overrightarrow{OP_2} - \overrightarrow{OP_1} = (-5, 12, -6)$

12.2 벡터의 노음 및 연산

벡터 v의 길이를 v의 노음(Norm)이라 부르고, $|\mathrm{v}|$ 또는 $\|\mathrm{v}\|$로 표시한다. 벡터 $\mathrm{v} = (x, y)$의 노음을 피타고라스의 정리를 이용하여, $|\mathrm{v}| = \sqrt{x^2 + y^2}$ 으로 정의한다. 마찬가지로 피타고라스의 정리를 쓰면 두 점 $P_1(x_1, y_1)$, $P_2(x_2, y_2)$가 주어졌을 때 그 두 점 사이의 거리는 d는 벡터 $\overrightarrow{P_1P_2}$의 노음이다. 따라서 $\overrightarrow{P_1P_2} = (x_2 - x_1, y_2 - y_1)$이므로

$$|\overrightarrow{P_1P_2}| = \sqrt{(x_2 - x_1)^2 + (y_2 - y_1)^2}$$

으로 주어진다.

예제 12.5》 각 벡터의 크기를 구하여라.

(1) $\mathrm{u} = (2, -3)$ (2) $\mathrm{v} = (5, 0)$ (3) $\mathrm{w} = \left(\frac{3}{5}, \frac{4}{5}\right)$

풀이

(1) $|\mathrm{u}| = \sqrt{2^2 + (-3)^2} = \sqrt{13}$

(2) $|\mathrm{v}| = \sqrt{5^2 + 0^2} = \sqrt{25} = 5$

(3) $|\mathrm{w}| = \sqrt{(\frac{3}{5})^2 + (\frac{4}{5})^2} = \sqrt{\frac{9}{25} + \frac{16}{25}} = 1$

예제 12.6》 $P_1(2, 3)$, $P_2(4, 6)$일 때, 두 점 사이의 거리를 구하여라.

풀이

$|\overrightarrow{P_1P_2}| = \sqrt{(4-2)^2 + (6-3)^2} = \sqrt{13}$

삼차 공간에서의 벡터 v= (x, y, z)의 노음은 그림 12.12와 피타고라스 정리에 의해서

$$|\mathrm{v}| = (OQ)^2 + (OS)^2 + (RP)^2 = x^2 + y^2 + z^2$$

이 된다. 따라서 $|\mathrm{v}| = \sqrt{x^2 + y^2 + z^2}$ 와 두 점 $P_1(x_1, y_1, z_1)$과 $P_2(x_2, y_2, z_2)$가 주어졌을 때 $\overrightarrow{P_1P_2} = (x_2 - x_1, y_2 - y_1, z_2 - z_1)$이므로 $\overrightarrow{P_1P_2}$의 노음은

$$\| \overrightarrow{P_1P_2} \| = \sqrt{(x_2 - x_1)^2 + (y_2 - y_1)^2 + (z_2 - z_1)^2}$$

로 주어진다.

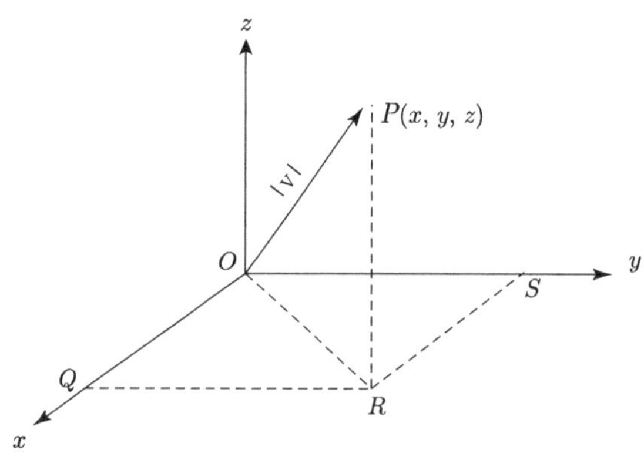

[그림 12.12]

길이가 1인 벡터를 단위벡터(unit vector)라고 한다. 이제 v가 영벡터가 아닐 때, 벡터 $\mathrm{u} = \dfrac{\mathrm{v}}{|\mathrm{v}|}$는 v-방향의 단위벡터가 된다.

예제 12.7》 $\mathrm{v} = (2, 3)$의 단위벡터를 구하여라.

풀이

$$|\mathrm{v}| = \sqrt{2^2 + 3^2} = \sqrt{13}, \quad \mathrm{u} = \frac{1}{\sqrt{13}}(2, 3) = \left(\frac{2}{\sqrt{13}}, \frac{3}{\sqrt{13}}\right)$$

12.3 벡터의 내적

정의 12.1

$u=(a_1, b_1)$, $v=(a_2, b_2)$벡터라 할 때 $u \cdot v = a_1a_2 + b_1b_2$이다. 내적은 벡터가 아니고 스칼라이다.

예제 12.8》 다음 내적 $u \cdot v$를 구하여라.

(1) $u=(3, -2)$, $v=(4, 5)$

(2) $u=2i+j$, $v=5i-6j$

풀이

(1) $u \cdot v = (3)(4)+(-2)(5)=2$

(2) $u \cdot v = (2)(5)+(1)(-6)=4$

벡터의 성질

1. $u \cdot v = v \cdot u$
2. $(au) \cdot v = a(u \cdot v) = u \cdot (av)$
3. $(u+v) \cdot w = u \cdot w + v \cdot w$
4. $|u|^2 = u \cdot u$

정리 12.1

θ가 u와 v 사잇각이라면

$$u \cdot v = |u||v|\cos\theta$$

증명 이제 영벡터가 아닌 두 벡터 u, v 그리고 사잇각 θ가 주어졌을 때 그림 12.13에서 삼각형의 코사인법칙을 적용하면 $|u-v|^2 = |u|^2 + |v|^2 - 2|u||v|\cos\theta$이다.

$$\begin{aligned} |u-v|^2 &= (u-v) \cdot (u-v) = u \cdot u - u \cdot v - v \cdot u + v \cdot v \\ &= |u|^2 - 2(u \cdot v) + |v|^2 \end{aligned}$$

$$|u|^2 - 2(u \cdot v) + |v|^2 = |u|^2 + |v|^2 - 2|u||v|\cos\theta$$

$$-2(u \cdot v) = -2|u||v|\cos\theta$$

$$u \cdot v = |u||v|\cos\theta$$

예제 12.9 》 u = (2, 5)와 v = (4, −3)에 대하여 u와 v가 이루는 각도를 구하여라.

풀이

$$\cos\theta = \frac{\mathrm{u}\cdot\mathrm{v}}{|\mathrm{u}||\mathrm{v}|} = \frac{(2)(4)+(5)(-3)}{\sqrt{4+25}\sqrt{16+9}} = \frac{-7}{5\sqrt{29}}$$

$$\theta = \cos^{-1}\left(\frac{-7}{5\sqrt{29}}\right) \approx 105.1^\circ$$

예제 12.10 》 u = (2, −1, 1), v = (1, 1, 2)에 대해서 u · v와 u와 v가 이루는 각도 θ를 구하여라.

풀이

$\mathrm{u}\cdot\mathrm{v} = u_1v_1 + u_2v_2 + u_3v_3 = (2)(1)+(-1)(1)+(1)(2) = 3$

주어진 벡터에 대해서 $|\mathrm{u}| = |\mathrm{v}| = \sqrt{6}$ 이고

$$\cos\theta = \frac{\mathrm{u}\cdot\mathrm{v}}{|\mathrm{u}||\mathrm{v}|} = \frac{3}{\sqrt{6}\sqrt{6}} = \frac{1}{2}$$

따라서 $\theta = 60^\circ$이다.

영이 아닌 두 벡터 u와 v 사이의 각이 $\frac{\pi}{2}$일 때, u와 v는 서로 수직(perpendicular) 또는 서로 직교(orthogonal)한다고 말한다. $\mathrm{u}\cdot\mathrm{v} = |\mathrm{u}||\mathrm{v}|\cos\left(\frac{\pi}{2}\right) = 0$이고, 역으로 $\mathrm{u}\cdot\mathrm{v} = 0$이면 $\cos\theta = 0$이므로 $\theta = \frac{\pi}{2}$이다. 영벡터는 모든 벡터에 수직인 것으로 생각한다. 그러므로 다음 방법에 의하여 두 벡터가 직교하는지 결정할 수 있다.

예제 12.11 》 2i + 2j − k가 5i − 4j + 2k에 수직임을 보여라.

풀이

$(2\mathrm{i}+2\mathrm{j}-\mathrm{k})\cdot(5\mathrm{i}-4\mathrm{j}+2\mathrm{k}) = 2(5)+2(-4)+(-1)(2) = 0$이므로 두 벡터는 수직이다.

그림 12.13은 같은 시작점 P를 갖는 두 벡터 a와 u를 $\overrightarrow{PQ}$와 $\overrightarrow{PR}$로 표현하고 있다. S를 R에서 $\overrightarrow{PQ}$를 포함하는 직선에 내린 수선의 발이라고 할 때, $\overrightarrow{PS}$로 표시된 벡터를 a 위로의 u의 벡터 사영(vector projection)이라고 한다(이를 벡터 u의 그림자로 생각할 수 있다).

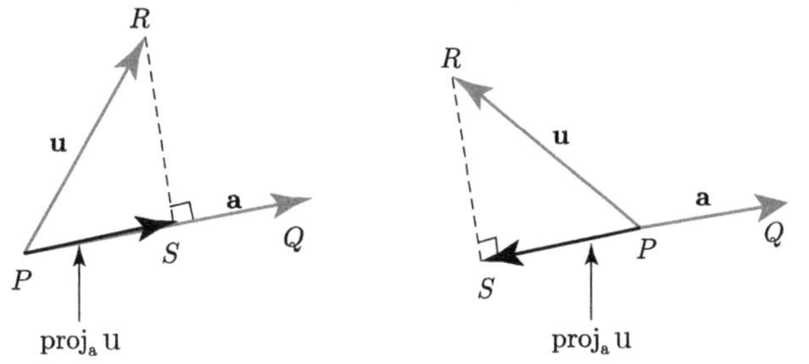

[그림 12.13]

a 위로의 u의 스칼라 사영(또는 a 방향의 u의 성분)은 θ가 a와 u 사이의 각일 때, $|u|\cos\theta$로 정의한다(그림 12.14 참조). $\frac{\pi}{2} < \theta \le \pi$일 때, 이것은 음수가 됨을 확인하여라.

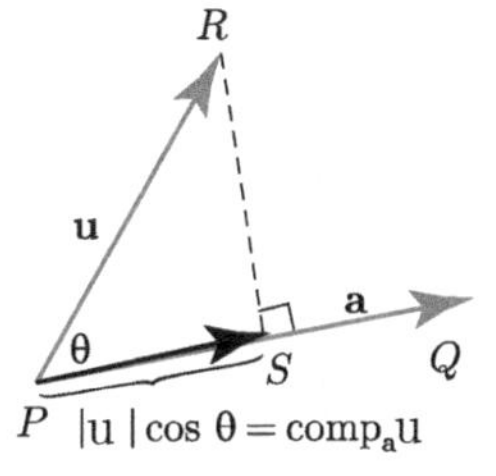

[그림 12.14]

식 $a \cdot u = |a||u|\cos\theta = |a|(|u|\cos\theta)$는 a와 u의 내적이 a의 길이에 a 위로의 u의 스칼라 사영을 곱한 것으로 설명될 수u 있음을 보여 준다.

$|u|\cos\theta = \frac{a \cdot u}{|a|} = \frac{a}{|a|} \cdot u$이므로 a 방향의 u의 성분은 a와 방향이 같은 단위벡터와 u와의 내적임을 알 수 있다. 이것을 요약하면 다음과 같다.

a 위로의 u의 스칼라 사영 : $\text{comp}_a u = \frac{a \cdot u}{|a|}$

a 위로의 u의 벡터 사영 : $\text{proj}_a u = \left(\frac{a \cdot u}{|a|}\right)\frac{a}{|a|} = \left(\frac{a \cdot u}{|a|^2}\right)a$

벡터 사영은 a 방향으로의 단위 벡터에 스칼라 사영을 곱한 것과 같다는 것을 기억하자.

예제 12.12 》 a = (−2, 3, 1) 위로의 u = (1, 1, 2)의 스칼라 사영과 벡터 사영을 구하여라.

풀이

$|a| = \sqrt{(-2)^2+3^2+1^2} = \sqrt{14}$ 이므로 a 위로의 u의 스칼라 사영은

$$\text{comp}_{\text{a}}\text{u} = \frac{\text{a}\cdot\text{u}}{|\text{a}|} = \frac{(-2)(1)+3(1)+1(2)}{\sqrt{14}} = \frac{3}{\sqrt{14}}$$

이다. 벡터 사영은 이 스칼라 사영을 a 방향의 단위벡터에 곱한 것이다.

$$\text{proj}_{\text{a}}\text{u} = \frac{3}{\sqrt{14}}\frac{\text{a}}{|\text{a}|} = \frac{3}{14}\text{a} = \frac{3}{14}(-2, 3, 1) = \left(-\frac{3}{7}, \frac{9}{14}, \frac{3}{14}\right)$$

예제 12.13 》 u = (2, −1, 3)이고 a = (4, −1, 2)라 하자. a에 따르는 u의 벡터 성분과 a에 직교하는 u의 벡터 성분을 구하여라.

풀이

$$\text{u}\cdot\text{a} = (2)(4)+(-1)(-1)+(3)(2) = 15$$
$$|a|^2 = 4^2+(-1)^2+2^2 = 21$$

따라서 a를 따르는 u의 벡터 성분은

$$\text{u}-\text{proj}_{\text{a}}\text{u} = \frac{\text{u}\cdot\text{a}}{|\text{a}|^2}\text{a} = \frac{15}{21}(4, -1, 2) = \left(\frac{20}{7}, -\frac{5}{7}, \frac{10}{7}\right)$$

이고, a에 직교하는 u의 벡터 성분은

$$\text{u}-\text{proj}_{\text{a}}\text{u} = (2, -1, 3) - \left(\frac{20}{7}, -\frac{5}{7}, \frac{10}{7}\right) = \left(-\frac{6}{7}, -\frac{2}{7}, \frac{11}{7}\right)$$

12.4 벡터곱

기하학, 물리학, 공학의 여러 가지 문제에 대한 벡터의 응용에 있어서 삼차원 공간에서 주어진 두 벡터에 수직이 되는 벡터를 구성하는 방법을 소개하고자 한다. 12.3절에서부터 이차원 또는 삼차원 공간에 있어서 두 벡터의 내적은 스칼라였음을 상기하자. 이제 벡터곱이 벡터를 구성하는 벡터 곱셈의 하나인 형태를 정의하겠지만, 이것은 오직 삼차원 공간에서만 적용이 가능하다.

삼차원 공간의 벡터 $\mathrm{u} = (u_1, u_2, u_3)$와 $\mathrm{v} = (v_1, v_2, v_3)$에서

$$\mathrm{u} \cdot \mathrm{v} = (u_2v_3 - u_3v_2,\ u_3v_1 - u_1v_3,\ u_1v_2 - u_2v_1)$$

을 u와 v의 외적 또는 벡터곱(cross product)이라고 한다. 행렬식을 이용하면

$$\mathrm{u} \times \mathrm{v} = \left(\begin{vmatrix} u_2 & u_3 \\ v_2 & v_3 \end{vmatrix}, -\begin{vmatrix} u_1 & u_3 \\ v_1 & v_3 \end{vmatrix}, \begin{vmatrix} u_1 & u_2 \\ v_1 & v_2 \end{vmatrix} \right)$$

로도 표기된다.

예제 12.14 》 $\mathrm{u} = < 1, 2, -2 >$, $\mathrm{v} = < 3, 0, 1 >$이라 할 때, $\mathrm{u} \times \mathrm{v}$를 구하여라.

풀이

$$\mathrm{u} \cdot \mathrm{v} = \left(\begin{vmatrix} 2 & -2 \\ 0 & 1 \end{vmatrix}, -\begin{vmatrix} 1 & -2 \\ 3 & 1 \end{vmatrix}, \begin{vmatrix} 1 & 2 \\ 3 & 0 \end{vmatrix} \right) = (2, -7, -6)$$

예제 12.15 》 $\mathrm{u} \cdot \mathrm{v}$는 u와 v에 수직임을 보여라.

풀이

$$\mathrm{u} \cdot (\mathrm{u} \cdot \mathrm{v}) = (1)(2) + (2)(-7) + (-2)(-6) = 0$$
$$\mathrm{v} \cdot (\mathrm{u} \cdot \mathrm{v}) = (3)(2) + (0)(-7) + (1)(-6) = 0$$

이므로, $\mathrm{u} \cdot \mathrm{v}$는 u, v의 각각에 직교한다.

정리 12.2 벡터곱의 성질

u, v, w를 삼차원 공간의 벡터, k를 임의의 스칼라라 할 때 다음이 성립한다.

1. $\mathrm{u} \cdot \mathrm{v} = -(\mathrm{v} \cdot \mathrm{u})$
2. $\mathrm{u} \cdot (\mathrm{v} + \mathrm{w}) = (\mathrm{u} \cdot \mathrm{v}) + (\mathrm{u} \cdot \mathrm{w})$
3. $(\mathrm{u} + \mathrm{v}) \cdot \mathrm{w} = (\mathrm{u} \cdot \mathrm{w}) + (\mathrm{v} \cdot \mathrm{w})$
4. $k(\mathrm{u} \cdot \mathrm{v}) = (k\mathrm{u}) \cdot \mathrm{v} = \mathrm{u} \cdot (k\mathrm{v})$
5. $\mathrm{u} \cdot 0 = 0 \cdot \mathrm{u} = 0$
6. $\mathrm{u} \cdot \mathrm{u} = 0$

벡터 $\mathrm{i} = (1, 0, 0)$, $\mathrm{j} = (0, 1, 0)$, $\mathrm{k} = (0, 0, 1)$을 생각해 보자. 이들 벡터는 어느 것이나 길이가 1이고 좌표축상에 존재한다(그림 12.15 참조). 이들의 특수한 벡터를 삼차원 공간의 세 개의 표준단위벡터(standard unit vectors)라고 한다.

삼차원 공간의 임의의 벡터 $\mathrm{v} = (v_1, v_2, v_3)$를 i, j, k를 사용하여 나타내면

$$v = (v_1, v_2, v_3) = v_1(1, 0, 0) + v_2(0, 1, 0) + v_3(0, 0, 1) = v_1 i + v_2 j + v_3 k$$

로 쓸 수 있다. 예를 들어, $(2, -3, 4) = (2i - 3j + 4k)$이다.

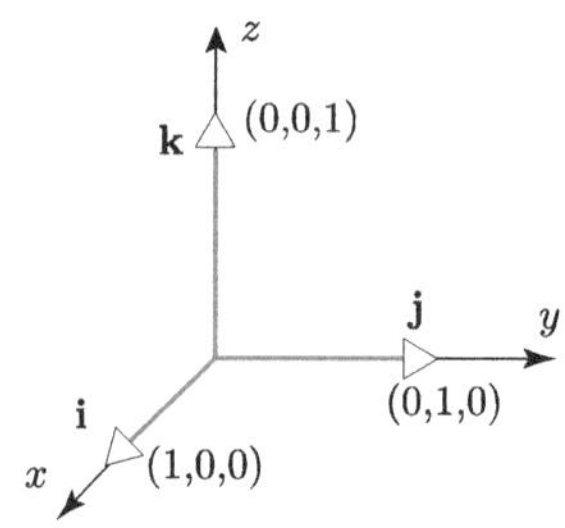

[그림 12.15]

벡터곱에 관한 행렬식 형식 또한 단위벡터 i, j, k를 사용하여 u · v를 다음과 같이 3×3 행렬식 형태의 기호로 표현할 수도 있다. 즉,

$$u \cdot v = \begin{vmatrix} i & j & k \\ u_1 & u_2 & u_3 \\ v_1 & v_2 & v_3 \end{vmatrix} = \begin{vmatrix} u_2 & u_3 \\ v_2 & v_3 \end{vmatrix} i - \begin{vmatrix} u_1 & u_3 \\ v_1 & v_3 \end{vmatrix} j + \begin{vmatrix} u_1 & u_2 \\ v_1 & v_2 \end{vmatrix} k$$

예제 12.16 》 $u = (1, 2, -2)$, $v = (3, 0, 1)$이라 할 때 u · v를 구하여라.

풀이

$$u \cdot v = \begin{vmatrix} i & j & k \\ 1 & 2 & -2 \\ 3 & 0 & 1 \end{vmatrix} = 2i - 7j - 6k$$

u와 v가 삼차원 공간의 벡터이면 u · v의 노음은 유용한 기하학적 해석을 갖는다. 라그랑주의 항등식

$$|u \times v|^2 = |u|^2|v|^2 - (u \cdot v)^2$$

이다. u와 v가 이루는 각을 θ라 하면 $u \cdot v = |u||v|\cos\theta$로 쓸 수 있으므로

$$\begin{aligned} |u \times v|^2 &= |u|^2|v|^2 - |u|^2|v|^2\cos^2\theta = |u|^2|v|^2(1 - \cos^2\theta) \\ &= |u|^2|v|^2\sin^2\theta \end{aligned}$$

로 된다. $0 \le \theta \le \pi$이므로 $\sin\theta \ge 0$이다. 따라서

$$|u \times v| = |u||v|\sin\theta$$

라는 공식이 얻어진다. 그런데 $|\mathrm{v}|\sin\theta$란 u와 v가 만드는 평행사변형의 높이로 되어 있다(그림 12.16). 따라서 이 평행사변형의 넓이 A는

$$A=(\text{밑변})(\text{높이})=|\mathrm{u}||\mathrm{v}|\sin\theta=|\mathrm{u}\cdot\mathrm{v}|$$

로 주어진다.

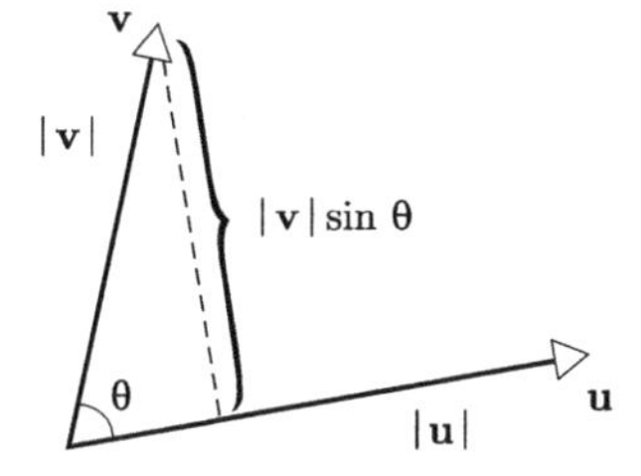

[그림 12.16]

정리 12.3

u와 v가 삼차원 공간의 벡터이면 $|\mathrm{u}\cdot\mathrm{v}|$는 u와 v가 만드는 평행사변형의 넓이와 같다.

예제 12.17 점 $P_1(2, 2, 0)$, $P_2(-1, 0, 2)$와 $P_3(0, 4, 3)$으로 결정되는 삼각형의 넓이를 구하여라.

풀이

$\overrightarrow{P_1P_2}=(-3, -2, 2)$이고 $\overrightarrow{P_1P_3}=(-2, 2, 3)$이므로
$\overrightarrow{P_1P_2}\times\overrightarrow{P_1P_3}=(-10, 5, -10)$이다. 따라서

$$A=\frac{1}{2}|\overrightarrow{P_1P_3}\times\overrightarrow{P_1P_2}|=\frac{1}{2}(15)=\frac{15}{2}$$

정의 12.2

u, v, w를 삼차원 공간의 벡터라 할 때 $\mathrm{u}\cdot(\mathrm{v}\cdot\mathrm{w})$를 u, v, w의 스칼라삼중적(scalar triple product)이라고 한다.

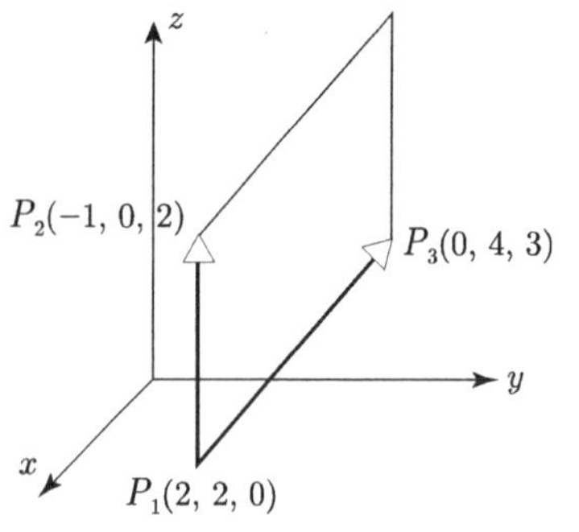

[그림 12.17]

u= (u_1, u_2, u_3), v= (v_1, v_2, v_3), w= (w_1, w_2, w_3)의 스칼라삼중적은 공식

$$\mathrm{u} \cdot (\mathrm{v} \cdot \mathrm{w}) = \begin{vmatrix} u_1 & u_2 & u_3 \\ v_1 & v_2 & v_3 \\ w_1 & w_2 & w_3 \end{vmatrix}$$

로 계산할 수 있다.

$$\begin{aligned} \mathrm{u} \cdot (\mathrm{v} \cdot \mathrm{w}) &= \mathrm{u} \cdot \left(\begin{vmatrix} v_2 & v_3 \\ w_2 & w_3 \end{vmatrix} \mathrm{i} - \begin{vmatrix} v_1 & v_3 \\ w_1 & w_3 \end{vmatrix} \mathrm{j} + \begin{vmatrix} v_1 & v_2 \\ w_1 & w_3 \end{vmatrix} \mathrm{k} \right) \\ &= \begin{vmatrix} v_2 & v_3 \\ w_2 & w_3 \end{vmatrix} u_1 - \begin{vmatrix} v_1 & v_3 \\ w_1 & w_3 \end{vmatrix} u_2 + \begin{vmatrix} v_1 & v_2 \\ w_1 & w_2 \end{vmatrix} u_3 \\ &= \begin{vmatrix} u_1 & u_2 & u_3 \\ v_1 & v_2 & v_3 \\ w_1 & w_2 & w_3 \end{vmatrix} \end{aligned}$$

인 까닭에 성립한다.

예제 12.18 》 벡터 u = 3i − 2j − 5k, v = i + 4j − 4k, w = 3j + 2k의 스칼라 삼중적 u · $(v \cdot w)$를 계산하여라.

풀이

$$\mathrm{u} \cdot (\mathrm{v} \cdot \mathrm{w}) = \begin{vmatrix} 3 & -2 & -5 \\ 1 & 4 & -4 \\ 0 & 3 & 2 \end{vmatrix} = 3\begin{vmatrix} 4 & -4 \\ 3 & 2 \end{vmatrix} - (-2)\begin{vmatrix} 1 & -4 \\ 0 & 2 \end{vmatrix} + (-5)\begin{vmatrix} 1 & 4 \\ 0 & 3 \end{vmatrix} = 60 + 4 - 15 = 49$$

정리 12.4

(a) 행렬식 $\det\begin{pmatrix} u_1 & u_2 \\ v_1 & v_2 \end{pmatrix}$의 절댓값은 이차원 공간의 벡터 u$=(u_1, u_2)$, v$=(v_1, v_2)$가 만드는 평행사변형의 넓이와 같다(그림 12.18(a) 참조).

(b) 행렬식 $\det\begin{pmatrix} u_1 & u_2 & u_3 \\ v_1 & v_2 & v_3 \\ w_1 & w_2 & w_3 \end{pmatrix}$의 절댓값은 삼차원 공간의 벡터 u$=(u_1, u_2, u_3)$, v$=(v_1, v_2, v_3)$, w$=(w_1, w_2, w_3)$가 만드는 평행육면체의 부피와 같다(그림 12.22(b) 참조).

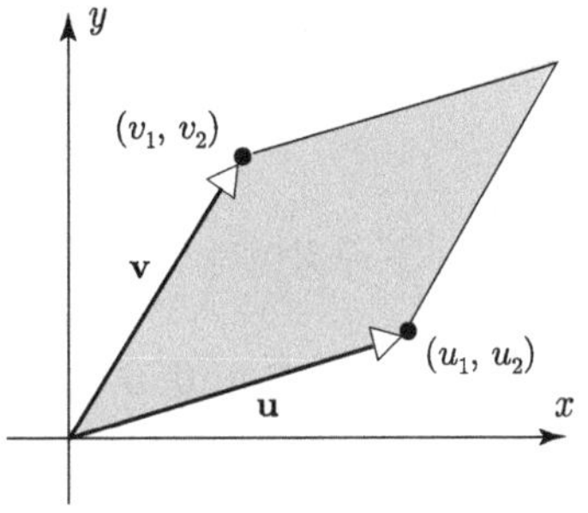

(a)

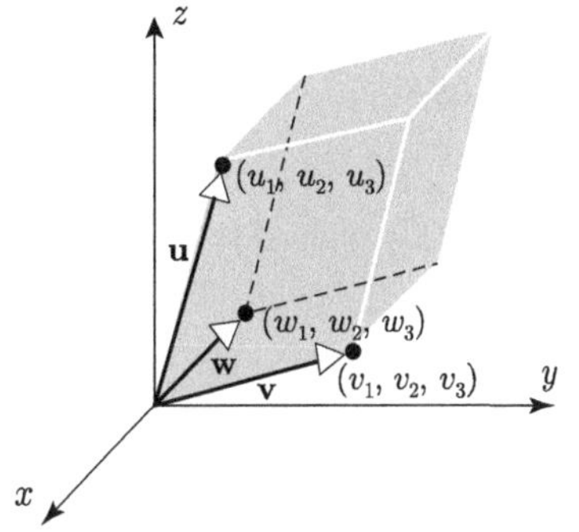

(b)

[그림 12.18]

연습문제

1 오른쪽 그림에 주어진 u, v를 보고 다음을 도시하여라.

(1) 2u (2) u + v

(3) v − 2u (4) 2u + v

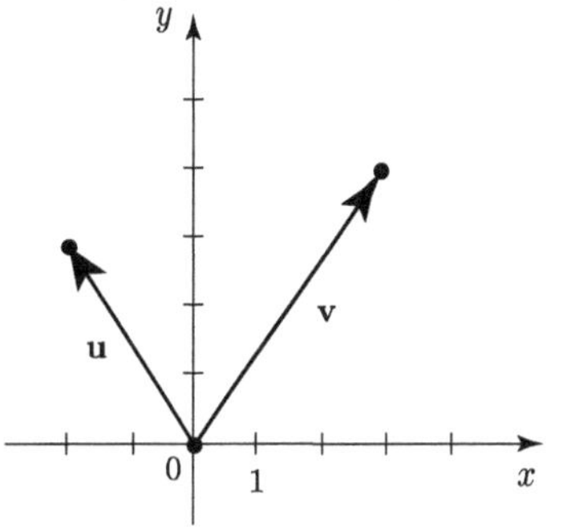

2 좌표계를 그리고, 다음에 주어진 좌표점의 위치를 정하여라.

(1) (3, 4, 5) (2) (−3, −4, 5) (3) (−3, 0, 0)

3 다음에 주어진 시작점 P_1과 끝점 P_2를 갖는 벡터의 성분을 구하여라.

(1) $P_1(4, 8)$, $P_2(3, 7)$

(2) $P_1(3, -7, 2)$, $P_2(-2, 5, -4)$

4 $u=(-3, 1, 2)$, $\mathrm{v}=(4, 0, -8)$, $\mathrm{w}=(6, -1, -4)$라고 할 때 다음 벡터의 성분을 구하여라.

(1) $\mathrm{v}-\mathrm{w}$　　(2) $-\mathrm{v}+\mathrm{u}$　　(3) $-3(\mathrm{v}-8\mathrm{w})$

5 u, v, w를 문제 4의 벡터라고 할 때 $2\mathrm{u}-\mathrm{v}+\mathrm{x}=7\mathrm{x}+\mathrm{w}$를 만족하는 벡터 x의 성분을 구하여라.

6 다음 등식을 만족하는 모든 스칼라 c_1, c_2, c_3를 구하여라.

$$c_1(1, 2, 0)+c_2(2, 1, 1)+c_3(0, 3, 1)=(0, 0, 0)$$

7 점 P의 좌표를 $(2, 3, -2)$, 점 Q의 좌표를 $(7, -4, 1)$이라고 할 때

(1) P와 Q를 연결하는 선분의 중점을 구하여라.

(2) P와 Q를 연결하는 선분을 $3:4$로 내분하는 점을 구하여라.

8 시작점이 P_1, 끝점이 P_2인 벡터의 성분을 구하여라.

(1) $P_1(3, 5)$, $P_2(2, 8)$　　(2) $P_1(6, 5, 8)$, $P_2(8, -7, -3)$

9 시작점이 P_1, 끝점이 P_2인 벡터 v의 길이 $|\mathrm{v}|$를 구하고, v를 도시하여라.

(1) $P_1(1, 0, 0)$, $P_2(4, 2, 0)$

(2) $P_1(3, -2, 1)$, $P_2(1, 2, -4)$

(3) $P_1(8, 6, 1)$, $P_2(-8, 6, 1)$

10 u와 v가 다음과 같을 때 $\mathrm{u}+\mathrm{v}$, $\mathrm{u}-\mathrm{v}$, $3\mathrm{u}-2\mathrm{v}$를 각각 구하여라.

(1) $\mathrm{u}=(2, 3)$, $\mathrm{v}=(-2, 5)$

(2) $\mathrm{u}=(1, 2, -3)$, $\mathrm{v}=(0, 1, -2)$

11 주어진 두 점 사이의 거리를 구하여라.

(1) $(2, 3)$, $(4, 5)$

(2) $(1, -1, 2)$, $(3, 0, 2)$

(3) $(-3, 2)$, $(0, 1)$

12 $\mathrm{u}=(1, -3, 2)$, $\mathrm{v}=(1, 1, 0)$, $\mathrm{w}=(2, 2, -4)$일 때 다음을 구하여라.

(1) $|\mathrm{u}+\mathrm{v}|$ (2) $|-2\mathrm{u}|+2|\mathrm{v}|$

(3) $\dfrac{1}{|\mathrm{w}|}\cdot \mathrm{w}$

13 $P_1(1, 1, 2)$, $P_2(6, -7, 3)$이 주어졌을 때, 다음을 구하여라.

(1) 두 점 P_1과 P_2 사이의 거리

(2) 시작점이 P_1이고 끝점이 P_2인 벡터

(3) (2)에서 벡터를 u라고 할 때 $|3\mathrm{u}|$

(4) $\dfrac{\mathrm{u}}{|\mathrm{u}|}$를 계산하고, $\dfrac{\mathrm{u}}{|\mathrm{u}|}$의 노음(Norm)이 1이 됨을 보여라.

(5) $|k\mathrm{u}|=3$이 되는 k의 모든 값을 구하여라.

(6) (4)를 이용하여 $\mathrm{v}=(1, 1, 1)$과 같은 방향을 갖는 단위벡터를 구하여라.

14 u-방향의 단위벡터를 구하여라.

(1) $\mathrm{u}=(1, 2, 1)$

(2) $\mathrm{u}=(0, -1, 2, -1)$

15 $\mathrm{u}\cdot\mathrm{v}$를 계산하여라.

(1) $\mathrm{u}=(3, 1)$, $\mathrm{v}=(2, 4)$

(2) $\mathrm{u}=(2, -1, 3)$, $\mathrm{v}=(0, 2, 4)$

16 다음 벡터 사이의 각을 구하여라.

(1) $\mathrm{a}=3\mathrm{i}-2\mathrm{j}$, $\mathrm{b}=\mathrm{i}+\mathrm{j}$

(2) $\mathrm{a}=3\mathrm{i}+\mathrm{j}-4\mathrm{k}$, $\mathrm{b}=-2\mathrm{i}+2\mathrm{j}+\mathrm{k}$

17 주어진 벡터들이 직교하는지 밝혀라.

(1) $\mathrm{a}=(4, -1, 1)$, $\mathrm{b}=(2, 4, 4)$

(2) $\mathrm{a}=6\mathrm{i}+2\mathrm{j}$, $\mathrm{b}=-\mathrm{i}+3\mathrm{j}$

18 $\text{comp}_{a}u$와 $\text{proj}_{a}u$를 찾아라.

(1) $u = (2, 1)$, $a = (3, 4)$

(2) $u = 3i + j$, $a = 4i - 3j$

(3) $u = (2, 0, -2)$, $a = (0, -3, 4)$

19 다음의 u에서 a로의 정사영벡터을 구하여라.

(1) $u = (6, 2)$, $a = (3, -9)$

(2) $u = (3, 1, -7)$, $a = (1, 0, 5)$

20 문제 19의 각각에서 a에 직교하는 u 벡터의 성분을 구하여라.

21 다음 각각에서 $|\text{proj}_{a}u|$를 구하여라.

(1) $u = (1, -2)$, $a = (-4, -3)$

(2) $u = (3, -2, 6)$, $a = (1, 2, -7)$

22 $u = (1, 0, 1)$과 $v = (0, 1, 1)$ 모두에 직교하는 단위벡터를 구하여라.

23 외적 $u \times v$를 계산하여라.

(1) $u = (1, 2, -1)$, $v = (1, 0, 2)$

(2) $u = 2i - k$, $v = 4j + k$

24 다음 면적과 체적을 계산하여라.

(1) $(2, 3)$과 $(1, 4)$를 이웃하는 두 변으로 하는 평행사변형의 면적

(2) $(2, 1, 0)$, $(-1, 2, 0)$과 $(1, 1, 2)$를 이웃하는 세 변으로 하는 평행육면체의 체적

25 $u = (3, 2, -1)$, $v = (0, 2, -3)$, $w = (2, 6, 7)$일 때, 다음을 계산하여라.

(1) $v \times w$

(2) $(u \times v) \times w$

(3) $u \times (v - 2w)$

26 다음 벡터 u와 v 모두에 직교하는 벡터를 구하여라.

(1) $u = (-6, 4, 2)$, $v = (3, 1, 5)$

(2) $u = (-2, 1, 5)$, $v = (3, 0, -3)$

27 다음 u와 v가 만드는 평행사변형의 넓이를 구하여라.

(1) $u = (1, -1, 2)$, $v = (0, 3, 1)$

(2) $u = (2, 3, 0)$, $v = (-1, 2, -2)$

(3) $u = (3, -1, 4)$, $v = (6, -2, 8)$

28 다음 u, v, w에 대한 스칼라삼중적 $u \cdot (v \cdot w)$를 구하여라.

(1) $u = (-1, 2, 4)$, $v = (3, 4, -2)$, $w = (-1, 2, 5)$

(2) $u = (3, -1, 6)$, $v = (2, 4, 3)$, $w = (5, -1, 2)$

29 다음 u, v, w를 변으로 갖는 평행육면체의 부피를 구하여라.

(1) $u = (2, -6, 2)$, $v = (0, 4, -2)$, $w = (2, 2, -4)$

(2) $u = (3, 1, 2)$, $v = (4, 5, 1)$, $w = (1, 2, 4)$

CHAPTER 13

벡터공간

13.1 벡터공간

행렬의 경우와 같이 벡터에 실수를 곱하는 것을 스칼라곱이라고 한다(R^n 에서의 스칼라는 항상 실수이다. 특별히 이 장에서의 스칼라(scalar)는 항상 실수를 의미한다). 벡터의 합과 스칼라곱을 위와 같이 정의할 때 R^n 의 원들 사이에는 다음과 같은 중요한 성질들이 성립한다는 것을 쉽게 검증할 수 있다.

정리 13.1

$\mathbf{x}$, $\mathbf{y}$, $\mathbf{z}$가 R^n 의 벡터이고 a, b가 스칼라이면 다음이 성립한다.

닫힘 성질

1. $\mathbf{x}+\mathbf{y}$는 R^n 의 원이다.
2. $a\mathbf{x}$는 R^n 의 원이다.

가법에 관한 성질

3. $\mathbf{x}+\mathbf{y}=\mathbf{y}+\mathbf{x}$
4. $\mathbf{x}+(\mathbf{y}+\mathbf{z})=(\mathbf{x}+\mathbf{y})+\mathbf{z}$
5. R^n 은 영벡터 $\mathbf{0}$를 포함하고 R^n 의 임의의 원 $\mathbf{x}$에 대하여 $\mathbf{x}+\mathbf{0}=\mathbf{x}$이다.
6. R^n 의 모든 벡터 $\mathbf{x}$에 대하여 $\mathbf{x}+(-\mathbf{x})=\mathbf{0}$인 벡터 $-\mathbf{x}$가 존재한다.

스칼라곱에 관한 성질

7. $a(b\mathrm{x}) = (ab)\mathrm{x}$
8. $a(\mathrm{x}+\mathrm{y}) = a\mathrm{x}+a\mathrm{y}$
9. $(a+b)\mathrm{x} = a\mathrm{x}+b\mathrm{x}$
10. R^n의 모든 x에 대하여 $1\mathrm{x} = \mathrm{x}$이다.

12장에서 설명하였듯이, 일반적으로 어떤 집합이 정리 13.1을 만족할 때 그 집합을 벡터공간(vector space)이라고 한다. 따라서 n이 양의 정수일 때 R^n은 벡터공간이다.

정리 13.2

실수를 원소로 하는 $m \times n$의 행렬 전체의 집합 $M_{m,n}$은 행렬의 연산(행렬의 덧셈 및 스칼라곱)에 관하여 벡터공간이 된다.

예제 13.1》 다음 연산을 만족하는 실수의 모든 순서쌍 (x, y)의 집합이 벡터공간이 아님을 보여라.

$$(x, y)+(x', y') = (x+x'+1, y+y'+1),\ a(x, y) = (ax, ay)$$

풀이

정리 13.1의 8에서

$$a((x, y)+(x', y')) = a(x+x'+1, y+y'+1) = (ax+ax'+a, ay+ay'+a)$$
$$a(x, y)+a(x', y') = (ax, ay)+(ax', ay') = (ax+ax'+1, ay+ay'+1)$$

즉,

$$a((x, y)+(x', y')) \neq a((x, y)+(x', y'))$$

도 성립하지 않는다. 벡터공간이 아니다.

예제 13.2》 다음 연산을 만족하는 $(1, x)$ 형식인 실수의 모든 순서쌍의 집합이 벡터공간임을 보여라.

$$(1, y)+(1, y) = (1, y+y),\ k(1, y) = (1, ky)$$

풀이

정리 13.1의 연산을 모두 만족하므로 벡터공간이다.

13.2 부분공간

R^n의 부분공간(subspace)

다음에는 R^n의 부분집합 W가 정리 13.1의 모든 조건을 만족하는 경우에 대하여 알아보자. 이때 W를 R^n의 부분공간이라고 한다. 이를테면 R^3에서 다음과 같은 부분집합 W를 생각해 보자.

$$W = \left\{ \mathrm{x} : \mathrm{x} = \begin{pmatrix} x_1 \\ x_2 \\ 0 \end{pmatrix},\ \text{단},\ x_1,\ x_2\text{는 실수} \right\}$$

기하학적으로 W는 xy-평면을 나타낸다(그림 13.1 참조). 따라서 W는 R^2을 나타낸다고 볼 수 있다. W가 정리 13.1의 모든 조건을 만족하는 것은 아주 쉬운 일이다. 이와 같이 W는 R^3의 부분공간이다.

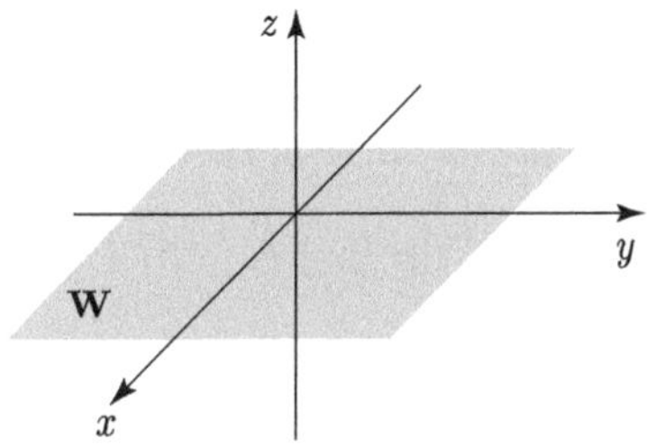

[그림 13.1] W는 R^3의 부분집합이다.

다음 정리는 R^n의 부분집합 W가 부분공간인지 아닌지를 판정하는 데 편리한 기준을 제공한다.

정리 13.3

R^n의 부분집합 W가 R^n의 부분공간이기 위한 필요충분조건은 다음과 같다.

1. W는 영벡터 0를 포함한다.
2. x, y가 W의 원이면 x + y도 W의 원이다.
3. x가 W의 원이면 임의의 스칼라 a에 대하여 ax도 W의 원이다.

예제 13.3》 $V = R^3$이라 할 때 다음의 W는 V의 부분공간이 아님을 보여라.

(1) $W = \{(a, b, c) \mid a \geq 0\}$ (2) $W = \{(a, b, c) \mid a, b, c \in Q\}$

풀이

(1) $\mathrm{x}=(1, 2, 3) \in W$이고 $k=-5 \in R$라 하면

$$k\mathrm{x}=-5(1, 2, 3)=(-5, -10, -15)$$

이다. 그런데 -5는 음수이므로 $kx \notin W$이다. 따라서 W는 V의 부분공간이 아니다.

(2) $\mathrm{x}=(1, 2, 3) \in W$이고, $k=\sqrt{2} \in R$라 하면

$$k\mathrm{x}=\sqrt{2}(1, 2, 3)=(\sqrt{2}, 2\sqrt{2}, 3\sqrt{2})$$

이다. 따라서 $k\mathrm{x} \notin \mathrm{W}$이므로 W는 V의 부분공간이 아니다.

예제 13.4》 $W=(a, b, a+b) | a, b \in R$일 때 W는 R^3의 부분공간임을 보여라.

풀이

$\mathrm{x}=(a_1, b_1, a_1+b_1)$, $\mathrm{y}=(a_2, b_2, a_2+b_2)$라 하면

$$\begin{aligned}\mathrm{x}+\mathrm{y} &= (a_1, b_1, a_1+b_1)+(a_2, b_2, a_2+b_2)\\ &=(a_1+a_2, b_1+b_2, [(a_1+a_2)+(b_1+b_2)]) \in W\end{aligned}$$

또 k를 임의의 스칼라라고 할 때

$$\begin{aligned}k(a_1, b_1, a_1+b_1) &= (ka_1, kb_1, k(a_1+b_1))\\ &=(ka_1, kb_1, (ka_1+kb_1)) \in W\end{aligned}$$

따라서 W는 R^3의 부분공간이다.

예제 13.5》 R^3의 부분집합 W를 다음과 같이 정의하자.

$$W=\left\{\mathrm{x} : \mathrm{x}=\begin{pmatrix} x_1 \\ x_2 \\ 1 \end{pmatrix},\ x_1,\ x_2\text{는 임의의 실수}\right\}$$

이때 W는 R^3의 부분공간이 아님을 보여라.

풀이

지금 x, y가 W의 원소이고 $\mathrm{x}=\begin{pmatrix} x_1 \\ x_2 \\ 1 \end{pmatrix}$, $\mathrm{y}=\begin{pmatrix} y_1 \\ y_2 \\ 1 \end{pmatrix}$이라고 하자. 이때 $\mathrm{x}+\mathrm{y}$는 다음과 같다.

$$\mathrm{x}+\mathrm{y}=\begin{pmatrix} x_1+y_1 \\ x_2+y_2 \\ 2 \end{pmatrix}$$

이와 같이 $\mathrm{x}+\mathrm{y}$의 셋째 좌표는 1이 아니므로 $x+y$는 W의 원소가 아니다. 마찬가지로,

$$a\mathrm{x}=\begin{pmatrix} ax_1 \\ ax_2 \\ a \end{pmatrix}$$

따라서 $a \neq 1$이면, $a\mathrm{x}$가 W의 원소이다. 따라서 W는 R^3의 부분공간이 아니다.

13.3 일차독립

13.3.1 일차결합

정의 13.1

벡터 v가 벡터 $\mathrm{v}_1, \mathrm{v}_2, \cdots, \mathrm{v}_r$ 및 스칼라 $k_1, k_2, \cdots, k_r$의 항으로

$$\mathrm{v}= k_1\mathrm{v}_1 + k_2\mathrm{v}_2 + \cdots + k_r\mathrm{v}_r$$

의 형태로 표현될 때, v를 $\mathrm{v}_1, \mathrm{v}_2, \cdots, \mathrm{v}_r$의 일차결합(linear combination)이라고 한다.

예제 13.6》 $\mathrm{v}_1=(1,1,1)$, $\mathrm{v}_2=(1,2,3)$, $\mathrm{v}_3=(2,-1,1)$을 R^3의 벡터라고 하자. 벡터 $\mathrm{v}=(1,-2,5)$가 $\mathrm{v}_1, \mathrm{v}_2, \mathrm{v}_3$의 일차결합임을 보여라.

풀이

일차결합이 되기 위해서는 $\mathrm{v}= k_1\mathrm{v}_1 + k_2\mathrm{v}_2 + k_3\mathrm{v}_3$를 만족하는 실수 k_1, k_2, k_3를 찾을 수 있어야 한다. 따라서

$$\begin{aligned}(1,-2,5) &= k_1(1,1,1)+k_2(1,2,3)+k_3(2,-1,1) \\ &= (k_1,k_1,k_1)+(k_2,2k_2,3k_2)+(2k_3,-k_3,k_3) \\ &= (k_1+k_2+2k_3,\ k_1+2k_2-k_3,\ k_1+3k_2+k_3)\end{aligned}$$

가 된다.

$$k_1 + k_2 + 2k_3 = 1$$
$$k_1 + 2k_2 - k_3 = -2$$
$$k_1 + 3k_2 + k_3 = 5$$

이 방정식을 풀면 $k_1 = -6$, $k_2 = 3$, $k_3 = 2$이다. 따라서 $\mathrm{v} = -6\mathrm{v}_1 + 3\mathrm{v}_2 + 2\mathrm{v}_3$이다.

예제 13.7》 $\mathrm{v}_1 = (1, -3, 2)$, $\mathrm{v}_2 = (2, -4, -1)$, $\mathrm{v}_3 = (1, -5, 7)$을 R^3의 벡터라고 하자. 벡터 $\mathrm{v} = (2, -5, 3)$은 $\mathrm{v}_1, \mathrm{v}_2, \mathrm{v}_3$의 일차결합이 아님을 보여라.

풀이

$$\begin{aligned}(2, -5, 3) &= k_1(1, -3, 2) + k_2(2, -4, -1) + k_3(1, -5, 7) \\ &= (k_1 + 2k_2 + k_3, -3k_1 - 4k_2 - 5k_3, 2k_1 - k_2 + 7k_3)\end{aligned}$$

가 되고,

$$k_1 + 2k_2 + k_3 = 2, \ -3k_1 - 4k_2 - 5k_3 = -5, \ 2k_1 - k_2 + 7k_3 = 3$$

은 해를 갖지 않는다. 즉, 위의 연립방정식을 만족시키는 실수 k_1, k_2, k_3는 존재하지 않기 때문에 일차결합이 아니다.

13.3.2 생성집합(spanning sets)

W는 R^n의 부분집합, S를 W의 부분집합이라고 하자. 위에서 알아본 바에 의하면 S가 W의 기저가 되기 위해서는 W의 모든 벡터는 S의 벡터의 일차결합으로 표시되어야 한다.

정의 13.2

W는 R^n의 부분공간이고 $S = \{\mathrm{w}_1, \cdots, \mathrm{w}_m\}$을 W의 부분집합이라고 하자. 만일 다음과 같이 W의 모든 벡터가 S의 벡터의 일차결합으로 표시되면 S를 W의 생성집합 또는 S가 W를 생성한다고 말한다.

$$W = a_1\mathrm{w}_1 + \cdots + a_m\mathrm{w}_m$$

앞 절에서 사용한 기호를 사용하여 $\mathrm{sp}(S) = W$일 때 S는 W의 생성집합이다. 이를테면, R^3에서 단위벡터들로 된 집합 $S = \{(\mathrm{e}_1, \mathrm{e}_2, \mathrm{e}_3)\}$는 분명히 R^3의 생성집합이

다. 만일 R^3의 벡터 v가

$$\mathrm{v}=\begin{pmatrix} a \\ b \\ c \end{pmatrix}$$

이면 $\mathrm{v} = a\mathrm{e}_1 + b\mathrm{e}_2 + c\mathrm{e}_3$이다. 아래의 두 예제에서는 R^3의 또 다른 부분집합을 생각한다.

예제 13.8》 R^3에서 $S = \{\mathrm{u}_1, \mathrm{u}_2, \mathrm{u}_3\}$이다. 여기서 $\mathrm{u}_1 = \begin{pmatrix} 1 \\ -1 \\ 0 \end{pmatrix}$, $\mathrm{u}_2 = \begin{pmatrix} -2 \\ 3 \\ 1 \end{pmatrix}$, $\mathrm{u}_3 = \begin{pmatrix} 1 \\ 2 \\ 4 \end{pmatrix}$라고 할 때, S가 R^3의 생성집합인지 아닌지를 판정하여라.

풀이

R^3의 임의의 벡터 v가 u_1, u_2, u_3의 일차결합으로 표시될 수 있는지를 조사해야 한다. 벡터 v에 대하여 벡터방정식

$$x_1\mathrm{u}_1 + x_2\mathrm{u}_2 + x_3\mathrm{u}_3 = \mathrm{v}$$

가 항상 해를 갖는지를 알아보아야 한다. $\mathrm{A} = (\mathrm{u}_1, \mathrm{u}_2, \mathrm{u}_3)$를 계수행렬로 하는 선형계

$$\mathrm{Ax} = \mathrm{v}$$

와 동치이다.

첨가행렬은 $(\mathrm{A}|\mathrm{v})=\begin{pmatrix} 1 & -2 & 1 & a \\ -1 & 3 & 2 & b \\ 0 & 1 & 4 & c \end{pmatrix}$이고, 이것은 다음 행렬과 행에 관하여 동치(row equivalent)이다.

$$\begin{pmatrix} 1 & -2 & 1 & a \\ 0 & 1 & 3 & a+b \\ 0 & 0 & 1 & -a-b+c \end{pmatrix}$$

이것을 후진대입법하면 해는 다음과 같다.

$$x_1 = 10a + 9b - c$$

$$x_2 = 4a + 4b - 3c$$

$$x_3 = -a - b + c$$

따라서 S는 R^3의 생성집합이다.

예제 13.9》 $S = \{v_1, v_2, v_3\}$를 다음과 같은 R^3의 부분집합이라고 하자. 이때 S는 R^3를 생성하는가?

$$v_1 = \begin{pmatrix} 1 \\ 2 \\ 3 \end{pmatrix}, \quad v_2 = \begin{pmatrix} -0 \\ 0 \\ -7 \end{pmatrix}, \quad v_3 = \begin{pmatrix} 2 \\ 7 \\ 0 \end{pmatrix}$$

풀이

v 벡터방정식

$$x_1 v_1 + x_2 v_2 + x_3 v_3 = v$$

는 (3×3)선형계

$$A x = v$$

와 동치이다. 단, A는 (v_1, v_2, v_3)이다. 첨가행렬은 다음과 같다.

$$(A|v) = \begin{pmatrix} 1 & -1 & 2 & a \\ 2 & 0 & 7 & b \\ 3 & -7 & 0 & c \end{pmatrix}$$

그리고 이것은 다음 행렬과 행에 관하여 동치이다.

$$\begin{pmatrix} 1 & -1 & 2 & a \\ 0 & 2 & 3 & -2a+b \\ 0 & 0 & 0 & -7a+2b+c \end{pmatrix}$$

그러므로 $-7a+2b+c=0$일 때 그 때에 한하여 해가 존재한다. 따라서

$$sp(S) = \{v : v = \begin{pmatrix} a \\ b \\ c \end{pmatrix}, \text{ 단, } -7a+2b+c=0\}$$

이를테면, 벡터 $w = \begin{pmatrix} 1 \\ 1 \\ 1 \end{pmatrix}$은 R^3에 속하지만 $sp(S)$에는 속하지 않는다. 즉, w는 v_1, v_2, v_3의 일차결합으로 표시할 수 없다. 그러므로 S는 R^3를 생성하지 않는다.

13.3.3 일차독립

집합 $S = \{v_1, v_2, \cdots v_r\}$이 V를 생성하였다면, 여기에 적당한 벡터를 추가하거나 빼내어도 V를 생성하는 경우가 있을 수 있다. 따라서 V를 생성하는 최소의 집합이 무엇인가 하는 문제에 부딪히게 된다. 이런 문제는 일차독립이라는 개념이 해결해 준다.

정의 13.3

$S=\{v_1, v_2, \cdots v_r\}$를 벡터공간 V의 서로 다른 벡터들의 집합이라 하자. $k_1v_1+k_2v_2+\cdots+k_rv_r=0$가 성립하는 적어도 하나는 0이 아닌 상수 $k_1, k_2, \cdots, k_r$이 존재할 때 S를 일차종속(linearly dependent)이라 하고, S가 일차종속이 아닐 때 S를 일차독립(linearly independent)이라고 한다. 즉, 위의 관계식을 만족하는 상수로서 $k_1, k_2, \cdots, k_r$가 $k_1=k_2=\cdots=k_r=0$을 만족할 때 S는 일차독립이 된다.

예제 13.10 》 R^3의 벡터 $v_1=(1, -2, 1)$, $v_2=(2, 1, -1)$, $v_3=(7, 4, -1)$을 생각하자. $S=\{v_1, v_2, v_3\}$가 일차독립인지 일차종속인지 보여라.

풀이

$k_1(1, -2, 1)+k_2(2, 1, -1)+k_3(7, 4, -1)=(0, 0, 0)$라고 두면

$$(k_1, -2k_1, k_1)+(2k_2, k_2, -k_2)+(7k_3, -4k_3, -k_3)=(0, 0, 0)$$
$$(k_1+2k_2+7k_3, -2k_1+k_2-4k_3, k_1-k_2+k_3)=(0, 0, 0)$$

$$k_1+2k_2+7k_3=0$$
$$-2k_1+k_2-4k_3=0$$
$$k_1-k_2-k_3=0$$

이 연립방정식을 풀면 0이 아닌 해가 반드시 존재한다. 따라서 일차종속이다.

예제 13.11 》 R^3에서의 벡터들의 집합이 일차독립인지 일차종속인지를 결정하여라.

$$S=\{(1, 2, 3), (0, 1, 2), (-2, 0, 1)\}$$

풀이

일차독립인지 또는 일차종속인지를 판별하기 위해서 벡터방정식 $c_1v_1+c_2v_2+c_3v_3=0$을 형성한다. 만일 이 방정식의 유일한 해가 $c_1=c_2=c_3=0$이면 그때 집합 S는 일차독립이다. 그렇지 않으면 S는 일차종속이다. 이 방정식을 전개하면

$$c_1(1, 2, 3)+c_2(0, 1, 2)+c_3(-2, 0, 1)=(0, 0, 0)$$
$$(c_1-2c_3, 2c_1+c_2, 3c_1+2c_2+c_3)=(0, 0, 0)$$

이것으로부터 c_1, c_2, c_3에서 다음과 같은 선형동차 연립방정식을 얻는다.

$$c_1 - 2c_3 = 0$$
$$2c_1 + c_2 = 0$$
$$3c_1 + 2c_2 + c_3 = 0$$
$$\therefore\ c_1 = c_2 = c_3 = 0$$

따라서 S는 일차독립이다.

13.4 기저와 차원

정의 13.4

벡터공간 V의 벡터의 집합 $S = \{v_1, v_2, \cdots v_r\}$에 대해 다음 두 조건이 성립하면 S를 V의 기저(basis)라고 한다.

(i) S는 일차독립이다.

(ii) S는 V를 생성한다.

예제 13.12 》 집합 $S = \{(1, 0, 0), (0, 1, 0), (0, 0, 1)\}$이 R^3에 대한 기저임을 보여라.

풀이

S가 R^3을 생성한다. 벡터 방정식 $c_1(1, 0, 0) + c_2(0, 1, 0) + c_3(0, 0, 1) = (0, 0, 0)$이 단지 자명한 해 $c_1 = c_2 = c_3 = 0$을 갖기 때문에 S는 일차독립이다. 그러므로 S는 R^3에 대한 기저이다.

예제 13.13 》 $v_1 = (1, 1, 1)$, $v_2 = (1, 2, 3)$, $v_3 = (2, -1, 1)$이라 하면 $S = \{v_1, v_2, v_3\}$는 R^3의 기저임을 밝혀라.

풀이

S가 일차독립임을 밝히기 위해 $k_1v_1 + k_2v_2 + k_3v_3 = 0$의 해가 $k_1 = k_2 = k_3 = 0$뿐임을 보이면 된다. 즉,

$$k_1 + k_2 + 2k_3 = 0$$
$$k_1 + 2k_2 - k_3 = 0$$
$$k_1 + 3k_2 + k_3 = 0$$

을 얻고 자명한 해를 가지므로 일차독립이다. 또, S가 R^3를 생성함을 보이기 위하여 임의의 벡터 v$=(a, b, c)$가 S에 있는 벡터들의 일차결합

$$\mathrm{v}=k_1\mathrm{v}_1+k_2\mathrm{v}_2+k_3\mathrm{v}_3$$

이며 성분들로 나누어 써보면

$$\begin{aligned}(a, b, c)&=k_1(1, 1, 1)+k_2(1, 2, 3)+k_3(2, -1, 1)\\&=(k_1+k_2+2k_3, k_1+2k_2-k_3, k_1+3k_2+k_2)\end{aligned}$$

이고,

$$\begin{aligned}k_1+k_2+2k_3&=a\\k_1+2k_2-k_3&=b\\k_1+3k_2+k_3&=c\end{aligned}$$

을 얻는다. 따라서 S가 R^3를 생성함을 보이기 위해서는 이 모든 $x=(a, b, c))$에 대하여 해를 가짐을 보이면 된다. 계수행렬

$$A=\begin{pmatrix}1&1&2\\1&2&-1\\1&3&1\end{pmatrix}$$

가 가역적임을 보임으로써, S는 일차독립이고 R^3를 생성함을 동시에 보이게 된다. 따라서

$$\det(A)=\begin{vmatrix}1&1&2\\1&2&-1\\1&3&1\end{vmatrix}=4$$

이므로, A는 가역적이며, 따라서 S는 R^3의 기저이다.

정의 13.5

유한차원 벡터공간 V 의 기저의 벡터의 개수를 V 의 차원(dimension)이라고 한다. 영벡터공간의 차원은 0으로 정의하고, V 의 차원을 보통 dim V 로 나타낸다.

예제 13.14 》 R^3의 각 부분공간의 차원을 결정하여라.

(1) $W=\{(d, c-d, c) : c$와 d는 실수$\}$

(2) $W=\{(2b, b, 0) : b$는 실수$\}$

풀이

(1) W의 원소를 나타내는 $(d,\ c-d,\ c)$을

$$(d,\ c-d,\ c)=(0,\ c,\ c)+(d,\ -d,\ 0)=c(0,\ 1,\ 1)+d(1,\ -1,\ 0)$$

로 쓰므로 해서 W가 집합 $S=\{(0,\ 1,\ 1),\ (1,\ -1,\ 0)\}$에 의해서 생성된다는 것을 알 수 있다. 그러므로 이 집합이 W의 기저이고, W는 R^3의 이차원 부분공간이다.

(2) W의 원소를 나타내는 $(2b,\ b,\ 0)$을 $(2b,\ b,\ 0)=b(2,\ 1,\ 0)$이므로 W가 집합 $S=\{(2,\ 1,\ 0)\}$에 의해서 생성됨을 알 수 있다. 그러므로 W는 R^3의 일차원 부분공간이다.

13.5 행렬의 계수와 연립일차방정식

이 절에서 행렬의 행벡터(또는 열벡터)에 의해서 생성되는 벡터공간에 대해서 알아본다. 우선 먼저 몇 용어들에 대해서 알 필요가 있다. $m\times n$ 행렬 A에 대해서 A의 행에 일치하는 n의 순서쌍(n-tuples)을 A의 행벡터라고 한다.

$$A=\begin{pmatrix} a_{11} & a_{12} & \cdots & a_{1n} \\ a_{21} & a_{22} & \cdots & a_{2n} \\ \vdots & \vdots & & \vdots \\ a_{m1} & a_{m2} & \cdots & a_{mn} \end{pmatrix} \qquad \begin{matrix} A\text{의 행벡터} \\ (a_{11},\ a_{12},\ \cdots,\ a_{1n}) \\ (a_{21},\ a_{22},\ \cdots,\ a_{2n}) \\ \vdots \\ (a_{m1},\ a_{m2},\ \cdots,\ a_{mn}) \end{matrix}$$

비슷하게 A의 열들은 A의 열벡터라고 한다. 이와 같은 열벡터들에 대해서 열이라는 용어를 유지하는 것은 더 쓸모가 있다.

$$A=\begin{pmatrix} a_{11} & a_{12} & \cdots & a_{1n} \\ a_{21} & a_{22} & \cdots & a_{2n} \\ \vdots & \vdots & & \vdots \\ a_{m1} & a_{m2} & \cdots & a_{mn} \end{pmatrix} \qquad \overset{A\text{의 열벡터}}{\begin{pmatrix} a_{11} \\ a_{21} \\ \vdots \\ a_{m1} \end{pmatrix}\begin{pmatrix} a_{12} \\ a_{22} \\ \vdots \\ a_{m2} \end{pmatrix}\cdots\begin{pmatrix} a_{1n} \\ a_{2n} \\ \vdots \\ a_{mn} \end{pmatrix}}$$

예제 13.15 》 행렬 $A=\begin{pmatrix} 0 & 1 & -1 \\ -2 & 3 & 4 \end{pmatrix}$에 대해서 행벡터와 열벡터를 구하여라.

풀이

행벡터들은 $(0, 1, -1)$, $(-2, 3, 4)$이고, 열벡터들은 $\begin{pmatrix} 0 \\ -2 \end{pmatrix}$, $\begin{pmatrix} 1 \\ 3 \end{pmatrix}$, $\begin{pmatrix} -1 \\ 4 \end{pmatrix}$이다.

$m \times n$ 행렬 A에 대해서 행벡터들은 R^n의 벡터들이고 열벡터들은 R^m의 벡터들이다. 이들로부터 다음과 같이 행렬의 행공간과 열공간의 정의를 이끌어 낼 수 있다.

행렬 A를 $m \times n$ 행렬이라 하자.

1. A의 행공간은 A의 행벡터들로서 생성되는 R^n의 부분공간이다.
2. A의 열공간은 A의 열벡터들로서 생성되는 R^m의 부분공간이다.

정리 13.4

$m \times n$ 행렬 A가 $m \times n$ 행렬 B에 행동치면 A의 행공간은 B의 행공간과 같다.

정리 13.5

행렬 A가 행사다리꼴 형태에서 행렬 B에 행동치라면 그때 영이 아닌 B의 행벡터들은 A의 행공간에 대한 기저를 형성한다.

예제 13.16 》 다음 행렬의 행공간에 대한 기저를 구하여라.

$$A = \begin{pmatrix} 1 & 3 & 1 & 3 \\ 0 & 1 & 1 & 0 \\ -3 & 0 & 6 & -1 \\ 3 & 4 & -2 & 1 \\ 2 & 0 & -4 & -2 \end{pmatrix}$$

풀이

기본적인 행연산을 사용해서 A를 다음과 같이 행사다리꼴로 다시 쓸 수 있다.

$$\mathrm{B} = \begin{pmatrix} 1 & 3 & 1 & 3 \\ 0 & 1 & 1 & 0 \\ 0 & 0 & 0 & 1 \\ 0 & 0 & 0 & 0 \\ 0 & 0 & 0 & 0 \end{pmatrix}$$

정리 13.5에 의해서 B의 영이 아닌 행벡터들 $\mathrm{w}_1 = (1, 3, 1, 3)$, $\mathrm{w}_2 = (0, 1, 1, 0)$, $\mathrm{w}_3 = (0, 0, 0, 1)$은 A의 행공간에 대한 기저를 형성한다.

예제 13.17 》 $S = \{(-1, 2, 5), (3, 0, 3), (5, 1, 8)\}$에 의해서 생성된 R^3의 부분공간의 기저를 구하여라.

풀이

행렬 A의 행들을 형성하기 위해서 v_1, v_2, v_3를 사용하자. 그때 A를 행사다리꼴에서 쓰면

$$A = \begin{pmatrix} -1 & 2 & 5 \\ 3 & 0 & 3 \\ 5 & 1 & 8 \end{pmatrix} \rightarrow \begin{pmatrix} 1 & -2 & -5 \\ 0 & 1 & 3 \\ 0 & 0 & 0 \end{pmatrix}$$

그러므로 B의 영이 아닌 벡터들인 $w_1 = (1, -2, -5)$와 $w_2 = (0, 1, 3)$은 A의 행공간의 기저를 형성한다. 즉, 그들은 $S = \{v_1, v_2, v_3\}$에 의해 생성된 부분공간의 기저를 형성한다.

정리 13.6

행공간과 열공간은 같은 차원을 갖는다.

정의 13.6

행렬 A의 행공간의 차원은 A의 계수라고 부른다. 그리고 $\text{rank}(A)$로서 쓴다.

예제 13.18 》 다음 행렬의 계수를 구하여라.

$$A = \begin{pmatrix} 1 & -2 & 0 & 1 \\ 2 & 1 & 5 & -3 \\ 0 & 1 & 3 & 5 \end{pmatrix}$$

풀이

행사다리꼴로 전환하면

$$A = \begin{pmatrix} 1 & -2 & 0 & 1 \\ 2 & 1 & 5 & -3 \\ 0 & 1 & 3 & 5 \end{pmatrix} \rightarrow B = \begin{pmatrix} 1 & -2 & 0 & 1 \\ 0 & 1 & 1 & -1 \\ 0 & 0 & 1 & 3 \end{pmatrix}$$

B는 3개의 영이 아닌 행들을 가지므로 A의 계수는 3이다.

행렬의 영 공간

정의 13.7

A가 $m \times n$ 행렬이라면 그때 일차동차연립방정식

$$A\mathrm{x} = 0$$

의 모든 해들의 집합은 A의 영공간이라 불려지고 $N(A)$라고 쓰며, R^n의 부분공간이다.

그러므로

$$N(A) = \{ \mathrm{x} \in R^n : A\mathrm{x} = 0 \}$$

A의 영공간의 차원은 A의 영차원(nullity)이라고 한다.

예제 13.19 》 다음 행렬의 영공간을 구하여라.

$$A = \begin{pmatrix} 1 & 2 & -2 & 1 \\ 3 & 6 & -5 & 4 \\ 1 & 2 & 0 & 3 \end{pmatrix}$$

풀이

A의 영공간은 동차연립방정식 $A\mathrm{x} = 0$의 해공간이다. 그러므로 A의 기약 행사다리꼴을 구하는 것으로 충분하다.

$$A = \begin{pmatrix} 1 & 2 & -2 & 1 \\ 3 & 6 & -5 & 4 \\ 1 & 2 & 0 & 3 \end{pmatrix} \to \begin{pmatrix} 1 & 2 & 0 & 3 \\ 0 & 0 & 1 & 1 \\ 0 & 0 & 0 & 0 \end{pmatrix}$$

이 기약 행사다리꼴에 대응하는 연립방정식은

$$\begin{aligned} x_1 + 2x_2 + 3x_4 &= 0 \\ x_3 + x_4 &= 0 \end{aligned}$$

해들은 아래와 같은 매개변수 형태로 쓰기 위해서 x_2와 x_4를 자유 변수로서 선택한다.

$$x_1 = -2s - 3t,\ x_2 = s,\ x_3 = -t,\ x_4 = t$$

따라서

$$\begin{pmatrix} x_1 \\ x_2 \\ x_3 \\ x_4 \end{pmatrix} = \begin{pmatrix} -2s - 3t \\ s \\ -t \\ t \end{pmatrix} = s\begin{pmatrix} -2 \\ 1 \\ 0 \\ 0 \end{pmatrix} + t\begin{pmatrix} -3 \\ 0 \\ -1 \\ 1 \end{pmatrix}$$

그러므로 A의 영공간의 기저는

$$\begin{pmatrix} -2 \\ 1 \\ 0 \\ 0 \end{pmatrix} \text{와} \begin{pmatrix} -3 \\ 0 \\ -1 \\ 1 \end{pmatrix}$$

두 벡터들은 $A\mathrm{x}=0$의 해들이고, 이 동차연립방정식의 모든 해는 이 두 벡터의 일차결합들이다. 그리고 영차원은 2이다.

13.6 직교기저 : Gram-schmidt의 직교화 과정

R^n의 부분공간 W가 표준기저의 벡터를 포함할 필요는 없지만 표준기저와 같은 성질을 갖는 기저를 갖는다는 사실을 이 절에서 밝히려고 한다.

정의 13.8

내적공간 내의 벡터들의 집합은, 집합 내의 모든 벡터들이 서로 직교할 때 직교집합이라고 한다. 또 단위벡터만으로 이루어진 직교집합을 정규직교결합이라고 한다.

예제 13.20》 $\mathrm{v}_1=(1, 0, 2)$, $\mathrm{v}_2=(-2, 0, 1)$, $\mathrm{v}_3=(0, 1, 0)$일 때 $\{\mathrm{v}_1, \mathrm{v}_2, \mathrm{v}_3\}$는 R^3의 정규직교집합임을 구하여라.

풀이

벡터 $\mathrm{u}_1=\left(\dfrac{1}{\sqrt{5}}, 0, \dfrac{2}{\sqrt{5}}\right)$와 $\mathrm{u}_2=\left(\dfrac{-2}{\sqrt{5}}, 0, \dfrac{1}{\sqrt{5}}\right)$은 각각 v_1과 v_2의 방향을 갖는 단위벡터이며, v_3는 역시 단위벡터이므로 $\{\mathrm{u}_1, \mathrm{u}_2, \mathrm{u}_3\}$는 정규직교집합이다.

예제 13.21》 다음 집합은 R^3에서의 정규직교기저임을 보여라.

$$S=\left\{\left(\frac{1}{\sqrt{2}}, \frac{1}{\sqrt{2}}, 0\right), \left(-\frac{\sqrt{2}}{6}, \frac{\sqrt{2}}{6}, \frac{2\sqrt{2}}{3}\right), \left(\frac{2}{3}, -\frac{2}{3}, \frac{1}{3}\right)\right\}$$

풀이

$$\mathrm{u}_1\cdot\mathrm{u}_2=-\frac{1}{6}+\frac{1}{6}+0=0$$

$$\mathrm{u}_1\cdot\mathrm{u}_3=\frac{2}{3\sqrt{2}}-\frac{2}{3\sqrt{2}}+0=0$$

$$\mathrm{u}_2\cdot\mathrm{u}_3=-\frac{\sqrt{2}}{9}-\frac{\sqrt{2}}{9}+\frac{2\sqrt{2}}{9}=0$$

이므로 임의의 두 벡터는 직교한다. 그리고

$$|u_1| = \sqrt{u_1 \cdot u_1} = \sqrt{\frac{1}{2} + \frac{1}{2} + 0} = 1$$

$$|u_2| = \sqrt{u_2 \cdot u_2} = \sqrt{\frac{2}{36} + \frac{2}{36} + \frac{8}{9}} = 1$$

$$|u_3| = \sqrt{u_3 \cdot u_3} = \sqrt{\frac{4}{9} + \frac{4}{9} + \frac{1}{9}} = 1$$

이므로 모두 단위벡터이다. 따라서 S는 정규직교집합이다. 세 벡터들은 같은 평면에 없으므로 R^3를 생성한다. 따라서 S는 R^3의 표준기저가 아닌 정규직교기저이다.

정리 13.7

$S = \{v_1, v_2, \cdots, v_n\}$이 벡터공간 V에 대한 한 정규직교기저이며 v가 V 내의 임의의 벡터라 하면

$$v = (v \cdot v_1)v_1 + (v \cdot v_2)v_2 + \cdots + (v \cdot v_n)v_n$$

이다.

증명 $S = \{v_1, v_2, \cdots, v_n\}$은 기저이므로 벡터 V는 $v = k_1v_1 + k_2v_2 + \cdots + k_nv_n$의 꼴로 나타낼 수 있다. $k_i = (v \cdot v_i)(i = 1, 2, \cdots, n)$임을 보이자. S 내의 각 벡터 v_i에 대하여

$$\begin{aligned}(v \cdot v_i) &= (k_1v_1 + k_2v_2 + \cdots + k_nv_n, v_i) \\ &= k_1(v_1 \cdot v_i) + k_2(v_2 \cdot v_i) + \cdots + k_n(v_n \cdot v_i)\end{aligned}$$

가 됨을 알 수 있다. $S = \{v_1, v_2, \cdots, v_n\}$는 정규직교기저 집합이므로

$$(v_i \cdot v_i) = |v_i|^2 = 1, (v_i \cdot v_j) = 0 \quad (i \neq j)$$

이다. 따라서 위 식은 $(v \cdot v_i) = k_i$가 된다.

예제 13.22 》 $v_1 = (0, 1, 0)$, $v_2 = \left(-\frac{4}{5}, 0, \frac{3}{5}\right)$, $v_3 = \left(\frac{3}{5}, 0, \frac{4}{5}\right)$일 때, $S = \{v_1, v_2, v_3\}$는 Euclid 내적으로 R^3에 대한 정규직교기저임을 알 수 있다. 벡터 $v = (1, 1, 1)$를 S 내의 벡터들의 일차결합으로 표시하여라.

풀이

$(v \cdot v_1) = 1$, $(v \cdot v_2) = -\frac{1}{5}$, $(v \cdot v_3) = \frac{7}{5}$ 이므로

$$v = v_1 - \frac{1}{5}v_2 + \frac{7}{5}v_3$$

이다. 따라서

$$(1,\ 1,\ 1) = (0,\ 1,\ 0) - \frac{1}{5}\left(-\frac{4}{5},\ 0,\ \frac{3}{5}\right) + \frac{7}{5}\left(\frac{3}{5},\ 0,\ \frac{4}{5}\right)$$

이다.

정리 13.8

Gram-Schmidt 정규직교화 과정

1. $B = \{v_1,\ v_2,\ \cdots,\ v_n\}$을 벡터공간 V의 한 기저라 하자.
2. $B' = \{w_1,\ w_2,\ \cdots,\ w_n\}$의 각 벡터가 다음과 같다고 하자.

$$w_1 = v_1$$
$$w_2 = v_2 - \frac{(v_2 \cdot w_1)}{(w_1 \cdot w_1)}w_1$$
$$w_3 = v_3 - \frac{(v_3 \cdot w_1)}{(w_1 \cdot w_1)}w_1 - \frac{(v_3 \cdot w_2)}{(w_2 \cdot w_2)}w_2$$
$$\vdots$$
$$w_n = v_n - \frac{(v_n \cdot w_1)}{(w_1 \cdot w_1)}w_1 - \frac{(v_n \cdot w_2)}{(w_2 \cdot w_2)}w_2 - \cdots - \frac{(v_n \cdot w_{n-1})}{(w_{n-1} \cdot w_{n-1})}w_{n-1}$$

그러면 B'은 직교기저이다.

3. $u_i = \frac{w_i}{|w_i|}$라 하면 $B'' = \{u_1,\ u_2,\ \cdots,\ u_n\}$은 정규직교기저이다. 더욱이 모든 $k = 1,\ 2,\ \cdots,\ n$에 대하여 $\{v_1,\ v_2,\ \cdots,\ v_k\} = \text{span}\{u_1,\ u_2,\ \cdots,\ u_k\}$이다.

예제 13.23 》 R^3에서 두 백터 $v_1 = (0,\ 1,\ 0)$과 $v_2 = (1,\ 1,\ 1)$은 한 평면을 생성한다. 이 부분공간에 대한 정규직교기저를 구하여라.

풀이

Gram-Schmidt 정규직교화 과정을 적용하자.

$$w_1 = v_1 = (0,\ 1,\ 0)$$

$$w_2 = v_2 - \frac{(v_2 \cdot w_1)}{(w_1 \cdot w_1)} w_1 = (1, 1, 1) - \frac{1}{1}(0, 1, 0) = (1, 0, 1)$$

w_1과 w_2를 정규화하면

$$u_1 = \frac{w_1}{|w_1|} = (0, 1, 0)$$

$$u_2 = \frac{w_2}{|w_2|} = \frac{1}{\sqrt{2}}(1, 0, 1) = \left(\frac{\sqrt{2}}{2}, 0, \frac{\sqrt{2}}{2}\right)$$

따라서 구하는 정규직교기저는 $\{u_1, u_2\}$이다.

예제 13.24》 다음 연립일차방정식의 해공간에 대한 정규직교기저를 구하여라.

$$x_1 + x_2 + 7x_4 = 0$$
$$2x_1 + x_2 + 2x_3 + 6x_4 = 0$$

풀이

확대계수행렬은 다음과 같이 변형된다.

$$\begin{pmatrix} 2 & 1 & 0 & 7 & 0 \\ 2 & 1 & 2 & 6 & 0 \end{pmatrix} \rightarrow \begin{pmatrix} 1 & 0 & 2 & -1 & 0 \\ 0 & 1 & -2 & 8 & 0 \end{pmatrix}$$

$x_3 = s$, $x_4 = t$로 놓으면 연립방정식의 해는 다음과 같다.

$$\begin{pmatrix} x_1 \\ x_2 \\ x_3 \\ x_4 \end{pmatrix} = \begin{pmatrix} -2s+t \\ 2s-8t \\ s \\ t \end{pmatrix} = s\begin{pmatrix} -2 \\ 2 \\ 1 \\ 0 \end{pmatrix} + t\begin{pmatrix} 1 \\ -8 \\ 0 \\ 1 \end{pmatrix}$$

그러므로 다음은 해공간에 대한 하나의 기저이다.

$$B = \{v_1, v_2\} = \{(-2, 2, 1, 0), (1, -8, 0, 1)\}$$

정규직교기저 $B' = (u_1, u_2)$를 구하기 위하여 다음과 같이 정규직교화 과정을 이용하자.

$w_1 = v_1 = (-2, 2, 1, 0)$

$$u_1 = \frac{v_1}{|v_1|} = \frac{1}{3}(-2, 2, 1, 0) = \left(-\frac{2}{3}, \frac{2}{3}, \frac{1}{3}, 0\right)$$

$$\mathrm{w}_2 = \mathrm{v}_2 - \frac{(\mathrm{v}_2 \cdot \mathrm{w}_1)}{(\mathrm{w}_1 \cdot \mathrm{w}_1)}\mathrm{w}_1 = (1, -8, 0, 1) - \frac{(-18)}{9}(-2, 2, 1, 0)$$

$$= (-3, -4, 2, 1)$$

$$\mathrm{u}_2 = \frac{\mathrm{w}_2}{|\mathrm{w}_2|} = \frac{1}{\sqrt{30}}(-3, -4, 2, 1) = \left(-\frac{3}{\sqrt{30}}, -\frac{4}{\sqrt{30}}, \frac{2}{\sqrt{30}}, \frac{1}{\sqrt{30}}\right)$$

연습문제

1 R^2와 R^3에서 덧셈과 스칼라 곱의 표준 정의를 사용하는 것보다 이 두 연산을 아래와 같이 정의됐다고 가정하자. 벡터공간인가를 보여라.

(1) $(x_1, y_1) + (x_2, y_2) = (x_1 + x_2, y_1 + y_2)$, $a(x, y) = (ax, y)$

(2) $(x_1, y_1) + (x_2, y_2) = (x_1, 0)$, $c(x, y) = (cx, cy)$

(3) $(x_1, y_1) + (x_2, y_2) = (x_1 + x_2, y_1 + y_2)$, $a(x, y) = (\sqrt{a}x, \sqrt{a}y)$

(4) $(x_1, y_1, z_1) + (x_2, y_2, z_2) = (x_1 + x_2, y_1 + y_2, z_1 + z_2)$, $a(x, y, z) = (ax, y, z)$

(5) $(x_1, y_1) + (x_2, y_2) = (x_1 + x_2, y_1 + y_2)$, $a(x, y) = (2ax, 2ay)$

2 W가 V의 부분공간임을 증명하여라. 각 경우에서 V는 표준연산을 갖는다고 가정하자.

(1) $W = \{(x_1, x_2, x_3, 0) : x_1, x_2, x_3$는 실수$\}$, $V = R^4$

(2) W는 R^3의 벡터들 중에서 세 번째 성분을 -1로 가지는 모든 벡터들의 집합

(3) $W = \{(a, b, a+2b) : a$와 b는 실수$\}$

3 W가 V의 부분공간임을 보여라.

(1) $W = \{(a, b, 0) \mid a, b$는 실수$\}$

(2) $W = \{(a, b, c) \mid a + b + c = 0\}$

(3) $W = \{(x_1, x_2, x_3) \mid x_3 = 2x_1 - x_2\}$

4 집합 S가 R^3을 생성함을 결정하여라.

(1) $S = \{(4, 7, 3), (-1, 2, 6), (2, -3, 5)\}$

(2) $S = \{(-2, 5, 0), (4, 6, 3)\}$

(3) $S = \{(1, -2, 0), (0, 0, 1), (-1, 2, 0)\}$

5 집합 S가 일차독립인지 또는 일차종속인지를 결정하여라.

(1) $S=\{(-2, 2), (3, 5)\}$

(2) $S=\{(1, 1, 1), (2, 2, 2), (3, 3, 3)\}$

(3) $S=\{(-4, -3, 4), (1, -2, 3), (6, 0, 0)\}$

(4) $S=\{(4, -3, 6, 2), (1, 8, 3, 1), (3, -2, -1, 0)\}$

6 집합 S가 R^2의 기저가 아닌 이유를 설명하여라.

(1) $S=\{(1, 2), (1, 0), (0, 1)\}$

(3) $S=\{(1, 3, 0), (4, 1, 2), (-2, 5, -2)\}$

7 S가 지적된 벡터공간의 기저인지를 결정하여라.

(1) R^2에 대해서 $S=\{(3, 2), (4, 5)\}$

(2) R^3에 대해서 $S=\{(0, -3, 2), (4, 0, 3), (-8, 15, -16)\}$

(3) R^4에 대해서 $S=\{(-1, 2, 0, 0), (2, 0, -1, 0), (3, 0, 0, 4), (0, 0, 5, 0)\}$

8 (a) 기저를 찾고, (b) R^2의 부분공간 w의 차원을 결정하여라.

(1) $\mathrm{w}=\{(2t, t): t$는 실수$\}$

(2) $\mathrm{w}=\{(2t, t, -t): t$는 실수$\}$

(3) $\mathrm{w}=\{(2s-t, s, t, s): s$와 t는 실수$\}$

(4) $\mathrm{w}=\{(0, 6t, t, -t): t$는 실수$\}$

9 (a) 행렬의 계수, (b) 행공간의 기저, (c) 열공간의 기저를 구하여라.

(1) $\begin{pmatrix}1 & 0\\ 0 & 2\end{pmatrix}$ (2) $\begin{pmatrix}2 & 4\\ 1 & 6\end{pmatrix}$ (3) $\begin{pmatrix}4 & 20 & 31\\ 6 & -5 & -6\\ 2 & -11 & -16\end{pmatrix}$

10 S에 의해 생성되는 R^4의 부분공간의 기저를 구하여라.

(1) $S=(2, 9, -2, 53), (-3, 2, 3, -2), (8, -3, -8, 17), (0, -3, 0, 15)$

(2) $S=(-3, 2, 5, 28), (-6, 1, -8, -1), (14, -10, 12, -10), (0, 5, 12, 50)$

11 $A\mathrm{x}=0$의 해공간의 차원과 기저를 구하여라.

(1) $A=\begin{pmatrix}2 & -1\\ 1 & 3\end{pmatrix}$ (2) $A=(1\ \ 2\ \ 3)$

(3) $A = \begin{pmatrix} 1 & 2 & -3 \\ 2 & -1 & 4 \\ 4 & 3 & -2 \end{pmatrix}$ (4) $A = \begin{pmatrix} 1 & 3 & -2 & 4 \\ 0 & 1 & -1 & 2 \\ -2 & -6 & 4 & -8 \end{pmatrix}$

12 동차연립일차방정식의 해공간의 (a) 기저 (b) 차원을 구하여라.

(1) $$\begin{aligned} -x+y+z&=0 \\ 3x-y&=0 \\ 2x-4y-5z&=0 \end{aligned}$$

(2) $$\begin{aligned} x-2y+3z&=0 \\ -3x+6y-9z&=0 \end{aligned}$$

(3) $$\begin{aligned} 9x_1-4x_2-2x_3-20x_4&=0 \\ 12x_1-6x_2-4x_3-29x_4&=0 \\ 3x_1-2x_2-7x_4&=0 \\ 3x_1-2x_2-x_3-8x_4&=0 \end{aligned}$$

13 R^n의 벡터들의 집합이 직교인지, 정규직교인지, 그렇지 않은지를 결정하여라.

(1) $\{(-4, 6), (5, 0)\}$

(2) $\left\{\left(\frac{3}{5}, \frac{4}{5}\right), \left(-\frac{4}{5}, \frac{3}{5}\right)\right\}$

(3) $\{(4, -1, 1), (-1, 0, 4), (-4, -17, -1)\}$

(4) $\left\{\left(\frac{\sqrt{2}}{3}, 0, -\frac{\sqrt{2}}{6}\right), \left(0, \frac{2\sqrt{5}}{5}, -\frac{\sqrt{5}}{5}\right), \left(\frac{\sqrt{5}}{5}, 0, \frac{1}{2}\right)\right\}$

(5) $\left\{\left(\frac{\sqrt{2}}{2}, 0, 0, \frac{\sqrt{2}}{2}\right), \left(0, \frac{\sqrt{2}}{2}, \frac{\sqrt{2}}{2}, 0\right), \left(-\frac{1}{2}, \frac{1}{2}, -\frac{1}{2}, \frac{1}{2}\right)\right\}$

14 Gram-schmidt 정규직교화 과정을 이용하여 주어진 R^n의 기저를 정규직교기저로 변환하여라. 내적은 유클리드 내적이고 주어진 순서대로 구하여라.

(1) $B = \{(3, 4), (1, 0)\}$

(2) $B = \{(4, -3, 0), (1, 2, 0), (0, 0, 4)\}$

(3) $B = \{(3, 4, 0), (1, 0, 0)\}$

(4) $B = \{(1, 2, -1, 0), (2, 2, 0, 1)\}$

15 동차연립일차방정식의 해공간에 대한 정규직교기저를 구하여라.

(1)
$$\begin{aligned} 2x_1 + 2x_2 - 6x_3 + 2x_4 &= 0 \\ x_1 + 2x_2 - 3x_3 + 4x_4 &= 0 \\ x_1 + x_2 - 3x_3 + 2x_4 &= 0 \end{aligned}$$

(2)
$$\begin{aligned} x_1 + x_2 - x_3 - x_4 &= 0 \\ 2x_1 + x_2 - 2x_3 - 2x_4 &= 0 \end{aligned}$$

CHAPTER 14

고유치문제와 이차형식

14.1 고유치와 특성 방정식

(n×n) 행렬 A에 대한 고유치 문제는 다음의 두 부분으로 되어 있다는 것을 상기하자.

1. $A-\lambda I$를 비정칙이 되게 하는 모든 스칼라 λ를 구하여라(이때 λ를 A의 고유치라고 한다).
2. 각 고유치 λ에 대하여 $(A-\lambda I)\mathrm{x}=0$인 영 아닌 벡터 x를 구하여라(이러한 x를 고유치 λ에 대응하는 고유벡터라고 한다).

문제의 첫 번째 과제는 $A-\lambda I$가 비정칙 행렬이 되게 하는 스칼라 λ를 모두 구하는 일이다. 즉

$$A-\lambda I \text{는 비정칙이다.} \Leftrightarrow \det(A-\lambda I)=0$$

이다.

정의 14.1

A를 (n×n) 행렬이라고 하자. λ에 관한 n차 다항식

$$p(t)=\det(A-\lambda I)$$

를 A에 대한 특성다항식이라고 한다.

예제 14.1 》 다음 행렬의 특성다항식과 고유치를 구하여라.

$$A=\begin{pmatrix}1 & 5\\ 3 & 3\end{pmatrix}$$

풀이

A의 특성다항식 $p(\lambda)$라고 하면

$$p(t)=\begin{vmatrix}1-\lambda & 5\\ 3 & 3-\lambda\end{vmatrix}=(1-\lambda)(3-\lambda)-15=\lambda^2-4\lambda-12=(\lambda-6)(\lambda+2)$$

A의 고유치는 $\lambda=6$과 $\lambda=-2$이다.

예제 14.2 》 다음 (3×3) 행렬의 특성다항식과 고유치를 구하여라.

$$A=\begin{pmatrix}3 & -1 & -1\\ -12 & 0 & 5\\ 4 & -2 & -1\end{pmatrix}$$

풀이

특성다항식 $p(\lambda)=\det(A-\lambda I)$는 다음과 같다.

$p(t)=\begin{vmatrix}3-\lambda & -1 & -1\\ -12 & -\lambda & 5\\ 4 & -2 & -1-\lambda\end{vmatrix}$ 이것을 1열에 관하여 전개하면 다음과 같다.

$$p(t)=(3-t)\begin{vmatrix}-\lambda & 5\\ -2 & -1-\lambda\end{vmatrix}+12\begin{vmatrix}-1 & -1\\ -2 & -1-\lambda\end{vmatrix}+4\begin{vmatrix}-1 & -1\\ -\lambda & 5\end{vmatrix}$$

$$=(3-t)[\lambda(1+\lambda)+10]+12[(1+\lambda)-2]+4[-5-\lambda]$$

$$=(3-t)[\lambda^2+\lambda+10]+12[\lambda-1]+4[-\lambda-5]$$

$$=[-\lambda^3+2\lambda^2-7\lambda+30]+[12\lambda-12]+[-4\lambda-20]$$

$$=-\lambda^3+2\lambda^2+\lambda-2$$

A의 고유치는 $p(\lambda)=0$의 근이다. 그런데 $p(\lambda)$를 인수로 분해하면
$p=(\lambda)=-(\lambda-2)(\lambda-1)(\lambda+1)$이므로 A의 고유치는 $\lambda=2$, $\lambda=1, \lambda=-1$이다.

정의 14.2

A는 $n\times n$행렬이다.

1. A의 고유값은 $\det(\lambda I-A)=0$인 스칼라 λ이다.
2. λ에 대응하는 A의 고유벡터는 $(\lambda I-A)x=0$의 0이 아닌 해이다.

예제 14.3》 다음 행렬 A의 고유값과 대응하는 고유벡터를 구하여라.

$$A = \begin{pmatrix} 2 & -12 \\ 1 & -5 \end{pmatrix}$$

풀이

A의 특성다항식은

$$|\lambda I - A| = \begin{vmatrix} \lambda - 2 & 12 \\ -1 & \lambda + 5 \end{vmatrix} = (\lambda - 2)(\lambda + 5) - (-12)$$

$$= \lambda^2 + 3\lambda - 10 + 12 = \lambda^2 + 3\lambda + 2 = (\lambda + 1)(\lambda + 2)$$

따라서 특성방정식은 $(\lambda + 1)(\lambda + 2) = 0$이다.

$\lambda_1 = -1$과 $\lambda_2 = -2$는 A의 고유값이다. 대응하는 고유벡터를 구하기 위해서는 동차연립방정식$(\lambda I - A)\mathrm{x} = 0$을 풀어야 하는데 Gauss-Jordan 소거법을 이용한다. 그 결과 $\lambda = \lambda_1 = -1$과 $\lambda = \lambda_2 = -2$를 얻을 수 있다.

$\lambda_1 = -1$일 경우 계수행렬은

$$(-1)I - A = \begin{pmatrix} -1-2 & 12 \\ -1 & -1+5 \end{pmatrix} = \begin{pmatrix} -3 & 12 \\ -1 & 4 \end{pmatrix} \text{이고 기약행렬은 } \begin{bmatrix} 1 & -4 \\ 0 & 0 \end{bmatrix} \text{이다.}$$

따라서 $x_1 - 4x_2 = 0$이고, $x_2 = t$로 두면 $x_1 = 4t$이다.

$$\mathrm{x} = \begin{pmatrix} x_1 \\ x_2 \end{pmatrix} = \begin{pmatrix} 4t \\ t \end{pmatrix} = t\begin{pmatrix} 4 \\ 1 \end{pmatrix}, \quad t \neq 0$$

가 됨을 알 수 있다.

예제 14.4》 다음 행렬 A의 고유값과 대응되는 고유벡터를 구하여라.

$$A = \begin{pmatrix} 2 & 1 & 0 \\ 0 & 2 & 0 \\ 0 & 0 & 2 \end{pmatrix}$$

또는 각 고유값의 고유공간의 차원을 구하여라.

풀이

A의 특성다항식은 $|\lambda I - A| = \begin{vmatrix} \lambda - 2 & -1 & 0 \\ 0 & \lambda - 2 & 0 \\ 0 & 0 & \lambda - 2 \end{vmatrix}$이다.

따라서 특성방정식은 $(\lambda - 2)^3 = 0$이다. 따라서 고유값은 $\lambda = 2$ 한 개뿐이다. $\lambda = 2$에 대한 고유벡터를 구하기 위해서 동차선형연립방정식 $(2I - A)\mathrm{x} = 0$을 풀어보자.

$2I-A=\begin{pmatrix}0&-1&0\\0&0&0\\0&0&0\end{pmatrix}$ 이 식에서 $x_2=0$을 얻는다. $x_1=s$, $x_3=t$로 두면 $\lambda=2$일 때

고유벡터는 $\mathrm{x}=\begin{pmatrix}x_1\\x_2\\x_3\end{pmatrix}=\begin{pmatrix}s\\0\\t\end{pmatrix}=s\begin{pmatrix}1\\0\\0\end{pmatrix}+t\begin{pmatrix}0\\0\\1\end{pmatrix}$, 단 s, t는 0이 아닌 임의의 실수가 되는데

이 식은 $\lambda=2$일 때 두 개의 일차독립인 고유벡터를 가진다. 다라서 고유공간의 차원은 2이다.

14.2 대칭행렬과 직교대각화

정의 14.3

정방행렬 A가 그 전치행렬과 같을 때 대칭행렬(symmetric matrix)이라고 부른다. 즉

$$A=A^T$$

일 때 A는 대칭행렬이다.

대칭행렬의 판단은 주대각선을 중심으로 해서 양편의 성분을 비교함으로써 간단히 알 수 있다.

예제 14.5》 다음 각 행렬을 대칭행렬과 비대칭행렬로 구분하여라.

$$A=\begin{pmatrix}0&1&-2\\1&3&0\\-2&0&5\end{pmatrix},\ B=\begin{pmatrix}4&3\\3&1\end{pmatrix},\ C=\begin{pmatrix}3&2&1\\1&-4&0\\1&0&5\end{pmatrix}$$

풀이

A, B는 대칭행렬이고, C는 비대칭행렬이다.

정리 14.1

A가 $n\times n$ 대칭행렬이면 다음 성질을 가진다.

1. A는 대각화 가능이다.

2. A의 모든 고유값은 실수이다.

3. λ가 중복도 k인 A의 고유값이면 λ는 k개의 일차독립인 고유벡터를 가진다. 다시 말하면 λ의 고유공간의 차원은 k이다.

예제 14.6》 행렬 $A=\begin{pmatrix} 3 & -2 & 0 \\ -2 & 3 & 0 \\ 0 & 0 & 5 \end{pmatrix}$의 고유공간에 관한 기저를 구하여라.

풀이

A의 특성방정식은 $(\lambda-1)(\lambda-5)^2=0$이다. 따라서 A의 고유치는 $\lambda_1=1$, $\lambda_2=\lambda_3=5$이다. 즉, $\lambda_2=5$의 중복도는 2이다. 정의에 의해서 $\mathrm{x}=\begin{pmatrix} x_1 \\ x_2 \\ x_3 \end{pmatrix}$가 λ와 관련된 A의 고유벡터가 되는 것은 벡터 x가 $(\lambda I_3-A)\mathrm{x}=0$의 비자명한 해일 때 오직 그때뿐이다. 즉

$$\begin{pmatrix} \lambda-3 & 2 & 0 \\ 2 & \lambda-3 & 0 \\ 0 & 0 & \lambda-5 \end{pmatrix}\begin{pmatrix} x_1 \\ x_2 \\ x_3 \end{pmatrix}=\begin{pmatrix} 0 \\ 0 \\ 0 \end{pmatrix}$$

이다. 따라서 $\lambda=5$에 관련된 고유벡터는

$$\mathrm{x}=\begin{pmatrix} -s \\ s \\ t \end{pmatrix}=\begin{pmatrix} -s \\ s \\ 0 \end{pmatrix}+\begin{pmatrix} 0 \\ 0 \\ t \end{pmatrix}=s\begin{pmatrix} -1 \\ 1 \\ 0 \end{pmatrix}+t\begin{pmatrix} 0 \\ 0 \\ 1 \end{pmatrix}$$

모양의 0이 아닌 벡터이다. 그리고 $\mathrm{x}_2=\begin{pmatrix} -1 \\ 1 \\ 0 \end{pmatrix}$과 $\mathrm{x}_3=\begin{pmatrix} 0 \\ 0 \\ 1 \end{pmatrix}$은 1차 독립이기 때문에 그들은 $\lambda=5$에 관련된 고유공간에 관한 기저를 형성한다. 또 $\lambda=1$에 관련된 고유벡터는 $\mathrm{x}=\begin{pmatrix} t \\ t \\ 0 \end{pmatrix}=t\begin{pmatrix} 1 \\ 1 \\ 0 \end{pmatrix}$ 모양의 0이 아닌 벡터이다. 따라서 $\mathrm{x}_1=\begin{pmatrix} 1 \\ 1 \\ 0 \end{pmatrix}$는 $\lambda=1$에 관련된 고유공간에 관한 기저이다. 그러면 x_1, x_2, x_3는 1차 독립이다. 즉 A는 대각화 가능행렬이다.

직교행렬

정방행렬 A를 대각화하기 위해서 $P^{-1}AP$가 대각행렬이 되는 가역행렬 P를 구해야 한다. 특히 대칭행렬에서는 이 행렬 P가 $P^{-1}=P^T$인 성질을 만족한다.

정의 14.4

정방행렬 P가 가역이고 $P^{-1} = P^T$을 만족시킬 때 직교행렬(orthogonal matrix)이라고 한다.

정리 14.2

$n \times n$ 행렬 P가 정규직교행렬이 될 필요충분조건은 열벡터가 정규직교집합이 되는 것이다.

예제 14.7》 다음 행렬 P는 $PP^T = I$가 됨을 보이고 또 P의 열벡터는 정규직교집합이 됨을 보여라.

$$P = \begin{pmatrix} \frac{1}{3} & \frac{2}{3} & \frac{2}{3} \\ \frac{-2}{\sqrt{5}} & \frac{1}{\sqrt{5}} & 0 \\ \frac{-2}{3\sqrt{5}} & \frac{-4}{3\sqrt{5}} & \frac{5}{3\sqrt{5}} \end{pmatrix}$$

풀이

$$PP^T = \begin{pmatrix} \frac{1}{3} & \frac{2}{3} & \frac{2}{3} \\ \frac{-2}{\sqrt{5}} & \frac{1}{\sqrt{5}} & 0 \\ \frac{-2}{3\sqrt{5}} & \frac{-4}{3\sqrt{5}} & \frac{5}{3\sqrt{5}} \end{pmatrix} \begin{pmatrix} \frac{1}{3} & \frac{-2}{\sqrt{5}} & \frac{-2}{3\sqrt{5}} \\ \frac{2}{3} & \frac{1}{\sqrt{5}} & \frac{-4}{3\sqrt{5}} \\ \frac{2}{3} & 0 & \frac{5}{3\sqrt{5}} \end{pmatrix} = \begin{pmatrix} 1 & 0 & 0 \\ 0 & 1 & 0 \\ 0 & 0 & 1 \end{pmatrix}$$

이므로 $P^T = P^{-1}$이다. 따라서 P는 직교행렬이다. 또

$$\mathrm{p}_1 = \begin{pmatrix} \frac{1}{3} \\ \frac{-2}{\sqrt{5}} \\ \frac{-2}{3\sqrt{5}} \end{pmatrix}, \ \mathrm{p}_2 = \begin{pmatrix} \frac{2}{3} \\ \frac{1}{\sqrt{5}} \\ \frac{-4}{3\sqrt{5}} \end{pmatrix}, \ \mathrm{p}_3 = \begin{pmatrix} \frac{2}{3} \\ 0 \\ \frac{5}{3\sqrt{5}} \end{pmatrix}$$

로부터 $\mathrm{p}_1\mathrm{p}_2 = \mathrm{p}_1\mathrm{p}_3 = \mathrm{p}_2\mathrm{p}_3 = 0$, $|\mathrm{p}_1| = |\mathrm{p}_2| = |\mathrm{p}_3| = 1$가 됨을 알 수 있다. 따라서 $\{\mathrm{p}_1, \mathrm{p}_2, \mathrm{p}_3\}$는 정리 14.2에 의해서 정규직교집합이다.

행렬 A가 만일 $P^{-1}AP = D$가 대각행렬이 되는 직교행렬 P가 존재할 때 A를 직교대각화 가능(orthogonally diagonalizable)이라고 한다. 다음의 정리에서 직교대각

화 가능 행렬의 집합은 실제로 대칭행렬의 집합과 동일함을 알 수 있다.

정리 14.3

A가 직교대각화 가능한 n×n 행렬이면 A는 대칭행렬이다.

정리 14.4

A가 대칭행렬이면 서로 다른 고유공간으로부터 얻은 고유벡터는 직교한다.

이 정리의 결과로 대칭행렬을 직교대각화하기 위한 순서를 생각해 보자.

1단계 : A의 특성다항식에서 고유값을 구한다.
2단계 : A의 각 고유공간에 관한 기저를 구한다.
3단계 : 각 고유공간에 관한 정규직교기저를 얻기 위하여 이 기저들 각각에 Gram-Schmidt 과정을 적용한다.
4단계 : 그들의 열이 2단계에서 구한 기저벡터들로 이루어진 행렬 P를 만든다.

예제 14.8》 아래 행렬 A를 직교대각화시키는 직교행렬 P를 구하여라.

$$A=\begin{pmatrix}-2 & 2\\ 2 & 1\end{pmatrix}$$

풀이

단계 1 : A의 특성다항식은

$$|\lambda I-A|=\begin{vmatrix}\lambda+2 & -2\\ -2 & \lambda-1\end{vmatrix}=(\lambda+3)(\lambda-2)$$

이므로 고유값은 $\lambda_1=-3$과 $\lambda_2=2$이다.

단계 2 : 각 고유값에 대해서 $\lambda I-A$를 기약 행사다리꼴로 바꾸어서 고유벡터를 구하면

$$-3I-A=\begin{pmatrix}-1 & -2\\ -2 & -4\end{pmatrix}\rightarrow\begin{pmatrix}1 & 2\\ 0 & 0\end{pmatrix}\rightarrow\begin{pmatrix}-2\\ 1\end{pmatrix}$$

$$2I-A=\begin{pmatrix}4 & -2\\ -2 & 1\end{pmatrix}\rightarrow\begin{pmatrix}1 & -\frac{1}{2}\\ 0 & 0\end{pmatrix}\rightarrow\begin{pmatrix}1\\ 2\end{pmatrix}$$

이다. 고유벡터 (−2, 1)과 (1, 2)는 R^2에 대한 직교기저이다.

단계 3 : 이 고유벡터를 정규화시켜서 정규직교기저를 구하면

$$p_1 = \frac{(-2,1)}{|(-2,1)|} = \frac{1}{\sqrt{5}}(-2,1) = (\frac{-2}{\sqrt{5}}, \frac{1}{\sqrt{5}})$$
$$p_2 = \frac{(1,2)}{|(1,2)|} = \frac{1}{\sqrt{5}}(1,2) = (\frac{1}{\sqrt{5}}, \frac{2}{\sqrt{5}})$$

단계 4 : p_1, p_2를 열벡터로 하는 행렬 P를 만들면

$$P = \begin{pmatrix} \frac{-2}{\sqrt{5}} & \frac{1}{\sqrt{5}} \\ \frac{1}{\sqrt{5}} & \frac{2}{\sqrt{5}} \end{pmatrix} \text{이고 } P^{-1}AP = P^TAP$$

를 계산하면 대각행렬

$$P^TAP = \begin{pmatrix} \frac{-2}{\sqrt{5}} & \frac{1}{\sqrt{5}} \\ \frac{1}{\sqrt{5}} & \frac{2}{\sqrt{5}} \end{pmatrix} \begin{pmatrix} -2 & 2 \\ 2 & 1 \end{pmatrix} \begin{pmatrix} \frac{-2}{\sqrt{5}} & \frac{1}{\sqrt{5}} \\ \frac{1}{\sqrt{5}} & \frac{2}{\sqrt{5}} \end{pmatrix} = \begin{pmatrix} -3 & 0 \\ 0 & 2 \end{pmatrix}$$

를 얻는다.

예제 14.9》 아래 행렬 A를 대각화시키는 직교행렬 P를 구하여라.

$$A = \begin{pmatrix} 2 & 2 & -2 \\ 2 & -1 & 4 \\ -2 & 4 & -1 \end{pmatrix}$$

풀이

단계 1 : A의 특성다항식은

$$|\lambda I - A| = (\lambda - 3)^2(\lambda + 6)$$

이므로 고유값은 $\lambda_1 = -6$과 $\lambda_2 = 3$이고, λ_1의 중복도는 1, λ_2의 중복도는 2 이다.

단계 2 : λ_1에 대한 고유벡터는 $v_1 = (1, -2, 2)$이고 정규화하면

$$u_1 = \frac{v_1}{|v_1|} = (\frac{1}{3}, -\frac{2}{3}, \frac{2}{3})$$

이다.

단계 3 : λ_2에 대한 두 고유벡터는 $v_2 = (2,1,0)$, $v_3 = (-2,0,1)$이다. 여기서 v_1은 v_2와 v_3에 대해서 수직이다. 그러나 v_2와 v_3는 서로 수직이 아니다. λ_2에 대한

정규직교 고유벡터를 구하기 위해서 다음과 같이 Gram-schmidt 과정을 하면

$$w_2 = v_2 = (2,1,0)\, w_3 = v_3 - (\frac{v_3 \cdot w_2}{w_2 \cdot v_2})w_2 = (-\frac{2}{5}, \frac{4}{5}, 1)$$

이고 이 벡터를 정규화시키면

λ_2에 대한 두 고유벡터는

$$v_2 = (2,1,0),\, v_3 = (-2,0,1)$$

이다. 여기서 v_1은 v_2와 v_3에 대해서 수직이다. 그러나 v_2와 v_3는 서로 수직이 아니다. λ_2에 대한 정규직교 고유벡터를 구하기 위해서 다음과 같이 Gram-schmidt 과정을 하면

$$w_2 = v_2 = (2,1,0),\ w_3 = v_3 - (\frac{v_3 \cdot w_2}{w_2 \cdot v_2})w_2 = (-\frac{2}{5}, \frac{4}{5}, 1)$$

이고 이 벡터를 정규화시키면

$$u_2 = \frac{w_2}{|w_2|} = (\frac{2}{\sqrt{5}}, \frac{1}{\sqrt{5}}, 0),\ u_3 = \frac{w_3}{|w_3|} = (\frac{-2}{3\sqrt{5}}, \frac{4}{3\sqrt{5}}, \frac{5}{3\sqrt{5}})$$

단계 4 : P는 u_1, u_2, u_3를 열벡터로 하므로 $P = \begin{pmatrix} \frac{1}{3} & \frac{2}{\sqrt{5}} & \frac{-2}{3\sqrt{5}} \\ \frac{-2}{3} & \frac{1}{\sqrt{5}} & \frac{4}{3\sqrt{5}} \\ \frac{2}{3} & 0 & \frac{5}{3\sqrt{5}} \end{pmatrix}$이다.

대각행렬을 구해보면 $P^{-1}AP = P^{r}AP = \begin{pmatrix} -6 & 0 & 0 \\ 0 & 3 & 0 \\ 0 & 0 & 3 \end{pmatrix}$

예제 14.10 》 다음 행렬을 대각화하여라.

$$A = \begin{pmatrix} 0 & 0 & -2 \\ 0 & -2 & 0 \\ -2 & 0 & 0 \end{pmatrix}$$

풀이

고유치는 $\lambda_1 = -2, \lambda_2 = 4, \lambda_3 = -1$이다.

$\begin{pmatrix}0\\1\\0\end{pmatrix}$, $\begin{pmatrix}-1\\0\\2\end{pmatrix}$, $\begin{pmatrix}2\\0\\1\end{pmatrix}$이고 이것은 직교행임은 분명하다. 이것을 정규화하면 $\begin{pmatrix}0\\1\\0\end{pmatrix}$, $\begin{pmatrix}-\frac{1}{\sqrt{5}}\\0\\\frac{2}{\sqrt{5}}\end{pmatrix}$, $\begin{pmatrix}\frac{2}{\sqrt{5}}\\0\\\frac{1}{\sqrt{5}}\end{pmatrix}$은 정규직교계를 이룬다. $P^{-1}AP$가 대각행렬이 되도록 하는 행렬 P는

$$P=\begin{pmatrix}0 & -\frac{1}{\sqrt{5}} & \frac{2}{\sqrt{5}}\\1 & 0 & 0\\0 & \frac{2}{\sqrt{5}} & \frac{1}{\sqrt{5}}\end{pmatrix}$$

이 된다. 따라서

$$P^{-1}AP=P^{T}AP=\begin{pmatrix}-2 & 0 & 0\\0 & 4 & 0\\0 & 0 & -1\end{pmatrix}$$

이다.

14.3 이차형식

이 절에서는 각 항이 변수의 제곱 또는 두 변수의 곱으로 된 함수를 다루기로 한다. 이와 같은 함수는 기하학, 기계의 진동, 통계학과 전기공학을 수반하는 다양한 응용에서 나타난다.

이제까지 주로 일차방정식, 즉 형식이

$$a_1x_1+a_2x_2+\cdots+a_nx_n=b$$

인 방정식을 다루어 왔다. 이 방정식의 좌변,

$$a_1x_1+a_2x_2+\cdots+a_nx_n$$

은 일차형식(linear form)이라 불리는 n변수함수이다. 일차형식에 있어서 모든 변수는 일차로 나타나고 이 식에 있어서 변수들의 곱은 존재하지 않는다. 이 절에서는 함수가

$$a_1x_1^2 + a_2x_2^2 + \cdots a_nx_n^2 + (i < j\text{에 대해서 형식 } a_kx_ix_j\text{인 모든 가능한 항}) \tag{1}$$

의 형식인 이차형식(quadratic form)을 다루게 될 것이다.

예컨대, 변수 x_1과 x_2의 이차형식은

$$a_1x_1^2 + a_2x_2^2 + a_3x_1x_2 \tag{2}$$

이고, 변수 x_1, x_2와 x_3의 이차형식은

$$a_1x_1^2 + a_2x_2^2 + a_3x_3^2 + a_4x_1x_2 + a_5x_1x_3 + a_6x_2x_3 \tag{3}$$

이다. 상이한 변수의 곱은 수반한 이차형식의 항을 혼합항(cross-product terms)이라고 한다.

따라서 (2)에 있어서 마지막 항은 혼합항이고, (3)에 있어서 마지막 세 개의 항도 역시 혼합항이다. 1×1 행렬에 관하여 각 형식의 괄호를 생략한다는 규약에 따르면, (2)는 행렬형식으로

$$(x_1 \ \ x_2)\begin{pmatrix} a_1 & a_3/2 \\ a_3/2 & a_2 \end{pmatrix}\begin{pmatrix} x_1 \\ x_2 \end{pmatrix} \tag{4}$$

로 표기될 수 있으며, (3)은

$$(x_1 \ x_2 \ x_3)\begin{pmatrix} a_1 & a_4/2 & a_5/2 \\ a_4/2 & a_2 & a_6/2 \\ a_5/2 & a_6/2 & a_3 \end{pmatrix}\begin{pmatrix} x_1 \\ x_2 \\ x_3 \end{pmatrix} \tag{5}$$

로 표기될 수 있다. (4)와 (5)에 있어서 곱은 모두 $\mathrm{x}^TA\mathrm{x}$ 인 형식인데, 여기서 x는 변수의 열벡터이고 A는 대칭행렬로서 그의 대각성분은 제곱항들의 계수이고 두 대각선을 제외한 성분은 모두 혼합항인 계수의 1/2임을 유의하기 바란다. 더욱 상세히 말하자면, i행과 j열에 있는 대각선 이외의 성분은 곱 x_ix_j인 계수의 1/2이다. 이제 몇 가지 예를 들기로 한다.

예제 14.11 》 이차형식의 행렬 표현의 예는 다음과 같다.

$$2x^2 + 6xy - 7y^2 = (x \ \ y)\begin{pmatrix} 2 & 3 \\ 3 & -7 \end{pmatrix}\begin{pmatrix} x \\ y \end{pmatrix}$$

$$4x^2 - 5y^2 = (x \ y)\begin{pmatrix} 4 & 0 \\ 0 & -5 \end{pmatrix}\begin{pmatrix} x \\ y \end{pmatrix}$$

$$xy = (x\ y)\begin{pmatrix} 0 & \frac{1}{2} \\ \frac{1}{2} & 0 \end{pmatrix}\begin{pmatrix} x \\ y \end{pmatrix}$$

$$x_1^2 + 7x_2^2 - 3x_3^2 + 4x_1x_2 - 2x_1x_3 + 6x_2x_3 = (x_1\ x_2\ x_3)\begin{pmatrix} 1 & 2 & -1 \\ 2 & 7 & 3 \\ -1 & 3 & -3 \end{pmatrix}\begin{pmatrix} x_1 \\ x_2 \\ x_3 \end{pmatrix}$$

이 절에서는 변수변환에 의하여 이차형식의 혼합형을 소거하는 방법을 설명하고, 그 결과를 사용하여 원뿔곡선의 그래프를 공부하기로 한다.

이차형식의 대각화 이차형식을

$$\mathrm{x}^T A \mathrm{x} = (x_1\ x_2\ \cdots\ x_n)\begin{pmatrix} a_{11} & a_{12} & \cdots & a_{1n} \\ a_{21} & a_{22} & \cdots & a_{2n} \\ \vdots & \vdots & & \vdots \\ a_{n1} & a_{n2} & \cdots & a_{nn} \end{pmatrix}\begin{pmatrix} x_1 \\ x_2 \\ \vdots \\ x_n \end{pmatrix} \tag{1}$$

이라 하자. 여기서 A는 대칭행렬이다. A를 대각화하는 직교행렬 P가 존재한다. 즉,

$$P^T A P = D = \begin{pmatrix} \lambda_1 & 0 & \cdots & 0 \\ 0 & \lambda_2 & \cdots & 0 \\ \vdots & \vdots & & \vdots \\ 0 & 0 & \cdots & \lambda_n \end{pmatrix}$$

이고, 여기서 $\lambda_1, \lambda_2, \cdots \lambda_n$은 A의 고유값이다. $y_1, y_2, \cdots, y_n$을 새로운 변수라 할 때

$$\mathrm{y} = \begin{pmatrix} y_1 \\ y_2 \\ \vdots \\ y_n \end{pmatrix}$$

이라 하고 $\mathrm{x} = P\mathrm{y}$를 (1)에 대입하면

$$\mathrm{x}^T A\,\mathrm{x} = (P\mathrm{y})^T A P \mathrm{y} = \mathrm{y}^T P^T \mathrm{y} = \mathrm{y}^T D \mathrm{y}$$

를 얻는다. 그런데

$$\begin{aligned} \mathrm{y}^T D\,\mathrm{y} &= (y_1\, y_2 \cdots y_n)\begin{pmatrix} \lambda_1 & 0 & \cdots & 0 \\ 0 & \lambda_2 & \cdots & 0 \\ \vdots & \vdots & & \vdots \\ 0 & 0 & \cdots & \lambda_n \end{pmatrix}\begin{pmatrix} y_1 \\ y_2 \\ \vdots \\ y_n \end{pmatrix} \\ &= \lambda_1 y_1^2 + \lambda_2 y_2^2 + \cdots + \lambda_n y_n^2 \end{aligned}$$

이고, 이것은 혼합형을 갖지 않는 이차형식이다.

요약하면 다음 결과와 같다.

정리 14.5

A가 대칭행렬일 때 $\mathrm{x}^T A\mathrm{x}$를 변수 $x_1, x_2, \cdots, x_n$에 관한 이차형식이라고 하자. P가 A를 직교대각화하고 새로운 변수 $y_1, y_2, \cdots, y_n$이 방정식 $\mathrm{x} = P\mathrm{y}$로 정의될 때, 이 방정식을 $\mathrm{x}^T A\mathrm{x}$에 대입하면

$$\mathrm{x}^T A\mathrm{x} = \mathrm{y}^T D\mathrm{y} = \lambda_1 y_1^2 + \lambda_2 y_2^2 + \cdots + \lambda_n y_n^2$$

으로 된다. 여기서 $\lambda_1, \lambda_2, \cdots, \lambda_n$은 A의 고유값이고

$$D = P^T A P = \begin{pmatrix} \lambda_1 & 0 & \cdots & 0 \\ 0 & \lambda_2 & \cdots & 0 \\ \vdots & \vdots & & \vdots \\ 0 & 0 & \cdots & \lambda_n \end{pmatrix}$$

이다.

이 정리의 행렬 P는 이차형식을 직교대각화한다(orthogonally diagonalize) 또는 이차형식을 제곱합으로 변형한다(reduce the quadratic form to a sum of squares)고 말한다.

예제 14.12 》 이차형식 $x_1^2 - x_3^2 - 4x_1x_2 + 4x_2x_3$를 제곱합으로 변형하는 변수변환을 구하고 그 이차형식을 새로운 변수항으로 표현하여라.

풀이

이 이차형식은

$$(x_1 \quad x_2 \quad x_3)\begin{pmatrix} 1 & -2 & 0 \\ -2 & 0 & 2 \\ 0 & 2 & -1 \end{pmatrix}\begin{pmatrix} x_1 \\ x_2 \\ x_3 \end{pmatrix}$$

와 같이 표현될 수 있다. 3×3 행렬의 특성방정식은

$$\begin{pmatrix} \lambda - 1 & 2 & 0 \\ 2 & \lambda & -2 \\ 0 & -2 & \lambda + 1 \end{pmatrix} = \lambda^3 - 9\lambda = \lambda(\lambda+3)(\lambda-3) = 0$$

이므로 고유값은 $\lambda = 0$, $\lambda = -3$, $\lambda = 3$이다.

$$D=\begin{pmatrix}0&0&0\\0&-3&0\\0&0&3\end{pmatrix},\ y=\begin{pmatrix}y_1\\y_2\\y_3\end{pmatrix}$$이라 하면, $X^TAX=y^TDy$에서

$$(y_1\ y_2\ y_3)\begin{pmatrix}0&0&0\\0&-3&0\\0&0&3\end{pmatrix}\begin{pmatrix}y_1\\y_2\\y_3\end{pmatrix}$$

즉,

$$-3y_2^2+3y_3^2$$

예제 14.13 》 다음 이차형식에서 xy항을 소거하여 이것을 새로운 변수로 변환하여라.

$$x^2+4xy-2y^2$$

풀이

주어진 이차형식을 행렬로 나타내면

$$x^2+4xy-2y^2=(x\ \ y)\begin{pmatrix}1&2\\2&-2\end{pmatrix}\begin{pmatrix}x\\y\end{pmatrix}$$

$A=\begin{pmatrix}1&2\\2&-2\end{pmatrix}$에 대한 특성방정식 $\det(A-\lambda I)=0$은

$$\begin{vmatrix}1-\lambda&2\\2&-2-\lambda\end{vmatrix}=0$$

$$\therefore \lambda+\lambda-6=0,\qquad \lambda=-3,\ 2$$

$$\lambda_1=-3,\ \ \lambda_2=2\qquad \therefore D=\begin{pmatrix}-3&0\\0&2\end{pmatrix}$$

$\mathrm{y}=\begin{pmatrix}x'\\y'\end{pmatrix}$이라 하면 $\mathrm{x}'A\mathrm{x}=\mathrm{y}'D\mathrm{y}$에서

$$(x'\ \ y')\begin{pmatrix}-3&0\\0&2\end{pmatrix}\begin{pmatrix}x'\\y'\end{pmatrix}=-3(x')^2+2(y')^2$$

예제 14.14 》 다음 이차형식에서 서로 다른 두 변수의 곱으로 나타낸 항을 소거하여 이것을 새로운 변수로 변환하여라.

$$x^2+3y^2+z^3+2xy+6xz+2yz$$

풀이

$$(x\ y\ z)\begin{pmatrix}1&1&3\\1&3&1\\3&1&1\end{pmatrix}\begin{pmatrix}x\\y\\z\end{pmatrix}$$

$$A=\begin{pmatrix}1&1&3\\1&3&1\\3&1&1\end{pmatrix}\text{에서 } \det(A-\lambda I)=\begin{vmatrix}1-\lambda&1&3\\1&3-\lambda&1\\3&1&1-\lambda\end{vmatrix}=0$$

$$\therefore \lambda^3-5\lambda^2-4\lambda+20=0,\quad \therefore \lambda_1=-2,\ \lambda_2=2,\ \lambda_3=5$$

$D=\begin{pmatrix}-2&0&0\\0&2&0\\0&0&5\end{pmatrix}$이므로 $\mathrm{y}=\begin{pmatrix}x'\\y'\\z'\end{pmatrix}$이라 하면

$$(x'\ y'\ z')\begin{pmatrix}-2&0&0\\0&2&0\\0&0&-5\end{pmatrix}\begin{pmatrix}x'\\y'\\z'\end{pmatrix}=-2(x')^2+2(y')^2-5(z')^2$$

연습문제

1 λ_i는 A의 고유값임을 보이고 또 x_i는 대응하는 고유벡터임을 보여라.

(1) $A=\begin{pmatrix}1&0\\0&-1\end{pmatrix}$

$\lambda_1=1,\ \mathrm{x}_1=(1,0)$

$\lambda_2=-1,\ \mathrm{x}_2=(0,1)$

(2) $A=\begin{pmatrix}-2&2&-3\\2&1&-6\\-1&-2&0\end{pmatrix}$

$\lambda_1=5,\ \mathrm{x}_1=(1,2,-1)$

$\lambda_2=-3,\ \mathrm{x}_2=(1,-1,0)$

$\lambda_3=3,\ \mathrm{x}_3=(5,1,2)$

2 (a) 특성방정식을 구하여라. (b) 고유값과 고유벡터를 구하여라.

(1) $\begin{pmatrix}6&-3\\-2&1\end{pmatrix}$

(2) $\begin{pmatrix}1&-\frac{3}{2}\\\frac{1}{2}&-1\end{pmatrix}$

(3) $\begin{pmatrix} 2 & 0 & 1 \\ 0 & 3 & 4 \\ 0 & 0 & 1 \end{pmatrix}$ (4) $\begin{pmatrix} 1 & 2 & -2 \\ -2 & 5 & -2 \\ -6 & 6 & -3 \end{pmatrix}$

3 주어진 행렬이 대칭인지 아닌지 판별하여라.

(1) $\begin{pmatrix} 1 & 3 \\ 3 & -1 \end{pmatrix}$ (2) $\begin{pmatrix} 4 & -2 & 1 \\ 3 & 1 & 2 \\ 1 & 2 & 1 \end{pmatrix}$ (3) $\begin{pmatrix} 0 & 1 & 2 & -1 \\ 1 & 0 & -3 & 2 \\ 2 & -3 & 0 & 1 \\ -1 & 2 & 1 & -2 \end{pmatrix}$

4 다음 대칭행렬의 고유값을 구하여라. 또 각 고유값에 대해서 대응하는 고유공간의 차원을 구하여라.

(1) $\begin{pmatrix} 3 & 1 \\ 1 & 3 \end{pmatrix}$ (2) $\begin{pmatrix} 3 & 0 & 0 \\ 0 & 2 & 0 \\ 0 & 0 & 2 \end{pmatrix}$ (3) $\begin{pmatrix} 0 & 2 & 2 \\ 2 & 0 & 2 \\ 2 & 2 & 0 \end{pmatrix}$

5 주어진 행렬이 직교행렬인지 아닌지 판별하여라.

(1) $\begin{pmatrix} \frac{\sqrt{2}}{2} & \frac{\sqrt{2}}{2} \\ -\frac{\sqrt{2}}{2} & \frac{\sqrt{2}}{2} \end{pmatrix}$ (2) $\begin{pmatrix} -4 & 0 & 3 \\ 0 & 1 & 0 \\ 3 & 0 & 4 \end{pmatrix}$ (3) $\begin{pmatrix} \frac{\sqrt{2}}{2} & -\frac{\sqrt{6}}{6} & \frac{\sqrt{3}}{3} \\ 0 & \frac{\sqrt{6}}{3} & \frac{\sqrt{3}}{3} \\ \frac{\sqrt{2}}{2} & \frac{\sqrt{6}}{6} & -\frac{\sqrt{3}}{3} \end{pmatrix}$

6 P^TAP가 대각행렬이 되는 직교행렬 P를 구하여라. 또 P^TAP를 구하여라.

(1) $A = \begin{pmatrix} 1 & 1 \\ 1 & 1 \end{pmatrix}$ (2) $A = \begin{pmatrix} 2 & \sqrt{2} \\ \sqrt{2} & 1 \end{pmatrix}$ (3) $A = \begin{pmatrix} 0 & 10 & 10 \\ 10 & 5 & 0 \\ 10 & 0 & -5 \end{pmatrix}$

7 임의의 각 θ에 대해서 행렬

$$A = \begin{pmatrix} \cos\theta & -\sin\theta \\ \sin\theta & \cos\theta \end{pmatrix}$$

는 직교행렬임을 보여라.

8 A가 대칭행렬일 때 다음 이차형식을 행렬기호 $\mathrm{x}^TA\mathrm{x}$로 표현하여라.

(1) $9x_1^2 - x_2^2 + 4x_3^2 + 6x_1x_2 - 8x_1x_3 + x_2x_3$

(2) $x_1x_2 + x_1x_3 + x_2x_3$

(3) $x_1^2+x_2^2-x_3^2-x_4^2+2x_1x_2-10x_1x_4+4x_3x_4$

9 다음 각각에서 행렬을 사용하지 않는 이차형식의 식을 구하여라.

(1) $(x\ \ y)\begin{pmatrix} 2 & -3 \\ -3 & 5 \end{pmatrix}\begin{pmatrix} x \\ y \end{pmatrix}$

(2) $(x\ \ y\ \ z)\begin{pmatrix} 1 & 0 & 0 \\ 0 & -3 & 0 \\ 0 & 0 & 5 \end{pmatrix}\begin{pmatrix} x \\ y \\ z \end{pmatrix}$

(3) $(x_1\ \ x_2\ \ x_3\ \ x_4)\begin{pmatrix} 0 & 1 & 1 & 1 \\ 1 & 0 & 1 & 1 \\ 1 & 1 & 0 & 1 \\ 1 & 1 & 1 & 0 \end{pmatrix}\begin{pmatrix} x_1 \\ x_2 \\ x_3 \\ x_4 \end{pmatrix}$

10 다음 각각에서 이차형식을 제곱의 합 또는 차로 고치는 변수변환을 구하고 그 이차형식을 새로운 변수의 항으로 표현하여라.

(1) $2x_1^2+2x_2^2-2x_1x_2$ (2) $5x_1^2+2x_2^2+4x_1x_2$ (3) $2x_1x_2$

11 다음 각각에서 이차형식을 제곱의 합 또는 차로 고치는 변수변환을 구하고 그 이차형식을 새로운 변수의 항으로 표현하여라.

(1) $3x_1^2+4x_2^2+5x_3^2+4x_1x_2-4x_2x_3$

(2) $-5x_1^2+x_2^2-x_3^2+6x_1x_3+4x_1x_2$

CHAPTER 15

선형변환

15.1 선형변환의 소개

이 단원에서는 벡터공간 V에서 벡터공간 W로의 함수 $T : V \rightarrow W$에 관해서 공부하겠다.

정의 15.1

$$T : V \rightarrow W$$

가 V에서 W로의 함수(map)일 때

$$V\text{를 함수 } T\text{의 정의역(domain)}$$
$$W\text{를 함수 } T\text{의 공역(codomain)}$$

이라고 부른다. $\mathrm{v} \in V$, $T(\mathrm{v}) = \mathrm{w}$일 때 w를 v의 T에 의한 상(image)이라고 부른다.

모든 상들의 집합 $\{T(\mathrm{u}) \mid \mathrm{u} \in V\}$를 T의 치역(range)이라 하며 또 $\mathrm{w} \in W$에 대해서 상이 w가 되는 모든 V의 원소들의 집합 $\{\mathrm{v} \in V \mid T(\mathrm{v}) = \mathrm{w}\}$를 w의 원상(preimage)이라고 정의한다.

예제 15.1》 임의의 $\mathrm{v} = (v_1, v_2) \in R^2$에 대해서 $T : R^2 \rightarrow R^2$, $T(v_1, v_2) = (v_1 - v_2, v_1 + 2v_2)$라 했을 때

(1) v=(−1, 2)의 상을 구하여라.

(2) w=(−1, 11)의 원상을 구하여라.

풀이

(1) $T(-1, 2)=(-1-2, -1+2(2))=(-3, 3)$

(2) $T(\mathrm{v})=(v_1-v_2, v_1+2v_2)=(-1, 11)$이므로

$$v_1-v_2=-1$$
$$v_1+2v_2=11$$

이다. 이 연립방정식을 풀어서 $v_1=3$, $v_2=4$를 얻을 수 있다. 따라서 (−1, 11)의 원상은 (3, 4)이다.

정의 15.2

V, W는 벡터공간이다. 함수 $T: V \to W$가 다음 두 성질을 만족시킬 때 T를 선형변환이라고 부른다.
임의의 u, v$\in V$ 임의의 스칼라 c에 대해서
1. $T(\mathrm{u}+\mathrm{v})=T(\mathrm{u})+T(\mathrm{v})$
2. $T(c\mathrm{u})=cT(\mathrm{u})$

예제 15.2》 함수 $T(v_1, v_2)=(v_1-v_2, v_1+2v_2)$는 R^2에서 R^2으로의 선형변환이 됨을 보여라.

풀이

T가 선형변환임을 보이기 위해서는 벡터합과 스칼라곱이 성립함을 보이면 된다.
v=(v_1, v_2), u=(u_1, u_2)를 R^2의 원소, c를 임의의 실수라 하자.

1. u+v=$(u_1, u_2)+(v_1, v_2)=(u_1+v_1, u_2+v_2)$이므로

$$\begin{aligned}T(\mathrm{u}+\mathrm{v}) &= T(u_1+v_1, u_2+v_2)\\ &=((u_1+v_1)-(u_2+v_2), (u_1+v_1)+2(u_2+v_2))\\ &=((u_1-u_2)+(v_1-v_2), (u_1+2u_2)+(v_1+2v_2))\\ &=(u_1-u_2, u_1+2u_2)+(v_1-v_2, v_1+2v_2)\\ &=T(\mathrm{u})+T(\mathrm{v})\end{aligned}$$

2. $c\mathrm{u}=c(u_1,u_2)=(cu_1, cu_2)$이므로

$$T(c\mathrm{u})=T(cu_1, cu_2)$$

$$= (cu_1 - cu_2,\ cu_1 + 2cu_2)$$
$$= c(u_1 - u_2,\ u_1 + 2u_2)$$
$$= c\,T(\mathrm{u})$$

따라서 T는 선형변환이다.

예제 15.3》 $T: R^2 \to R^3$를

$$T\left(\begin{pmatrix} x \\ y \end{pmatrix}\right) = \begin{pmatrix} x \\ x+y \\ x-y \end{pmatrix}$$

이 선형변환이 됨을 보여라.

풀이

T가 선형변환임을 밝히기 위해

$$\mathrm{x} = \begin{pmatrix} x_1 \\ y_1 \end{pmatrix},\ \mathrm{y} = \begin{pmatrix} x_2 \\ y_2 \end{pmatrix}$$

라 두면

$$T(\mathrm{x}+\mathrm{y}) = T\left(\begin{pmatrix} x_1 \\ y_1 \end{pmatrix} + \begin{pmatrix} x_2 \\ y_2 \end{pmatrix}\right) = T\left(\begin{pmatrix} x_1 + x_2 \\ y_1 + y_2 \end{pmatrix}\right)$$
$$= \begin{pmatrix} x_1 + x_2 \\ (x_1 + x_2) + (y_1 + y_2) \\ (x_1 + x_2) + (y_1 + y_2) \end{pmatrix} = \begin{pmatrix} x_1 \\ x_1 + y_1 \\ x_1 - y_1 \end{pmatrix} + \begin{pmatrix} x_2 \\ x_2 + y_2 \\ x_2 - y_2 \end{pmatrix}$$
$$= T(\mathrm{x}) + T(\mathrm{y})$$

또, k가 실수이면

$$T(k\mathrm{x}) = T\left(\begin{pmatrix} kx_1 \\ ky_1 \end{pmatrix}\right) = \begin{pmatrix} kx_1 \\ kx_1 + ky_1 \\ kx_1 - ky_1 \end{pmatrix} = k\begin{pmatrix} x_1 \\ x_1 + y_1 \\ x_1 - y_1 \end{pmatrix} = kT(\mathrm{x})$$

이므로 T는 선형변환이다.

R^n에서 R^m으로의 변환(transformation)

함수 f의 정의역이 R^n이고 그 공변역이 R^m일 때 (m과 n은 같을 수도 있다.) f를 R^n에서 R^m으로의 변환(transformation)이라 하고, 이 경우 f는 R^n을 R^m으로 사상(map)한다고 하고 이것을 $f: R^n \to R^m$으로 표기한다.

변환이 나타나는 한 가지 중요한 방법을 설명하기 위하여 $f_1, f_2, \cdots, f_m$ 을 n개의 실변수의 실수값 함수, 즉

$$\begin{aligned} w_1 &= f_1(x_1, x_2, \cdots, x_n) \\ w_2 &= f_2(x_1, x_2, \cdots, x_n) \\ &\vdots \\ w_m &= f_m(x_1, x_2, \cdots, x_n) \end{aligned} \tag{1}$$

이라 하자. 이들 m개 방정식을 R^n의 각 점 $(x_1, x_2, \cdots, x_n)$에 R^m의 유일한 점 $(w_1, w_2, \cdots, w_m)$을 대응시킨다. 따라서 이것은 R^n에서 R^m으로의 변환을 정의한다. 이 변환을 T로써 표시하면 $T: R^n \to R^m$ 이고

$$T(x_1, x_2, \cdots, x_n) = (w_1, w_2, \cdots, w_m)$$

이다.

특히 식 (1)의 각 방정식이 선형인 경우 이들 방정식에 의하여 정의되는 변환 $T: R^n \to R^m$을 선형변환(linear transformation)이라고 한다. $T: R^n \to R^m$은 형식이

$$\begin{aligned} w_1 &= a_{11}x_1 + a_{12}x_2 + \cdots + a_{1n}x_n \\ w_2 &= a_{21}x_1 + a_{22}x_2 + \cdots + a_{2n}x_n \\ &\vdots \\ w_m &= a_{m1}x_1 + a_{m2}x_2 + \cdots + a_{mn}x_n \end{aligned} \tag{2}$$

인 방정식으로 정의되고,

행렬 기호

$$\begin{pmatrix} w_1 \\ w_2 \\ \vdots \\ w_m \end{pmatrix} = \begin{pmatrix} a_{11} & a_{12} & \cdots & a_{1n} \\ a_{21} & a_{22} & \cdots & a_{2n} \\ \vdots & \vdots & \cdots & \vdots \\ a_{m1} & a_{m2} & \cdots & a_{mn} \end{pmatrix} \begin{pmatrix} x_1 \\ x_2 \\ \vdots \\ x_n \end{pmatrix} \tag{3}$$

으로서 정의되며, 더 간단하게는

$$T(\mathrm{x}) = A\mathrm{x}$$

로 정의된다.

행렬 $A = [a_{ij}]$를 선형변환 T의 표준행렬(standard matrix)이라 하고 T를 A의 곱(multiplication by A)이라고 한다.

예제 15.4》 다음 방정식으로 주어지는 선형변환 $T: R^3 \to R^3$의 표준행렬을 구하여라.

$$\begin{aligned} w_1 &= 3x_1 + 5x_2 - x_3 \\ w_2 &= 4x_1 - \ \ x_2 + x_3 \\ w_3 &= 3x_1 + 2x_2 - x_3 \end{aligned}$$

그리고 $T(-1,\ 2,\ 4)$를 이 방정식에 대입하여, 행렬곱에 의해서도 계산하여라.

풀이

표준행렬은 A이다.

$$\mathrm{w} = A\mathrm{x} = \begin{pmatrix} 3 & 5 & -1 \\ 4 & -1 & 1 \\ 3 & 2 & -1 \end{pmatrix}\begin{pmatrix} x_1 \\ x_2 \\ x_3 \end{pmatrix}$$

$$T(-1,\ 2,\ 4) = \begin{pmatrix} 3 & 5 & -1 \\ 4 & -1 & 1 \\ 3 & 2 & -1 \end{pmatrix}\begin{pmatrix} -1 \\ 2 \\ 4 \end{pmatrix} = \begin{pmatrix} 3 \\ -2 \\ -3 \end{pmatrix}$$

예제 15.5》 다음 각각에서 주어진 선형변환 T의 표준행렬 A를 사용하여 $T(\mathrm{x})$를 구하여라 (답을 행렬 형식으로 표현하여라).

(1) $A = \begin{pmatrix} -1 & 2 & 0 \\ 3 & 1 & 5 \end{pmatrix}; \mathrm{x} = \begin{pmatrix} -1 \\ 1 \\ 3 \end{pmatrix}$　　(2) $A = \begin{pmatrix} -2 & 1 & 4 \\ 3 & 5 & 7 \\ 6 & 0 & -1 \end{pmatrix}; \mathrm{x} = \begin{pmatrix} x_1 \\ x_2 \\ x_3 \end{pmatrix}$

풀이

(1) $T(\mathrm{x}) = \begin{pmatrix} -1 & 2 & 0 \\ 3 & 1 & 5 \end{pmatrix}\begin{pmatrix} -1 \\ 1 \\ 3 \end{pmatrix} = \begin{pmatrix} 3 \\ 13 \end{pmatrix}$

(2) $T(\mathrm{x}) = \begin{pmatrix} -2 & 1 & 4 \\ 3 & 5 & 7 \\ 6 & 0 & -1 \end{pmatrix}\begin{pmatrix} x_1 \\ x_2 \\ x_3 \end{pmatrix} = \begin{pmatrix} -2x_1 + x_2 + 4x_3 \\ 3x_1 + 5x_2 + 7x_3 \\ 6x_1 - x_3 \end{pmatrix}$

예제 15.6》 다음 각각의 T 표준행렬을 사용하여 $T(\mathrm{x})$를 구하여라.

(1) $T(x_1, x_2) = (-x_1 + x_2, x_2); \mathrm{x} = (-1, 4)$

(2) $T(x_1, x_2, x_3) = (2x_1 - x_2 + x_3, x_2 + x_3, 0); \mathrm{x} = (2, 1, -3)$

풀이

(1) $T(-1,\ 4) = \begin{pmatrix} -1 & 1 \\ 0 & 1 \end{pmatrix}\begin{pmatrix} -1 \\ 4 \end{pmatrix} = \begin{pmatrix} 5 \\ 4 \end{pmatrix}$

(2) $T(2, 1, -3) = \begin{pmatrix} 2 & -1 & 1 \\ 0 & 1 & 1 \\ 0 & 0 & 0 \end{pmatrix} \begin{pmatrix} 2 \\ 1 \\ -3 \end{pmatrix} = \begin{pmatrix} 0 \\ -2 \\ 0 \end{pmatrix}$

15.2 선형변환의 합성, 역 변환

15.2.1 선형변환의 합성

$T_1: R^n \to R^k$, $T_2: R^k \to R^m$이 선형변환이면 R^n의 모든 x에 대해서 벡터인 $T_1(\mathrm{x})$를 계산한 다음에 R^m의 벡터인 $T_2(T_1(\mathrm{x}))$를 계산할 수 있다. 따라서 T_1 다음에 T_2를 합성하면 R^n에서 R^m으로의 변환이다. 이 변환을 T_2와 T_1의 합성(composition)이라 하고 $T_2 \circ T_1$로 표기한다. 따라서

$$(T_2 \circ T_1)(\mathrm{x}) = T_2(T_1(\mathrm{x}))$$

이다. 합성 $T_2 \circ T_1$는

$$T_2 \circ T_1(\mathrm{x}) = T_2(T_1(\mathrm{x})) = A_2(A_1\mathrm{x}) = (A_2A_1)\mathrm{x}$$

이므로 선형이다. 따라서 $T_2 \circ T_1$는 A_2A_1와 곱이고 이것은 선형변환이다. $T_2 \circ T_1$의 표준행렬은 A_2A_1이다. 따라서

$$T_2 \circ T_1 = T_{21}$$

예제 15.7》 T_1, T_2는 아래와 같이 R^3에서 R^3로의 선형변환이다.

$$T_1(x, y, z) = (2x + y, 0, x + z),\ T_2(x, y, z) = (x - y, z, y)$$

$T = T_2 \circ T_1$과 $T' = T_1 \circ T_2$의 표준행렬을 각각 구하여라.

풀이

T_1, T_2의 표준행렬은 각각

$$A_1 = \begin{pmatrix} 2 & 1 & 0 \\ 0 & 0 & 0 \\ 1 & 0 & 1 \end{pmatrix}, \quad A_2 = \begin{pmatrix} 1 & -1 & 0 \\ 0 & 0 & 1 \\ 0 & 1 & 0 \end{pmatrix}$$

이다. T의 표준행렬은

$$A = A_2A_1 = \begin{pmatrix} 1 & -1 & 0 \\ 0 & 0 & 1 \\ 0 & 1 & 0 \end{pmatrix}\begin{pmatrix} 2 & 1 & 0 \\ 0 & 0 & 0 \\ 1 & 0 & 1 \end{pmatrix} = \begin{pmatrix} 2 & 1 & 0 \\ 1 & 0 & 1 \\ 0 & 0 & 0 \end{pmatrix}$$

이고 T'의 표준행렬은

$$A' = A_1A_2 = \begin{pmatrix} 2 & 1 & 0 \\ 0 & 0 & 0 \\ 1 & 0 & 1 \end{pmatrix}\begin{pmatrix} 1 & -1 & 0 \\ 0 & 0 & 1 \\ 0 & 1 & 0 \end{pmatrix} = \begin{pmatrix} 2 & -2 & 1 \\ 0 & 0 & 0 \\ 1 & 0 & 0 \end{pmatrix}$$

이다.

예제 15.8》 $T_1: R^2 \to R^2$을 y축에 관한 반사연산자, $T_2: R^2 \to R^2$을 x축에 관한 반사연산자라 하자. 이 경우 $T_1 \circ T_2$와 $T_2 \circ T_1$을 구하여라.

풀이

$$(T_1 \circ T_2)(x, y) = T_1(x, -y) = (-x, -y)$$
$$(T_2 \circ T_1)(x, y) = T_2(-x, y) = (-x, -y)$$

$T_1 \circ T_2$와 $T_2 \circ T_1$의 동일성은 또한 T_1과 T_2의 표준행렬 A_1, A_2이 교환법칙이 성립함을 밝힘으로써 증명될 수 있다. 즉

$$A_1A_2 = \begin{pmatrix} -1 & 0 \\ 0 & 1 \end{pmatrix}\begin{pmatrix} 1 & 0 \\ 0 & -1 \end{pmatrix} = \begin{pmatrix} -1 & 0 \\ 0 & -1 \end{pmatrix}$$
$$A_2A_1 = \begin{pmatrix} 1 & 0 \\ 0 & -1 \end{pmatrix}\begin{pmatrix} -1 & 0 \\ 0 & 1 \end{pmatrix} = \begin{pmatrix} -1 & 0 \\ 0 & -1 \end{pmatrix}$$

15.2.2 역 선형변환

정의 15.3

$T_1: R^n \to R^n$, $T_2: R^n \to R^n$은 선형변환으로써 모든 $\mathrm{v} \in R^n$에 대해서 $T_2(T_1(\mathrm{v})) = \mathrm{v}$, $T_1(T_2(\mathrm{v})) = \mathrm{v}$일 때 T_2는 T_1의 역(inverse)이라고 부른다. 또 T_1는 가역(invertible)이라고 한다.

모든 선형변환이 역을 가지는 것은 아니다. 선형변환 T가 가역이면 그 역은 단 하나밖에 없고 이것을 T^{-1}로 표시한다. 실수상에서의 역함수와 마찬가지로 선형변환 T의 역함수도 그냥 함수 T의 값으로 정할 수 있다. 예를 들어서 T가 R^3에서 R^3로의 선형변환이고 $T(1, 4, -5) = (2, 3, 1)$이라고 하자.

만일 T^{-1}가 존재하면 T^{-1}는 $(2,3,1)$을 T에 대한 원상으로 다시 대응시킨다. 즉,

$$T^{-1}(2,3,1) = (1,4,-5)$$

이다.

아래 정리는 선형변환이 가역일 필요충분조건은 그것이 동형사상(전단사)이라는 사실을 보여 준다.

정리 15.1

$T: R^n \to R^n$은 표준행렬이 A인 선형변환이다. 다음은 모두 동치이다.

1. T는 가역이다.
2. T는 동형사상이다.
3. A는 가역행렬이다.

또 만일 T가 가역이고 표준행렬이 A라면 T^{-1}의 표준행렬은 A^{-1}이다.

예제 15.9》 방정식

$$\begin{aligned} w_1 &= 2x_1 + x_2 \\ w_2 &= 3x_1 + 4x_2 \end{aligned}$$

에 의하여 정의되는 선형변환 $T: R^2 \to R^2$은 1대 1임을 밝히고 $T^{-1}(w_1, w_2)$를 구하여라.

풀이

이들 방정식의 행렬형은

$$\begin{pmatrix} w_1 \\ w_2 \end{pmatrix} = \begin{pmatrix} 2 & 1 \\ 3 & 4 \end{pmatrix} \begin{pmatrix} x_1 \\ x_2 \end{pmatrix}$$

이므로 T의 표준행렬은

$$A = \begin{pmatrix} 2 & 1 \\ 3 & 4 \end{pmatrix}$$

이다. 이 행렬은 가역(따라서 1대 1)이고 T^{-1}의 표준행렬은

$$A^{-1} = \begin{pmatrix} \frac{4}{5} & -\frac{1}{5} \\ -\frac{3}{5} & \frac{2}{5} \end{pmatrix}$$

이다. 따라서

$$A^{-1}\begin{pmatrix} w_1 \\ w_2 \end{pmatrix} = \begin{pmatrix} \frac{4}{5} & -\frac{1}{5} \\ -\frac{3}{5} & \frac{2}{5} \end{pmatrix}\begin{pmatrix} w_1 \\ w_2 \end{pmatrix} = \begin{pmatrix} \frac{4}{5}w_1 & -\frac{1}{5}w_2 \\ -\frac{3}{5}w_1 & +\frac{2}{5}w_2 \end{pmatrix}$$

이고, 이것으로부터

$$T^{-1}(w_1, w_2) = (\frac{4}{5}w_1 - \frac{1}{5}w_2, -\frac{3}{5}w_1 + \frac{2}{5}w_2)$$

를 얻는다.

예제 15.10 ⟫ 선형변환 $T: R^3 \to R^3$는 다음과 같다.

$$T(x_1, x_2, x_3) = (2x_1 + 3x_2 + x_3,\ 3x_1 + 3x_2 + x_3,\ 2x_1 + 4x_2 + x_3)$$

T는 가역임을 보이고 그 역을 구하여라.

풀이

T의 표준행렬은

$$A = \begin{pmatrix} 2 & 3 & 1 \\ 3 & 3 & 1 \\ 2 & 4 & 1 \end{pmatrix}$$

이다. 행렬의 성질을 이용하면 A는 가역이고 그 역행렬은

$$A^{-1} = \begin{pmatrix} -1 & 1 & 0 \\ -1 & 0 & 1 \\ 6 & -2 & -3 \end{pmatrix}$$

가 됨을 알 수 있다. 따라서 T는 가역이고 그 표준행렬은 A^{-1}이다.

예제 15.11 ⟫ $T: R^3 \to R^3$을 공식

$$T(x_1, x_2, x_3) = (3x_1 + x_2, -2x_1 - 4x_2 + 3x_3, 5x_1 + 4x_2 - 2x_3)$$

로 정의되는 선형변환이 할 때 T는 1대 1인가를 결정하고 1대 1인 경우에는 $T^{-1}(x_1, x_2, x_3)$를 구하여라.

풀이

T의 표준행렬은

$$A = \begin{pmatrix} 3 & 1 & 0 \\ -2 & -4 & 3 \\ 5 & 4 & -2 \end{pmatrix}$$

이다.

이 행렬은 가역이고 T^{-1}의 표준행렬은

$$A^{-1} = \begin{pmatrix} 4 & -2 & -3 \\ -11 & 6 & 9 \\ -12 & 7 & 10 \end{pmatrix}$$

이다. 따라서

$$T^{-1}\left(\begin{pmatrix} x_1 \\ x_2 \\ x_3 \end{pmatrix}\right) = A^{-1}\begin{pmatrix} x_1 \\ x_2 \\ x_3 \end{pmatrix} = \begin{pmatrix} 4 & -2 & -3 \\ -11 & 6 & 9 \\ -12 & 7 & 10 \end{pmatrix}\begin{pmatrix} x_1 \\ x_2 \\ x_3 \end{pmatrix} = \begin{pmatrix} 4x_1 & -2x_1 & -3x_1 \\ -11x_2 & +6x_2 & +9x_2 \\ -12x_3 & +7x_3 & +10x_3 \end{pmatrix}$$

가 성립하고, 이 결과를 수평기호로 표현하면 다음을 얻는다.

$$T^{-1}(x_1, x_2, x_3) = (4x_1 - 2x_2 - 3x_3, -11x_1 + 6x_2 + 9x_3, -12x_1 + 7x_2 + 10x_3)$$

15.3 선형변환의 응용

이 절에서는 2×2 기본행렬로 표시되는 선형변환의 기하학적인 성질에 대해서 공부한다. 여러 가지 2×2 기본행렬의 성질은 다음 예에서 하나씩 살펴보겠다. 기본적인 것은 아래와 같다.

평면에서의 선형변환에 대한 기본행렬

y축에 대칭

$$A = \begin{pmatrix} -1 & 0 \\ 0 & 1 \end{pmatrix}$$

x축에 대칭

$$A = \begin{pmatrix} 1 & 0 \\ 0 & -1 \end{pmatrix}$$

$y = x$축에 대칭

$$A = \begin{pmatrix} 0 & 1 \\ 1 & 0 \end{pmatrix}$$

원점에 대칭

$A = \begin{pmatrix} -1 & 0 \\ 0 & -1 \end{pmatrix}$

$y=-x$축에 대칭

$A = \begin{pmatrix} 0 & -1 \\ -1 & 0 \end{pmatrix}$

수평확대($k>1$)
수평축약($0<k<1$)

$A = \begin{pmatrix} k & 0 \\ 0 & 1 \end{pmatrix}$

수직확대($k<1$)
수직축약($0<k<1$)

$A = \begin{pmatrix} 1 & 0 \\ 0 & k \end{pmatrix}$

수평층밀림

$A = \begin{pmatrix} 1 & k \\ 0 & 1 \end{pmatrix}$

수직층밀림

$A = \begin{pmatrix} 1 & 0 \\ k & 1 \end{pmatrix}$

회전변환

$\begin{pmatrix} \cos\theta & -\sin\theta \\ \sin\theta & \cos\theta \end{pmatrix}$

예제 15.12 》 아래 행렬에 의해서 정의되는 변환을 대칭(reflections)이라고 한다. 그림 15.1과 같이 y, x좌표축이나 직선 $y=x$에 대한 대칭의 기본행렬을 유도하여라.

풀이

(1) y축에 대칭

$$T(x,y)=(-x,y)$$
$$\begin{pmatrix} -1 & 0 \\ 0 & 1 \end{pmatrix}\begin{pmatrix} x \\ y \end{pmatrix} = \begin{pmatrix} -x \\ y \end{pmatrix}$$

(2) x축에 대칭

$$T(x,y)=(x,-y)$$
$$\begin{pmatrix} 1 & 0 \\ 0 & -1 \end{pmatrix}\begin{pmatrix} x \\ y \end{pmatrix} = \begin{pmatrix} x \\ -y \end{pmatrix}$$

(3) 직선 $y=x$에 대칭

$$T(x,y)=(y,x)$$
$$\begin{pmatrix} 0 & 1 \\ 1 & 0 \end{pmatrix}\begin{pmatrix} x \\ y \end{pmatrix} = \begin{pmatrix} y \\ x \end{pmatrix}$$

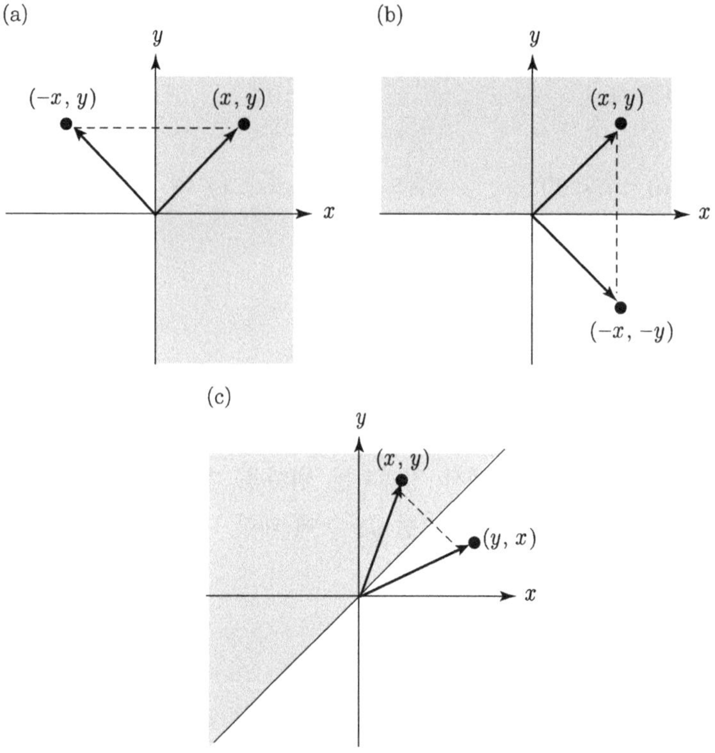

[그림 15.1] 평면에서의 대칭

예제 15.13 》 R^2의 각벡터를 각도$\pi/6(=30°)$만큼 회전시키면, 벡터의 상 w를 구하여라.

풀이

$$\mathrm{w}=\begin{pmatrix}\cos\pi/6 & -\sin\pi/6\\ \sin\pi/6 & \cos\pi/6\end{pmatrix}\begin{pmatrix}x\\ y\end{pmatrix}=\begin{pmatrix}\sqrt{3/2} & -1/2\\ 1/2 & \sqrt{3/2}\end{pmatrix}\begin{pmatrix}x\\ y\end{pmatrix}=\begin{pmatrix}\dfrac{\sqrt{3}}{2}x-\dfrac{1}{2}y\\ \dfrac{1}{2}x+\dfrac{\sqrt{3}}{2}y\end{pmatrix}$$

이다. 예컨대 벡터

$$\mathrm{x}=\begin{pmatrix}1\\ 1\end{pmatrix}$$

의 상 w는 다음과 같다.

$$\mathrm{w}=\begin{pmatrix}\dfrac{\sqrt{3}-1}{2}\\ \dfrac{1+\sqrt{3}}{2}\end{pmatrix}$$

예제 15.14 》 다음 회전변환 행렬을 구하여라.

(1) T는 R^2에서 시계반대방향으로 180° 회전, v = (1, 2)

(2) T는 R^2에서 시계반대방향으로 45° 회전, v = (2, 2)

풀이

(1) $\begin{pmatrix} \cos 180 & -\sin 180 \\ \sin 180 & \cos 180 \end{pmatrix}\begin{pmatrix} 1 \\ 2 \end{pmatrix} = \begin{pmatrix} -1 & 0 \\ 0 & -1 \end{pmatrix}\begin{pmatrix} 1 \\ 2 \end{pmatrix} = \begin{pmatrix} -1 \\ -2 \end{pmatrix}$

(2) $\begin{pmatrix} \cos 45 & -\sin 45 \\ \sin 45 & \cos 45 \end{pmatrix}\begin{pmatrix} 2 \\ 2 \end{pmatrix} = \begin{pmatrix} \frac{\sqrt{2}}{2} & -\frac{\sqrt{2}}{2} \\ \frac{\sqrt{2}}{2} & \frac{\sqrt{2}}{2} \end{pmatrix}\begin{pmatrix} 2 \\ 2 \end{pmatrix} = \begin{pmatrix} 0 \\ 2\sqrt{2} \end{pmatrix}$

연습문제

1 주어진 함수 T를 사용하여 (a) v의 상 (b) w의 원상을 각각 구하여라.

(1) $T(v_1, v_2) = (v_1 + v_2, v_1 - v_2)$, v = (3, −4), w = (3, 19)

(2) $T(v_1, v_2, v_3) = (v_2 - v_1, v_1 + v_2, 2v_1)$, v = (2, 3, 0), w = (−11, −1, 10)

(3) $T(v_1, v_2, v_3) = (4v_2 - v_1, 4v_1 + 5v_2)$, v = (2, −3, −1), w = (3, 9)

2 $T: R^3 \rightarrow R^2$은 선형변환인지를 결정하여라.

(1) $T(x, y) = (x, x + y + z)$

(2) $T(x, y, z) = (1, 1)$

(3) $T(x_1, x_2, x_3) = (2x_1 - x_2 + x_3, x_2 - 4x_3)$

3 $T: R^3 \rightarrow R^3$는 선형변환이고 $T(1, 0, 0) = (2, 4, -1)$, $T(0, 1, 0) = (1, 3, -2)$, $T(0, 0, 1) = (0, -2, 2)$이다. 다음 값을 구하여라.

(1) $T(0, 3, -1)$

(2) $T(2, -4, 1)$

4 $T: R^n \rightarrow R^m$, $T(\mathrm{v}) = A\mathrm{v}$는 선형변환이다. R^n과 R^m의 차수를 구하여라.

(1) $A = \begin{pmatrix} 0 & 1 & -2 & 1 \\ -1 & 4 & 5 & 0 \\ 0 & 1 & 3 & 1 \end{pmatrix}$

(2) $A=\begin{pmatrix} -2 & 2 & 1 & 3 & 4 \\ 0 & 0 & 2 & -1 & 0 \end{pmatrix}$

5 선형변환 T에 대한 표준행렬을 구하여라.

(1) $T(x, y)=(x+2y, x-2y)$

(2) $T(x, y)=(2x-3y, x-y, y-4x)$

(3) $T(x, y, z)=(x+y, x-y, z-x)$

6 (a) 선형변환 T에 대한 표준행렬 A를 구하여라.

(b) A를 이용하여 벡터 v의 상을 구하여라.

(1) $T(x, y, z)=(2x+3y-z, 3x-2z, 2x-y+z)$, $\mathrm{v}=(1,\ 2,\ -1)$

(2) $T(x_1, x_2, x_3, x_4)=(x_1-x_2, x_3, x_1+2x_2-x_4, x_4)$, $\mathrm{v}=(1,\ 0,\ 1,\ -1)$

7 $T=T_2 \circ T_1$와 $T'=T_1 \circ T_2$의 표준행렬을 구하여라.

(1) $T_1 : R^2 \to R^2$, $T_1(x, y)=(x-2y, 2x+3y)$
$T_2 : R^2 \to R^2$, $T_2(x, y)=(2x, x-y)$

(2) $T_1 : R^2 \to R^3$, $T_1(x, y)=(-x+2y, x+y, x-y)$
$T_2 : R^3 \to R^2$, $T_2(x, y, z)=(x-3y, z+3x)$

8 다음에서 $(T_2 \circ T_1)(x, y)$를 구하여라.

(1) $T_1(x, y)=(2x, 3y)$, $T_2(x, y)=(x-y, x+y)$

(2) $T_1(x, y)=(x-y, y+z, x-z)$, $T_2(x, y, z)=(0, x+y+z)$

9 선형변환이 가역인지 조사하고 만일 가역이면 그 역을 구하여라.

(1) $T(x, y)=(x+y, x-y)$

(2) $T(x, y)=(2x, 0)$

(3) $T(x, y)=(5x, 5y)$

10 다음 방정식에 의하여 정의되는 선형변환 $T: R^2 \to R^2$은 가역인지 보이고 만약에 가역인 경우에는 그 역변환의 표준행렬을 구하고 $T^{-1}(w_1, w_2)$를 구하여라.

(1) $w_1 = x_1 + 2x_2$
$w_2 = -x_1 + x_2$

(2) $w_1 = -x_2$
$w_2 = -x_1$

(3) $w_1 = 3x_1$
$w_2 = -5x_1$

11 다음 방정식에 의하여 정의되는 선형변환 $T: R^3 \to R^3$은 가역인지를 보이고 만일 가역인 경우에는 그 역변환의 표준행렬을 구하고 $T^{-1}(w_1, w_2, w_3)$를 구하여 라.

(1) $w_1 = x_1 - 2x_2 + 2x_3$
$w_2 = 2x_1 + x_2 + x_3$
$w_3 = x_1 + x_2$

(2) $w_1 = x_1 - 3x_2 + 4x_3$
$w_2 = -x_1 + x_2 + x_3$
$w_3 = -2x_2 + 5x_3$

(3) $w_1 = x_1 + 4x_2 - x_3$
$w_2 = 2x_1 + 7x_2 + x_3$
$w_3 = x_1 + 3x_2$

12 $T: R^2 \to R^2$은 x축에 대한 대칭이다. 다음 각 점의 상을 구하여라.

(1) (3, 5) (2) (2, −1)
(3) (a, 0) (4) $(-c, d)$

13 $T: R^2 \to R^2$는 직선 $y = x$에 대하여 대칭이다. 다음 각 점의 상을 구하여라.

(1) (0, 1) (2) (a, 0) (3) $(-c, d)$

14 $T(1,0) = (0,1)$, $T(0,1) = (1,0)$이다.

(1) 임의의 (x, y)에 대해서 $T(x, y)$를 구하여라.
(2) T의 결과를 그림으로 표시하여라.

15 (a) 선형변환 T에 대한 표준행렬 A를 구하여라.
(b) A를 이용하여 벡터 v의 상을 구하여라.

(1) T는 R^2에서 원점에 대한 대칭 : $T(x, y) = (-x, -y)$, v= (3, 4)
(2) T는 R^2에서 직선 $y = x$에 대칭 : $T(x, y) = (y, x)$, v= (3, 4)
(3) T는 R^2에서 시계반대방향으로 135° 회전, v= (4, 4)
(4) T는 R^3에서 xy−평면에 대한 대칭 $T: (x, y, z) = (x, y, -z)$, v= (3, 2, 2)
(5) T는 R^3에서 yz−평면에 대한 대칭 : $T(x, y, z) = (-x, y, z)$, v= (2, 3, 4)
(6) T는 R^2에서 시계반대방향으로 180° 회전, v= (1, 2)

CHAPTER 16

행렬의 분해

주어진 행렬 A를 다른 형태들의 곱으로 나타내는 방법으로 LU분해, 최대계수분해, QR-분해, 스펙트럼분해, 특이값 분해를 다룬다. 행렬 A의 이러한 분해를 통하여 여러 응용에서 우리에게 필요한 A의 중요한 특성을 나타낸다. 이들의 분해는 다변량 통계분포이론에 특히 유용하게 사용된다.

16.1 LU-삼각분해

정의 16.1

n×n행렬 A가 하삼각행렬 L과 상삼각행렬 U의 곱으로 표현되어지면, $A=LU$는 $\boldsymbol{A}$의 LU분해라고 한다.

정방행렬 $\boldsymbol{A}$가 행교환을 하지 않고서 가우스행렬 U로 변환될 수 있으면 n×n행렬 $\boldsymbol{A}$는 $A=LU$의 형태로 분해될 수 있는데 여기서 L은 n×n하삼각행렬이고 U는 n×n 상삼각행렬이다. 이것을 흔히 LU분해(LU decomposition)라고 한다. 이 분해를 구하는 원리는 다음과 같다. 행렬 $\boldsymbol{A}$에 일련의 기본행연산을 행하여 가우스행렬 U로 변형되었다고 하자. 즉,

$$E_k \cdots E_2 E_1 A = U$$

를 만족하는 기본행렬 $E_1, E_2, \ldots, E_k$를 구할 수 있다. 따라서

$$A = E_1^{-1}E_2^{-1}\ldots E_k^{-1}U$$

를 얻으며 여기서

$$L = E_1^{-1}E_2^{-1}\ldots E_k^{-1}$$

를 얻는다. 이 행렬 L은 A를 U로 변환할 때 행교환을 사용하지 않으면 하삼각행렬이 된다.

예제 16.1》

(1) $\begin{pmatrix}1 & 2\\ 1 & 0\end{pmatrix} = \begin{pmatrix}1 & 0\\ 1 & 1\end{pmatrix}\begin{pmatrix}1 & 2\\ 0 & -2\end{pmatrix}$는 $A = \begin{pmatrix}1 & 2\\ 1 & 0\end{pmatrix}$의 LU-분해이다.

이때 $L = \begin{pmatrix}1 & 0\\ 1 & 1\end{pmatrix}$이고 $U = \begin{pmatrix}1 & 2\\ 0 & -2\end{pmatrix}$이다.

(2) $A = \begin{pmatrix}1 & -3 & 0\\ 0 & 1 & 3\\ 2 & -10 & 2\end{pmatrix} = \begin{pmatrix}1 & 0 & 0\\ 0 & 1 & 0\\ 2 & -4 & 1\end{pmatrix}\begin{pmatrix}1 & -3 & 0\\ 0 & 1 & 3\\ 0 & 0 & 14\end{pmatrix} = LU$는 A의 LU-분해이다.

예제 16.2》 행렬 $A = \begin{pmatrix}1 & -3 & 0\\ 0 & 1 & 3\\ 2 & -10 & 2\end{pmatrix}$의 LU-분해를 찾아라.

풀이

A를 상삼각행렬의 형태로 변환하기 위하여 행에 관한 기본연산을 수행하고 각 연산에 대응되는 기본행렬을 적는다.

행렬	기본행렬
$\begin{pmatrix}1 & -3 & 0\\ 0 & 1 & 3\\ 0 & -4 & 2\end{pmatrix}$	$E_1 = \begin{pmatrix}1 & 0 & 0\\ 0 & 1 & 0\\ -2 & 0 & 1\end{pmatrix}$
$\begin{pmatrix}1 & -3 & 0\\ 0 & 1 & 3\\ 0 & 0 & 14\end{pmatrix}$	$E_2 = \begin{pmatrix}1 & 0 & 0\\ 0 & 1 & 0\\ 0 & 4 & 1\end{pmatrix}$

왼쪽 행렬 U는 상삼각행렬이 $E_2E_1A = U$ 또는 $A = E_1^{-1}E_2^{-1}U$를 얻는다. 하삼각행렬들의 곱은 다시 하삼각행렬이므로 $A = LU$가 된다.

$$E_1^{-1}E_2^{-1} = \begin{pmatrix}1 & 0 & 0\\ 0 & 1 & 0\\ 2 & 0 & 1\end{pmatrix}\begin{pmatrix}1 & 0 & 0\\ 0 & 1 & 0\\ 0 & -4 & 1\end{pmatrix} = \begin{pmatrix}1 & 0 & 0\\ 0 & 1 & 0\\ 2 & -4 & 1\end{pmatrix}$$

이것은 위의 예제 16.1-(2)에 있는 LU-분해와 같다는 것을 알 수 있다.

예제 16.3 행렬 $A=\begin{pmatrix}1&2&3\\2&1&3\\0&3&5\end{pmatrix}$의 LU 분해를 구하여라.

풀이

E_1, E_2, E_3, E_4는

$$E_1=\begin{pmatrix}1&0&0\\-2&1&0\\0&0&1\end{pmatrix},\ E_2=\begin{pmatrix}1&0&0\\0&-\frac{1}{3}&0\\0&0&1\end{pmatrix},\ E_3=\begin{pmatrix}1&0&0\\0&1&0\\0&-3&1\end{pmatrix},\ E_4=\begin{pmatrix}1&0&0\\0&1&0\\0&0&\frac{1}{2}\end{pmatrix}$$

이며 이들을 차례로 A의 왼쪽에 곱하면 상삼각행렬(가우스행렬)

$$U=\begin{pmatrix}1&2&3\\0&1&1\\0&0&1\end{pmatrix}$$

을 얻는다. 즉,

$$\begin{pmatrix}1&0&0\\0&1&0\\0&0&\frac{1}{2}\end{pmatrix}\begin{pmatrix}1&0&0\\0&1&0\\0&-3&1\end{pmatrix}\begin{pmatrix}1&0&0\\0&-\frac{1}{3}&0\\0&0&1\end{pmatrix}\begin{pmatrix}1&0&0\\-2&1&0\\0&0&1\end{pmatrix}\begin{pmatrix}1&2&3\\2&1&3\\0&3&5\end{pmatrix}=\begin{pmatrix}1&2&3\\0&1&1\\0&0&1\end{pmatrix}$$

$$E_4E_3E_2E_1A=U$$

이다. 하삼각행렬은

$$\begin{aligned}L&=E_1^{-1}E_2^{-1}E_3^{-1}E_4^{-1}\\&=\begin{pmatrix}1&0&0\\-2&1&0\\0&0&1\end{pmatrix}\begin{pmatrix}1&0&0\\0&-\frac{1}{3}&0\\0&0&1\end{pmatrix}\begin{pmatrix}1&0&0\\0&1&0\\0&-3&1\end{pmatrix}\begin{pmatrix}1&0&0\\0&1&0\\0&0&\frac{1}{2}\end{pmatrix}\\&=\begin{pmatrix}1&0&0\\2&1&0\\0&0&1\end{pmatrix}\begin{pmatrix}1&0&0\\0&-3&0\\0&0&1\end{pmatrix}\begin{pmatrix}1&0&0\\0&1&0\\0&3&1\end{pmatrix}\begin{pmatrix}1&0&0\\0&1&0\\0&0&2\end{pmatrix}=\begin{pmatrix}1&0&0\\2&-3&0\\0&3&2\end{pmatrix}\end{aligned}$$

이다. 따라서 A의 LU 분해는

$$\begin{pmatrix}1&2&3\\2&1&3\\0&3&5\end{pmatrix}=\begin{pmatrix}1&0&0\\2&-3&0\\0&3&2\end{pmatrix}\begin{pmatrix}1&2&3\\0&1&1\\0&0&1\end{pmatrix}$$

이다.

연립일차방정식 $A\mathrm{x}=b$의 해는 쉽게 두 단계로 나누어 풀 수 있다.

1. $\mathrm{y}=U\mathrm{x}$라 하고 $L\mathrm{y}=b$를 y에 대해서 푼다.
2. $U\mathrm{x}=\mathrm{y}$를 x에 대하여 푼다.

예제 16.4》 LU-삼각분해를 이용한 다음 연립일차방정식을 풀어라.

$$\begin{aligned} x_1-3x_2&=-5\\ x_2+3x_3&=-1\\ 2x_1-10x_2+2x_3&=-20 \end{aligned}$$

풀이

예제 16.2와 같이 계수행렬 A의 LU-분해를 구한다.

$$A=\begin{pmatrix}1&-3&0\\0&1&3\\2&-10&2\end{pmatrix}=\begin{pmatrix}1&0&0\\0&1&0\\2&-4&1\end{pmatrix}\begin{pmatrix}1&-3&0\\0&1&3\\0&0&14\end{pmatrix}$$

먼저 $\mathrm{y}=U\mathrm{x}$라 하고 y에 대해서 $L\mathrm{y}=\mathrm{b}$를 푼다.

$$\begin{pmatrix}1&0&0\\0&1&0\\2&-4&1\end{pmatrix}\begin{pmatrix}y_1\\y_2\\y_3\end{pmatrix}=\begin{pmatrix}-5\\-1\\-20\end{pmatrix}$$

이 방정식은 전진대입법을 이용하여 쉽게 구할 수 있다. 첫 번째 방정식으로부터 $y_1=-5$를 얻는다. 두 번째 방정식으로부터 $y_2=-1$을 얻는다.

$$\begin{aligned} 2y_1-4y_2+y_3&=-20\\ y_3&=-14 \end{aligned}$$

그러므로

$L\mathrm{y}=\mathrm{b}$의 해는 $\mathrm{y}=\begin{pmatrix}-5\\-1\\-14\end{pmatrix}$이다.

$U\mathrm{x}=\mathrm{y}$에 대한 x는 후진대입법을 이용하여 구한다.

$$\begin{pmatrix}1&-3&0\\0&1&3\\0&0&14\end{pmatrix}\begin{pmatrix}x_1\\x_2\\x_3\end{pmatrix}=\begin{pmatrix}-5\\-1\\-14\end{pmatrix}$$

가장 아래에 있는 방정식으로부터 $x_3=-1$을 얻는다. 두 번째 방정식으로부터

$x_2 + 3(-1) = -1$, $x_2 = 2$를 얻는다. 마지막으로 $x_1 - 3(2) = -5$, $x_1 = 1$을 얻는다.

즉 원래 일차방정식의 해는 $x = \begin{pmatrix} 1 \\ 2 \\ -1 \end{pmatrix}$이다.

예제 16.5》 $\begin{pmatrix} 2 & 6 & 2 \\ -3 & -8 & 0 \\ 4 & 9 & 2 \end{pmatrix} = \begin{pmatrix} 2 & 0 & 0 \\ -3 & 1 & 0 \\ 4 & -3 & 7 \end{pmatrix}\begin{pmatrix} 1 & 3 & 1 \\ 0 & 1 & 3 \\ 0 & 0 & 1 \end{pmatrix}$을 사용하여 다음 연립방정식을 풀어라.

$$\begin{pmatrix} 2 & 6 & 2 \\ -3 & -8 & 0 \\ 4 & 9 & 2 \end{pmatrix}\begin{pmatrix} x_1 \\ x_2 \\ x_3 \end{pmatrix} = \begin{pmatrix} 2 \\ 2 \\ 3 \end{pmatrix} \tag{1}$$

풀이

$$\begin{pmatrix} 2 & 0 & 0 \\ -3 & 1 & 0 \\ 4 & -3 & 7 \end{pmatrix}\begin{pmatrix} 1 & 3 & 1 \\ 0 & 1 & 3 \\ 0 & 0 & 1 \end{pmatrix}\begin{pmatrix} x_1 \\ x_2 \\ x_3 \end{pmatrix} = \begin{pmatrix} 2 \\ 2 \\ 3 \end{pmatrix} \tag{2}$$

으로 고쳐 쓰고, 위 단계 2에서 지시한 바와 같이 y_1, y_2, y_3을 방정식

$$\begin{pmatrix} 1 & 3 & 1 \\ 0 & 1 & 3 \\ 0 & 0 & 1 \end{pmatrix}\begin{pmatrix} x_1 \\ x_2 \\ x_3 \end{pmatrix} = \begin{pmatrix} y_1 \\ y_2 \\ y_3 \end{pmatrix} \tag{3}$$

로 정의한다. 따라서 (2)는

$$\begin{pmatrix} 2 & 0 & 0 \\ -3 & 1 & 0 \\ 4 & -3 & 7 \end{pmatrix}\begin{pmatrix} y_1 \\ y_2 \\ y_3 \end{pmatrix} = \begin{pmatrix} 2 \\ 2 \\ 3 \end{pmatrix}$$

즉

$$\begin{aligned} 2y_1 &= 2 \\ -3y_1 + y &= 2 \\ 4y_1 - 3y_2 + 7y_3 &= 3 \end{aligned}$$

이다.

전진대입법(forward substitution)에 의하여 $y_1 = 1$, $y_2 = 5$, $y_3 = 2$로 된다.

이들 값을 (3)에 대입하면 연립일차방정식

$$\begin{pmatrix} 1 & 3 & 1 \\ 0 & 1 & 3 \\ 0 & 0 & 1 \end{pmatrix}\begin{pmatrix} x_1 \\ x_2 \\ x_3 \end{pmatrix} = \begin{pmatrix} 1 \\ 5 \\ 2 \end{pmatrix}$$

즉

$$\begin{aligned} x_1 + 3x_2 + x_3 &= 1 \\ x_2 + 3x_3 &= 5 \\ x_3 &= 2 \end{aligned}$$

가 얻어지고 이 연립방정식을 역대입법으로 풀면 해 $x_1 = 2,\ x_2 = -1,\ x_3 = 2$이다.

16.2 최대계수 인자분해(Full-Rank factorization)

정의 16.2

rank(A)와 A의 열의 개수와 같은 행렬 A가 존재한다면 A를 최대열 계수행렬이라고 정의한다. 최대행계수와 최대열계수는 똑같다.

예제 16.6》 다음 행렬의 최대열(행)계수를 구하여라.

(1) $A = (1\ 2\ 3)$ (2) $A = \begin{pmatrix} 1 & 0 \\ 1 & 0 \\ 1 & 1 \end{pmatrix}$

풀이

(1) rank(A) = 1이므로 최대행계수행렬이다.

(2) rank(A) = 2이므로 최대열계수행렬이다.

정의 16.3

A는 계수 r인 $m \times n$행렬이라 하자. $A = FG$, F는 계수 $r(i.e.,$최대열계수$)$인 $m \times r$행렬, G는 계수 $R(i.e.,$ 최대행계수$)$인 $r \times n$행렬이면 $A = FG$를 A의 최대계수인자분해라고 정의한다.

최대계수인자를 분해하는 방법은 다음 단계로 요약한다.

단계 1 : 기본행연산 $E_1, E_2, \cdots, E_m$을 실행하여 행기본제형(row echelon form)을 만든다. 즉,

$$A \overset{E_1}{\rightarrow} [\ ] \overset{E_2 \cdots}{\rightarrow} \overset{E_m}{\rightarrow} \begin{bmatrix} G \\ 0 \end{bmatrix}$$

단계 2 : 단위행렬 I에 $E_m^{-1}, \cdots, E_1^{-1}$을 행연산을 실행하여 P^{-1}를 얻는다 즉,

$$I \underset{\rightarrow}{E_m^{-1}} [\ ] \underset{\rightarrow}{E_{m-1}^{-1}} \cdots \underset{\rightarrow}{E_1^{-1}} [\ ] = P^{-1}$$

단계 3 : r은 G의 행의 수이면, P^{-1}의 첫 번째 r개의 열을 가진 $m \times r$행렬 F를 생성한다.

단계 4 : $A = FG$이다.

Note

기본행연산의 역은 다음과 같다.

(1) $R_i \leftrightarrow R_j$의 역은 $R_i \leftrightarrow R_j$

(2) αR_i의 역은 $\dfrac{1}{\alpha} R_i$

(3) $R_i + \alpha R_j$의 역은 $R_i - \alpha R_j$

예제 16.7 》 다음 행렬을 최대계수 인자분해를 구하여라.

(1) $\begin{pmatrix} 1 & 1 \\ 0 & 0 \end{pmatrix}$ (2) $\begin{pmatrix} 1 & 2 & 3 \\ 1 & 1 & 0 \\ 2 & 3 & 3 \end{pmatrix}$

풀이

(1) $A = \begin{pmatrix} 1 & 1 \\ 0 & 0 \end{pmatrix}$에서 $G = (1\ 1)$

F를 구하기 위해서 $I = \begin{pmatrix} 1 & 0 \\ 0 & 1 \end{pmatrix}$

rankA = 1이므로 $F = \begin{bmatrix} 1 \\ 0 \end{bmatrix} [1\ 1]$ 이 A의 최대인자분해이다.

(2) $A = \begin{pmatrix} 1 & 2 & 3 \\ 1 & 1 & 0 \\ 2 & 3 & 3 \end{pmatrix}$

단계 1 : $A = \begin{pmatrix} 1 & 2 & 3 \\ 1 & 1 & 0 \\ 2 & 3 & 3 \end{pmatrix} \underset{R_3 + (-2)R_1}{\overset{R_2 + (-1)R_1}{\rightarrow}} \begin{pmatrix} 1 & 2 & 3 \\ 0 & -1 & -3 \\ 0 & -1 & -3 \end{pmatrix} \overset{R_3 + (-1)R_2}{\rightarrow} \begin{pmatrix} 1 & 2 & 3 \\ 0 & -1 & -3 \\ 0 & 0 & 0 \end{pmatrix} = \begin{bmatrix} G \\ 0 \end{bmatrix}$

단계 2 : $I = \begin{pmatrix} 1 & 0 & 0 \\ 0 & 1 & 0 \\ 0 & 0 & 1 \end{pmatrix} \overset{R_3 + R_2}{\rightarrow} \begin{pmatrix} 1 & 0 & 0 \\ 0 & 1 & 0 \\ 0 & 1 & 1 \end{pmatrix} \underset{R_3 + 2R_1}{\overset{R_2 + 1R_1}{\rightarrow}} \begin{pmatrix} 1 & 0 & 0 \\ 1 & 1 & 0 \\ 2 & 1 & 1 \end{pmatrix}$

단계 3 : 따라서 rankA = 2이므로 $F = \begin{pmatrix} 1 & 0 \\ 1 & 1 \\ 2 & 1 \end{pmatrix}$

단계 4 : $A=FG=\begin{pmatrix}1&0\\1&1\\2&1\end{pmatrix}\begin{pmatrix}1&2&3\\0&-1&-3\end{pmatrix}$이 A의 최대인자분해이다.

16.3 QR-분해

A가 일차독립인 열벡터를 갖는 $m\times n$ 행렬이고 Q가 A의 열벡터에 그램-슈미트 방법을 적용하여 얻어진 정규직교 열벡터를 갖는 행렬이라 할 때 A와 Q 사이에 어떠한 관계가 존재하는가?

이 문제를 풀기 위하여 A의 열벡터는 $\mathrm{v}_1,\mathrm{v}_2,\cdots,\mathrm{v}_n$이고 Q의 정규직교 열벡터는 $q_1,q_2,\cdots,q_n$이라 하자. 즉,

$$A=(\mathrm{v}_1\mid\mathrm{v}_2\mid\cdots\mid\mathrm{v}_n\mid)\text{이고, }\ Q=(q_1\mid q_2\mid\cdots\mid q_n)$$

이라 하자.

$\mathrm{v}_1,\mathrm{v}_2,\cdots,\mathrm{v}_n$은 $q_1,q_2,\cdots,q_n$에 의하여

$$\begin{aligned}\mathrm{v}_1&=(\mathrm{v}_1\cdot q_1)q_1+(\mathrm{v}_1\cdot q_2)q_2+\cdots+(\mathrm{v}_1\cdot q_n)q_n\\ \mathrm{v}_2&=(\mathrm{v}_2\cdot q_1)q_1+(\mathrm{v}_2\cdot q_2)q_2+\cdots+(\mathrm{v}_2\cdot q_n)q_n\\ &\vdots\\ \mathrm{v}_n&=(\mathrm{v}_n\cdot q_1)q_1+(\mathrm{v}_n\cdot q_2)q_2+\cdots+(\mathrm{v}_n\cdot q_n)q_n\end{aligned}$$

으로 표현될 수 있다. 행렬곱의 j번째 열벡터는 첫째 인수의 열벡터와 둘째 인수의 j번째 열로 나타나는 계수와 일차결합임을 상기하면 이들 관계는 행렬형으로

$$(\mathrm{v}_1,\mathrm{v}_2,\cdots,\mathrm{v}_n)=(q_1|q_2|\cdots|q_n)\begin{pmatrix}(\mathrm{v}_1\cdot q_1)&(\mathrm{v}_2\cdot q_1)&\cdots&(\mathrm{v}_n\cdot q_1)\\(\mathrm{v}_1\cdot q_2)&(\mathrm{v}_2\cdot q_2)&\cdots&(\mathrm{v}_n\cdot q_2)\\\vdots&\vdots&&\vdots\\(\mathrm{v}_1\cdot q_n)&(\mathrm{v}_2\cdot q_n)&\cdots&(\mathrm{v}_n\cdot q_n)\end{pmatrix}$$

또는 더욱 간단히,

$$A=QR$$

로 표현될 수 있다. 그런데 $j\geq 2$에 대해서 벡터 q_j는 $\mathrm{v}_1,\mathrm{v}_2,\cdots,\mathrm{v}_{n-1}$에 직교한다는 것이 그램-슈미트의 방법이 갖는 한 가지 특성이다. 따라서 R의 주대각선 아래의 모든 성분은 영이다. 즉,

$$R=\begin{pmatrix}(\mathrm{v}_1 \cdot q_1) & (\mathrm{v}_2 \cdot q_1) & \cdots & (\mathrm{v}_n \cdot q_1)\\ 0 & (\mathrm{v}_2 \cdot q_2) & \cdots & (\mathrm{v}_n \cdot q_2)\\ \vdots & \vdots & & \vdots \\ 0 & 0 & \cdots & (\mathrm{v}_n \cdot q_n)\end{pmatrix}$$

따라서 A를 정규직교 열벡터를 갖는 행렬 Q와 가역인 상부삼각행렬 R과의 인자분해이다. A의 QR-분해(QR-decomposition of A)라고 한다.

정의 16.4

A가 일차독립인 열벡터를 갖는 $m\times n$ 행렬이고 Q가 정규직교 열벡터를 갖는 $m\times n$행렬이 R이 가역인 상부삼각행렬일 때 A는

$$A = QR$$

로 인자분해될 수 있다.

예제 16.8》 다음 행렬 A의 QR-분해를 구하여라.

$$A=\begin{pmatrix}1&0&0\\1&1&0\\1&1&1\end{pmatrix}$$

풀이

A의 열벡터는

$$\mathrm{v}_1=\begin{pmatrix}1\\1\\1\end{pmatrix},\ \mathrm{v}_2=\begin{pmatrix}0\\1\\1\end{pmatrix},\ \mathrm{v}_3=\begin{pmatrix}0\\0\\1\end{pmatrix}$$

이다. 이들 열벡터에 정규화를 수반하는 그램-슈미트 방법을 이들 열벡터에 적용하면 정규직교벡터

$$q_1=\begin{pmatrix}1/\sqrt{3}\\1/\sqrt{3}\\1/\sqrt{3}\end{pmatrix},\ q_2=\begin{pmatrix}-2/\sqrt{6}\\1/\sqrt{6}\\1/\sqrt{6}\end{pmatrix},\ q_3=\begin{pmatrix}0\\-1/\sqrt{2}\\1/\sqrt{2}\end{pmatrix}$$

이 얻어지고 행렬 R은

$$R=\begin{pmatrix}(\mathrm{v}_1 \cdot q_1) & (\mathrm{v}_2 \cdot q_1) & (\mathrm{v}_3 \cdot q_1)\\ 0 & (\mathrm{v}_2 \cdot q_2) & (\mathrm{v}_3 \cdot q_2)\\ 0 & 0 & (\mathrm{v}_3 \cdot q_3)\end{pmatrix}=\begin{pmatrix}3/\sqrt{3} & 2\sqrt{3} & 1/\sqrt{3}\\ 0 & 2/\sqrt{6} & 1/\sqrt{6}\\ 0 & 0 & 1/\sqrt{2}\end{pmatrix}$$

이다. 따라서 A의 QR-분해는 다음과 같다.

$$\begin{pmatrix}1&0&0\\1&1&0\\1&1&1\end{pmatrix}=\begin{pmatrix}1/\sqrt{3}&-2/\sqrt{6}&0\\1/\sqrt{3}&1/\sqrt{6}&-1/\sqrt{2}\\1/\sqrt{3}&1/\sqrt{6}&1/\sqrt{2}\end{pmatrix}\begin{pmatrix}3/\sqrt{3}&2/\sqrt{3}&1/\sqrt{3}\\0&2/\sqrt{6}&1/\sqrt{6}\\0&0&1/\sqrt{2}\end{pmatrix}$$

16.4 대칭행렬의 고유치-고유벡터 분해(스펙트럼분해)

정리 16.1

$n\times n$ 대칭행렬 A는 n개의 고유치 $\lambda_1,\lambda_2,\cdots,\lambda_n$을 갖는다. 그리고

$$P^TAP=D$$

즉

$$A=PDP^T$$

로 분해되면 이 식을 전개하면 여기서 $D=diag(\lambda_1,\lambda_2,\cdots,\lambda_n)$는 고유치를 대각원소로 갖는 대각행렬이고 $P=[\mathrm{x}_1,\ \mathrm{x}_2,\ \cdots,\ \mathrm{x}_n]$는 고유벡터를 열로 하는 정규직교행렬이다(다시 말해 $P^TP=I,\ PP^T=I$).

증명 $\lambda_1,\lambda_2,\cdots,\lambda_n$이 A의 서로 다른 고유치라 하자.
만약 k_1이 λ_1의 중복도라면 그램-슈미트 과정을 적용하여 정규직교기저를 얻는다.
n개의 고유치에 대한 고유벡터의 정규직교행렬 P를 얻는다.

$$\begin{aligned}P&=(\mathrm{x}_1,\ \mathrm{x}_2,\ \cdots,\ \mathrm{x}_n)\\AP&=(A\mathrm{x}_1,\ A\mathrm{x}_2,\ \cdots,\ A\mathrm{x}_n)\\&=(\lambda_1\mathrm{x}_1,\ \lambda_2\mathrm{x}_2,\ \cdots,\ \lambda_n\mathrm{x}_n)\\&=(\mathrm{x}_1,\ \mathrm{x}_2,\ \cdots,\ \mathrm{x}_n)D\end{aligned}$$

즉,

$$A=PDP^T=\sum_{i=1}^{n}\lambda_i\mathrm{x}_i\mathrm{x}_i'$$

이 정리의 결과로 대칭행렬을 스펙트럼분해하기 위한 순서는 다음과 같다.

1단계 : A 특성 다항식에서 고유치를 구한다.

2단계 : A의 고유치에 대한 고유벡터를 구한다.

3단계 : 각 고유치에 대한 정규직교 고유벡터를 얻기 위해 각 벡터들에 그램-슈미트 과정을 적용한다.

4단계 : 그들의 열이 3단계에서 구한 정규직교 벡터들로 이루어진 행렬 P를 구한다. 따라서 $P^{-1}AP = D$, 즉

$$A = PDP^T = \sum_{i=1}^{n} \lambda_i \mathrm{x}_i \mathrm{x}_i'$$

이다.

예제 16.9》 아래 행렬 A를 직교대각화시키는 정규직교행렬 P를 구하여라.

$$A = \begin{pmatrix} -2 & 2 \\ 2 & 1 \end{pmatrix}$$

풀이

A의 특성다항식은

$$|\lambda I - A| = \begin{vmatrix} \lambda+2 & -2 \\ -2 & \lambda-1 \end{vmatrix} = (\lambda+3)(\lambda-2)$$

이므로 고유값은 $\lambda_1 = -3$과 $\lambda_2 = 2$이다.

각 고유값에 대해서 고유벡터를 구하면

$$(-3I - A)\mathrm{x} = 0 \text{에서 } \mathrm{v}_1 = \begin{pmatrix} -2 \\ 1 \end{pmatrix}$$

$$(-2I - A)\mathrm{x} = 0 \text{에서 } \mathrm{v}_2 = \begin{pmatrix} 1 \\ 2 \end{pmatrix}$$

v_1, v_2를 정규화하여 행렬 P를 만들면

$$P = \begin{pmatrix} \frac{-2}{\sqrt{5}} & \frac{1}{\sqrt{5}} \\ \frac{1}{\sqrt{5}} & \frac{2}{\sqrt{5}} \end{pmatrix}$$이고 $P^{-1}AP = P^TAP$를 계산하면 대각행렬

$$P^TAP = \begin{pmatrix} \frac{-2}{\sqrt{5}} & \frac{1}{\sqrt{5}} \\ \frac{1}{\sqrt{5}} & \frac{2}{\sqrt{5}} \end{pmatrix} \begin{pmatrix} -2 & 2 \\ 2 & 1 \end{pmatrix} \begin{pmatrix} \frac{-2}{\sqrt{5}} & \frac{1}{\sqrt{5}} \\ \frac{1}{\sqrt{5}} & \frac{2}{\sqrt{5}} \end{pmatrix} = \begin{pmatrix} -3 & 0 \\ 0 & 2 \end{pmatrix}$$

를 얻는다.

A의 스펙트럼분해는

$$A = PDP^T$$
$$= \begin{pmatrix} -\frac{2}{\sqrt{5}} & \frac{1}{\sqrt{5}} \\ \frac{1}{\sqrt{5}} & \frac{2}{\sqrt{5}} \end{pmatrix} \begin{pmatrix} -3 & 0 \\ 0 & 2 \end{pmatrix} \begin{pmatrix} -\frac{2}{\sqrt{5}} & \frac{1}{\sqrt{5}} \\ \frac{1}{\sqrt{5}} & \frac{2}{\sqrt{5}} \end{pmatrix}$$
$$= -3 \begin{pmatrix} -\frac{2}{\sqrt{5}} \\ \frac{1}{\sqrt{5}} \end{pmatrix} \begin{pmatrix} -\frac{2}{\sqrt{5}} & \frac{1}{\sqrt{5}} \end{pmatrix} + 2 \begin{pmatrix} \frac{1}{\sqrt{5}} \\ \frac{2}{\sqrt{5}} \end{pmatrix} \begin{pmatrix} \frac{1}{\sqrt{5}} & \frac{2}{\sqrt{5}} \end{pmatrix}$$

이다.

예제 16.10 》 다음 대칭행렬 A를 대각화하여라. 또 P^TAP가 대각행렬이 되도록 직교행렬 P와 스펙트럼분해 하여라.

$$A = \begin{pmatrix} 2 & 1 & 1 \\ 1 & 2 & 1 \\ 1 & 1 & 2 \end{pmatrix}$$

풀이

A의 특성방정식은 $\begin{vmatrix} \lambda-2 & -1 & -1 \\ -1 & \lambda-2 & -1 \\ -1 & -1 & \lambda-2 \end{vmatrix} = (\lambda-1)^2(\lambda-4) = 0$

그러므로 고유치는 $\lambda_1 = 1, \lambda_2 = 1, \lambda_3 = 4$이다. 즉, 고유치 1의 중복도는 2이다.

λ_1과 λ_2에 대응하는 고유벡터를 구하기 위해서 동차연립방정식 $(1I_3 - A)\mathrm{x} = 0$, 즉

$$\begin{pmatrix} -1 & -1 & -1 \\ -1 & -1 & -1 \\ -1 & -1 & -1 \end{pmatrix} \begin{pmatrix} x_1 \\ x_2 \\ x_3 \end{pmatrix} = \begin{pmatrix} 0 \\ 0 \\ 0 \end{pmatrix} \tag{1}$$

을 풀면 (1)의 해공간의 기저는 고유벡터는

$$\mathrm{v}_1 = \begin{pmatrix} 1 \\ -1 \\ 0 \end{pmatrix}, \ \mathrm{v}_2 = \begin{pmatrix} 1 \\ 0 \\ -1 \end{pmatrix}$$

이다. 그런데 $\mathrm{v}_1 \cdot \mathrm{v}_2 \neq 0$이므로 v_1과 v_2는 서로 직교하지 않으므로 그램-슈미트 과정을 적용하면

$$\mathrm{u}_1 = \frac{1}{\sqrt{2}}\begin{pmatrix}1\\-1\\0\end{pmatrix},\ \mathrm{u}_2 = \frac{1}{\sqrt{6}}\begin{pmatrix}1\\1\\-2\end{pmatrix} \tag{2}$$

이때 집합 u_1과 u_2는 (1)의 해공간에 대한 A의 고유벡터의 정규직교기저가 된다. 이제 $(4I_3 - A)\mathrm{x} = 0$, 즉

$$\begin{pmatrix}2 & -1 & -1\\-1 & 2 & -1\\-1 & 1 & -2\end{pmatrix}\begin{pmatrix}x_1\\x_2\\x_3\end{pmatrix} = \begin{pmatrix}0\\0\\0\end{pmatrix}$$

의 해공간의 기저를 구하면 이 기저는 벡터

$$\mathrm{v}_3 = \begin{pmatrix}1\\1\\1\end{pmatrix}$$

하나만으로 이루어진다. 이 벡터를 정규화하면 (2)의 해공간에 대한 정규직교기저로서

고유벡터 $\mathrm{u}_3 = \frac{1}{\sqrt{3}}\begin{pmatrix}1\\1\\1\end{pmatrix}$을 얻게 된다. 그러므로

$$P = \begin{pmatrix}\frac{1}{\sqrt{2}} & \frac{1}{\sqrt{6}} & \frac{1}{\sqrt{3}}\\ -\frac{1}{\sqrt{2}} & \frac{1}{\sqrt{6}} & \frac{1}{\sqrt{3}}\\ 0 & -\frac{2}{\sqrt{6}} & \frac{1}{\sqrt{3}}\end{pmatrix}$$

$$P^{-1}AP = P^TAP = \begin{pmatrix}1 & 0 & 0\\0 & 1 & 0\\0 & 0 & 4\end{pmatrix}$$

A의 스펙트럼분해는

$$\begin{aligned}A &= PDP'\\ &= \begin{pmatrix}\frac{1}{\sqrt{2}} & \frac{1}{\sqrt{6}} & \frac{1}{\sqrt{3}}\\ -\frac{1}{\sqrt{2}} & \frac{1}{\sqrt{6}} & \frac{1}{\sqrt{3}}\\ 0 & -\frac{2}{\sqrt{6}} & \frac{1}{\sqrt{3}}\end{pmatrix}\begin{pmatrix}1 & 0 & 0\\0 & 1 & 0\\0 & 0 & 4\end{pmatrix}\begin{pmatrix}\frac{1}{\sqrt{2}} & -\frac{1}{\sqrt{2}} & 0\\ \frac{1}{\sqrt{6}} & \frac{1}{\sqrt{6}} & -\frac{2}{\sqrt{6}}\\ \frac{1}{\sqrt{3}} & \frac{1}{\sqrt{3}} & \frac{1}{\sqrt{3}}\end{pmatrix}\end{aligned}$$

$$
=1\begin{pmatrix} \frac{1}{\sqrt{2}} \\ -\frac{1}{\sqrt{2}} \\ 0 \end{pmatrix}\begin{pmatrix} \frac{1}{\sqrt{2}} & -\frac{1}{\sqrt{2}} & 0 \end{pmatrix}+1\begin{pmatrix} \frac{1}{\sqrt{6}} \\ \frac{1}{\sqrt{6}} \\ -\frac{2}{\sqrt{6}} \end{pmatrix}\begin{pmatrix} \frac{1}{\sqrt{6}} & \frac{1}{\sqrt{6}} & -\frac{2}{\sqrt{6}} \end{pmatrix}
$$

$$
+4\begin{pmatrix} \frac{1}{\sqrt{3}} \\ \frac{1}{\sqrt{3}} \\ \frac{1}{\sqrt{3}} \end{pmatrix}\begin{pmatrix} \frac{1}{\sqrt{3}} & \frac{1}{\sqrt{3}} & \frac{1}{\sqrt{3}} \end{pmatrix}
$$

이다.

예제 16.11 》 다음 행렬을 스펙트럼분해하여라.

$$
A=\begin{pmatrix} 0 & 0 & -2 \\ 0 & -2 & 0 \\ -2 & 0 & 0 \end{pmatrix}
$$

풀이

고유치는 $\lambda_1=-2,\ \lambda_2=4, \lambda_3=-1$ 이다.

$\begin{pmatrix} 0 \\ 1 \\ 0 \end{pmatrix}, \begin{pmatrix} -1 \\ 0 \\ 2 \end{pmatrix}, \begin{pmatrix} 2 \\ 0 \\ 1 \end{pmatrix}$이고 이것은 직교행임은 분명하다. 이것을 정규화하면 $\begin{pmatrix} 0 \\ 1 \\ 0 \end{pmatrix}, \begin{pmatrix} -\frac{1}{\sqrt{5}} \\ 0 \\ \frac{2}{\sqrt{5}} \end{pmatrix},$ $\begin{pmatrix} \frac{2}{\sqrt{5}} \\ 0 \\ \frac{1}{\sqrt{5}} \end{pmatrix}$은 정규직교계를 이룬다. $P^{-1}AP$가 대각행렬이 되도록 하는 행렬 P는

$$
P=\begin{pmatrix} 0 & -\frac{1}{\sqrt{5}} & \frac{2}{\sqrt{5}} \\ 1 & 0 & 0 \\ 0 & \frac{2}{\sqrt{5}} & \frac{1}{\sqrt{5}} \end{pmatrix}
$$

이 된다. 따라서

$$P^{-1}AP = P^TAP = \begin{pmatrix} -2 & 0 & 0 \\ 0 & 4 & 0 \\ 0 & 0 & -1 \end{pmatrix}$$

이다.

16.5 비정칙치 분해(singular value decomposition : SVD)

크기가 $m \times n$이고 계수가 r인 임의의 행렬 A는 다음과 같이 분해된다.(단, $m \geq n$)

$$A = UDV^T$$

여기서 U는 AA^T의 고유벡터 $m \times m$ 정규직교행렬이고 V는 A^TA의 고유벡터 $n \times n$ 정규직교행렬이며 D는 $m \times n$ 행렬로 일반적인 형태는

$$D = \begin{bmatrix} D_1 & 0 \\ 0 & 0 \end{bmatrix}$$

이고, 여기서 D_1은 크기가 $r \times r$이고 A^TA와 AA^T의 양수 고유값의 제곱근 $\sqrt{\lambda_1}, \sqrt{\lambda_2}, \cdots, \sqrt{\lambda_r}$을 대각원소로 하는 대각행렬이다. 또한 $\sqrt{\lambda_1}, \sqrt{\lambda_2}, \cdots, \sqrt{\lambda_r}$을 A의 비정칙값(특이값, singular value), 즉

$$A = \sqrt{\lambda_1}\,\mathrm{u}_1\mathrm{v}_1^T + \sqrt{\lambda_2}\,\mathrm{u}_2\mathrm{v}_2^T + \cdots + \sqrt{\lambda_r}\,\mathrm{u}_r\mathrm{v}_r^T$$

이다.

예제 16.12 》 다음 행렬 A에 대하여 다음을 구하여라.

$$\begin{pmatrix} 1 & 2 \\ 1 & 2 \end{pmatrix}$$

(1) AA^T와 A^TA의 고유치를 구하여라.

(2) A^TA와 AAT의 정규직교벡터집합 V와 U를 구하여라.

(3) A의 비정칙분해를 하여라.

풀이

(1) $AA^T = \begin{pmatrix} 1 & 2 \\ 1 & 2 \end{pmatrix}\begin{pmatrix} 1 & 1 \\ 2 & 2 \end{pmatrix} = \begin{pmatrix} 5 & 5 \\ 5 & 5 \end{pmatrix}$이므로 AA^T의 특성다항식은

$$|\lambda I - AA^T| = \begin{vmatrix} \lambda - 5 & -5 \\ -5 & \lambda - 5 \end{vmatrix} = \lambda(\lambda - 10)$$

이므로 고유값은 $\lambda_1 = 0$과 $\lambda_2 = 10$이다. 또한

$$A^TA = \begin{pmatrix} 1 & 1 \\ 2 & 2 \end{pmatrix}\begin{pmatrix} 1 & 2 \\ 1 & 2 \end{pmatrix} = \begin{pmatrix} 2 & 4 \\ 4 & 8 \end{pmatrix}$$

이므로 A^TA의 특성다항식은

$$|\lambda I - A^TA| = \begin{vmatrix} \lambda - 2 & -4 \\ -4 & \lambda - 8 \end{vmatrix} = \lambda(\lambda - 10)$$

이므로 고유값은 $\lambda_1 = 0$과 $\lambda_2 = 10$이다.

(2) AA^T의 각 고유값에 대해서 정규직교고유벡터를 구하면

$\lambda = 0$일 때

$$\begin{pmatrix} -5 & -5 \\ -5 & -5 \end{pmatrix}\begin{pmatrix} x_1 \\ x_2 \end{pmatrix} = \begin{pmatrix} 0 \\ 0 \end{pmatrix} \text{이므로 } -5x_1 - 5x_2 = 0$$

$$\mathrm{x}_1 = \begin{pmatrix} -t \\ t \end{pmatrix} = t\begin{pmatrix} -1 \\ 1 \end{pmatrix} \qquad \mathrm{v}_1 = \begin{pmatrix} -\dfrac{1}{\sqrt{2}} \\ \dfrac{1}{\sqrt{2}} \end{pmatrix}$$

$\lambda = 10$일 때

$$\begin{pmatrix} 5 & -5 \\ -5 & 5 \end{pmatrix}\begin{pmatrix} x_1 \\ x_2 \end{pmatrix} = \begin{pmatrix} 0 \\ 0 \end{pmatrix} \text{에서 } 5x_1 - 5x_2 = 0 \quad x_1 = x_2$$

$$\mathrm{x}_2 = \begin{pmatrix} t \\ t \end{pmatrix} = t\begin{pmatrix} 1 \\ 1 \end{pmatrix} \qquad \mathrm{v}_2 = \begin{pmatrix} \dfrac{1}{\sqrt{2}} \\ \dfrac{1}{\sqrt{2}} \end{pmatrix}$$

$$U = \begin{pmatrix} -\dfrac{1}{\sqrt{2}} & \dfrac{1}{\sqrt{2}} \\ \dfrac{1}{\sqrt{2}} & \dfrac{1}{\sqrt{2}} \end{pmatrix}$$

A^TA의 각 고유값에 대해서 정규직교고유벡터를 AA^T처럼 구하면

$$V = \begin{pmatrix} -\dfrac{2}{\sqrt{5}} & \dfrac{1}{\sqrt{5}} \\ \dfrac{1}{\sqrt{5}} & \dfrac{2}{\sqrt{5}} \end{pmatrix}$$

이다.

(3) $A = \sqrt{\lambda_1}\,\mathrm{u}_1\mathrm{v}_1^T + \sqrt{\lambda_2}\,\mathrm{u}_2\mathrm{v}_2^T$

$$= \sqrt{0}\,\mathrm{u}_1\mathrm{v}_1^T + \sqrt{10}\,\mathrm{u}_2\mathrm{v}_2^T$$

$$= \sqrt{10}\begin{pmatrix} \frac{1}{\sqrt{2}} \\ \frac{1}{\sqrt{2}} \end{pmatrix}\begin{pmatrix} \frac{1}{\sqrt{5}} & \frac{2}{\sqrt{5}} \end{pmatrix}$$

이다.

예제 16.13 》 다음 행렬 A에 대하여 다음을 구하여라.

$$\begin{pmatrix} 2 & 2 & 0 \\ -1 & 1 & 0 \\ 0 & 0 & 1 \end{pmatrix}$$

(1) AA^T와 A^TA의 고유치를 구하여라.

(2) A^TA와 AA^T의 정규직교벡터집합 V와 U를 구하여라.

(3) A의 비정칙분해를 하여라.

풀이

(1) $AA^T = \begin{pmatrix} 2 & 2 & 0 \\ -1 & 1 & 0 \\ 0 & 0 & 1 \end{pmatrix}\begin{pmatrix} 2 & -1 & 0 \\ 2 & 1 & 0 \\ 0 & 0 & 1 \end{pmatrix} = \begin{pmatrix} 8 & 0 & 0 \\ 0 & 2 & 0 \\ 0 & 0 & 1 \end{pmatrix}$이므로

AA^T의 특성다항식은

$$|\lambda I - AA^T| = \begin{bmatrix} \lambda-8 & 0 & 0 \\ 0 & \lambda-8 & 0 \\ 0 & 0 & \lambda-1 \end{bmatrix} = (\lambda-8)(\lambda-2)(\lambda-1)$$

이므로 고유값은 $\lambda_1 = 8,\ \lambda_2 = 2,\ \lambda_3 = 1$이다.

A^TA의 고유치도 같은 방법으로 구하면 $\lambda_1 = 8,\ \lambda_2 = 2,\ \lambda_3 = 1$이다.

(2) $\lambda = 8$일 때

$$\begin{pmatrix} 0 & 0 & 0 \\ 0 & 6 & 0 \\ 0 & 0 & 7 \end{pmatrix}\begin{pmatrix} x_1 \\ x_2 \\ x_3 \end{pmatrix} = \begin{pmatrix} 0 \\ 0 \\ 0 \end{pmatrix} \text{이므로 } x_1 = t,\ x_2 = 0,\ x_3 = 0$$

$$\mathrm{x}_1 = \begin{pmatrix} t \\ 0 \\ 0 \end{pmatrix} = t\begin{pmatrix} 1 \\ 0 \\ 0 \end{pmatrix} \qquad \mathrm{v}_1 = \begin{pmatrix} 1 \\ 0 \\ 0 \end{pmatrix}$$

$\lambda = 2$일 때

$$\begin{pmatrix}-6&0&0\\0&0&0\\0&0&1\end{pmatrix}\begin{pmatrix}x_1\\x_2\\x_3\end{pmatrix}=\begin{pmatrix}0\\0\\0\end{pmatrix}\text{이므로 } x_1=0,\ x_2=s,\ x_3=0$$

$$\mathrm{x}_2=\begin{pmatrix}0\\s\\0\end{pmatrix}=s\begin{pmatrix}0\\1\\0\end{pmatrix}\qquad \mathrm{u}_2=\begin{pmatrix}0\\1\\0\end{pmatrix}$$

$\lambda=1$일 때

$$\begin{pmatrix}-7&0&0\\0&-1&0\\0&0&0\end{pmatrix}\begin{pmatrix}x_1\\x_2\\x_3\end{pmatrix}=\begin{pmatrix}0\\0\\0\end{pmatrix}\text{이므로 } x_1=0,\ x_2=0,\ x_3=r$$

$$\mathrm{x}_3=\begin{pmatrix}0\\0\\r\end{pmatrix}=r\begin{pmatrix}0\\0\\1\end{pmatrix}\qquad \mathrm{u}_3=\begin{pmatrix}0\\0\\1\end{pmatrix}$$

$$U=\begin{pmatrix}1&0&0\\0&1&0\\0&0&1\end{pmatrix}$$

A^TA의 각 고유값에 대해서 정규직교고유벡터 집합을 AA^T처럼 구하면

$$V=\begin{pmatrix}\frac{1}{\sqrt{2}}&-\frac{1}{\sqrt{2}}&0\\\frac{1}{\sqrt{2}}&\frac{1}{\sqrt{2}}&0\\0&0&1\end{pmatrix},\ D=\begin{pmatrix}\sqrt{8}&0&0\\0&\sqrt{2}&0\\0&0&\sqrt{1}\end{pmatrix}$$

이다.

(3) $A=UDV^T=\sqrt{\lambda_1}\,\mathrm{u}_1\mathrm{v}_1^T+\sqrt{\lambda_2}\,\mathrm{u}_2\mathrm{v}_2^T++\sqrt{\lambda_3}\,\mathrm{u}_3\mathrm{v}_3^T$

$$=\sqrt{8}\begin{pmatrix}1\\0\\0\end{pmatrix}\begin{pmatrix}\frac{1}{\sqrt{2}}&\frac{1}{\sqrt{2}}&0\end{pmatrix}+\sqrt{2}\begin{pmatrix}0\\1\\0\end{pmatrix}\begin{pmatrix}-\frac{1}{\sqrt{2}}&\frac{1}{\sqrt{2}}&0\end{pmatrix}+\sqrt{1}\begin{pmatrix}0\\0\\1\end{pmatrix}(0\ 0\ 1)$$

이다.

연습문제

1 다음 행렬의 LU-분해를 구하여라.

(1) $\begin{pmatrix}1&0\\-2&1\end{pmatrix}$

(2) $\begin{pmatrix}3&0&1\\6&1&1\\-3&1&0\end{pmatrix}$

2 연립일차방정식 $\mathrm{Ax} = \mathrm{b}$를 다음 순서에 따라 풀어라.

(a) 계수행렬 A의 LU-분해를 구하여라.

(b) 하삼각행렬에 대한 $L\mathrm{y} = \mathrm{b}$를 구하여라.

(c) 상삼각행렬에 대한 $U\mathrm{x} = \mathrm{y}$를 구하여라.

$$\begin{aligned} 2x + y &= 1 \\ y - z &= 2 \\ -2x + y + z &= -2 \end{aligned}$$

3 계수행렬의 LU-분해를 구하고 문제 2의 방법을 사용하여 연립방정식을 풀어라.

(1) $\begin{pmatrix} 2 & 8 \\ -1 & -1 \end{pmatrix}\begin{pmatrix} x_1 \\ x_2 \end{pmatrix} = \begin{pmatrix} -2 \\ -2 \end{pmatrix}$

(2) $\begin{pmatrix} 2 & -2 & -2 \\ 0 & -2 & 2 \\ -1 & 5 & 2 \end{pmatrix}\begin{pmatrix} x_1 \\ x_2 \\ x_3 \end{pmatrix} = \begin{pmatrix} -4 \\ -2 \\ 6 \end{pmatrix}$

(3) $\begin{pmatrix} 5 & 5 & 10 \\ -8 & -7 & -9 \\ 0 & 4 & 26 \end{pmatrix}\begin{pmatrix} x_1 \\ x_2 \\ x_3 \end{pmatrix} = \begin{pmatrix} 0 \\ 1 \\ 4 \end{pmatrix}$

(4) $\begin{pmatrix} -1 & 0 & 1 & 0 \\ 2 & 3 & -2 & 6 \\ 0 & -1 & 2 & 0 \\ 0 & 0 & 1 & 5 \end{pmatrix}\begin{pmatrix} x_1 \\ x_2 \\ x_3 \\ x_4 \end{pmatrix} = \begin{pmatrix} 5 \\ -1 \\ 3 \\ 7 \end{pmatrix}$

4 다음 각 행렬의 최대계수인자분해하여라.

(1) $(1\ 2\ 3)$

(2) $\begin{pmatrix} 1 & 2 \\ 3 & 4 \end{pmatrix}$

(3) $\begin{pmatrix} 1 & 2 & 4 \\ 3 & 0 & 1 \\ 1 & -4 & -7 \end{pmatrix}$

(4) $\begin{pmatrix} 1 & 2 & 5 \\ 6 & 0 & 1 \end{pmatrix}$

5 다음 각 행렬들을 QR 분해하여라.

(1) $\begin{pmatrix} 1 & -1 \\ 2 & 3 \end{pmatrix}$

(2) $\begin{pmatrix} 1 & 2 \\ 0 & 1 \\ 1 & 4 \end{pmatrix}$

(3) $\begin{pmatrix} 1 & 1 \\ -2 & 1 \\ 2 & 1 \end{pmatrix}$

(4) $\begin{pmatrix} 1 & 0 & 2 \\ 0 & 1 & 1 \\ 1 & 2 & 0 \end{pmatrix}$

(5) $\begin{pmatrix} 1 & 2 & 1 \\ 1 & 1 & 1 \\ 0 & 3 & 1 \end{pmatrix}$

6 행렬 $A = \begin{pmatrix} 1 & 1 & 0 \\ 1 & 2 & 1 \\ 0 & 0 & 2 \end{pmatrix}$의 QR 인자분해를 구하여라.

7 다음 행렬에서 정규직교행렬 P를 구하여라.

(1) $\begin{pmatrix} -4 & 4 & -2 \\ 4 & 2 & -4 \\ -2 & -4 & -4 \end{pmatrix}$

(2) $\begin{pmatrix} 2 & 0 & 0 & 0 \\ 0 & 1 & -2 & 2 \\ 0 & -2 & 1 & 2 \\ 0 & 2 & 2 & 1 \end{pmatrix}$

(3) $\begin{pmatrix} 6 & 0 & 0 & 0 \\ 0 & 6 & 1 & 1 \\ 0 & 1 & 6 & 1 \\ 0 & 1 & 1 & 6 \end{pmatrix}$

(4) $\begin{pmatrix} 1 & 1 & 0 \\ 1 & 1 & 0 \\ 0 & 0 & 2 \end{pmatrix}$

8 (1) 다음 행렬 A를 고유치분해하여라.

$$A = \begin{pmatrix} 1 & 1 & 1 \\ 1 & 1 & 1 \\ 1 & 1 & 1 \end{pmatrix}$$

(2) (1)을 이용하여 A^{100}과 $\sqrt{A}$를 구하여라.

9 (1) 다음 행렬에 대하여 P^TAP가 대각행렬이 되도록 정규직교행렬 P를 구하여라.

(i) $\begin{pmatrix} 0 & 2 & 2 \\ 2 & 0 & -2 \\ 2 & -2 & 0 \end{pmatrix}$

(ii) $\begin{pmatrix} 1 & 2 \\ 2 & 1 \end{pmatrix}$

(iii) $\begin{pmatrix} -1 & -3 & 0 \\ -3 & -1 & 0 \\ 0 & 0 & 2 \end{pmatrix}$

(iv) $\begin{pmatrix} 0 & 2 & 2 \\ 2 & 4 & 2 \\ 2 & 2 & 0 \end{pmatrix}$

(2) A^{10}을 구하여라.

10 다음 각 행렬에 대하여 $A = UDV^T = \sum_{i=1}^{r} \sqrt{\lambda_i}\, \mathrm{u}_i \mathrm{v}_i$인 AA^T와 A^TA의 정규직교행렬 U, V를 구하여라.

(1) $A = \begin{pmatrix} 2 & -2 \\ 3 & 3 \end{pmatrix}$

(2) $A = \begin{pmatrix} 6 & 3 & 0 \\ -6 & 0 & 3 \\ 0 & -6 & -6 \end{pmatrix}$

(3) $A = \begin{pmatrix} 2 & 0 & 0 \\ 0 & 2 & 1 \\ 0 & 1 & 2 \end{pmatrix}$

11 다음 행렬을 비정칙분해 하여라.

(1) $\begin{pmatrix} 2 & -1 \\ 2 & 2 \end{pmatrix}$

(2) $\begin{pmatrix} 2 & 3 \\ 0 & 2 \end{pmatrix}$

(3) $\begin{pmatrix} -3 & 1 \\ 6 & -2 \\ 6 & -2 \end{pmatrix}$

(4) $\begin{pmatrix} 1 & 1 \\ 0 & 1 \\ -1 & 1 \end{pmatrix}$

연습문제 해답

제1장

1. (1) $\frac{1}{10}$ (2) $-\frac{1}{2}$ (3) $\frac{1}{6}$

(4) $\frac{3}{2}$ (5) $\frac{1}{3}$ (6) $\frac{1}{2}$

(7) $-\frac{1}{4}$ (8) 0

2. (1) −10 (2) −1 (3) $\frac{5}{7}$

3. (1) 5 (2) 5

4. (1) $\frac{4}{3}$ (2) $a=\frac{5}{2}$, $b=-\frac{1}{2}$

5. (1) 2 (2) 1 (3) 0

(4) 0　　(5) $-\frac{\pi}{2}$

6. (1) 0　　(2) $-\frac{3}{4}$　　(3) $\frac{5}{2}$

7. (1) 1　　(2) 2　　(3) $\frac{3}{8}$

(4) $\frac{2}{\pi}$　　(5) 0　　(6) 4

(7) $\frac{1}{2}$　　(8) 1

8. 1

9. (1) $a=2$　　(2) $a=-1$

제2장

1. (1) $y'=-2x$　　(2) $y'=12x-10+10x^{-3}$

(3) $y'=\frac{-19}{(3x-2)^2}$　　(4) $v'=-\frac{1}{x^2}+2x^{-3/2}$

(5) $y'=\frac{9}{4}x^{\frac{5}{4}}-2e^{-2x}$　　(6) $y'=2x^3-3x-1$

(7) $w'=-z^{-2}-1$

2. (1) 13　　(2) $\frac{7}{25}$　　(3) 20

3. (1) $y=-\frac{1}{8}x+\frac{5}{4}$　　(2) -4　　(3) $y=8x-17$
$y=8x+17$

4. $y=4x$ 또는 $y=2$

5. (1) $a=1,\ b=1,\ c=0$　　(2) $a=3,\ b=-\frac{3}{2}$

6. (1) $y' = 10(2x+1)^4$ (2) $y' = 3\sin^2 x(\cos x)$

(3) $s' = \dfrac{4}{\pi}(\cos 3t - \sin 5t)$ (4) $y' = (1-x)e^{-x} + 3e^{3x}$

(5) $y' = 4\tan x \sec x - \csc^2 x$

7. $c = 9$

8. (1) $f'(x) = \dfrac{x\sec x \tan x + \sec x}{2\sqrt{7 + x\sec x}}$

(2) $y' = 2\theta e^{-\theta^2}\sin(e^{-\theta^2})$

(3) $y' = -2\pi\sin(\pi t - 1)\cos(\pi t - 1)$
$\times e^{\cos^2(\pi t - 1)}$

(4) $y' = 6\tan(\sin^3 t)\sec^2(\sin^3 t)\sin^2 t\cos t$

9. (1) $y'' = 2\csc^2(3x-1)\cot(3x-1)$

(2) $y'' = 2(2x^2+1)e^{x^2}$

10. (1) $y' = \dfrac{-2xy - y^2}{x^2 + 2xy}$ (2) $y' = \dfrac{-y^2}{y\sin(\frac{1}{y}) - \cos(\frac{1}{y}) + xy}$

(3) $y' = \dfrac{2e^{2x} - \cos(x+3y)}{3\cos(x+3y)}$

11. (1) $y' = -\dfrac{x}{y}$, $y'' = \dfrac{-y^2 - x^2}{y^3}$ (2) $y' = \dfrac{\sqrt{y}}{\sqrt{y}+1}$, $y'' = \dfrac{1}{2(\sqrt{y}+1)^3}$

(3) -2

12. (1) $y = \dfrac{7}{4}x - \dfrac{1}{2}$
$y = -\dfrac{4}{7}x + \dfrac{29}{7}$

(2) $y = -\dfrac{\pi}{2}x + \pi$
$y = \dfrac{2}{\pi}x - \dfrac{2}{\pi} + \dfrac{\pi}{2}$

(3) $y = 2\pi x - 2\pi$
$y = -\dfrac{1}{2\pi}x + \dfrac{1}{2\pi}$

13. (1) $\frac{1}{9}$ (2) 3

14. (1) $y' = \frac{1}{\theta+1}$ (2) $y' = \frac{1-\ln t}{t^2}$ (3) $y' = \frac{2}{t(1-\ln t)^2}$

(4) $y' =- 2\tan\theta$ (5) $y' = 2^x \ln x$ (6) $y' = \frac{3}{x\ln 4}$

(7) $y' = \frac{1}{\ln 5}$ (8) $y' = (x+1)^x(\frac{x}{x+1} + \ln(x+1))$

(9) $y' = x^{\ln x}(\frac{\ln x^2}{x})$ (10) $y' = \frac{1}{|2s+1|\sqrt{s^2+s}}$

(11) $y' = \frac{-1}{2\sqrt{t}(1+t)}$ (12) $y' = \frac{-1}{\sqrt{e^{2t}-1}}$

(13) $y' = \sin^{-1}x$

15. (1) $\frac{1}{2}$ (2) 1

16. (1) $m =- \frac{b}{\pi}$ (2) $m =- 1$, $b = \pi$

17. 생략

18. $a = \frac{3}{4}$, $b = \frac{9}{4}$

19. (1) $y =- x + 2\sqrt{2}, - \sqrt{2}$ (2) $y = x + \frac{1}{4}, - 2$

(3) $y = x - 4, \frac{1}{2}$ (4) $y = \sqrt{3}x - \frac{\pi\sqrt{3}}{3} + 2, - 4$

20. $f'(0) = \lim_{h\to 0}\frac{f(0+h) - f(0)}{h} = \lim_{h\to 0}\frac{f(h)}{h} = 2$ 이므로

$$f'(x) = \lim_{h\to 0}\frac{f(x+h) - f(x)}{h}$$
$$= \lim_{h\to 0}\frac{f(x) + f(h) - f(x)}{h}$$

$$= \lim_{h \to 0} \frac{f(h)}{h} = 2$$

21. (1) $x=0,\ y=0$

$f(0)=f(0)+f(0)$에서 $f(0)=0$

(2) $f'(0)=\lim_{h \to 0} \frac{f(h)}{h} = 2$

$$\begin{aligned} f'(2) &= \lim_{h \to 0} \frac{f(2+h)-f(2)}{h} \\ &= \lim_{h \to 0} \frac{f(2)+f(h)+2h-f(2)}{h} \\ &= 2+\lim_{h \to 0} \frac{f(h)}{h} = 4 \end{aligned}$$

22. (1) $f(x)=\begin{cases} x, & 0<x<1 \\ 0, & \text{다른 곳에서} \end{cases}$

(2) $f(x)=\begin{cases} \frac{1}{x^2}, & x>1 \\ 0, & \text{다른 곳에서} \end{cases}$

(3) $f(x)=\begin{cases} e^{-x}, & 0<x \\ 0, & \text{다른 곳에서} \end{cases}$

(4) $f(x)=\frac{1}{\pi}\frac{1}{1+x^2}$

23. (1) $M'(0)=\mu,\ M''(0)=\mu^2+\sigma^2$

$M''(0)-[M'(0)]^2=\sigma^2$

(2) $M'(0)=np,\ M''(0)=np+n^2p^2-np^2$

$M''(0)-[M'(0)]^2=np(1-p)$

(3) $M'(0)=\lambda,\ M''(0)=\lambda(1+\lambda)$

$M''(0)-[M'(0)]^2=\lambda$

24. (1) $-\frac{23}{7}$ (2) -2 (3) -1

(4) 1 (5) $-\frac{1}{2}$ (6) 0

(7) e^{-1} (8) 0

25. $c = \frac{27}{10}$

26. $a = 0$
$b = -2$

제3장

1. (1) $x = 1, x = 4$ (2) $x = 1$ (3) $x = 0, x = 4$

2. (1) 극대값$(-2, 17)$, 극소값$(\frac{4}{3}, -\frac{41}{27})$

(2) 극대값$(1, \frac{1}{2})$, 극소값$(-1, -\frac{1}{2})$

(3) 극대값$(-\frac{4}{5}, \frac{12}{25}\sqrt[3]{10})$, 극소값$(0, 0)$

(4) 극소값$(0, 0)$, 극대값$(\frac{4}{3}, \frac{32}{27})$

(5) 극소값$(0, 0)$, 극대값$(\pm 1, \frac{1}{2})$

(6) 극소값$(3, 6)$, 극대값$(1, 2)$

(7) 극소값$(e^{-1}, -e^{-1})$

(8) 극소값 없음

(9) 극소값$(2-\sqrt{3}, \frac{\sqrt{3}}{4\sqrt{3}-6})$, 극대값$(0, 2)$

(10) 극소값$(\frac{7}{6}\pi, -2)$, 극대값$(\frac{\pi}{6}, 2)$

(11) 극소값$(\frac{\pi}{4}, 0)$

3. (1) 아니오 (2) 예

4. (1) $(\frac{5}{2}, \frac{9}{4}), (\frac{3}{2}, -\frac{1}{4})$ (2) $(-1, 27), (2, 0)$

5. (1) $(-2, 16), (3, 110)$ (2) $(0, 20), (1, 7)$

6. 4

7. (1) $y=-\frac{1}{4}x+\frac{9}{4}$

$y=4x-2$

(2) $y=-\frac{5}{4}x+6$

$y=\frac{4}{5}x-\frac{11}{5}$

8. $a=-2,\ b=4$

9. (1) 극소값$(1,\ 1)$, 극대값$(-1,\ 5)$, 변곡점$(0,\ 3)$

(2) 극소값$(\frac{3}{4}\pi,\ -\frac{1}{2})$, 극대값$(\frac{\pi}{4},\ \frac{1}{2})$, 변곡점$(\frac{\pi}{2},\ 0)$

(3) 극소값$(-2,\ -2)$, 극소값$(2,\ 2)$, 변곡점$(-2\sqrt{3},\ -\sqrt{3})$,$(2\sqrt{3},\ \sqrt{3})$

10. (1) $y'=12x^2(x-1)$

$y''=12x(3x-2)$

$y'=0$에서 $x=0,1$

$y''=0$에서 $x=0,\ \frac{2}{3}$

극소점$(1,0)$, 변곡점$(0,1)$, $(\frac{2}{3},\frac{11}{27})$

$x<0$일 때 아래로 볼록

$0<x<\frac{2}{3}$일 때 위로 볼록

$x>\frac{2}{3}$일 때 아래로 볼록

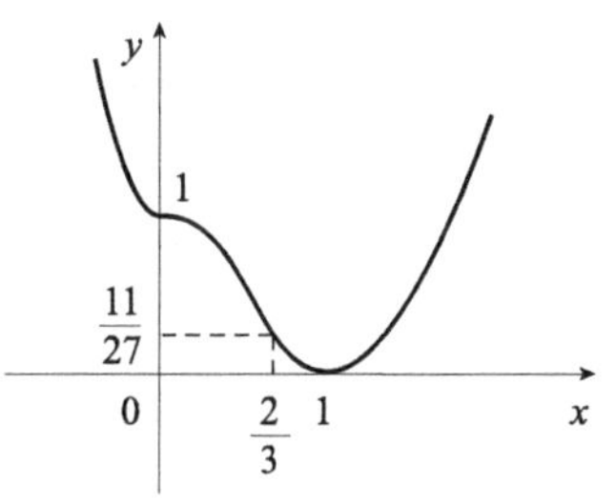

(2) $y'=\dfrac{\frac{1}{x}(x)-\ln x}{x^2}=\dfrac{1-\ln x}{x^2}$

$y''=\dfrac{-\frac{1}{x}(x^2)-(1-\ln x)(2x)}{x^4}=\dfrac{2\ln x-3}{x^3}$

$y'=0$ 에서 $x=e$,

$y''=0$에서$x=e^{\frac{3}{2}}$

극대점$(e,\frac{1}{e})$, 변곡점$(e^{\frac{3}{2}},\frac{3}{2}e^{-\frac{3}{2}})$

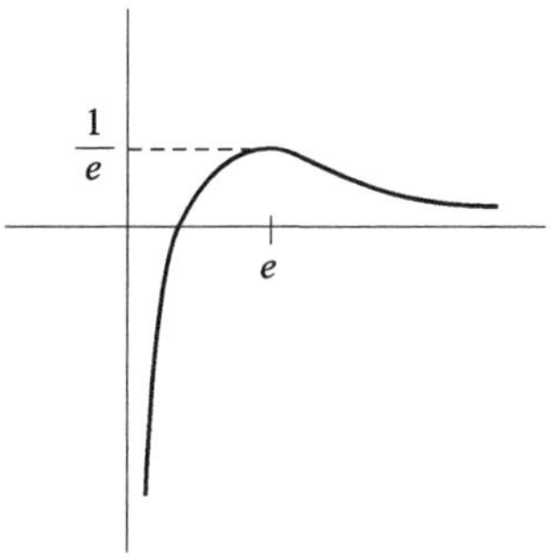

$0 < x < e^{\frac{3}{2}}$일 때 위로 볼록

$x > e^{\frac{3}{2}}$일 때 아래로 볼록

(3) $y' = \dfrac{(x-1)e^x}{x^2}$

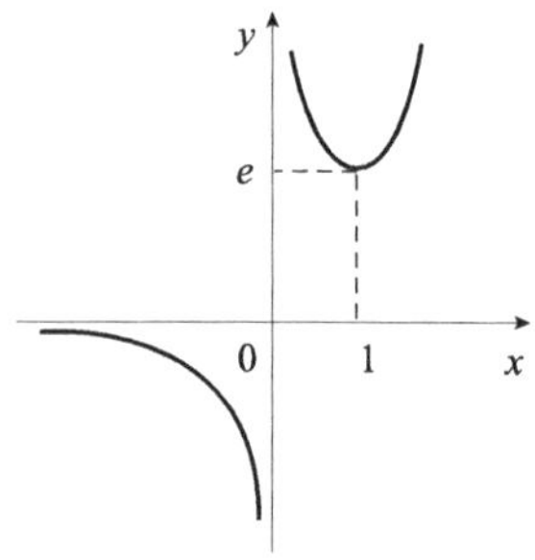

$y'' = \dfrac{(x^2-2x+2)e^x}{x^3}$

$y' = 0$에서 $x = 1$,

$x = 1$일 때 임계값 $f(1) = e$

$x > 0$일 때 $y'' > 0$이므로 아래로 볼록

$x < 0$일 때 $y'' < 0$이므로 위로 볼록

(4) $y' = \dfrac{1}{\sqrt{2\pi}\,\sigma^3}\exp\left[-\dfrac{(x-\mu)^2}{2\sigma^2}\right]\times(-x+\mu)$

$y'' = \dfrac{1}{\sqrt{2\pi}\,\sigma^5}\exp\left[-\dfrac{(x-\mu)^2}{2\sigma^2}\right]\times(x^2-2\mu x+\mu^2-\sigma^2)$

$y' = 0$에서 $x = \mu$,

$y'' = 0$에서 $x = \mu-\sigma, \mu+\sigma$

극대값$(0, \dfrac{1}{\sqrt{2\pi}\,\sigma})$,

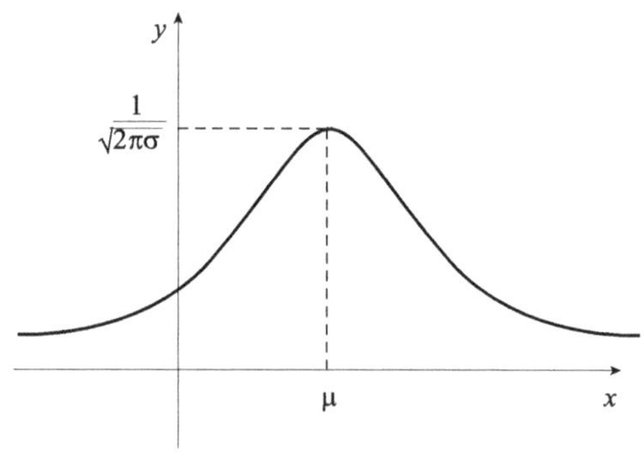

$x < \mu-\sigma$일 때 $y'' > 0$이므로 아래로 볼록

$\mu-\sigma < x < \mu+\sigma$일 때 $y'' < 0$이므로 위로 볼록

$x > \mu+\sigma$일 때 $y'' > 0$이므로 아래로 볼록

11. $l = 4,\ w = 4,\ p = 16$

12. $x = 2$, 최대면적 : 32

13. $\dfrac{32\pi}{3}$

14. $r = 10\sqrt{\dfrac{2}{3}},\ h = \dfrac{20}{\sqrt{3}},\ v = \dfrac{4000\pi}{3\sqrt{3}}$

15. $\sqrt{\dfrac{2}{e}}$

16. -2

17. $(3,\ \sqrt{6})$

18. (1) $L(x)=10x-13$ (2) $L(x)=x-\pi$

(3) $L(x)=-x+\dfrac{\pi}{2}$ (4) $L(x)=x$

19. (1) $\dfrac{dv}{dt}=\pi r^2\dfrac{dh}{dt}$ (2) $\dfrac{dv}{dt}=2\pi rh\dfrac{dr}{dt}$

(3) $\dfrac{dv}{dt}=\pi r^2\dfrac{dh}{dt}+2\pi rh\dfrac{dr}{dt}$

20. (1) $\dfrac{dy}{dt}=-12$ (2) $\dfrac{dA}{dt}=-\dfrac{119}{2}$

(3) $\dfrac{d\theta}{dt}=-1$

21. (1) $\dfrac{dh}{dt}=-\dfrac{8}{225\pi}$ (2) $\dfrac{dr}{dt}=-\dfrac{4}{15\pi}$

22. $s^2=h^2+x^2$

$$2s\frac{ds}{dt}=2h\frac{dh}{dt}+2x\frac{dx}{dt}$$

$$\frac{ds}{dt}=\frac{1}{s}(h\frac{dh}{dt}+x\frac{dx}{dt})$$

$$\Rightarrow\frac{ds}{dt}=\frac{1}{85}(68(1)+51(17))$$

$$\frac{ds}{dt}=11\,ft/\mathrm{sec}$$

23. $\tan\theta=\dfrac{A}{B}$

$$\sec^2\theta\frac{d\theta}{dt}=\frac{A'B-AB'}{B^2}$$

$A=10,\ B=20,\ \cos\theta=\dfrac{2}{\sqrt{5}}$

$\dfrac{d\theta}{dt}=-\dfrac{1}{10}$

제 4 장

1. (1) $t^3+\frac{1}{4}t^2+C$ (2) $\frac{2}{3}x^{3/2}+\frac{3}{4}x^{4/3}+C$

(3) $-21\cos\frac{\theta}{3}+C$ (4) $-\frac{1}{2}\csc\theta+C$

(5) $4\sec x-2\tan x+C$ (6) $\ln x-5\tan^{-1}x+C$

(7) $-\cos\theta+\theta+C$ (8) $\frac{1}{3}(1+x^4)^{\frac{3}{4}}+C$

(9) $\frac{1}{2}x-\sin\frac{x}{2}+C$

2. (1) $-\frac{2}{5}(1-\theta^2)^{\frac{5}{4}}+C$ (2) $\ln|\sec x|+C$

(3) $\frac{1}{2\cos(2t+1)}+C$ (4) $e^{\sin^2\theta}+C$

(5) $-\sec(1+e^{\frac{1}{x}})+C$ (6) $\frac{5}{6}\tan^{-1}(\frac{2}{3}r)+C$

(7) $\frac{(\sin^{-1}x)^3}{3}+C$ (8) $-4(\cos x)^{\frac{1}{2}}+C$

(9) $-\frac{1}{3}\cos(2t^{\frac{3}{2}})+C$ (10) $e^{\tan x}+C$

(11) $\frac{3}{2}\sin^{-1}2(r-1)+C$ (12) $\frac{1}{4}\sec^{-1}(\frac{2x-1}{2})+C$

(13) $e^{\tan u}+C$ (14) $\sin^{-1}s^2+C$

3. (1) $-2x\cos\frac{x}{2}+4\sin(\frac{x}{2})+C$

(2) $\frac{1}{2}x^2\ln x-\frac{1}{4}x^2+C$

(3) $(x^3-3x^2+6x-6)e^x+C$

(4) $-\frac{1}{2}\theta^2\cos 2\theta+\frac{1}{2}\theta\sin 2\theta+\frac{1}{4}\cos 2\theta+C$

(5) $\frac{e^{2x}}{13}(3\sin 3x+2\cos 3x)+C$

4. (1) $\frac{1}{2}[\ln|1+x|-\ln|1-x|]+C$ (2) $\frac{1}{2}[\ln|x|-\ln|x+2|]+C$

(3) $\frac{1}{7}\ln|(x+6)^2(x-1)^5|+C$ (4) $-\frac{1}{2}\ln|t|+\frac{1}{6}\ln|t+2|+\frac{1}{3}\ln|t-1|+C$

제 5 장

1. (1) 0 (2) $\frac{3(2-\sqrt{3})}{\pi}$ (3) $\frac{12}{\pi}(\sqrt{3}-1)$

2. (1) $-\frac{10}{3}$ (2) 8 (3) $2\sqrt{3}$

(4) $1-\frac{\pi}{4}$ (5) $\frac{(2-\sqrt{2})}{4}$ (6) −1

(7) $\frac{2\pi}{3}$

3. (1) $(\cos\sqrt{x})(\frac{1}{2\sqrt{x}})$ (2) $\sqrt{1+x^2}$ (3) 1

(4) 1 (5) $\frac{\sin 4y}{\sqrt{y}}-\frac{\sin y}{2\sqrt{y}}$ (6) $\frac{\sin x}{x}$

4. (1) $\frac{1}{2}$ (2) 4 (3) 0

(4) e (5) $1/\ln 4$ (6) $\frac{2\pi}{3}$

(7) $\frac{\pi}{2}$ (8) −1 (9) $\frac{9}{14}$

(10) $2(\ln 2)^4$ (11) $\frac{1}{\ln 2}$ (12) $2(\ln 2)^2$

5. (1) 38 (2) 35

6. (1) $\frac{\pi}{2}$ (2) $\ln 3$ (3) π

(4) $-\frac{1}{4}$ (5) $\ln 2$ (6) $e^{-\frac{1}{\ln 2}}$

(7) 발산

7. (1) $a=1$ (2) $a=2$

(3) $a=\frac{4}{\pi}$ (4) $a=2$

8. (1) $F(x)=\begin{cases}0 & , x \le 0 \\ \frac{1}{26}(x^3+3x^2+3), & 0<x<2 \\ 1 & , x \ge 2\end{cases}$

(2) $F(x)=\begin{cases}0 & , x \le 0 \\ 3x^3-2x^4, & 0<x<1 \\ 1 & , x \ge 1\end{cases}$

(3) $F(x)=\begin{cases}0 & , x \le 0 \\ 1-(1+3x)e^{-3x}, & 0<x\end{cases}$

(4) $F(x)=\begin{cases}0 & , x \le 0 \\ x^{a+1}, & 0<x<1 \\ 1 & , x \ge 1\end{cases}$

9. (1) $\frac{1}{\pi}(\tan^{-1}x+\frac{\pi}{2})$ (2) $1-e^{-\theta x}$

10. (1) 1 (2) $\frac{e^t-1}{t}$

11. (1) $E(X)=\int_0^2 x(\frac{x}{2})dx=\frac{4}{3}$

(2) $E(3X^2-2X)=\int_0^3 (3x^2-2x)(\frac{1}{2}x)dx=\frac{10}{3}$

12. (1) $E[X]=\int_0^\infty xe^{-x}dx=-xe^{-x}]_0^\infty e^{-x}dx$

$=[-e^{-x}]_0^\infty=1$

$E[3X-2]=3E[X]-2=3(1)-2=1$

(2) $E[X^2]=\int_0^\infty x^2e^{-x}dx$

$$=[-x^2e^{-x}]_0^\infty+2\int_0^\infty xe^{-x}dx$$

$$=0+2(1)=2$$

(3) $E[(X-1)^2]=E[X^2-2X+1]$

$$=E[X^2]-2E[X]-2E[X]+1$$

$$=2-2(1)+1=1$$

13. (1) $E(X)=\int_a^b \frac{x}{b-a}dx=\frac{b^2-a^2}{2(b-a)}=\frac{b+a}{2}$

$$E(X^2)=\int_a^b \frac{x^2}{b-a}dx=\frac{b^3-a^3}{3(b-a)}=\frac{b^2+ba+a^2}{3}$$

$$V(X)=E(X^2)-(E(X))^2$$

$$=\frac{a^2+ab+b^2}{3}-\frac{a^2+b^2+2ab}{4}$$

$$=\frac{a^2+b^2-2ab}{12}=\frac{(a-b)^2}{12}$$

(2) $E(X)=\int_0^\infty \lambda^2x^2e^{-\lambda x}dx=\frac{2}{\lambda}$

$$E(X^2)=\int_0^\infty \lambda^2x^3e^{-\lambda x}dx=\frac{6}{x^2}$$

$$V(X)=E(X^2)-(E(X))^2=\frac{6}{\lambda^2}-\frac{4}{\lambda^2}$$

(3) $E(X)=\int_0^1 2x^2dx=\frac{2}{3}$

$$E(X^2)=\int_0^1 2x^3dx=\frac{2}{4}$$

$$V(X)=E(X^2)-(E(X))^2=\frac{2}{4}-\frac{4}{9}=\frac{1}{18}$$

(4) $E(X)=\int_1^\infty x(3x)^{-4}dx=\int_1^\infty 3x^{-3}dx=\frac{3}{2}$

$$E(X^2)=\int_1^\infty x^2 3x^{-4}dx=3\int_1^\infty x^{-2}dx=3$$

$$V(X)=E(X^2)-(E(X))^2=3-(\frac{3}{2})^2=\frac{3}{4}$$

제 6 장

1. (1) $\lim_{n\to\infty}\frac{1-5n^4}{n^4+8n^3}=\lim_{n\to\infty}\frac{(\frac{1}{n^4})-5}{1+(\frac{8}{n})}=-5$ 　수렴

(2) $\lim_{n\to\infty}\frac{(-1)^{n+1}}{2n-1}=0$ 수렴

(3) $\lim_{n\to\infty}\frac{n}{2^n}=\lim_{n\to\infty}\frac{1}{2^n\ln2}=0$ 수렴

(4) $\lim_{n\to\infty}\frac{n!}{n^n}=\lim_{n\to\infty}\frac{1\times2\times3\ldots\times(n-1)(n)}{n\times n\times\ldots\times n}\le\lim_{n\to\infty}(\frac{1}{n})=0$

$\frac{n!}{n^n}\ge0\Rightarrow\lim_{n\to\infty}\frac{n!}{n^n}=0$ 수렴

2. (1) $(1+1)+(\frac{1}{2}-\frac{1}{5})+(\frac{1}{4}+\frac{1}{25})+\cdots=\frac{1}{1-(\frac{1}{2})}+\frac{1}{1+(\frac{1}{5})}=2+\frac{5}{6}=\frac{17}{6}$

(2) $S_n=(\frac{1}{\ln3}-\frac{1}{\ln2})+(\frac{1}{\ln4}-\frac{1}{\ln5})+\cdots+(\frac{1}{\ln(n+2)}-\frac{1}{\ln(n+1)})$

$=-\frac{1}{\ln2}+\frac{1}{\ln(n+2)}$

$\Rightarrow\lim_{n\to\infty}S_n=-\frac{1}{\ln2}$

(3) $\frac{(\frac{3}{2})}{1-(-\frac{1}{2})}=1$

(4) $\frac{1}{1-(\frac{2}{3})}-\frac{1}{1-(\frac{1}{3})}$

$=3-\frac{3}{2}=\frac{3}{2}$

3. (1) a$=3$, r$=\frac{x-1}{2}$, $\frac{3}{1-(\frac{x-1}{2})}=\frac{6}{3-x}$

$-1<\frac{x-1}{2}$ or $-1<x<3$에서 수렴

(2) a= 1, r=$-(x+1)$, $\dfrac{1}{1+(x+1)}=\dfrac{1}{x+2}$

$|x+1|<1$ or $-2<x<0$에서 수렴

(3) a= 1, r= $\sin x$, $\dfrac{1}{1-\sin x}$

$x\neq(2k+1)\dfrac{\pi}{2}$, k는 상수에서 수렴

4. (1) 발산 $\displaystyle\sum_{n=1}^{\infty}\frac{3}{\sqrt[3]{n}}=3\sum_{n=1}^{\infty}\frac{1}{\sqrt{n}},\ (p=\frac{1}{3})$ $p-$급수검정

(2) 발산 $\displaystyle\sum_{n=0}^{\infty}\frac{-2}{n+1}=-2\sum_{n=0}^{\infty}\frac{1}{n+1}$ 적분검정

(3) 발산 $\displaystyle\lim_{n\to\infty}\cos n\pi=\lim_{n\to\infty}(-1)^n\neq 0$ n항 검정

(4) 수렴 $\displaystyle\int_{1}^{\infty}\frac{8\tan^{-1}x}{1+x^2}dx\to\int_{\pi/4}^{\pi/2}8u\,du$ 적분검정

$\displaystyle=4(\frac{\pi^2}{4}-\frac{\pi^2}{16})=\frac{3\pi^2}{4}$

(5) 수렴 $\displaystyle(\frac{n}{3n+1})^n<(\frac{n}{3n})^n=(\frac{1}{3})^n$ 직접비교검정

(6) 발산 $\displaystyle\lim_{n\to\infty}\frac{(\frac{1}{1+\ln n})}{(\frac{1}{n})}=\lim_{n\to\infty}\frac{n}{1+\ln n}$

$\displaystyle=\lim_{n\to\infty}\frac{1}{(\frac{1}{n})}=\lim_{n\to\infty}n=\infty$ 극한비교검정

(7) 수렴 $\displaystyle\frac{1}{3^{n-1}+1}<\frac{1}{3^{n-1}}$ 직접비교검정

(8) 수렴 $\displaystyle\lim_{n\to\infty}\sum_{k=1}^{n}\frac{2}{k(k+1)}=\lim_{n\to\infty}2\sum_{k=1}^{n}(\frac{1}{k}-\frac{1}{k+1})=2$

(9) 수렴 $\displaystyle\lim_{n\to\infty}\frac{a_{n+1}}{a_n}=\lim_{n\to\infty}\frac{(\frac{(n+1)^{10}}{10^{n+1}})}{\left[\frac{n^{10}}{10^n}\right]}$

$\displaystyle=\lim_{n\to\infty}\frac{(n+1)^{10}}{10^{n+1}}\frac{10^n}{n^{10}}$

$$= \lim_{n\to\infty}(1+\frac{1}{n})^{10}(\frac{1}{10}) = \frac{1}{10} < 1$$ 비검정

(10) 발산 $\frac{1}{n} - \frac{1}{n^2} = \frac{n-1}{n^2} > \frac{1}{2}(\frac{1}{n})$, 직접비교검정

$n > 2$

(11) 수렴 $\lim_{n\to\infty}\frac{a_{n+1}}{a_n}$

$$= \lim_{n\to\infty}\frac{(n+1)!}{(2n+3)!}\frac{(2n+1)!}{n!}$$

$$= \lim_{n\to\infty}\frac{n+1}{(2n+3)(2n+2)} = 0 < 1$$ 비검정

5. (1) $-\frac{1}{2} < x < 0$　(2) 모든 x

(3) $-8 < x < 2$　(4) $-4 < x \le 0$

6. (1) $1 - x + \frac{1}{2!}x^2 - \frac{1}{3!}x^3 + \frac{1}{4!}x^4 + \cdots$

(2) $1 - x + x^2 - x^3 + x^4 + \cdots$

(3) $3x - \frac{3^2x^2}{3!} + \frac{3^5x^5}{5!} + \cdots$

(4) $7 - \frac{7x^2}{2!} + \frac{7x^4}{4!} - \frac{7x^6}{6!} + \cdots$

7. (1) $8 + 10(x-2) + 6(x-2)^2 + (x-3)^3 + \cdots$

(2) $1 - 2(x-1) + 3(x-1)^2 - 4(x-1)^3 + \cdots$

(3) $e^2 + e^2(x-2) + \frac{e^2}{2}(x-2)^2 + \cdots$

8. (1) $1 - 5x + \frac{(-5x)^2}{2!} + \cdots = \sum_{n=0}^{\infty}\frac{(-1)^n5^nx^n}{n!}$

(2) $\sum_{n=0}^{\infty}\frac{(-1)^n((x+1)^{1/2})^{2n}}{(2n)!}$

$$= \sum_{n=0}^{\infty}\frac{(-1)^n(x+1)^n}{(2n)!}$$

$$= 1 - \frac{x+1}{2!} + \frac{(x+1)^2}{4!} - \frac{(x+1)^3}{6!} + \cdots$$

9. (1) $x(\sum_{n=0}^{\infty}\frac{x^n}{n!})=\sum_{n=0}^{\infty}\frac{x^{n+1}}{n!}$

$=x+x^2+\frac{x^3}{2!}+\frac{x^4}{3!}+\cdots$

(2) $x\sum_{n=0}^{\infty}\frac{(-1)^n(\pi x)^{2n}}{(2n)!}$

$=\sum_{n=0}^{\infty}\frac{(-1)^n\pi^{2n}x^{2n+1}}{(2n)!}$

$=x-\frac{\pi^2x^3}{2!}+\frac{\pi^4x^5}{4!}-\cdots$

(3) $\frac{1}{1-x}=1+x+x^2+x^3+\cdots\ \frac{d}{dx}(\frac{1}{1-x})=\frac{1}{(1-x)^2}$

$=1+2x+3x^2+\cdots$

$=\sum_{n=0}^{\infty}nx^{n-1}=\sum_{n=0}^{\infty}(n+1)x^n$

10. (1) $\int_0^{0.2}(x^2-\frac{x^6}{3!}+\frac{x^{10}}{5!}-\cdots)\approx 0.00267$

$|E|\le\frac{(0.2)^7}{7(3!)}\approx 0.0000003$

(2) $\int_0^{0.2}\frac{1}{x}(1-x+\frac{x^2}{2!}-\frac{x^3}{3!}-\cdots-1)\approx -0.19044$

$|E|\le\frac{(0.2)^4}{96}\approx 0.00002$

(3) $\int_0^{0.1}(1-\frac{x^2}{3!}+\frac{x^4}{5!}-\cdots)\approx 0.0999444611$

$|E|\le\frac{(0.1)^7}{7(7!)}\approx 2.8\times 10^{-12}$

(4) $\int_0^{1}(\frac{1}{2}-\frac{x^2}{4!}+\frac{x^4}{6!}-\frac{x^6}{8!}+\cdots)dx=0.486385$

$|E|\le\frac{1}{11(12!)}\approx 1.9\times 10^{-10}$

11. (1) $\lim_{x\to 0}\frac{1}{x^2}(1+x+\frac{x^2}{2}+\frac{x^3}{3!}-1-x)$

$=\lim_{x\to 0}(\frac{1}{2}+\frac{x}{3!}+\frac{x^2}{4!}+\cdots)=\frac{1}{2}$

(2) $\lim_{t\to 0}\frac{1}{t^4}\left[1-\frac{t^2}{2}-(1-\frac{t^2}{2}+\frac{t^4}{4!}-\frac{t^6}{6!}+\cdots)\right]$

$=\lim_{t\to 0}(-\frac{1}{4!}+\frac{t^2}{6!}-\frac{t^4}{8!}+\cdots)=-\frac{1}{24}$

(3) $\lim_{y\to 0}\frac{1}{y^3}\left[y-(y-\frac{y^3}{3}+\frac{y^5}{5}-\cdots)\right]$

$=\lim_{y\to 0}(\frac{1}{3}-\frac{y^2}{5}+\frac{y^4}{7}-\cdots)=\frac{1}{3}$

(4) $\lim_{x\to 0}x^2(-1+1-\frac{1}{x^2}+\frac{1}{2x^4}-\cdots)$

$=\lim_{x\to 0}(-1+\frac{1}{2x^2}-\frac{1}{6x^4}+\cdots)=-1$

(5) $\lim_{x\to 0}\frac{x^2-\frac{x^4}{2}+\frac{x^6}{3}-\cdots}{1-(1-\frac{x^2}{2!}+\frac{x^4}{4!}-\cdots)}$

$=\lim_{x\to 0}\frac{(1-\frac{x^2}{2}+\frac{x^4}{3}-\cdots)}{(\frac{1}{2!}-\frac{x^2}{4!}+\cdots)}=2!=2$

(6) $\lim_{x\to 2}\frac{x^2-4}{\ln(x-1)}=\lim_{x\to 2}\frac{(x-2)(x+4)}{\left[(x-2)-\frac{(x-2)^2}{2}+\frac{(x-2)^3}{3}-\cdots\right]}$

$=\lim_{x\to 2}\frac{x+2}{[1-\frac{x-2}{2}+\frac{(x-2)^2}{3}-\cdots]}$

$=4$

12. (1) $P(s)=e^{-\lambda}e^{\lambda s}=e^{(s-1)\lambda}$ (2) $P(s)=\frac{p}{1-sq}$

(3) $P(s)=[ps+(1-p)]^n$

13. (1) $P'(1)=\lambda,\ P''(1)=\lambda^2,$
$P''(1)-[P'(1)]^2=\lambda$

(2) $P'(1)=\frac{q}{p},\ P''(1)=\frac{2q^2}{p^2},$
$P''(1)-[P'(1)]^2+P'(1)=\frac{q}{p^2}$

(3) $P'(1)=np,\ P''(1)=n(n-1)p^2,$
$P''(1)-[P'(1)]^2+P'(1)=np(1-p)$

14. (1) $M_X(t) = \exp[\lambda(e^t - 1)]$

(2) $M_X'(t) = \lambda e^t \exp[\lambda(e^t - 1)]$,
$M_X''(t) = \lambda e^t(1 + \lambda e^t)\exp[\lambda(e^t - 1)]$
$M_X'(0) = \lambda$, $M_X''(0) = \lambda(1+\lambda)$,
$E(x) = M_X'(0)$
$Var(x) = M_X''(0) - [M_X'(0)]^2 = \lambda$

15. (1) $M_X(t) = \dfrac{p}{1 - qe^t}$ (단, $qe^t < 1$)

(2) $P'(1) = \dfrac{q}{p}$, $P''(1) = \dfrac{2q^2}{p^2}$,
$P''(1) - [P'(1)]^2 + P'(1) = \dfrac{q}{p^2}$

$M_X'(t) = pqe^t(1 - qe^t)^{-2}$,
$M_X''(t) = pqe^t(1 + qe^t)(1 - qe^t)^{-3}$,
$M_X'(0) = \dfrac{q}{p}$, $M_X''(0) = \dfrac{q(1+q)}{p^2}$,
$E(x) = M_X'(0) = \dfrac{q}{p}$
$Var(x) = M_X''(0) - [M_X'(0)]^2 = \dfrac{q}{p^2}$

제7장

1. (1) 0 (2) 1
(3) $\{(x, y) | y > 1 - x\}$

2. (1) $4e^0 = 4$ (2) 모든 실수 (3) $[0, \infty)$

3. 정의역: $\{(x, y) | x \geq y^2 - 1\}$
치역: $[0, \infty)$

4. (1) e (2) $\{(x, y, z) | z \geq x^2 + y^2\}$
(3) $[1, \infty)$

5. (1) 0 (2) $\{(x, y, z) | x^2 + y^2 + z^2 < 25\}$
(3) $(-\infty, \ln 25]$

6. (1) $\{(x, y) | y \geq -x\}$ (2) $\{(x, y) | -1 \leq x \leq 1, -1 \leq y \leq 1\}$

(3) $\{(x, y, z) | x^2 + y^2 + z^2 \le 1\}$

7. (1) $f(x, y) = \dfrac{1}{12}$,

$x = 0, 1,\ y = 1, 2, 3, 4, 5, 6$

(2) $F(x, y) = \sum_{0 \le x} \sum_{0 \le y} \dfrac{1}{12}$

8. (1) $f_X(x) = \sum_{y=1}^{5} \dfrac{x+y}{110} = \dfrac{x+3}{22}$,

$x = 1, 2, 3, 4$,

$f_Y(y) = \sum_{x=1}^{4} \dfrac{x+y}{110} = \dfrac{y(2y+5)}{55} = \dfrac{37}{11}$,

$y = 1, 2, 3, 4, 5$

(2) $E(X) = \sum_{x=1}^{4} \dfrac{x(x+3)}{22} = \dfrac{30}{11}$

$E(Y) = \sum_{y=1}^{5} = \dfrac{y(2y+5)}{55} = \dfrac{37}{11}$

(3) $P(X < Y) = \sum_{y=2}^{5} f(1, y) + \sum_{y=3}^{5} f(2, y) + f(3, 4) + f(3, 5) + f(4, 5)$

$= \dfrac{6}{11}$

(4) $P(Y = 2X) = f(1, 2) + f(2, 4) = \dfrac{1+2}{110} + \dfrac{2+4}{110} = \dfrac{9}{110}$

(5) $P(X + Y = 5) = f(1, 4) + f(2, 3) + f(3, 2) + f(4, 1)$

$= \dfrac{2}{11}$

(6) $P(3 \le X + Y \le 5)$

$= f(1, 2) + f(2, 1) + f(1, 3) + f(2, 2) + f(3, 1) + P(X + Y = 5) = \dfrac{3}{11}$

9. (1) 2025 (2) 발산 (3) 0

(4) 2 (5) 1 (6) 발산

10. (1) $\{(x, y) | y \ne x^2\}$

(2) $\{(x, y) | x^2 + y^2 - 4 > 0\}$

(3) $\{(x, y, z) | y \ge 0, y \ne \pm \sqrt{x^2 + z^2}\}$

(4) $\{(x, y) | (x, y) \ne (0, 0)\}$

11. (1) $f_X(x, y) = 3,\ f_Y(x, y) = -8y^3$

(2) $f_X(x, y) = \dfrac{2y}{(x+y)^2},\ f_Y(x, y) = -\dfrac{2x}{(x+y)^2}$

(3) $f(r, s) = r\ln(r^2+s^2)$

$\Rightarrow f_r(r, s) = \dfrac{2r^2}{r^2+s^2} + \ln(r^2+s^2) = \dfrac{2rs}{r^2+s^2}$

(4) $w = \ln(x+2y+3x)$

$\Rightarrow \dfrac{\partial w}{\partial x} = \dfrac{1}{x+2y+3z},\ \dfrac{\partial w}{\partial y} = \dfrac{2}{x+2y+3z},\ \dfrac{\partial w}{\partial z} = \dfrac{3}{x+2y+3z}$

(5) $u = xy\sin^{-1}(yz)$

$\Rightarrow \dfrac{\partial u}{\partial x} = y\sin^{-1}(yz),\ \dfrac{\partial u}{\partial y} = \dfrac{xyz}{\sqrt{1-y^2z^2}} + x\sin^{-1}(yz),\ \dfrac{\partial u}{\partial z} = \dfrac{xy^2}{\sqrt{1-y^2z^2}}$

12. (1) $f_x = 3y^4 + 3x^2y^2$

$f_{xx} = 6xy^2, f_{xxy} = 12xy,$

$f_y = 12xy^3 + 2x^3y, f_{yyy} = 72xy$

(2) $f_x = -\sin(4x+3y+2z)(4)$

$= -12\cos(4x+3y+2z),$

$f_{xyz} = 24\sin(4x+3y+2z),$

$f_y = -3\sin(4x+3y+wz),$

$f_{yz} = 12\sin(4x+3y+2z)$

(3) $\dfrac{\partial^2 u}{\partial r\,\partial\theta} = e^{r\theta}(\cos\theta + r\sin\theta),$

$\dfrac{\partial^3 u}{\partial r^2\partial\theta} = \theta e^{r\theta}(2\sin\theta + \theta\cos\theta + r\theta\sin\theta)$

(4) $\dfrac{\partial^2 w}{\partial y\,\partial x} = -(y+2z)^{-2},$

$\dfrac{\partial^3 w}{\partial z\,\partial y\,\partial x} = 4(y+2z)^{-3},$

$\dfrac{\partial w}{\partial y} = -x(y+2z)^{-2},$

$\dfrac{\partial^2 w}{\partial x\,\partial y} = -(y+2z)^{-2},$

$\dfrac{\partial^3 w}{\partial x^2\partial y} = 0$

13. (1) $4(2xy+y^2)t^3 - 3(x^2+2xy)t^2$

(2) $e^{y/z}\left(2t - \dfrac{x}{z} - \dfrac{2xy}{z^2}\right)$

(3) $\frac{\partial z}{\partial s} = 2xy^3\cos t + 3x^2y^2\sin t$

$\frac{\partial z}{\partial t} = -2sxy^3\sin t + 3sx^2y^2\cos t$

(4) $\frac{\partial z}{\partial s} = t^2\cos\theta\cos\phi - 2st\sin\theta\sin\phi$

$\frac{\partial z}{\partial t} = 2st\cos\theta\cos\phi - s^2\sin\theta\sin\phi$

14. (1) $\frac{\partial M(r, s)}{\partial t_1} = \exp$

$\times(\mu_1 t_1 + \mu_2 t_2 + \frac{\sigma_1^2 t_1^2 + \sigma_2^2 t_2^2 + 2\rho\sigma_1\sigma_2 t_1 t_2}{2})$

$\times(\mu_1 + \sigma_1^2 t_1 + \rho\sigma_1\sigma_2 t_2)$

$\frac{\partial M(r, s)}{\partial t_2} = \exp$

$\times(\mu_1 t_1 + \mu_2 t_2 + \frac{\sigma_1^2 r^2 + \sigma_2^2 s^2 + 2\rho\sigma_1\sigma_2 t_1 t_2}{2})$

$\times(\mu_2 + \sigma_2^2 t_2 + \rho\sigma_1\sigma_2 t_1)$

(2) $\frac{\partial M(t_1, t_2)}{\partial t_1}\Big|_{\substack{t_1=0\\t_2=0}} = \mu_1,$

$\frac{\partial M(t_1, t_2)}{\partial t_2}\Big|_{\substack{t_1=0\\t_2=0}} = \mu_2$

(3) $\frac{\partial^2 M(t_1, t_2)}{\partial t_1 \partial t_2}\Big|_{\substack{t_1=0\\t_2=0}} = \rho\sigma_1\sigma_2 + \mu_1\mu_2$

(4) $cov(X, Y) = E(XY) - E(X)E(Y)$

$= \rho\sigma_1\sigma_2 + \mu_1\mu_2 - \mu_1\mu_2 = \rho\sigma_1\sigma_2$

15. (1) $\hat{y} = 6.4136 + 1.8091x$ (2) 1.75 일 때 $\hat{y} = 9.560$

16. (1) $\hat{y} = 5.8254 + 0.5676x$ (3) 50° 일 때 $\hat{y} = 34.205$

17. (1) 생략 (2) $\hat{y} = 343.706 + 3.221x$

(3) \$35 일 때 $\hat{y} = \$456.44$

18. (1) $f(x, y)= \dfrac{\partial^2}{\partial x\,\partial y}F(x, y)$

$$= \frac{\partial^2}{\partial x\,\partial y}(1-e^{-2x})(1-e^{-3y})$$
$$= (2e^{-2x})(3e^{-3y}) = 6e^{-(2x+3y)}$$
$$(0 < x < \infty,\ 0 < y < \infty)$$

(2) X의 주변분포함수를 구하면,

$$F_X(x) = \lim_{y\to\infty} F(x, y)$$
$$= \lim_{y\to\infty}(1-e^{-2x})(1-e^{-3y})$$
$$= 1-e^{-2x},\ 0 \le x < \infty$$

Y의 주변분포함수

$$F_Y(y) = \lim_{x\to\infty} F(x, y)$$
$$= \lim_{y\to\infty}(1-e^{-2x})(1-e^{-3y})$$
$$= 1-e^{-3y},\ 0 \le y \le \infty$$

(3) $f_X(x) = \dfrac{d}{dx}F_X(x)$

$$= \frac{d}{dx}(1-e^{-2x}) = 2e^{-2x}$$
$$(0 \le x < \infty)$$

$$f_Y(y) = \frac{d}{dy}F_Y(y) = 3e^{-3y}$$
$$(0 < y < \infty)$$

(4) $f(x, y) = f_X(x) f_Y(y)$이므로 독립

제 8 장

1. (1) $\displaystyle\int_1^3\int_0^1 (1+4xy)\,dx\,dy = \int_1^3 (1+2y)\,dy$

$$= (3+9)-(1+1) = 10$$

(2) $\displaystyle\int_0^{\pi/2}\int_0^{\pi/2} \sin x \cos y\, dy\, dx$

$$= \int_0^{\pi/2}\sin x\, dx \int_0^{\pi/2}\cos y\, dy$$
$$= -(0-1)(1-0) = 1$$

(3) $\int_1^4 \int_1^2 (\frac{x}{y} + \frac{y}{x}) dydx$

$= \int_1^4 (x \ln 2 + \frac{3}{2x}) dx$

$= 8\ln 2 + \frac{3}{2}\ln 4 - \frac{1}{2}\ln 2 = \frac{21}{2}\ln 2$

(4) $\int_0^2 \int_0^\pi r \sin^2\theta \, d\theta$

$= \int_0^2 r\,dr \int_0^\pi \frac{1}{2}(1 - \cos 2\theta) d\theta$

$= (2-0) \times \frac{1}{2}\left[(\pi - \frac{1}{2}\sin 2\pi) - (0 - \frac{1}{2}\sin 0)\right]$

$= 2(\frac{1}{2})[(\pi - 0) - (0 - 0)] = \pi$

2. (1) $\int_0^1 \int_0^{2x} (x + 2y) dy\,dx = \int_0^1 6x^2 dx = 2$

(2) $\int_0^1 \int_0^{2y} (4x\sqrt{y} + y) dxdy = \int_0^1 (8y^{5/2} + 2y^2) dy = \frac{62}{21}$

(3) $\int_0^2 \int_0^{2y} e^{y^2} dxdy = \int_0^2 2ye^{y^2} dy = e^4 - 1$

(4) $\int_1^4 \int_0^{1/x} \cos xy\,dydx = \int_1^4 \frac{1}{x} \sin 1 dx = \sin 1 (\ln 4)$

3. (1) $\int_0^\infty \int_0^\infty 2e^{-(x+xy)} dxdy = 1$

(2) $f_X(x) = e^{-x}, x > 0,$

$f_Y(y) = \frac{1}{(1+y)^2}, y > 0$

(3) $F_X(x) = 1 - e^{-x}, x > 0,$

$F_Y(y) = 1 - \frac{1}{(1+y)^2}, y > 0$

(4) $F_X(x) = 1 - e^{-x}$

$- \frac{1}{(1+y)}(1 - e^{-x(1+y)}), x, y > 0$

4. (1) $c = \frac{15}{8}$

(2) $f_X(x) = \frac{15}{16}x^2(2-x)^2, 0 < x < 2$

$f_Y(y) = \frac{5}{8}(2-y)^2, 0 < y < 2$

(3) $f(x, y) \neq f_X(x) f_Y(y)$

5. (1) $\int_0^{2\pi}\int_0^4 r^2 dr d\theta = \int_0^{2\pi} 9 d\theta = 18\pi$

(2) $\int_0^{2\pi}\int_0^2 e^{-r^2} r dr d\theta = -\frac{1}{2}\int_0^{2\pi}(e^{-4}-1)d\theta = \pi - \pi e^{-4}$

(3) $\int_0^{2\pi}\int_0^3 r^2 r dr d\theta = \int_0^{2\pi} \frac{81}{4} d\theta = \frac{81}{2}\pi$

6. (1) $\int_0^{2\pi}\int_0^2 r^2 dr d\theta = \int_0^{2\pi} \frac{8}{3} d\theta = \frac{16\pi}{3}$

(2) $\int_{\pi/4}^{\pi/2}\int_0^{\sqrt{8}} r^3 r dr d\theta = \int_{\pi/4}^{\pi/2} \frac{64\sqrt{8}}{5} d\theta = \frac{16\pi\sqrt{8}}{5}$

7. $dy = \frac{1}{x}dx, |\frac{dx}{dy}| = e^y,$

$f_Y(y) = f_X(x)|\frac{dx}{dy}| = \exp(-e^y)e^y = \exp(y - e^y),$

$x \geq 0, y = \ln x$ 이므로 $-\infty < y < \infty$

8. $y = \sqrt{x}, x = y^2, |\frac{dy}{dx}| = 2y,$

$f_Y(y) = f_X(x)|\frac{dy}{dx}| = e^{-y^2}(2y) = 2ye^{-y^2}, y > 0$

9. $f_Y(y) = \frac{1}{\pi}\frac{1}{\sqrt{y}(1+y)}, y > 0$

10. (1) $f_X(x) = \frac{\sqrt{3}}{\sqrt{2\pi x}} e^{-\frac{3}{2}x}, x > 0$

(2) $f_X(x) = \frac{1}{\sqrt{2\pi}\sigma}\exp(-\frac{(x-\mu)^2}{2\sigma^2}), -\infty < x < \infty$

11. $f(x, y)=e^{-x}e^{-y},\ z=\dfrac{y}{x},\ x=u,\ y=zu,\ \dfrac{\partial(x, y)}{\partial(u, v)}=\begin{vmatrix}1 & z\\ 0 & u\end{vmatrix}=u,$

$f(u, z)=e^{-u}e^{-zu}(u)=e^{-u(1+z)}(u)$

$h(z)=\displaystyle\int_0^{\infty} e^{-u(1+z)}u\,du=(1+z)^{-2},\ z>0$

12. (1) $x=ue^{v}, y=ue^{-v}$

$$\frac{\partial(x, y)}{\partial(u, v)}=\begin{vmatrix}e^{v} & ue^{v}\\ e^{-v} & -ue^{-y}\end{vmatrix}=-2u$$

(2) $x=\dfrac{u}{v}, y=v^2$

$$\frac{\partial(x, y)}{\partial(u, v)}=\begin{vmatrix}\dfrac{1}{v} & -\dfrac{u}{v^2}\\ 0 & 2v\end{vmatrix}=2$$

(3) $x=5u-v, y=u+3v$

$$\frac{\partial(x, y)}{\partial(u, v)}=\begin{vmatrix}5 & -1\\ 1 & 3\end{vmatrix}=16$$

(4) $x=\dfrac{u}{u+v}, y=\dfrac{u}{u-v}$

$$\frac{\partial(x, y)}{\partial(u, v)}=\begin{vmatrix}\dfrac{u}{(u+v)^2} & -\dfrac{u}{(u+v)^2}\\ -\dfrac{u}{(u-v)^2} & \dfrac{u}{(u-v)^2}\end{vmatrix}=0$$

(5) $x=uv, y=vw, z=uw$

$$\frac{\partial(x, y, z)}{\partial(u, v, w)}=\begin{vmatrix}v & u & 0\\ 0 & w & v\\ w & 0 & u\end{vmatrix}=v\begin{vmatrix}w & v\\ 0 & u\end{vmatrix}-u\begin{vmatrix}0 & v\\ w & u\end{vmatrix}+0\begin{vmatrix}0 & w\\ w & 0\end{vmatrix}=2uvw$$

제 9 장

1. (1) (a) $\begin{pmatrix}3 & -2\\ 1 & 7\end{pmatrix}$ (b) $\begin{pmatrix}-1 & 0\\ 3 & -9\end{pmatrix}$ (c) $\begin{pmatrix}2 & -2\\ 4 & -2\end{pmatrix}$ (d) $\begin{pmatrix}0 & -1\\ 5 & -10\end{pmatrix}$

(2) (a) $\begin{pmatrix}7 & 3\\ 1 & 9\\ -2 & 15\end{pmatrix}$ (b) $\begin{pmatrix}3 & -5\\ 3 & -1\\ -4 & -5\end{pmatrix}$ (c) $\begin{pmatrix}12 & -2\\ 4 & 8\\ -6 & 10\end{pmatrix}$ (d) $\begin{pmatrix}11 & -6\\ 5 & 3\\ -7 & 0\end{pmatrix}$

2. $x=3, y=2, z=1$

3. $a=7, b=-4, c=-\dfrac{1}{2}, d=\dfrac{7}{2}$

4. $\begin{pmatrix} 1 & 0 & 0 \\ 0 & 4 & 0 \\ 0 & 0 & 9 \end{pmatrix}$

5. 6. 생략

7. (1) $X = \begin{pmatrix} 3 & \frac{2}{3} \\ -\frac{4}{3} & \frac{11}{3} \\ \frac{10}{3} & 0 \end{pmatrix}$ (2) $\begin{pmatrix} -14 & -4 \\ 7 & -17 \\ -17 & -2 \end{pmatrix}$

8. (1) $\begin{pmatrix} 1 & 0 \\ 0 & 1 \end{pmatrix}$ (2) $\begin{pmatrix} 2 & 2 \\ 0 & 0 \end{pmatrix}$

9. (1) (a) $A^T = \begin{pmatrix} 6 & 0 & 7 \\ 0 & -4 & 5 \end{pmatrix}$ (b) $A^TA = \begin{pmatrix} 85 & 35 \\ 35 & 41 \end{pmatrix}$ (c) $AA^T = \begin{pmatrix} 36 & 0 & 42 \\ 0 & 16 & -20 \\ 42 & -20 & 74 \end{pmatrix}$

(2) (a) $A^T = \begin{pmatrix} 6 & 0 & 7 \\ 0 & -4 & 5 \end{pmatrix}$ (b) $A^TA = \begin{pmatrix} 85 & 35 \\ 35 & 41 \end{pmatrix}$ (c) $AA^T = \begin{pmatrix} 36 & 0 & 42 \\ 0 & 16 & -20 \\ 42 & -20 & 74 \end{pmatrix}$

10. (1) $\begin{pmatrix} 1 & 0 & 0 \\ 0 & -1 & 0 \\ 0 & 0 & 1 \end{pmatrix}$ (2) $\begin{pmatrix} 1 & 0 & 0 \\ 0 & 1 & 0 \\ 0 & 0 & 1 \end{pmatrix}$

11. (1) $\left(\begin{array}{cc|cc} 1 & 2 & 0 & 0 \\ 0 & 1 & 0 & 0 \\ \hline 0 & 0 & 2 & 1 \end{array}\right)\left(\begin{array}{cc|c} 1 & 2 & 0 \\ -1 & 1 & 0 \\ \hline 0 & 0 & 1 \\ 0 & 0 & 3 \end{array}\right) = \left(\begin{array}{cc|c} -1 & 4 & 0 \\ -1 & 1 & 0 \\ \hline 0 & 0 & 5 \end{array}\right)$

제 10 장

1. (1) $(3,\ 2)$ (2) $(4,\ -3,\ 2)$

(3) $(1+2t,\ 2+3t,\ t)$ (4) $(0,\ 2-4t,\ t)$

2. (1) $(0,\ -t,\ t)$ (2) $(-t,\ s,\ 0,\ -t)$

3. (1) $k \neq -\dfrac{4}{3}$ (2) 모든 실수

4. $\begin{pmatrix} 1 & 1 & 0 & 2 \\ 0 & 1 & 1 & 2 \\ 1 & 0 & 1 & 2 \\ a & b & c & 0 \end{pmatrix} \rightarrow \begin{pmatrix} 1 & 0 & 0 & 1 \\ 0 & 1 & 0 & 1 \\ 0 & 0 & 1 & 1 \\ 0 & 0 & 0 & a+b+c \end{pmatrix}$

$x=1,\ y=1,\ z=1,\ 0=a+b+c$

(a) $a+b+c=0$

(b) $a+b+c \neq 0$

(c) 무수히 많은 해를 갖을 수 없다.

5. (1) $\begin{pmatrix} 7 & -2 \\ -3 & 1 \end{pmatrix}$ (2) $\begin{pmatrix} -19 & -33 \\ -4 & -7 \end{pmatrix}$ (3) $\begin{pmatrix} 1 & 1 & -1 \\ -3 & 2 & -1 \\ 3 & -2 & 2 \end{pmatrix}$

(4) No (5) $\begin{pmatrix} -\dfrac{3}{2} & \dfrac{3}{2} & 1 \\ \dfrac{9}{2} & -\dfrac{7}{2} & -3 \\ -1 & 1 & 1 \end{pmatrix}$

6. (1) (4,8) (2) (0,0)

(3) (−5,−40.5,48) (4) (0,0,0)

7. $x=4$

8. $\begin{pmatrix} \sin\theta & -\cos\theta \\ \cos\theta & \sin\theta \end{pmatrix}$

9. $\begin{pmatrix} 1 & 0 \\ 26 & 27 \end{pmatrix}, \begin{pmatrix} 1 & 0 \\ -\dfrac{26}{27} & \dfrac{1}{27} \end{pmatrix}, \begin{pmatrix} 0 & 0 \\ 4 & 4 \end{pmatrix}$

10. (1) $\left(\dfrac{15}{7}, -\dfrac{26}{7}, \dfrac{2}{7}\right)$ (2) $x=\dfrac{29}{6}-2t,\ g=\dfrac{5}{3},\ z=\dfrac{1}{2},\ w=t$

(3) (1, 1, 0) (4) $\left(1, \dfrac{2}{3}, -\dfrac{2}{3}\right)$

11. (1) 자명한 해 (0, 0, 0) (2) 비 자명한 해

(3) 비 자명한 해

제 11 장

1. (1) 27 (2) $\lambda^2 - 4\lambda - 4$

2. (1) (a) $M_{11} = 4\ M_{12} = 3$
$M_{21} = 2\ M_{22} = 1$

(b) $C_{11} = 4\ \ C_{12} = 3$
$C_{21} = -2\ C_{22} = 1$

(2) (a) $M_{11} = 23\ M_{12} = -8\ M_{13} = -22$
$M_{21} = 5\ M_{22} = -5\ M_{23} = 5$
$M_{31} = 7\ M_{32} = -22\ M_{33} = -23$

(b) $C_{11} = 23\ C_{12} = 8\ C_{13} = -22$
$C_{21} = -5\ C_{22} = -5\ C_{23} = -5$
$C_{31} = 7\ C_{32} = 22\ C_{33} = -23$

3. (1) −58 (2) $4x - 2y - 2$

(3) −168 (4) 0

4. (1) ± 3 (2) −1, −8, 3

5. (1) (a) 0 (b) −1 (c) $\begin{pmatrix} -2 & -3 \\ 4 & 6 \end{pmatrix}$ (d) 0

(2) (a) 2 (b) −6 (c) $\begin{pmatrix} 1 & 4 & 3 \\ -1 & 0 & 3 \\ 0 & 2 & 0 \end{pmatrix}$ (d) -12

6. (1) (a) 14 (b) 196 (c) 196 (d) 56 (e) $\frac{1}{14}$

(2) (a) 22 (b) 22 (c) 484 (d) 88 (e) $\frac{1}{22}$

7. (1) 비정칙 (2) 정칙 (3) 정칙 (4) 비정칙

8. (1) 비정칙이므로 유일한 해를 갖지 않는다.

(2) 정칙이므로 유일한 해를 갖는다.

9. (1) −1, 4 (2) 24

10. (1) $\begin{pmatrix} 4 & -2 \\ -3 & 1 \end{pmatrix}, \begin{pmatrix} -2 & 1 \\ \frac{3}{2} & -\frac{1}{2} \end{pmatrix}$ (2) $\begin{pmatrix} 0 & 0 & 0 \\ 0 & -12 & -6 \\ 0 & 4 & 2 \end{pmatrix}$, no

(3) $\begin{pmatrix} -7 & -12 & 13 \\ 2 & 3 & -5 \\ 2 & 3 & -2 \end{pmatrix}, \begin{pmatrix} 7/3 & 4 & -13/3 \\ -2/3 & -1 & 5/3 \\ -2/3 & -1 & 2/3 \end{pmatrix}$

11. (1) (1,2) (2) (2,−2) (3) (1,1,2) (4) $(1, \frac{1}{2}, \frac{3}{2})$

12. $\left(\frac{4k-3}{2k-1}, \frac{4k-1}{2k-1}\right)$, $k = \frac{1}{2}$

13. (1) $\begin{pmatrix} \frac{3}{14} & -\frac{1}{14} & \frac{5}{14} \\ \frac{5}{14} & \frac{3}{14} & -\frac{1}{14} \\ -\frac{1}{14} & \frac{5}{14} & \frac{3}{14} \end{pmatrix}$ (2) $\begin{pmatrix} -\frac{1}{2} & \frac{1}{2} & \frac{1}{2} & \frac{1}{2} \\ \frac{1}{2} & \frac{1}{2} & \frac{1}{2} & -\frac{1}{2} \\ \frac{1}{2} & \frac{1}{2} & \frac{5}{2} & \frac{1}{2} \\ \frac{1}{2} & -\frac{1}{2} & \frac{1}{2} & \frac{1}{2} \end{pmatrix}$

14. $x = 3$

제 12 장

1. 2. 생략

3. (1) (−1,−1) (2) (−5, 12, −6)

4. (1) (−2, 1, −4) (2) (−7, 1, 10) (3) (132, −24, −72)

5. $(-\frac{8}{3}, \frac{1}{2}, \frac{8}{3})$

6. $c_1 = c_2 = c_3 = 0$

7. (1) $(\frac{9}{2}, -\frac{1}{2}, -\frac{1}{2})$ (2) $(\frac{29}{7}, \frac{0}{7}, -\frac{5}{7})$

8. (1) $(-1,\ 3)$ (2) $(2,\ -12,\ -11)$

9. (1) $(3, 2, 0)$, $\sqrt{13}$ (2) $(-2, 4, -5)$, $\sqrt{45}$
(3) $(16, 0, 0)$, 16

10. (1) $(0, 8)$, $(4, -2)$, $(10, -1)$
(2) $(1, 3, -5)$, $(1, 1, -1)$, $(3, 4, -5)$

11. (1) $\sqrt{8}$ (2) $\sqrt{5}$ (3) $\sqrt{10}$

12. (1) $2\sqrt{3}$ (2) $2\sqrt{14}+2\sqrt{2}$ (3) $(\frac{1}{\sqrt{6}}, \frac{1}{\sqrt{6}}, -\frac{2}{\sqrt{6}})$

13. (1) $\sqrt{90}$ (2) $(5,\ 8,\ 1)$
(3) $3\sqrt{90}$ (4) $\left(\frac{5}{\sqrt{90}}, \frac{8}{\sqrt{90}}, \frac{1}{\sqrt{90}}\right)$
(5) $k = \pm\frac{1}{\sqrt{10}}$ (6) $(\frac{1}{\sqrt{3}}, \frac{1}{\sqrt{3}}, \frac{1}{\sqrt{3}})$

14. (1) $(\frac{1}{\sqrt{6}}, \frac{2}{\sqrt{6}}, \frac{1}{\sqrt{6}})$ (2) $(0, -\frac{1}{\sqrt{6}}, \frac{2}{\sqrt{6}}, -\frac{1}{\sqrt{6}})$

15. (1) 10 (2) 10

16. (1) $\cos\theta = \frac{1}{\sqrt{26}}$ (2) $\cos\theta = -\frac{8}{\sqrt{234}}$

17. (1) 직교하지 않음. (2) 직교

18. (1) $2,\ (\frac{6}{5}, \frac{8}{5})$ (2) $\frac{9}{5},\ \frac{9}{25}(4\mathbf{i}-3\mathbf{j})$

(3) $-\frac{8}{5},\ -\frac{8}{25}(0, -3, 4)$

19. (1) $(0,\ 0)$ (2) $\frac{32}{26}(1, 0, 5)$

20. (1) $(6,\ 2)$ (2) $\left(\frac{55}{13},\ 1,\ -\frac{11}{13}\right)$

21. (1) $\frac{2}{5}$ (2) $\frac{43}{\sqrt{54}}$

22. $(\frac{1}{\sqrt{3}}, \frac{1}{\sqrt{3}}, -\frac{1}{\sqrt{3}})\ (-\frac{1}{\sqrt{3}}, -\frac{1}{\sqrt{3}}, \frac{1}{\sqrt{3}})$

23. (1) $(4,\ -3,\ -2)$ (2) $(4,\ -2,\ 8)$

24. (1) 5 (2) 10

25. (1) $(32, -6, -4)$ (2) $(27, 40, -42)$ (3) $(-44, 55, -22)$

26. (1) $(18,\ 36,\ -18)$ (2) $(-3,\ 9,\ -3)$

27. (1) $\sqrt{59}$ (2) $\sqrt{101}$ (3) 0

28. (1) $\sqrt{374}$

29. (1) -10 (2) -110

30. (1) $\begin{vmatrix} 2 & -6 & 2 \\ 0 & 4 & -2 \\ 2 & 2 & -4 \end{vmatrix} = -16$, 부피 $= 16$ (2) 45

제 13 장

1. (1) No 9. (2) No 3., 5., 6., 9.

(3) No 7., 9. (4) No 9.

(5) No 7., 10.

2. (1) 부분공간 (2) 부분공간 아니다.

(3) 부분공간 아니다.

예를 들어 $(1,1,1)+(1,1,1)=(2,2,2) \not\in W$

$2(1,1,1)=(2,2,2) \not\in W$

3. (1) 부분공간 (2) 부분공간 (3) 부분공간

$x=(x_1, y_1, x_3)\ \ y=(y_1, y_2, y_3) \in W$
$x_3 = 2x_1 - x_2,\ y_3 = 2y_1 - y_2$
$x+y=(x_1+y, x_2+y_2, x_3+y_3) \in W$
$x_3+y_3 = 2x_1 - x_2 + 2y_1 - y_2$
$= 2(x_1+y_1) - (x_2+y_2)$
$\alpha x = (\alpha x_1, \alpha x_2, \alpha x_3) \in W$
$\alpha x_3 = \alpha(2x_1 - x_2) = 2ax_1 - (\alpha x_2)$

그러므로 W는 부분공간이다.

4. (1) $c_1(4,7,3)+c_2(-1,2,6)+c_3(2,-3,5)=(u_1, u_2, u_3)$

유일한 해를 가지므로 S가 R^3을 생성한다.

(2) 생성하지 않는다.

(3) 생성하지 않는다.

5. (1) 독립 (2) 종속

(3) 독립 (4) 독립

6. (1) 종속 (2) 종속

7. (1) 기저 (2) 기저 아님 (3) 기저

$c_1(-1,2,0,0)+c_2(2,0,-1,0)+c_3(3,0,0,4)+c_4(0,0,5,0)=(0,0,0,0)$

자명한 해, 즉 $c_1 = c_2 = c_3 = c_4 = 0$이므로 독립이다. 그러므로 기저이다.

8. (1) (a) $\{(2,1)\}$ (b) 1

(2) (a) $\{(2,-1)\}$ (b) 1

(3) (a) $\{(2,1,0,1),\ (-1,0,1,0)\}$ (b) 2

(4) (a) $\{0,6,1,-1\}$ (b) 1

9. (1) (a) 2 (b) $\{(1,0),(0,1)\}$ (c) $\left\{\begin{pmatrix}1\\0\end{pmatrix},\begin{pmatrix}0\\1\end{pmatrix}\right\}$

(2) (a) 2 (b) $\{(1,0),(0,1)\}$ (c) $\left\{\begin{pmatrix}1\\ \frac{1}{2}\end{pmatrix},\begin{pmatrix}0\\1\end{pmatrix}\right\}$

(3) (a) 2 (b) $\{(1,0,\frac{1}{4}),(0,1,\frac{3}{2})\}$ (c) $\left\{\begin{pmatrix}1\\0\\-\frac{2}{3}\end{pmatrix},\begin{pmatrix}0\\1\\ \frac{3}{5}\end{pmatrix}\right\}$

10. (1) $\{(1,0,-1,0),(0,1,0,0),(0,0,0,1)\}$

(2) $\{(1,0,0,0),(0,1,0,0),(0,0,1,0),(0,0,0,1)\}$

11. (1) 0, $\{(0,0)\}$ (2) 2, $\{(-2,1,0),(-3,0,1)\}$

(3) 1, $\{(-1,2,1)\}$ (4) 2, $\{(2,-2,0,1),(-1,1,1,0)\}$

12. (1) (a) $\{(-1,-3,2)\}$ (b) 1

(2) (a) $\{(-3,0,1),(2,1,0)\}$ (b) 2

(3) (a) $\{(8,-9,-6,6\}$ (b) 1

13. (1) NO (2) 정규직교 (3) 정규직교

(4) NO (5) 정규직교

14. (1) 우선 각벡터를 직교화하자.

$$\mathrm{w}_1 = \mathrm{v}_1 = (3,4)$$

$$\mathrm{w}_2 = \mathrm{v}_2 - \frac{(\mathrm{v}_2 \cdot \mathrm{w}_1)}{(\mathrm{w}_1 \cdot \mathrm{w}_1)}\mathrm{w}_1 = (1,0) - \frac{1(3)+0(4)}{3^2+4^2}(3,4)$$

$$= (1,0) - \frac{3}{25}(3,4) = (\frac{16}{25}, -\frac{12}{25})$$

각 벡터를 정규화시키면

$$u_1 = \frac{w_1}{|w_1|} = \frac{1}{\sqrt{3^2+4^2}}(3,4) = (\frac{3}{5}, \frac{4}{5})$$

$$u_2 = \frac{w_2}{|w_2|} = \frac{1}{\sqrt{(\frac{16}{25})^2 + (-\frac{12}{25})^2}}(\frac{16}{25}, -\frac{12}{25}) = (\frac{4}{5}, -\frac{3}{5})$$

그러므로 $\left\{\left(\frac{2}{5}, \frac{4}{5}\right), \left(\frac{4}{5}, -\frac{3}{5}\right)\right\}$

(2) $w_1 = v_1 = (4, -3, 0)$

$$w_2 = v_2 - \frac{(v_2 \cdot w_1)}{(w_1 \cdot w_1)} w_1 = (1,2,0) - \frac{-2}{25}(4,-3,0) = (\frac{33}{25}, \frac{44}{25}, 0)$$

$$w_3 = v_3 - \frac{(v_3 \cdot w_1)}{(w_1 \cdot w_1)} w_1 - \frac{(v_3 \cdot w_2)}{(w_2 \cdot w_2)} w_2$$

$$= (0,0,4) - 0(4,-3,0) - 0(\frac{33}{25}, \frac{44}{25}, 0) = (0,0,4)$$

각벡터를 정규화시키면

$$u_1 = \frac{w_1}{|w_1|} = \frac{1}{5}(4,-3,0) = (\frac{4}{5}, -\frac{3}{5}, 0)$$

$$u_2 = \frac{w_2}{|w_2|} = \frac{5}{11}(\frac{33}{25}, \frac{44}{25}, 0) = (\frac{3}{5}, \frac{4}{5}, 0)$$

$$u_3 = \frac{w_3}{|w_3|} = \frac{1}{4}(0,0,4) = (0,0,1)$$

$\left\{(\frac{4}{5}, -\frac{3}{5}, 0), (\frac{3}{5}, \frac{4}{5}, 0), (0,0,1)\right\}$

(3) 우선 각 벡터를 직교화하라

$w_1 = v_1 = (3,4,0)$

$$w_2 = v_2 - \frac{(v_2 \cdot w_1)}{(w_1 \cdot w_1)} w_1 = (1,0,0) - \frac{3}{25}(3,4,0) = (\frac{16}{25}, -\frac{12}{25}, 0)$$

각 벡터를 정규화시키면

$$u_1 = \frac{w_1}{|w_1|} = \frac{1}{5}(3,4,0) = (\frac{3}{5}, \frac{4}{5}, 0)$$

$$u_2 = \frac{w_2}{|w_2|} = \frac{1}{4/5}(\frac{16}{25}, -\frac{12}{25}, 0) = (\frac{4}{5}, -\frac{3}{5}, 0)$$

$\left\{\left(\frac{3}{5}, \frac{4}{5}, 0\right), \left(\frac{4}{5}, -\frac{3}{5}, 0\right)\right\}$

(4) $w_1 = v_1 = (1, 2, -1, 0)$

$$w_2 = v_2 - \frac{(v_2 \cdot w_1)}{(w_1 \cdot w_1)} w_1$$

$$= (2,2,0,1) - \frac{2(1)+2(2)+0(-1)+1(0)}{1^2+2^2+(-1)^2+0^2}(1,2,-1,0)$$

$$= (2,2,0,1) - (1,2,-1,0) = (1,0,1,1)$$

$$u_1 = \frac{w_1}{|w_1|}$$

$$= \frac{1}{\sqrt{1^2+2^2+(-1)^2+0^2}}(1,2,-1,0)$$

$$= \left(\frac{\sqrt{6}}{6}, \frac{\sqrt{6}}{3}, -\frac{\sqrt{6}}{6}, 0\right)$$

$$u_2 = \frac{w_2}{|w_2|} = \frac{1}{\sqrt{1^2+0^2+1^2+1^2}}(1,0,1,1)$$

$$= \left(\frac{\sqrt{3}}{3}, 0, \frac{\sqrt{3}}{3}, \frac{\sqrt{3}}{3}\right)$$

$$\left\{\left(\frac{\sqrt{6}}{6}, \frac{\sqrt{6}}{3}, -\frac{\sqrt{6}}{6}, 0\right), \left(\frac{\sqrt{3}}{3}, 0, \frac{\sqrt{3}}{3}, \frac{\sqrt{3}}{3}\right)\right\}$$

15. (1) 연립방정식의 해는 $x_1 = 3s, x_2 = -2t, x_3 = s, x_4 = t$

다음은 해공간에 대한 기저이다.

$\{(3,0,1,0), (0,-2,0,1)\}$

다음과 같이 직교화하자.

$$w_1 = v_1 = (3,0,1,0)$$

$$w_2 = v_2 - \frac{(v_2 \cdot w_1)}{(w_1 \cdot w_1)} w_1$$

$$= (0,-2,0,1) - \frac{0(3)+(-2)(0)+0(1)+1(0)}{3^2+0^2+1^2+0^2}(3,0,1,0) = (0,-2,0,1)$$

각 벡터를 정규화하면

$$u_1 = \frac{w_1}{|w_1|} = \frac{1}{\sqrt{3^2+0^2+1^2+0^2}}(3,0,1,0) = \left(\frac{3\sqrt{10}}{10}, 0, \frac{\sqrt{10}}{10}, 0\right)$$

$$u_2 = \frac{w_2}{|w_2|} = \frac{1}{\sqrt{0^2+(-2)^2+0^2+1^2}}(0,-2,0,1)$$

$$= \left(0, -\frac{2\sqrt{5}}{5}, 0, \frac{\sqrt{5}}{5}\right)$$

$$B' = \left\{\left(\frac{3\sqrt{10}}{10}, 0, \frac{\sqrt{10}}{10}, 0\right), \left(0, -\frac{2\sqrt{5}}{5}, 0, \frac{\sqrt{5}}{5}\right)\right\}$$

(2) 연립방정식의 해는 $x_1 = s+t, x_2 = 0, x_3 = s, x_4 = t$

다음은 해공간에 대한 기저이다.

$\{(1,0,1,0), (1,0,0,1)\}$

다음과 같이 직교화하자.

$$w_1 = v_1 = (1,0,1,0)$$

$$w_2 = v_2 - \frac{(v_2 \cdot w_1)}{(w_1 \cdot w_1)} w_1 = (1,0,0,1) - \frac{1}{2}(1,0,1,0) = (\frac{1}{2},0,-\frac{1}{2},1)$$

각 벡터를 정규화하면

$$u_1 = \frac{w_1}{|w_1|} = \frac{1}{\sqrt{2}}(1,0,1,0) = \left(\frac{1}{\sqrt{2}},0,\frac{1}{\sqrt{2}},0\right)$$

$$u_2 = \frac{w_2}{|w_2|} = \frac{1}{\sqrt{3/2}}(\frac{1}{2},0,-\frac{1}{2},1) = \left(\frac{1}{\sqrt{6}},0,-\frac{1}{\sqrt{6}},\frac{2}{\sqrt{6}}\right)$$

$$B' = \left\{\left(\frac{1}{\sqrt{2}},0,\frac{1}{\sqrt{2}},0\right),\left(\frac{1}{\sqrt{6}},0,-\frac{1}{\sqrt{6}},\frac{2}{\sqrt{6}}\right)\right\}$$

제 14 장

1. (1) $A x_1 = \begin{pmatrix}1 & 0\\0 & -1\end{pmatrix}\begin{pmatrix}1\\0\end{pmatrix} = \begin{pmatrix}1\\0\end{pmatrix} = 1\begin{pmatrix}1\\0\end{pmatrix} = \lambda_1 x_1$

$A x_2 = \begin{pmatrix}1 & 0\\0 & -1\end{pmatrix}\begin{pmatrix}0\\1\end{pmatrix} = \begin{pmatrix}0\\-1\end{pmatrix} = -1\begin{pmatrix}0\\1\end{pmatrix} = \lambda_2 x_2$

(2) $A x_1 = \begin{pmatrix}-2 & 2 & -3\\2 & 1 & -6\\-1 & -2 & 0\end{pmatrix}\begin{pmatrix}1\\2\\-1\end{pmatrix} = \begin{pmatrix}5\\10\\-5\end{pmatrix} = 5\begin{pmatrix}1\\2\\-1\end{pmatrix} = \lambda_1 x_1$

$A x_2 = \begin{pmatrix}-2 & 2 & -3\\2 & 1 & -6\\-1 & -2 & 0\end{pmatrix}\begin{pmatrix}-2\\1\\0\end{pmatrix} = \begin{pmatrix}6\\-3\\0\end{pmatrix} = -3\begin{pmatrix}-2\\1\\0\end{pmatrix} = \lambda_2 x_2$

$A x_3 = \begin{pmatrix}-2 & 2 & -3\\2 & 1 & -6\\-1 & -2 & 0\end{pmatrix}\begin{pmatrix}3\\0\\1\end{pmatrix} = \begin{pmatrix}-9\\0\\-3\end{pmatrix} = -3\begin{pmatrix}3\\0\\1\end{pmatrix} = \lambda_3 x_3$

2. (1) (a) 특성방정식

$|\lambda I - A| = \begin{vmatrix}\lambda - 6 & 3\\2 & \lambda - 1\end{vmatrix} = \lambda^2 - 7\lambda = \lambda(\lambda - 7) = 0$

(b) $\lambda_1 = 0, \lambda_2 = 7$의 고유벡터

i) $\lambda_1 = 0$

$\begin{pmatrix}\lambda_1 - 6 & 3\\2 & \lambda_1 - 1\end{pmatrix}\begin{pmatrix}x_1\\x_2\end{pmatrix} = \begin{pmatrix}0\\0\end{pmatrix} \Rightarrow \begin{pmatrix}2 & -1\\0 & 0\end{pmatrix}\begin{pmatrix}x_1\\x_2\end{pmatrix} = \begin{pmatrix}0\\0\end{pmatrix}$

$\lambda_1 = 0$에 대응하는 고유벡터 $(1,2)$

ii) $\lambda_2 = 7$

$$\begin{pmatrix} \lambda_2 - 6 & 3 \\ 2 & \lambda_2 - 1 \end{pmatrix}\begin{pmatrix} x_1 \\ x_2 \end{pmatrix} = \begin{pmatrix} 0 \\ 0 \end{pmatrix} \Rightarrow \begin{pmatrix} 1 & 3 \\ 0 & 0 \end{pmatrix}\begin{pmatrix} x_1 \\ x_2 \end{pmatrix} = \begin{pmatrix} 0 \\ 0 \end{pmatrix}$$

$\lambda_2 = 7$에 대응하는 고유벡터$(-3, 1)$

(2) (a) 특성방정식

$$|\lambda I - A| = \begin{vmatrix} \lambda - 1 & \frac{3}{2} \\ -\frac{1}{2} & \lambda + 1 \end{vmatrix} = \lambda^2 - \frac{1}{4} = 0$$

(b) $\lambda_1 = \frac{1}{2}, \lambda_2 = -\frac{1}{2}$의 고유벡터

i) $\lambda_1 = \frac{1}{2}$

$$\begin{pmatrix} \lambda_1 - 1 & \frac{3}{2} \\ -\frac{1}{2} & \lambda_1 + 1 \end{pmatrix}\begin{pmatrix} x_1 \\ x_2 \end{pmatrix} = \begin{pmatrix} 0 \\ 0 \end{pmatrix} \Rightarrow \begin{pmatrix} 1 & -3 \\ 0 & 0 \end{pmatrix}\begin{pmatrix} x_1 \\ x_2 \end{pmatrix} = \begin{pmatrix} 0 \\ 0 \end{pmatrix}$$

$\lambda_1 = \frac{1}{2}$에 대응하는 고유벡터$(3, 1)$

ii) $\lambda_2 = -\frac{1}{2}$

$$\begin{pmatrix} \lambda_1 - 1 & \frac{3}{2} \\ -\frac{1}{2} & \lambda_1 + 1 \end{pmatrix}\begin{pmatrix} x_1 \\ x_2 \end{pmatrix} = \begin{pmatrix} 0 \\ 0 \end{pmatrix} \Rightarrow \begin{pmatrix} 1 & -1 \\ 0 & 0 \end{pmatrix}\begin{pmatrix} x_1 \\ x_2 \end{pmatrix} = \begin{pmatrix} 0 \\ 0 \end{pmatrix}$$

$\lambda_2 = -\frac{1}{2}$에 대응하는 고유벡터$(1, 1)$

(3) (a) 특성방정식

$$|\lambda I - A| = \begin{vmatrix} \lambda - 2 & 0 & -1 \\ 0 & \lambda - 3 & -4 \\ 0 & 0 & \lambda - 1 \end{vmatrix} = (\lambda - 2)(\lambda - 3)(\lambda - 1) = 0$$

(b) $\lambda_1 = 2, \lambda_2 = 3, \lambda_3 = 1$

i) $\lambda_1 = 2$

$$\begin{pmatrix} \lambda_1 - 2 & 0 & -1 \\ 0 & \lambda_1 - 3 & -4 \\ 0 & 0 & \lambda_1 - 1 \end{pmatrix}\begin{pmatrix} x_1 \\ x_2 \\ x_3 \end{pmatrix} = \begin{pmatrix} 0 \\ 0 \\ 0 \end{pmatrix} \Rightarrow \begin{pmatrix} 0 & 1 & 0 \\ 0 & 0 & 1 \\ 0 & 0 & 0 \end{pmatrix}\begin{pmatrix} x_1 \\ x_2 \\ x_3 \end{pmatrix} = \begin{pmatrix} 0 \\ 0 \\ 0 \end{pmatrix}$$

$\lambda_1 = 2$에 대응하는 고유벡터$(1, 0, 0)$

ii) $\lambda_2 = 3$

$$\begin{pmatrix}\lambda_2-2 & 0 & -1\\ 0 & \lambda_2-3 & -4\\ 0 & 0 & \lambda_2-1\end{pmatrix}\begin{pmatrix}x_1\\x_2\\x_3\end{pmatrix}=\begin{pmatrix}0\\0\\0\end{pmatrix}\Rightarrow\begin{pmatrix}1&0&0\\0&0&1\\0&0&0\end{pmatrix}\begin{pmatrix}x_1\\x_2\\x_3\end{pmatrix}=\begin{pmatrix}0\\0\\0\end{pmatrix}$$

$\lambda_2=3$에 대응하는 고유벡터 $(0,1,0)$

iii) $\lambda_3=1$

$$\begin{pmatrix}\lambda_3-2 & 0 & -1\\ 0 & \lambda_3-3 & -4\\ 0 & 0 & \lambda_3-1\end{pmatrix}\begin{pmatrix}x_1\\x_2\\x_3\end{pmatrix}=\begin{pmatrix}0\\0\\0\end{pmatrix}\Rightarrow\begin{pmatrix}1&0&1\\0&1&2\\0&0&0\end{pmatrix}\begin{pmatrix}x_1\\x_2\\x_3\end{pmatrix}=\begin{pmatrix}0\\0\\0\end{pmatrix}$$

$\lambda_3=1$에 대응하는 고유벡터 $(-1,-2,1)$

(4) (a) 특성방정식

$$|\lambda I-A|=\begin{vmatrix}\lambda-1 & -2 & 2\\ 2 & \lambda-5 & 2\\ 6 & -6 & \lambda+3\end{vmatrix}=\lambda^3-3\lambda^2-9\lambda=27=0$$

(b) $\lambda_1=-3,\lambda_2=3$의 고유벡터

i) $\lambda_1=-3$

$$\begin{pmatrix}\lambda_1-1 & -2 & 2\\ 2 & \lambda_1-5 & 2\\ 6 & -6 & \lambda_1+3\end{pmatrix}\begin{pmatrix}x_1\\x_2\\x_3\end{pmatrix}=\begin{pmatrix}0\\0\\0\end{pmatrix}\Rightarrow\begin{pmatrix}-4&-2&2\\2&-8&2\\6&-6&0\end{pmatrix}\begin{pmatrix}x_1\\x_2\\x_3\end{pmatrix}=\begin{pmatrix}0\\0\\0\end{pmatrix}$$

$\lambda_1=-3$에 대응하는 고유벡터$(1,1,3)$

ii) $\lambda_2=3$

$$\begin{pmatrix}\lambda_2-1 & -2 & 2\\ 2 & \lambda_2-5 & 2\\ 6 & -6 & \lambda_2+3\end{pmatrix}\begin{pmatrix}x_1\\x_2\\x_3\end{pmatrix}=\begin{pmatrix}0\\0\\0\end{pmatrix}\Rightarrow\begin{pmatrix}-4&-2&2\\2&-8&2\\6&-6&0\end{pmatrix}\begin{pmatrix}x_1\\x_2\\x_3\end{pmatrix}=\begin{pmatrix}0\\0\\0\end{pmatrix}$$

$\lambda_2=3$에 대응하는 고유벡터 $(1,1,0)$ 그리고 $(1,0,-1)$

3. (1) 대칭 (2) 대칭아님 (3) 대칭

4. (1) A의 특성 방정식은

$$|\lambda I-A|=\begin{vmatrix}\lambda-3 & -1\\ -1 & \lambda-3\end{vmatrix}=(\lambda-4)(\lambda-2)=0$$

$\lambda_1=4,\lambda_2=2$

각각의 고유공간의 차원은 1이다.

(2) A의 특성방정식은

$$|\lambda I-A|=\begin{vmatrix}\lambda & -2 & -2\\ -2 & \lambda & -2\\ -2 & -2 & \lambda\end{vmatrix}=(\lambda+2)^2(\lambda-4)=0$$

$\lambda_1=-2,\lambda_2=4l$

$\lambda_1 = -2$의 고유공간의 차원2이고 $\lambda_2 = 4$의 고유공간의 차원은 1이다.

(3) A의 특성방정식은

$$|\lambda I - A| = \begin{vmatrix} \lambda & -2 & -2 \\ -2 & \lambda & -2 \\ -2 & -2 & \lambda \end{vmatrix} = (\lambda+2)^2(\lambda-4) = 0$$

$\lambda_1 = -2, \lambda_2 = 4$

$\lambda_1 = -2$의 고유공간의 차원2이고 $\lambda_2 = 4$의 고유공간의 차원은 1이다.

5. (1) 열벡터들이 정규직교집합이므로 직교행렬이다.

(2) 열벡터들이 정규직교집합이 아니므로 직교행렬이 아니다.

(3) 열벡터들이 정규직교집합이므로 직교행렬이다.

6. (1) A의 고유치와 대응하는 고유벡터는 각각 $\lambda_1 = 0, \lambda_2 = 2$, $(1,-1),(1,1)$이다.

고유벡터를 정규화하면

$$P = \begin{pmatrix} \frac{\sqrt{2}}{2} & \frac{\sqrt{2}}{2} \\ -\frac{\sqrt{2}}{2} & \frac{\sqrt{2}}{2} \end{pmatrix}$$

$$P^TAP = \begin{pmatrix} \frac{\sqrt{2}}{2} & -\frac{\sqrt{2}}{2} \\ \frac{\sqrt{2}}{2} & \frac{\sqrt{2}}{2} \end{pmatrix} \begin{pmatrix} 1 & 1 \\ 1 & 1 \end{pmatrix} \begin{pmatrix} \frac{\sqrt{2}}{2} & \frac{\sqrt{2}}{2} \\ -\frac{\sqrt{2}}{2} & \frac{\sqrt{2}}{2} \end{pmatrix} = \begin{pmatrix} 0 & 0 \\ 0 & 2 \end{pmatrix}$$

(2) A의 고유치와 대응하는 고유벡터는

각각 $\lambda_1 = 0, \lambda_2 = 3$, $(\frac{\sqrt{2}}{2},-1),(\sqrt{2},1)$이다.

고유벡터를 정규화하면

$$P = \begin{pmatrix} \frac{\sqrt{3}}{3} & -\frac{\sqrt{6}}{3} \\ -\frac{\sqrt{6}}{3} & \frac{\sqrt{3}}{3} \end{pmatrix}$$

$$P^TAP = \begin{pmatrix} \frac{\sqrt{3}}{3} & -\frac{\sqrt{6}}{3} \\ \frac{\sqrt{6}}{3} & \frac{\sqrt{3}}{3} \end{pmatrix} \begin{pmatrix} 2 & \sqrt{2} \\ \sqrt{2} & 1 \end{pmatrix} \begin{pmatrix} \frac{\sqrt{3}}{3} & -\frac{\sqrt{6}}{3} \\ -\frac{\sqrt{6}}{3} & \frac{\sqrt{3}}{3} \end{pmatrix} = \begin{pmatrix} 0 & 0 \\ 0 & 3 \end{pmatrix}$$

(3) A의 고유치와 대응하는 고유벡터는 각각

$\lambda_1 = -15, \lambda_2 = 0, \lambda_3 = 15$, $(-2,1,2),(-1,2,-2),(2,2,1)$이다.

고유벡터를 정규화하면

$$P=\begin{pmatrix} -\frac{2}{3} & -\frac{1}{3} & \frac{2}{3} \\ \frac{1}{3} & \frac{2}{3} & \frac{2}{3} \\ \frac{2}{3} & -\frac{2}{3} & \frac{1}{3} \end{pmatrix}$$

$$P^TAP=\begin{pmatrix} -\frac{2}{3} & \frac{1}{3} & \frac{2}{3} \\ -\frac{1}{3} & \frac{2}{3} & -\frac{2}{3} \\ \frac{2}{3} & \frac{2}{3} & \frac{1}{3} \end{pmatrix}\begin{pmatrix} 0 & 10 & 10 \\ 10 & 5 & 0 \\ 10 & 0 & -5 \end{pmatrix}\begin{pmatrix} -\frac{2}{3} & -\frac{1}{3} & \frac{2}{3} \\ \frac{1}{3} & \frac{2}{3} & \frac{2}{3} \\ \frac{2}{3} & -\frac{2}{3} & \frac{1}{3} \end{pmatrix}=\begin{pmatrix} -15 & 0 & 0 \\ 0 & 0 & 0 \\ 0 & 0 & 15 \end{pmatrix}$$

7. $A^{-1}=\begin{pmatrix} \cos\theta & \sin\theta \\ -\sin\theta & \cos\theta \end{pmatrix}=\frac{1}{\cos^2\theta+\sin^2\theta}=A^T$이므로 직교행렬이다.

8. (1) $A=\begin{pmatrix} 9 & 3 & -4 \\ 3 & -1 & \frac{1}{2} \\ -4 & \frac{1}{2} & 4 \end{pmatrix}$ (2) $A=\begin{pmatrix} 0 & \frac{1}{2} & \frac{1}{2} \\ \frac{1}{2} & 0 & \frac{1}{2} \\ \frac{1}{2} & \frac{1}{2} & 0 \end{pmatrix}$

(3) $A=\begin{pmatrix} 1 & 1 & 0 & -5 \\ 1 & 1 & 0 & 0 \\ 0 & 0 & -1 & 2 \\ -5 & 0 & 2 & -1 \end{pmatrix}$

9. 생략

10. (1) $\mathrm{x}^TA\,\mathrm{x}=(x_1\ x_2)\begin{pmatrix} 2 & -1 \\ -1 & 2 \end{pmatrix}\begin{pmatrix} x_1 \\ x_2 \end{pmatrix}$

A의 특성방정식$\lambda^2-4\lambda+3=0$

고유값$\lambda=3, \lambda=1$이다. 각 고유벡터를 정규화하면

$\lambda=3:\begin{pmatrix} 1/\sqrt{2} \\ -1/\sqrt{2} \end{pmatrix}$ $\lambda=1:\begin{pmatrix} 1/\sqrt{2} \\ 1/\sqrt{2} \end{pmatrix}$

혼합형을 소거하기 위하여 $\mathrm{x}=P\mathrm{y}$ 를 대입하면

$\begin{pmatrix} x_1 \\ x_2 \end{pmatrix}=\begin{pmatrix} \frac{1}{\sqrt{5}} & 1/\sqrt{2} \\ -\frac{1}{\sqrt{2}} & 1/\sqrt{2} \end{pmatrix}\begin{pmatrix} y_1 \\ y_2 \end{pmatrix}$이다.

$$x^TAx = (Py)^TAPy = y^TP^TAPy = y^TDy$$
$$= (y_1\ y_2)\begin{pmatrix}3&0\\0&1\end{pmatrix}\begin{pmatrix}y_1\\y_2\end{pmatrix} = 3y_1^2 + y_2^2$$

(2) $\begin{pmatrix}x_1\\x_2\end{pmatrix} = \begin{pmatrix}\frac{1}{\sqrt{5}} & \frac{2}{\sqrt{5}}\\ -\frac{2}{\sqrt{5}} & \frac{1}{\sqrt{5}}\end{pmatrix}\begin{pmatrix}y_1\\y_2\end{pmatrix}$에서 $y_1^2 + 6y_2^2$

(3) $\begin{pmatrix}x_1\\x_2\end{pmatrix} = \begin{pmatrix}\frac{1}{\sqrt{2}} & \frac{1}{\sqrt{2}}\\ \frac{1}{\sqrt{2}} & -\frac{1}{\sqrt{2}}\end{pmatrix}\begin{pmatrix}y_1\\y_2\end{pmatrix}$에서 $y_1^2 - y_2^2$

11. (1) $x^TAx = (x_1\ x_2\ x_3)\begin{pmatrix}3&2&0\\2&4&-2\\0&-2&5\end{pmatrix}\begin{pmatrix}x_1\\x_2\\x_3\end{pmatrix}$

A의 특성방정식$(\lambda-7)(\lambda-4)(\lambda-1)=0$ $\lambda=7,4,1$

직교행렬

$$P = \begin{pmatrix}1/3 & 2/3 & 2/3\\ 2/3 & 1/3 & -2/3\\ -2/3 & 2/3 & -1/3\end{pmatrix}$$

$x = Py$

$$x^TAx = (Py)^TAPy = y^TP^TAPy = y^TDy$$
$$= (y_1\ y_2\ y_3)\begin{pmatrix}7&0&0\\0&4&0\\0&0&1\end{pmatrix}\begin{pmatrix}y_1\\y_2\\y_3\end{pmatrix} = 7y_1^2 + 4y_2^2 + y_3^2$$

(2) 생략

제 15 장

1. (1) (a) $(-1,\ 7)$ (b) $(11,\ -8)$

(2) (a) $(1,\ 5,\ 4)$ (b) $(5,\ -6,\ t)$

(3) (a) $(-14,\ -7)$ (b) $(1,\ 1,\ t)$

2. (1) 선형변환 (2) no (3) 선형변환

3. (1) $(3,\ 11,\ -8)$ (2) $(0,\ -6,\ 8)$

4. (1) $T: R^4 \to R^3$ (2) $T: R^5 \to R^2$ (3) $T: R^2 \to R^2$

5. (1) $A = \begin{pmatrix} 1 & 2 \\ 1 & -2 \end{pmatrix}$ (2) $A = \begin{pmatrix} 2 & -3 \\ 1 & -1 \\ -4 & 1 \end{pmatrix}$

(3) $A = \begin{pmatrix} 1 & 1 & 0 \\ 1 & -1 & 0 \\ -1 & 0 & 1 \end{pmatrix}$ (4) $A = \begin{pmatrix} 0 & -2 & 3 \\ 4 & 0 & 11 \end{pmatrix}$

6. (1) (a) $\begin{pmatrix} 2 & 3 & -1 \\ 3 & 0 & -2 \\ 2 & -1 & 1 \end{pmatrix}$ (b) $(9, 5, -1)$

(2) (a) $\begin{pmatrix} 1 & -1 & 0 & 0 \\ 0 & 0 & 1 & 0 \\ 1 & 2 & 0 & -1 \\ 0 & 0 & 0 & 1 \end{pmatrix}$ (b) $(1, 1, 2, -1)$

7. (1) T_1, T_2의 표준행렬 각각

$A_1 = \begin{pmatrix} 1 & -2 \\ 2 & 3 \end{pmatrix}, A_2 = \begin{pmatrix} 2 & 0 \\ 1 & -1 \end{pmatrix}$

$T_2 \circ T_1, T_1 \circ T_2$의 표준행렬

$A_2A_1 = \begin{pmatrix} 2 & -4 \\ -1 & -5 \end{pmatrix}, A_1A_2 = \begin{pmatrix} 0 & 2 \\ 7 & -3 \end{pmatrix}$

(2) T_1, T_2의 표준행렬 각각

$A_1 = \begin{pmatrix} -1 & 2 \\ 1 & 1 \\ 1 & -1 \end{pmatrix}, A_2 = \begin{pmatrix} 1 & -3 & 0 \\ 3 & 0 & 1 \end{pmatrix}$에서 $T_2 \circ T_1, T_1 \circ T_2$의 표준행렬

$A_2A_1 = \begin{pmatrix} -4 & -1 \\ -2 & 5 \end{pmatrix}, A_1A_2 = \begin{pmatrix} 5 & 3 & 2 \\ 4 & -3 & 1 \\ -2 & -3 & -1 \end{pmatrix}$

8. (1) $T_2 \circ T_1(x,y) = (2x - 3y, 2x + 3y)$

(2) $T_2 \circ T_1(x,y) = (0, 2x)$

9. (1) T의 표준행렬

$A = \begin{pmatrix} 1 & 1 \\ 1 & -1 \end{pmatrix}$ $A^{-1} = \begin{pmatrix} \frac{1}{2} & \frac{1}{2} \\ \frac{1}{2} & -\frac{1}{2} \end{pmatrix}$

$T^{-1}(x,y) = (\frac{1}{2}x + \frac{1}{2}y, \frac{1}{2}x - \frac{1}{2}y)$

(2) $A = \begin{pmatrix} 2 & 0 \\ 0 & 0 \end{pmatrix}$

$|A| = 0$이므로 가역이 아니다.

(3) $A = \begin{pmatrix} 5 & 0 \\ 0 & 5 \end{pmatrix}$ $A^{-1} = \begin{pmatrix} \frac{1}{5} & 0 \\ 0 & \frac{1}{5} \end{pmatrix}$ $T^{-1}(x,y) = (\frac{x}{5}, \frac{y}{5})$

10. (1) $\begin{pmatrix} \frac{1}{3} & -\frac{2}{3} \\ \frac{1}{3} & \frac{1}{3} \end{pmatrix}$

$T^{-1}(w_1, w_2) = (\frac{1}{3}w_3 - \frac{2}{3}w_2, \frac{1}{3}w_1 + \frac{1}{3}w_2)$

(2) 1대1아님

(3) 1대1 $\begin{pmatrix} 0 & -1 \\ -1 & 0 \end{pmatrix}$, $T^{-1}(w_1, w_2) = (-w_2, -w_1)$

(4) 1대1아님

11. (1) $[A] = \begin{pmatrix} 1 & -2 & 2 \\ 2 & 1 & 1 \\ 1 & 1 & 0 \end{pmatrix}$ $[A^{-1}] = \begin{pmatrix} 1 & -2 & 4 \\ -1 & 2 & -3 \\ -1 & 3 & -5 \end{pmatrix}$

$T^{-1}(w_1, w_2, w_3) = (w_1 - 2w_2 + 4w_3, -w_1 + 2w_2 - 3w_3, -w_1 + 3w_2 - 5w_3)$

(2) $[A] = \begin{pmatrix} 1 & -3 & 4 \\ -1 & 1 & 1 \\ 0 & -2 & 5 \end{pmatrix}$가역이 아니다.

(3) 생략

12. (1) $T(3, 5) = (3, -5)$　(2) $T(2, -1) = (2, 1)$

(3) $T(a, 0) = (a, 0)$　(4) $T(-c, d) = (-c, -d)$

13. (1) $T(0, 1) = (1, 0)$　(2) $T(a, 0) = (0, a)$

(3) $T(-c, d) = (d, -c)$

14. (1) $T(x,y) = (y,x)$　(2) $y = x$에 대하여 대칭

15. (1) (a) $A = \begin{pmatrix} -1 & 0 \\ 0 & -1 \end{pmatrix}$ (b) $T(3,\ 4) = (-3,\ -4)$

(2) (a) $\begin{pmatrix} 0 & 1 \\ 0 & 0 \end{pmatrix}$ (b) $T(3,\ 4) = (4,\ 3)$

(3) (a) $A = \begin{pmatrix} -\dfrac{\sqrt{2}}{2} & -\dfrac{\sqrt{2}}{2} \\ \dfrac{\sqrt{2}}{2} & -\dfrac{\sqrt{2}}{2} \end{pmatrix}$ (b) $T(4,\ 4) = (-4\sqrt{2}, 0)$

(4) (a) $A = \begin{pmatrix} 1 & 0 & 0 \\ 0 & 1 & 0 \\ 0 & 0 & -1 \end{pmatrix}$ (b) $T(3,\ 2,\ 2) = (3,\ 2,\ -2)$

(5) (a) $A = \begin{pmatrix} -1 & 0 & 0 \\ 0 & 1 & 0 \\ 0 & 0 & 1 \end{pmatrix}$ (b) $T(2,\ 3,\ 4) = (-2,\ 3,\ 4)$

(6) (a) $A = \begin{pmatrix} -1 & 0 \\ 0 & -1 \end{pmatrix}$ (b) $T(1,\ 2) = (-1,\ -2)$

제 16 장

1. (1) $\begin{pmatrix} 1 & 0 \\ -2 & 1 \end{pmatrix} \begin{pmatrix} 1 & 0 \\ 0 & 1 \end{pmatrix}$

행렬 기본행렬

(2) $\begin{pmatrix} 3 & 0 & 1 \\ 6 & 1 & 1 \\ -3 & 1 & 0 \end{pmatrix} = A$

$\begin{pmatrix} 3 & 0 & 1 \\ 0 & 1 & -1 \\ -3 & 1 & 0 \end{pmatrix}$ $\begin{pmatrix} 1 & 0 & 0 \\ -2 & 1 & 0 \\ 0 & 0 & 1 \end{pmatrix} = E_1$

$\begin{pmatrix} 3 & 0 & 1 \\ 0 & 1 & -1 \\ 0 & 1 & 1 \end{pmatrix}$ $\begin{pmatrix} 1 & 0 & 0 \\ 0 & 1 & 0 \\ 1 & 0 & 1 \end{pmatrix} = E_2$

$\begin{pmatrix} 3 & 0 & 1 \\ 0 & 1 & -1 \\ 0 & 0 & 2 \end{pmatrix} = U$ $\begin{pmatrix} 1 & 0 & 0 \\ 0 & 1 & 0 \\ 0 & -1 & 1 \end{pmatrix} = E_3$

$$E_3E_2E_1A = U \Rightarrow A = E_1^{-1}E_2^{-1}E_3^{-1}U = \begin{pmatrix} 1 & 0 & 0 \\ 2 & 1 & 0 \\ -1 & 1 & 1 \end{pmatrix} \begin{pmatrix} 3 & 0 & 1 \\ 0 & 1 & -1 \\ 0 & 0 & \end{pmatrix}$$

2. (1) 행렬 기본행렬

$$\begin{pmatrix} 2 & 1 & 0 \\ 0 & 1 & -1 \\ -2 & 1 & 1 \end{pmatrix} = A$$

$$\begin{pmatrix} 2 & 1 & 0 \\ 0 & 1 & -1 \\ 0 & 2 & 1 \end{pmatrix} \qquad \begin{pmatrix} 1 & 0 & 0 \\ 0 & 1 & 0 \\ 1 & 0 & 1 \end{pmatrix} = E_1$$

$$\begin{pmatrix} 2 & 1 & 0 \\ 0 & 1 & -1 \\ 0 & 0 & 3 \end{pmatrix} = U \qquad \begin{pmatrix} 1 & 0 & 0 \\ 0 & 1 & 0 \\ 0 & -2 & 1 \end{pmatrix} = E_2$$

$$E_2E_1A = U \Rightarrow A = E_1^{-1}E_2^{-1}U = \begin{pmatrix} 1 & 0 & 0 \\ 0 & 1 & 0 \\ -1 & 2 & 1 \end{pmatrix}\begin{pmatrix} 2 & 1 & 0 \\ 0 & 1 & -1 \\ 0 & 0 & 3 \end{pmatrix} = LU$$

(2) $L\mathrm{y} = b : \begin{pmatrix} 1 & 0 & 0 \\ 0 & 1 & 0 \\ -1 & 2 & 1 \end{pmatrix}\begin{pmatrix} y_1 \\ y_2 \\ y_3 \end{pmatrix} = \begin{pmatrix} 1 \\ 2 \\ -2 \end{pmatrix}$

$y_1 = 1, y_2 = 2, -y_1 + 2y_2 + y_3 \Rightarrow y_3 = -5$

(3) $U\mathrm{x} = \mathrm{y} : \begin{pmatrix} 2 & 1 & 0 \\ 0 & 1 & -1 \\ 0 & 0 & 3 \end{pmatrix}\begin{pmatrix} x_1 \\ x_2 \\ x_3 \end{pmatrix} = \begin{pmatrix} 1 \\ 2 \\ -5 \end{pmatrix}$

$x_3 = -\dfrac{5}{3}, x_2 - x_3 = 2 \Rightarrow x_2 = \dfrac{1}{3}$ 그리고 $2x_1 + x_2 = 1$

$\Rightarrow x_1 = \dfrac{1}{3}$, $A\mathrm{x} = b$의 해는 $x_1 = \dfrac{1}{3},\ x_2 = \dfrac{1}{3},\ x_3 = -\dfrac{5}{3}$

3. (1) $\begin{pmatrix} 2 & 8 \\ -1 & -1 \end{pmatrix} = \begin{pmatrix} 2 & 0 \\ -1 & 3 \end{pmatrix}\begin{pmatrix} 1 & 4 \\ 0 & 1 \end{pmatrix}$

$\begin{pmatrix} 1 & 4 \\ 0 & 1 \end{pmatrix}\begin{pmatrix} x_1 \\ x_2 \end{pmatrix} = \begin{pmatrix} y_1 \\ y_2 \end{pmatrix}$ .... ①

$\begin{pmatrix} 2 & 0 \\ -1 & 3 \end{pmatrix}\begin{pmatrix} y_1 \\ y_2 \end{pmatrix} = \begin{pmatrix} -2 \\ -2 \end{pmatrix}$ .... ②

②식 $y_1 = -1, y_2 = -1$

①식 $x_1 + 4x_2 = -1$

$x_3 = -1$

$x_1 = 3,\ x_2 = -1$

(2) $\begin{pmatrix} 2 & -2 & -2 \\ 0 & -2 & 2 \\ -1 & 5 & 2 \end{pmatrix} = \begin{pmatrix} 2 & 0 & 0 \\ 0 & -2 & 0 \\ -1 & 4 & 5 \end{pmatrix}\begin{pmatrix} 1 & -1 & -1 \\ 0 & 1 & -1 \\ 0 & 0 & 1 \end{pmatrix}$

$$\begin{pmatrix} 1 & -1 & -1 \\ 0 & 1 & -1 \\ 0 & 0 & 1 \end{pmatrix}\begin{pmatrix} x_1 \\ x_2 \\ x_3 \end{pmatrix} = \begin{pmatrix} y_1 \\ y_2 \\ y_3 \end{pmatrix} \cdots\cdots\cdots\cdots ①$$

$$\begin{pmatrix} 2 & 0 & 0 \\ 0 & -2 & 0 \\ -1 & 4 & 5 \end{pmatrix}\begin{pmatrix} y_1 \\ y_2 \\ y_3 \end{pmatrix} = \begin{pmatrix} -4 \\ -2 \\ 6 \end{pmatrix} \cdots\cdots\cdots\cdots ②$$

②에서 $y_1 = -2, y_2 = 1, y_3 = 0$

①에서 $x_1 = -1, x_2 = 1, x_3 = 0$

(3), (4) 생략

4. (1) 행렬의 계수가 1 이므로 $F = 1$ $G = (1\ 2\ 3)$이다.

(2) 행렬의 계수가 2이므로 $F = \begin{pmatrix} 1 & 0 \\ 0 & 1 \end{pmatrix}$이고, $G = \begin{pmatrix} 1 & 2 \\ 3 & 4 \end{pmatrix}$이다.

(3) $A = \begin{pmatrix} 1 & 2 & 4 \\ 3 & 0 & 1 \\ 1 & -4 & -7 \end{pmatrix} \underset{R_3 - 1R_1}{\overset{R_2 - 3R_1}{\rightarrow}} \begin{pmatrix} 1 & 2 & 4 \\ 0 & -6 & -11 \\ 0 & -6 & -11 \end{pmatrix}$

$\underset{R_3 + (-1)R_2}{\rightarrow} \begin{pmatrix} 1 & 2 & 4 \\ 0 & -6 & -11 \\ 0 & 0 & 0 \end{pmatrix} = \begin{pmatrix} G \\ 0 \end{pmatrix}$

$G = \begin{pmatrix} 1 & 2 & 4 \\ 0 & -6 & -11 \end{pmatrix}$

F를 찾기 위해서 정의 16.3에서 step2 과정에서 다음을 얻는다.

$I = \begin{pmatrix} 1 & 0 & 0 \\ 0 & 1 & 0 \\ 0 & 0 & 1 \end{pmatrix} \overset{R_3 - 1R_2}{\rightarrow} \begin{pmatrix} 1 & 0 & 0 \\ 0 & 1 & 0 \\ 0 & -1 & 1 \end{pmatrix}$

$\underset{R_3 + 1R_1}{\overset{R_2 + 3R_1}{\rightarrow}} \begin{pmatrix} 1 & 0 & 0 \\ 3 & 1 & 0 \\ 1 & -1 & 1 \end{pmatrix}$

$rank A = 2$이므로

$F = \begin{pmatrix} 1 & 0 \\ 3 & 1 \\ 1 & -1 \end{pmatrix}$

(4) $A = \begin{pmatrix} 1 & 2 & 5 \\ 6 & 0 & 1 \end{pmatrix} \overset{R_2 - 6R_1}{\rightarrow} \begin{pmatrix} 1 & 2 & 5 \\ 0 & -12 & -29 \end{pmatrix} = G$

$rank A = 2$이므로 $F = \begin{pmatrix} 1 & 0 \\ 0 & 1 \end{pmatrix}$이다.

그리고 $G = A$

5. (1) $\begin{pmatrix} \frac{1}{\sqrt{5}} & -\frac{2}{\sqrt{5}} \\ \frac{2}{\sqrt{5}} & \frac{1}{\sqrt{5}} \end{pmatrix} \begin{pmatrix} \sqrt{5} & \sqrt{5} \\ 0 & \sqrt{5} \end{pmatrix}$

열벡터에 그램-슈미트방법을 적용하면 정규직교벡터

$$q_1 = \begin{pmatrix} 1/\sqrt{5} \\ 2/\sqrt{5} \end{pmatrix},\ q_2 = \begin{pmatrix} -2/\sqrt{5} \\ 1/\sqrt{5} \end{pmatrix}$$

이 얻어지고 행렬 R은

$$R = \begin{pmatrix} (\mathrm{v}_1 \cdot q_1) & (\mathrm{v}_2 \cdot q_1) \\ 0 & (\mathrm{v}_2 \cdot q_2) \end{pmatrix} = \begin{pmatrix} \sqrt{5} & \sqrt{5} \\ 0 & \sqrt{5} \end{pmatrix}$$

(2) $\begin{pmatrix} \frac{1}{\sqrt{2}} & -\frac{1}{\sqrt{3}} \\ 0 & \frac{1}{\sqrt{3}} \\ \frac{1}{\sqrt{2}} & \frac{1}{\sqrt{3}} \end{pmatrix} \begin{pmatrix} \sqrt{2} & 3\sqrt{2} \\ 0 & \sqrt{3} \end{pmatrix}$

(3) $\begin{pmatrix} \frac{1}{3} & \frac{8}{\sqrt{234}} \\ -\frac{2}{3} & \frac{11}{\sqrt{234}} \\ \frac{2}{3} & \frac{7}{\sqrt{234}} \end{pmatrix} \begin{pmatrix} 3 & \frac{1}{3} \\ 0 & \frac{\sqrt{26}}{3} \end{pmatrix}$

열벡터에 그램-슈미트방법을 적용하면 정규직교벡터

$$\mathrm{v}_1 = \begin{pmatrix} 1 \\ -2 \\ 2 \end{pmatrix},\ \mathrm{v}_2 = \begin{pmatrix} 1 \\ 1 \\ 1 \end{pmatrix}$$

$$q_1 = \begin{pmatrix} 1/3 \\ -2/3 \\ 2/3 \end{pmatrix},\ q_2 = \begin{pmatrix} 8/3\sqrt{26} \\ 11/3\sqrt{26} \\ 7/3\sqrt{26} \end{pmatrix}$$

이 얻어지고 행렬 R은

$$R = \begin{pmatrix} (\mathrm{v}_1 \cdot q_1) & (\mathrm{v}_2 \cdot q_1) \\ 0 & (\mathrm{v}_2 \cdot q_2) \end{pmatrix} = \begin{pmatrix} 3 & 1/3 \\ 0 & \sqrt{26}/3 \end{pmatrix}$$

이다. 따라서 QR인자분해는 다음과 같다.

$$A = \begin{pmatrix} 1/3 & 8/3\sqrt{26} \\ -2/3 & 11/3\sqrt{26} \\ 2/3 & 7/3\sqrt{26} \end{pmatrix} \begin{pmatrix} 3 & 1/3 \\ 0 & \sqrt{26}/3 \end{pmatrix}$$

(4) $\begin{pmatrix} \frac{1}{\sqrt{2}} & -\frac{1}{\sqrt{3}} & \frac{1}{\sqrt{6}} \\ 0 & \frac{1}{\sqrt{3}} & \frac{2}{\sqrt{6}} \\ \frac{1}{\sqrt{2}} & \frac{1}{\sqrt{3}} & -\frac{1}{\sqrt{6}} \end{pmatrix} \begin{pmatrix} \sqrt{2} & \sqrt{2} & \sqrt{2} \\ 0 & \sqrt{3} & -\frac{1}{\sqrt{3}} \\ 0 & 0 & \frac{4}{\sqrt{6}} \end{pmatrix}$

(5) $\begin{pmatrix} \frac{1}{\sqrt{2}} & \frac{\sqrt{2}}{2\sqrt{19}} & -\frac{3}{\sqrt{19}} \\ \frac{1}{\sqrt{2}} & -\frac{\sqrt{2}}{2\sqrt{19}} & \frac{3}{\sqrt{19}} \\ 0 & \frac{3\sqrt{2}}{\sqrt{19}} & \frac{1}{\sqrt{19}} \end{pmatrix} \begin{pmatrix} \sqrt{2} & \frac{3}{\sqrt{2}} & \sqrt{2} \\ 0 & \frac{\sqrt{19}}{\sqrt{2}} & \frac{3\sqrt{2}}{\sqrt{19}} \\ 0 & 0 & \frac{1}{\sqrt{19}} \end{pmatrix}$

6. $q_1 = (\sqrt{2}/2, \sqrt{2}/2, 0)$
$q_2 = (-\sqrt{2}/2, \sqrt{2}/2, 0)$
$q_3 = (0, 0, 1)$

가 얻어진다. 이 벡터들은 행렬 Q의 열을 이룬다.

$$Q = \begin{pmatrix} \sqrt{2}/2 & -\sqrt{2}/2 & 0 \\ \sqrt{2}/2 & \sqrt{2}/2 & 0 \\ 0 & 0 & 1 \end{pmatrix}$$

상삼각행렬 R는 다음 내적으로 구성된다.

$$\begin{pmatrix} (\mathrm{v}_1 \cdot q_1) & (\mathrm{v}_2 \cdot q_1) & (\mathrm{v}_3 \cdot q_1) \\ 0 & (\mathrm{v}_2 \cdot q_2) & (\mathrm{v}_3 \cdot q_2) \\ 0 & 0 & (\mathrm{v}_3 \cdot q_3) \end{pmatrix} = \begin{pmatrix} \sqrt{2} & 3\sqrt{2}/2 & \sqrt{2}/2 \\ 0 & \sqrt{2}/2 & \sqrt{2}/2 \\ 0 & 0 & 2 \end{pmatrix}$$

이다. 따라서 A의 QR분해는 다음과 같다.

$$\begin{pmatrix} 1 & 1 & 0 \\ 1 & 2 & 1 \\ 0 & 0 & 2 \end{pmatrix} = \begin{pmatrix} \sqrt{2}/2 & -\sqrt{2}/2 & 0 \\ \sqrt{2}/2 & \sqrt{2}/2 & 0 \\ 0 & 0 & 1 \end{pmatrix} \begin{pmatrix} \sqrt{2} & 3\sqrt{2}/2 & \sqrt{2}/2 \\ 0 & \sqrt{2}/2 & \sqrt{2}/2 \\ 0 & 0 & 2 \end{pmatrix}$$

7. (1) $\frac{1}{\sqrt{2}}\begin{pmatrix} 1 \\ 0 \\ 1 \end{pmatrix}, \frac{1}{\sqrt{3}}\begin{pmatrix} -1 \\ 1 \\ 1 \end{pmatrix}, \frac{1}{\sqrt{6}}\begin{pmatrix} -1 \\ -2 \\ 1 \end{pmatrix}$

고유값 -6. -6. +6

(2) $\begin{pmatrix} 1 \\ 0 \\ 0 \\ 0 \end{pmatrix}, \frac{1}{\sqrt{2}}\begin{pmatrix} 0 \\ 1 \\ 0 \\ 1 \end{pmatrix}, \frac{1}{\sqrt{6}}\begin{pmatrix} 0 \\ -1 \\ 2 \\ 1 \end{pmatrix}, \frac{1}{\sqrt{3}}\begin{pmatrix} 0 \\ -1 \\ -1 \\ 1 \end{pmatrix}$

고유값 -3. 2. 3. 3

(3) $\frac{1}{\sqrt{2}}\begin{pmatrix}0\\-1\\0\\1\end{pmatrix}$, $\frac{1}{\sqrt{6}}\begin{pmatrix}0\\-1\\2\\-1\end{pmatrix}$, $\begin{pmatrix}1\\0\\0\\0\end{pmatrix}$, $\frac{1}{\sqrt{3}}\begin{pmatrix}0\\1\\1\\1\end{pmatrix}$

고유값 5, 5, 6, 8

(4) $\frac{1}{\sqrt{2}}\begin{pmatrix}-1\\1\\0\end{pmatrix}$, $\begin{pmatrix}0\\0\\1\end{pmatrix}$, $\frac{1}{\sqrt{2}}\begin{pmatrix}1\\1\\0\end{pmatrix}$

고유값 0, 2, 2

8. (1) $P=(u_1,u_2,u_3)$: $u_1=\frac{1}{\sqrt{2}}\begin{pmatrix}-1\\1\\0\end{pmatrix}$

$u_2=\frac{1}{\sqrt{6}}\begin{pmatrix}-1\\-1\\2\end{pmatrix}$, $u_3=\frac{1}{\sqrt{3}}\begin{pmatrix}1\\1\\1\end{pmatrix}$

$$P^TAP=\begin{pmatrix}0&0&0\\0&0&0\\0&0&3\end{pmatrix}$$

$$\begin{aligned}A&=P\begin{pmatrix}0&0&0\\0&0&0\\0&0&3\end{pmatrix}P^T\\&=\begin{pmatrix}-\frac{1}{\sqrt{2}}&-\frac{1}{\sqrt{6}}&\frac{1}{\sqrt{3}}\\\frac{1}{\sqrt{2}}&-\frac{1}{\sqrt{6}}&\frac{1}{\sqrt{3}}\\0&\frac{2}{\sqrt{6}}&-\frac{1}{\sqrt{3}}\end{pmatrix}\begin{pmatrix}0&0&0\\0&0&0\\0&0&3\end{pmatrix}\begin{pmatrix}-\frac{1}{\sqrt{2}}&\frac{1}{\sqrt{2}}&0\\-\frac{1}{\sqrt{6}}&-\frac{1}{\sqrt{6}}&\frac{2}{\sqrt{6}}\\\frac{1}{\sqrt{3}}&\frac{1}{\sqrt{3}}&\frac{1}{\sqrt{3}}\end{pmatrix}\\&=3\begin{pmatrix}\frac{1}{\sqrt{3}}\\\frac{1}{\sqrt{3}}\\\frac{1}{\sqrt{3}}\end{pmatrix}\begin{pmatrix}\frac{1}{\sqrt{3}}&\frac{1}{\sqrt{3}}&\frac{1}{\sqrt{3}}\end{pmatrix}\end{aligned}$$

(2) $A^{100}=P\begin{pmatrix}0&0&0\\0&0&0\\0&0&3^{100}\end{pmatrix}P^T$

$$\sqrt{A}=P\begin{pmatrix}0&0&0\\0&0&0\\0&0&\sqrt{3}\end{pmatrix}P^T$$

9. (1) (i) 고유치 : −4, 2, 2

$$P=\begin{pmatrix} -\frac{1}{\sqrt{3}} & \frac{1}{\sqrt{2}} & \frac{1}{\sqrt{6}} \\ \frac{1}{\sqrt{3}} & 0 & \frac{2}{\sqrt{6}} \\ \frac{1}{\sqrt{3}} & \frac{1}{\sqrt{2}} & -\frac{1}{\sqrt{6}} \end{pmatrix}$$

(ii) 고유치 : −1, 3

$$P=\begin{pmatrix} \frac{1}{\sqrt{2}} & \frac{1}{\sqrt{2}} \\ -\frac{1}{\sqrt{2}} & \frac{1}{\sqrt{2}} \end{pmatrix}$$

(iii) 고유치 : −4, 2, 2

$$P=\begin{pmatrix} \frac{1}{\sqrt{2}} & -\frac{1}{\sqrt{2}} & 0 \\ \frac{1}{\sqrt{2}} & \frac{1}{\sqrt{2}} & 0 \\ 0 & 0 & 1 \end{pmatrix}$$

(iv) 고유치 : −2, 0, 6

$$P=\begin{pmatrix} -\frac{1}{\sqrt{2}} & \frac{1}{\sqrt{3}} & \frac{1}{\sqrt{6}} \\ 0 & -\frac{1}{\sqrt{3}} & \frac{2}{\sqrt{6}} \\ \frac{1}{\sqrt{2}} & \frac{1}{\sqrt{3}} & \frac{1}{\sqrt{6}} \end{pmatrix}$$

(2) (i) $A^{10}=-P\begin{pmatrix} (-4)^{10} & 0 & 0 \\ 0 & 2^{10} & 0 \\ 0 & 0 & 2^{10} \end{pmatrix}P^T$

(ii) $A^{10}=P\begin{pmatrix} (-1)^{10} & 0 \\ 0 & 3^{10} \end{pmatrix}P^T$

(iii) $A^{10}=P\begin{pmatrix} (-4)^{10} & 0 & 0 \\ 0 & 2^{10} & 0 \\ 0 & 0 & 2^{10} \end{pmatrix}P^T$

(iv) $A^{10}=P\begin{pmatrix} (-2)^{10} & 0 & 0 \\ 0 & 0 & 0 \\ 0 & 0 & 6^{10} \end{pmatrix}P^T$

10. (1) $V=(\mathrm{v}_1,\ \mathrm{v}_2),\ \mathrm{v}_1=\begin{pmatrix} \frac{1}{\sqrt{2}} \\ \frac{1}{\sqrt{2}} \end{pmatrix},\ \mathrm{v}_2=\frac{1}{\sqrt{2}}\begin{pmatrix} 1 \\ -1 \end{pmatrix}$

$$D=\begin{pmatrix}\sqrt{18} & 0\\ 0 & \sqrt{8}\end{pmatrix}$$

$$U=(\mathrm{u}_1\ \ \mathrm{u}_2)$$

$$\mathrm{u}_1=\frac{1}{\sqrt{\lambda}}A\mathrm{v}_1,\ \ \mathrm{u}_2=\frac{1}{\sqrt{\lambda_2}}A\mathrm{v}_2$$

(2) $V=(\mathrm{v}_1,\ \mathrm{v}_2,\ \mathrm{v}_3)$,

$$\mathrm{v}_1=\begin{pmatrix}\frac{2}{\sqrt{5}}\\ \frac{1}{\sqrt{5}}\\ 0\end{pmatrix},\ \mathrm{v}_2=\begin{pmatrix}-\frac{2}{\sqrt{45}}\\ \frac{4}{\sqrt{45}}\\ \frac{5}{\sqrt{45}}\end{pmatrix},\ \mathrm{v}_3=\begin{pmatrix}-\frac{1}{3}\\ \frac{2}{3}\\ -\frac{2}{3}\end{pmatrix}$$

$$D=\begin{pmatrix}9&0&0\\0&9&0\\0&0&0\end{pmatrix}$$

$$U=[\mathrm{u}_1\ \mathrm{u}_2\ \mathrm{u}_3],\ \mathrm{u}_1=\frac{1}{\sqrt{\lambda_1}}A\mathrm{v}_1,\ \mathrm{u}_2=\frac{1}{\sqrt{\lambda_2}}A\mathrm{v}_2,\ \mathrm{u}_3=\frac{1}{\sqrt{\lambda_3}}A\mathrm{v}_3$$

(3) $$V=\begin{pmatrix}0&1&0\\ \frac{1}{\sqrt{2}}&0&-1\\ \frac{1}{\sqrt{2}}&0&\frac{1}{\sqrt{2}}\end{pmatrix}$$

$$U=\begin{pmatrix}0&1&0\\ \frac{1}{\sqrt{2}}&0&-\frac{1}{\sqrt{2}}\\ \frac{1}{\sqrt{2}}&0&\frac{1}{\sqrt{2}}\end{pmatrix}$$

$$D=\begin{pmatrix}3&0&0\\0&2&0\\0&0&1\end{pmatrix}$$

11. (1) $A^TA=\begin{pmatrix}8&2\\2&5\end{pmatrix}$, A^TA의 고유치는 $\lambda_1=9,\ \lambda_2=4$

$$V=\begin{pmatrix}2/\sqrt{5} & -1/\sqrt{5}\\ 1/\sqrt{5} & 2/\sqrt{5}\end{pmatrix}$$

AA^T의 고유벡터 2×2인 정규직교행렬

$$U=\begin{pmatrix}1/\sqrt{5} & -2/\sqrt{5}\\ 2/\sqrt{5} & 1/\sqrt{5}\end{pmatrix}$$

$$D=\begin{pmatrix}3&0\\0&2\end{pmatrix}$$

$$A = UDV^T = \sqrt{\lambda_1}\, u_1 v_1^T + \sqrt{\lambda_2}\, u_2 v_2^T$$

(2) $A^TA = \begin{pmatrix} 4 & 6 \\ 6 & 13 \end{pmatrix}$, A^TA의 고유치는 $\lambda_1 = 16$, $\lambda_2 = 1$

$$V = \begin{pmatrix} 1/\sqrt{5} & -2/\sqrt{5} \\ 2/\sqrt{5} & 1/\sqrt{5} \end{pmatrix}$$

AA^T의 고유벡터 2×2인 정규직교행렬

$$U = \begin{pmatrix} 2/\sqrt{5} & -1/\sqrt{5} \\ 1/\sqrt{5} & 2/\sqrt{5} \end{pmatrix}$$

$$D = \begin{pmatrix} 4 & 0 \\ 0 & 1 \end{pmatrix}$$

$$A = UDV^T$$

(3) $A^TA = \begin{pmatrix} 81 & -27 \\ -27 & 9 \end{pmatrix}$, A^TA의 고유치는 $\lambda_1 = 90$, $\lambda_2 = 0$

$$V = \begin{pmatrix} 3/\sqrt{10} & 1/\sqrt{10} \\ -1/\sqrt{10} & 2/\sqrt{10} \end{pmatrix}$$

AA^T의 고유벡터 3×3인 정규직교행렬

$$U = \begin{pmatrix} -1/3 & 2/3 & 2/3 \\ 2/3 & -1/3 & 2/3 \\ 2/3 & 2/3 & -1/3 \end{pmatrix}$$

$$D = \begin{pmatrix} 3\sqrt{10} & 0 \\ 0 & 0 \\ 0 & 0 \end{pmatrix}$$

$$A = UDV^T$$

(4) $A^TA = \begin{pmatrix} 2 & 0 \\ 0 & 3 \end{pmatrix}$, A^TA의 고유치는 $\lambda_1 = 3$, $\lambda_2 = 2$

$$V = \begin{pmatrix} 0 & 1 \\ 1 & 0 \end{pmatrix}$$

AA^T의 고유벡터 3×3인 정규직교행렬

$$U = \begin{pmatrix} 1/\sqrt{3} & 1/\sqrt{2} & 1/\sqrt{6} \\ 1/\sqrt{3} & 0 & -2/\sqrt{6} \\ 1/\sqrt{3} & -1/\sqrt{2} & 1/\sqrt{6} \end{pmatrix}$$

$$D = \begin{pmatrix} \sqrt{3} & 0 \\ 0 & \sqrt{2} \\ 0 & 0 \end{pmatrix}$$

$$A = UDV^T$$

찾아보기

| 저자 소개 |

민 만 식

고려대학교 수학과와 대학원 통계학과에서 수리통계학으로 석사, 박사 학위를 취득했다. 현재 대진대학교에서 강의하고 있으며, 그동안의 강의 경험을 바탕으로 다수의 저서를 집필하였다. 저서로는 <SPSS를 활용한 통계학>, <이산수학>, <행렬대수>, <확률과 통계>, <미분방정식과 미적 응용>, <선형대수학>, <통계수학>, <미분적분학> 등이 있다.

미적분과 행렬대수

| 저　　자　민만식
| 발 행 인　주정희
| 발 행 처　자유아카데미
| 주　　소　경기도 파주시 문발동 527-2
　　　　　파주출판도시
| 전　　화　031-955-1321
| F A X　031-955-1322
| 홈페이지　www.freeaca.com
| 전자우편　main@freeaca.com(대표)
　　　　　editor@freeaca.com(편집)
| 등　　록　제406-2003-017호, 1980. 7. 12
| 제1판1쇄　2013년 5월 20일 발행
| 정　　가　28,000원

저자와의
협의하에
인지생략

ISBN 978-89-7338-064-0　93310